KB090059

Waste Recycling and Treatment Technology

NCS(국가직무능력표준)를 반영한 환경엔지니어 필 | 독 | 서

폐기물자원화 및 처리기술

박성복 지음

www.cyber.co.kr

도서 A/S 안내

성안당에서 발행하는 모든 도서는 저자와 출판사, 그리고 독자가 함께 만들어 나갑니다.

좋은 책을 펴내기 위해 많은 노력을 기울이고 있습니다. 혹시라도 내용상의 오류나 오탈자 등이 발견되면 "좋은 책은 나라의 보배"로서 우리 모두가 함께 만들어 간다는 마음으로 연락주시기 바랍니다. 수정 보완하여 더 나은 책이 되도록 최선을 다하겠습니다.

성안당은 늘 독자 여러분들의 소중한 의견을 기다리고 있습니다. 좋은 의견을 보내주시는 분께는 성안당 쇼핑몰의 포인트(3,000포인트)를 적립해 드립니다.

잘못 만들어진 책이나 부록 등이 파손된 경우에는 교환해 드립니다.

본서 기획자 e-mail : coh@cyber.co.kr(최옥현)

홈페이지 : http://www.cyber.co.kr

전화 : 031) 950-6300

머리말

PREFACE

"내가 이 졸업장을 천재에게 주는 것인지, 아니면 미친놈에게 주는 것인지 모르겠다. 시간이 그것을 말해줄 것이다."

이는 1878년 바르셀로나 시립 건축전문학교 학장 엘리아스 로젠이 안토니 가우디(Antony Gaudi)에게 졸업장을 주며 건넨 말이다.

스페인 카탈루냐 출신의 건축가 가우디, 그가 설계한 총 3개의 파사드를 가진 사그라다 파밀리아 성당은 100년 이상 동안 진행형이다. 2026년 가우디 사망 100주년 때 준공식을 예정하고 있다. 미친 천재 건축가라고 불리는 가우디는 오늘도 우리에게 '신은 절대 서두르지 않는다.'는 말로 조용한 깨우침을 주고 있다.

저자가 가끔 산학연 특강 요청을 받을 때면 사회선배로서 걸어온 길과 경험을 주로 얘기한다. 전달하고 받아들이기가 쉽기 때문이다. 무조건 지름길로 가기 보다는 가끔 쉬어 가도록 얘기한다. 살아가다가 힘들면 그 자리에 그냥 앉아 쉬는 것이다. 재촉하면 안 된다. 누구도 그럴 권리는 없다.

더 이상 학벌이 아닌 실력이 지배하는 사회를 실감하며 살아가고 있는 저자는 전공분야에서 32년 이상 한 우물을 파고 있다. 건설 및 엔지니어링 사에서의 실무경험, 대학 및 대학원에서의 후배 양성, 중앙정부와 지자체 기술심의 및 평가, 산업체 기술지원, 법원 감정 및 전문심리, 환경에너지 관련 컨설팅 등을 통해 축적한 지식이 소박한 한 권의 책을 탄생시키는 원동력이 되었다고 생각한다.

이 책은 대학 전공교재뿐만 아니라 산업현장과 연구소, 그리고 건설 및 엔지니어링 사 등에서 실무에 활용할 수 있도록 꼭 필요한 내용들을 엄선하여 수록하였으며, 그 주요 내용을 요약하면 다음과 같다.

1. 각 장(Chapter)마다 폐기물관리 및 처리기술 관련 기초이론을 구체적이면서도 상세히 다루었다.
2. 부분적으로 「심화학습」을 통해 현장 실무이론을 소개함으로써 학습의 깊이를 한층 더 보장하였다.
3. 물리적으로 실무경험이 부족한 대학 및 대학원생은 물론이고, 환경에너지 분야에 종사하고 있는 환경기술인, 그리고 환경에 관심이 있는 일반인들도 쉽게 이해하면서 학습할 수 있게 전개하였다.
4. 폐기물처리(산업)기사 및 환경기술사 취득을 위해 노력하는 수험생들을 위한 충실한 학습교재가 될 수 있게 노력하였다.
5. 최근 정부에서 시행하고 있는 국가직무능력표준(NCS) 출제기준에 맞추어 서술하였으므로 국내 유수 공기업 및 대기업/중견기업 입사를 위한 NCS 필기 및 면접시험에 대비 가능하다(NCS 실무 – Q&A 참고).
6. 「부록」에 수록된 폐기물처리설비 점검 및 운전기록지, 폐기물관리 핵심용어 해설, 주요 설계인자 모음, 아름답고 알기 쉽게 바꾼 환경용어집, 대기오염물질 배출시설 해설 등은 취업을 앞두고 있는 학생뿐만 아니라, 일선 산업현장에서 유용하게 활용할 수 있다.
7. 마지막으로 전공서적에 수록된 사진은 본의 아니게 역마살이 낀 저자가 국내 및 해외를 틈틈이 다니면서 직접 촬영한 사진들이 대부분이므로 생생한 정보소통이 가능하다.

이 책자가 사회진출을 앞두고 있거나 현장실무에 종사하고 있는 후배들의 성장 주춧돌로서의 역할을 할 수 있기를 나름 기대해 본다. 참고로 본문에서 대한화학회 명명법과 일치하지 않는 일부 용어는 실무에서 관습적으로 병행 사용하고 있음을 밝혀둔다.

앞으로 부족한 부분은 계속 보완할 것임을 약속하며, 본 교재의 발간취지를 공감하고 도움을 주신 성안당 이종춘 회장님과 구본철 이사님, 그리고 관련 임직원들께 진심으로 감사드린다. 아울러 10년 이상 저자가 노력할 수 있게 지면(紙面)을 할애해 주신 환경관리연구소 이용운 회장님께도 고마움을 전한다. 끝으로 본 전공서적이 출간되기까지 긍정 엔돌핀을 제공해 준 손녀 수연(琇涓)의 무한성장도 함께 기대한다.

역삼동 집필실에서

저자 **舞海**

차례

CONTENTS

CONTENTS

Chapter 03 연소이론 및 계산

Chapter 04 폐기물 소각 및 고형연료화

CONTENTS

Chapter 10 토양오염

Chapter 11 악취처리기술

Chapter 12 환경오염방지시설

CONTENTS

Chapter 14 열유체 유동시뮬레이션(CFD)

Chapter 15 환경기초시설 시공안전관리

CONTENTS

Chapter 16 폐기물자원화시설 사업추진 절차 및 방법

부 록 1 폐기물처리설비 점검 및 운전기록지 / 250

CONTENTS

표 목차

CONTENTS

그림 목차

CONTENTS

CONTENTS

사진 목차

Waste Recycling and Treatment Technology

폐기물자원화 및 처리기술

폐기물자원화 및 처리기술
www.cyber.co.kr

CHAPTER 1

폐기물 관리 일반

학습목표

1. 폐기물의 정의 및 관련법 체계를 알 수 있다.
2. 폐기물 수거 및 운반공정에 대하여 이해할 수 있다.
3. 폐기물의 처분공정을 알 수 있다.

학습내용

1. 폐기물의 정의 및 관련법 체계
2. 폐기물 수거 및 운반공정
3. 폐기물의 처분공정

1 폐기물의 정의 및 관련법 체계

1 폐기물의 정의

국내 폐기물관리법에서는 폐기물을 '쓰레기, 연소재(燃燒滓), 오니(汚泥), 폐유(廢油), 폐산(廢酸), 폐알칼리 및 동물의 사체(死體) 등으로서 사람의 생활이나 사업활동에 필요하지 아니하게 된 물질'이라고 규정하고 있다(폐기물관리법 제2조, 개정 2007.5.17., 2009.6.9., 2010.1.13., 2010.7.23., 2015.1.20., 2017.1.17.).

이어 '생활폐기물'이란 사업장폐기물 외의 폐기물을 말하고, '사업장폐기물'이란 「대기환경보전법」, 「물환경보전법」 또는 「소음 · 진동관리법」에 따라 배출시설을 설치 · 운영하는 사업장이나 그 밖에 대통령령으로 정하는 사업장에서 발생하는 폐기물이라고 정의하고 있다.

또한 '지정폐기물'이란 사업장폐기물 중 폐유 · 폐산 등 주변 환경을 오염시킬 수 있거나 의료폐기물(醫療廢棄物) 등 인체에 위해(危害)를 줄 수 있는 해로운 물질로서 대통령령으로 정하는 폐기물을 말하며, '의료폐기물'이란 보건 · 의료기관, 동물병원, 시험 · 검사기관 등에서 배출되는 폐기물 중 인체에 감염 등 위해를 줄 우려가 있는 폐기물과 인체 조직 등 적출물(摘

出物), 실험동물의 사체 등 보건・환경보호상 특별한 관리가 필요하다고 인정되는 폐기물로서 대통령령으로 정하는 폐기물을 말한다고 규정하고 있다.

2 폐기물관리법 체계의 변천

(1) 폐기물관리법 이전(~1987년 5월)

폐기물관리법이 제정되기 전에는 오물청소법 규정에 의한 '오물'과 환경보전법 규정에 의한 '산업폐기물(일반산업폐기물과 특정산업폐기물)'로 관리

(2) 폐기물관리법 단일법 시기(1987년~1991년)

① 폐기물 분류

㉠ 일반폐기물(시장・군수)

산업폐기물을 제외한 쓰레기・오수・분뇨 등을 통칭하며, 1일 평균 300kg 이상

☞ 다량 배출자는 스스로 처리하도록 규정

㉡ 산업폐기물(사업자)

일반산업폐기물(유기물류, 무기물류), 특정산업폐기물(특정유해, 폐산, 폐알칼리, 폐합성수지)

☞ 산업폐기물처리 시 관할 시・도지사에게 신고

② 폐기물처리업

㉠ 일반폐기물처리업

쓰레기 수집・운반업, 쓰레기처리업, 처리시설 설계・시공업

㉡ 산업폐기물

산업폐기물처리업, 산업폐기물재생이용처리신고

③ 주요 법체계

㉠ 폐기물처리기준

재생용 폐기물, 쓰레기, 분뇨, 일반산업폐기물, 특정산업폐기물의 수집・운반처리 기준을 시행규칙 본문에서 규정

㉡ 폐기물처리기본계획은 시・도지사가 주관

㉢ 산업폐기물의 수입제한은 환경청장이 상공부장관에게 요청

㉣ 영업자 등에 대한 지도감독

기술관리인, 교육, 장부의 기록・보존, 휴・폐업 신고, 폐기물의 처리에 관한 조치명령

(3) 분법화 시기(1991년~1995년)

① 폐기물의 분류(1991년 3월)
   ㉠ 일반폐기물 : 생활계 일반폐기물과 사업계 일반폐기물로 구분
   ㉡ 특정폐기물 : 사업활동에 수반하여 발생하는 오니・잔재물・폐유・폐산・폐알칼리・폐고무・폐합성수지 등 환경 및 국민보건에 유해한 물질로서 대통령령이 정하는 물질
② 폐기물의 처리기준 및 방법(1991년 3월)
   ㉠ 일반폐기물 다량 배출자에 대해 시장・군수・구청장에게 신고
   ㉡ 일반폐기물 다량 배출자의 수집・운반 및 처리기준에 대하여 [별표] 신설
③ 폐기물처리업(1991년 3월) : 일반・특정폐기물의 중간처리업과 최종처리업의 분리
④ 폐기물의 발생 억제 및 재활용에 관한 장 신설(1991년 3월) : 폐기물의 감량화 원칙, 폐기물의 재활용 신고, 폐기물처리예치금
⑤ 자원의 절약과 재활용 촉진에 관한 법률 제정에 따른 관련 규정 삭제(1992년 12월)
⑥ 국가・지자체의 일정 규모 이상 폐기물처리시설 설치 시 주변영향지역 주민에 대한 소득증대・복리증진 등 지원 근거 마련(1992년 12월)
⑦ 폐기물처리시설의 설치・운영으로 인한 주변지역 환경상의 영향을 정기적으로 조사하여 지역주민에게 공개(1992년 12월)
⑧ 일정 규모 미만의 일반폐기물처리시설은 신고로 설치 가능하도록 완화(1992년 12월)
⑨ 자원의 절약과 재활용 촉진에 관한 법률 제정(1992년)
⑩ 폐기물의 국가 간 이동 및 그 처리에 관한 법률 제정(1992년)
⑪ 폐기물처리시설 설치 촉진 및 주변지역 지원 등에 관한 법률 제정(1995년)

(4) 정립・정교화 시기(1995년~현재)

① 폐기물의 분류체계 변경(1995년 8월)
   ㉠ 생활폐기물 : 생활폐기물에 대한 종량제 근거 마련
   ㉡ 사업장폐기물 : 사업장 일반, 건설, 지정
② 사업장폐기물 감량화 제도 도입(1995년 8월)
③ 사업장폐기물의 공동처리 신설(1995년 8월)
④ 폐기물처리업(1995년 8월)
   ㉠ 일반폐기물처리업과 특정폐기물처리업을 폐기물처리업으로 통합
   ㉡ 폐기물처리업 허가 정수제한제 폐지
   ㉢ 폐기물재생처리업・종합처리업 신설
⑤ 감염성폐기물 신설(1999년 2월)
⑥ 지정폐기물처리증명제 도입(1999년 2월)

⑦ 다이옥신 등 환경오염 최소화를 위한 일정 규모 미만 폐기물소각시설 설치 금지(1999년 2월)
⑧ 폐기물처리시설 설계·시공업 등록 폐지에 따른 폐기물처리시설에 대한 검사규정 도입(1999년 2월)
⑨ 폐기물재생처리업 폐지(1999년 2월)
⑩ 방치폐기물처리이행보증제도 도입(1999년 2월)
⑪ 폐기물의 배출, 처리 시 전자정보처리시스템 사용 의무화(2007년 8월)
⑫ 폐기물 수출입 신고 및 수입폐기물 처리기준(2007년 8월)
⑬ 중간가공폐기물 : 재활용을 하기 쉬운 상태로 만든 폐기물(2010년 7월)
⑭ 종전의 폐기물처리업과 폐기물재활용 신고를 일부 통합(2010년 7월) : 폐기물수집·운반업, 폐기물중간처분업, 폐기물최종처분업, 폐기물통합처분업, 폐기물중간재활용업, 폐기물최종재활용업, 폐기물종합재활용업
⑮ 사업장폐기물 불법소각 행위에 대해서도 불법투기·매립행위와 동일한 벌칙 적용(2013년 7월) 및 폐기물관리법 위반에 따른 벌금액 상향 조정(2014년 1월)
⑯ 자원순환기본법 제정(2016년 5월) 및 시행(2018년 1월)

3 폐기물 분류체계의 변천

(1) 제1기(1987년 5월 이전)

오물(오물청소법 규정)과 산업폐기물(환경보전법으로 규정)로 구분

(2) 제2기(1987년 5월~1991년 9월)

일반폐기물과 산업폐기물(일반산업폐기물, 특정산업폐기물)로 구분

(3) 제3기(1991년 9월~1995년 8월)

일반폐기물(생활계 일반폐기물, 사업계 일반폐기물)과 특정폐기물로 구분

(4) 제4기(1995년 8월 이후)

생활폐기물과 사업장폐기물(사업장일반폐기물, 건설폐기물, 지정폐기물)로 구분

2 폐기물 수거 및 운반공정

1 폐기물 처리방법

과거부터 인구의 증가, 산업의 발전, 경제활동의 팽창 및 다양화 등에 의하여 폐기물의 질적 변화가 따르고 폐기물의 수거 및 적정처리가 큰 문제로 대두되고 있다. 폐기물 처리방법에는 크게 수거, 운반, 처분의 3과정이 있으며, 그 중 처분공정은 소각(燒却), 열분해(熱分解), 재생(再生), 재이용(再利用) 등의 중간처리와 매립인 최종처리로 구별하고 있다.

일상생활에서 발생하는 생활폐기물을 가능한 한 무해한 형태의 자연으로 되돌리려는 소위 물질 사이클을 바꾸는 일이 폐기물처리의 궁극적 목표라고 하겠다. 따라서 우리나라의 경우는 최종처분 시에 따른 협소한 국토의 황폐화, 지역주민 반발 등으로 매립처분 이전에 필요한 폐기물량을 감소시켜 매립으로 인한 악영향을 감소시킬 필요가 있다.

이에 따라 소각에 의한 중간처리가 불가피하게 거론되는 바 중간처리의 목적은 물리적, 화학적, 생물학적 혹은 위생학적으로 안전화, 안정화, 감량화, 재이용화의 필요충분조건을 만족시켜야 한다. 이 중간처리의 방법으로는 소각, 고형연료화(SRF/Bio-SRF), 열분해, 퇴비화, pH 조정, 압축 고형화 방법 등이 있다. [그림 1-1]은 폐기물 중간처리방식인 생활폐기물 자원화(소각)시설 공정 흐름도이다.

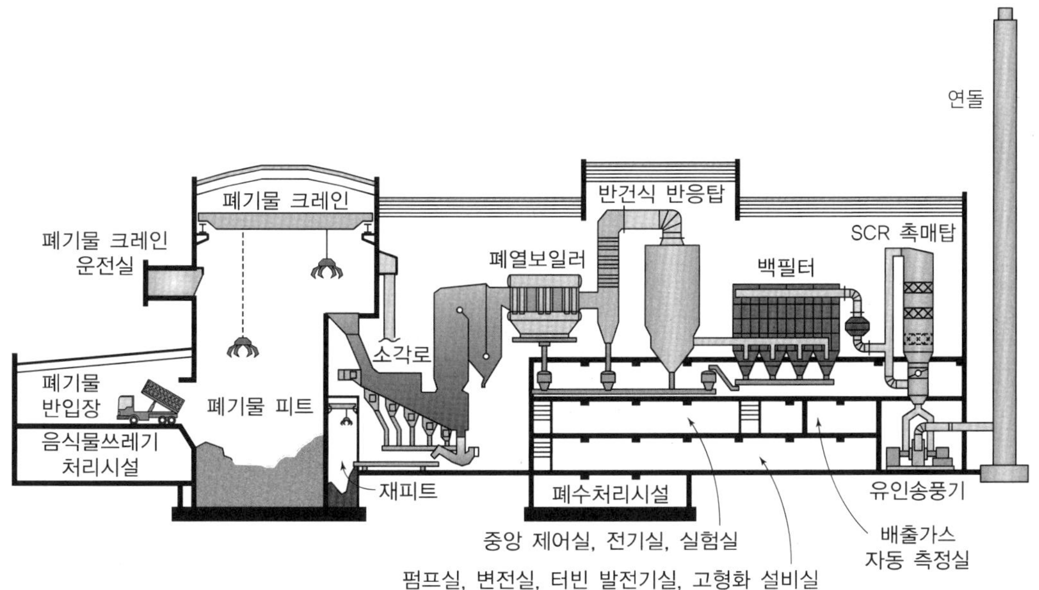

[그림 1-1. 생활폐기물 자원화(소각)시설 공정 흐름도]

※ 자료 : 박성복, 최신폐기물처리공학, 성안당

폐기물 전처리공정(Front-end System)에는 수집과 운반, 분별, 파쇄공정이 있고, 후처리공정(Rear-end System)에는 생물을 이용하는 시스템(Biological System)과 생물을 이용하지 않는 시스템(Non-Biological System)으로 각각 구분할 수 있다.

(1) 생물을 이용하는 시스템(Biological System)

① **에너지 회수** : 혐기성 소화, 매립지 가스(Land Fill Gas) 회수 등
② **물질회수** : 퇴비화, 메탄가스 생산 등

(2) 생물을 이용하지 않는 시스템(Non-Biological System)

① **에너지 회수** : 소각, 열분해, SRF/Bio-SRF 제조 등
② **물질회수** : 종이, 유리, 알루미늄, 철 등의 유가자원(有價資源) 회수

2 폐기물 수거 및 운반공정

(1) 거점 및 문전(대면)수거방식

아파트, 상가, 단독주택 지역 내 생활폐기물 배출 및 수거가 용이한 장소를 선정하여 수거장소로 지정하고 수거시간, 배출요령 등이 기재된 안내판 설치 및 홍보를 우선적으로 실시한다.

수거가 어려운 고지대 단독주택, 농어촌 지역 등은 학교 운동장, 동사무소, 마을 공터 등 일정 지역을 수거장소로 지정·수거하는 거점수거방식을 직접 활용한다. 수거장소 지정이 어려운 단독주택 지역은 문전수거 또는 대면수거방식으로 수거하여 불법배출을 억제하고 청소서비스를 제고한다.

[사진 1-1]은 국내 주상복합아파트에서 배출되는 생활폐기물을 임시로 보관하기 위한 보관함과 지역 상가(商街) 등에서 배출되는 폐기물의 실제 모습이다.

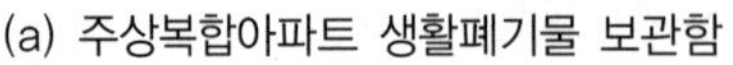
(a) 주상복합아파트 생활폐기물 보관함

(b) 상가(商街) 폐기물

[사진 1-1. 생활폐기물 보관함과 상가(商街) 폐기물 모습]

※ 자료 : Photo by Prof. S.B.Park, 2018년

(2) 폐기물 관로수송방식

폐기물 관로수송은 폐기물을 일정한 위치에 설치된 투입구에 버리면 매립배관을 통해 중앙제어시스템의 프로그램에 의하여 고속의 공기와 함께 중앙처리장으로 운반되어 처리하는 시스템이다.

폐기물 관로수송은 고정식과 이동식으로 구분할 수 있으며, 고정식의 경우 공동주택단지, 상업 밀집지역 등 대규모 지역에 적용할 수 있으며, 이동식의 경우 단독주택 밀집지역, 관광지역 등 소규모 지역에서 적용할 수 있다. 폐기물 관로수송방식은 쓰레기 발생량과 종류, 장소 및 규모에 관계없이 사용이 가능하며, 인구가 밀집된 도심과 생산공장의 재활용 및 폐기물 수집에 이르기까지 다양하게 적용할 수 있다. [그림 1-2]는 폐기물 관로수송방식의 공정 흐름도를, [사진 1-2]는 투입구의 실제 모습이다.

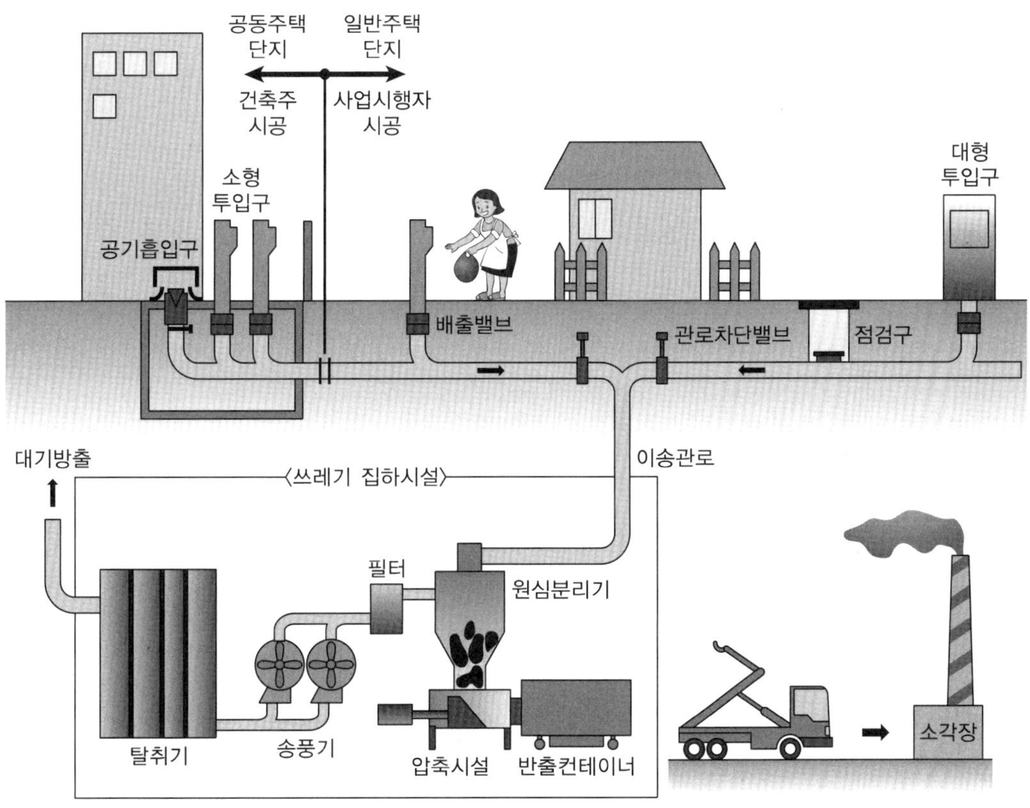

[그림 1-2. 폐기물 관로수송방식의 공정 흐름도]

※ 자료 : 한국직업능력개발원, 폐기물관리-02, 수거운반, NCS 학습모듈, 2014년

[사진 1-2. 폐기물 투입구 모습]

※ 자료 : 인천경제자유구역청, 2019년 2월(검색기준)

관로수송방식에서 폐기물 이동에 사용하고 있는 매체는 공기와 물로서, 이러한 공기와 물을 이동시키는 방법으로는 밀어주는 압송(가압)방식과 당겨주는 흡입(진공)방식, 그리고 용기를 사용하는 캡슐방식 등으로 구분한다. 폐기물의 관로수송은 물보다 공기를 사용하고 있으며, 일반적으로 흡입(진공)방식을 적용하고, 2차 혹은 3차 수송의 경우에는 압송(가압)방식을 적용하고 있다.

3 폐기물의 처분공정

1 소각

소각(燒却, Incineration)은 생활폐기물의 대표적인 중간처리방법으로서 소각처리는 감량화율이 크고, 소각잔사가 비교적 안정, 안전화되어 매립 시 매립장에 미치는 환경적인 영향이 감소되고 소각 여열을 이용한 자원회수가 가능해 일본, 유럽, 미국 및 싱가포르 등 외국에서는 소각처리방식을 주로 채택하고 있다.

유럽 및 미주지역에서는 배출되는 폐기물을 전량 소각시키는 매스 버닝(Mass Burning)이 성행하고 있으며, 소각 시 발생하는 폐열을 회수하여 발전하고 잉여 여열은 난방열원으로 이용하고 있다. 이상 설명한 소각처리방식의 장·단점은 다음과 같다.

(1) 소각처리의 장점

① 소각장은 폐기물 발생지역과 인접한 곳에 설치가 가능하여 수거차량의 운반이 용이하고, 수거비용이 감소한다.
② 열작감량(소각회 비율 : 대략 7~10%)이 커서 부피 감량화에 탁월한 효과가 있다.
③ 폐열을 회수, 증기를 생산하여 이를 발전 및 냉・난방에 사용할 수 있다.
 ㉠ 일반적인 방법으로는 처리하기 힘든 병원균으로 감염된 유해폐기물이나 동물의 유기물을 처리하기에 가장 적합한 방법이며, 소각잔사(燒却殘渣)는 대부분 무기물이어서 생물학적으로 안전하다.
 ㉡ 감용화(減容化)로 매립장의 사용연한이 장기화되고, 이로 인해 매립장 확보난이 완화됨은 물론 매립장 조성비가 대폭적으로 절감된다.
 ㉢ 매립장에서 침출수의 유기물질 오염농도가 크게 저하되며 발생량도 적어서 처리가 용이해지며 침출수처리장 설치비, 운영비가 절감된다.
 ㉣ 소각잔재의 생물학적 안전화로 매립완료 후 매립장 안전화가 조속히 이루어진다.
 ㉤ 폐기물정책수립에 있어 폐기물 관리체계의 발전 및 분리수거를 통한 자원의 재이용도가 높아진다.

(2) 소각처리의 단점

① 소각처리시설의 초기 투자비가 높은 편이다. 특히 최근 소각처리시설은 옥내구조로서, 기능성은 물론 주변경관을 함께 고려한 심미성 강조로 인해 건축 및 부대비용이 증가하는 편이다.
② 소각처리시설의 운전비용이 높다.
③ 도시 주거지역과 인접한 곳에 설치하기에 민원발생의 소지가 많아 이에 대한 적극적 해소 노력이 필요하다.

2 고형연료화

고형연료(固形燃料)란 가연성 폐기물(지정폐기물 및 감염성 폐기물을 제외한다)을 선별・파쇄・건조・성형을 거쳐 일정량 이하의 수분을 함유한 고체상의 연료로 제조한 것을 말한다.

(1) 일반 고형연료제품(SRF) 제조원료

지정폐기물이 아닌 생활폐기물(폐기물류 등 대형 가연성 고형폐기물 포함. 음식물류 폐기물 제외), 폐합성수지류(자동차 파쇄 잔재물 제외), 폐합성섬유류, 폐고무류(합성고무류 포함), 폐타이어 및 바이오 고형연료제품 제조원료

(2) 바이오 고형연료제품(Bio-SRF) 제조원료

지정폐기물이 아닌 폐지류, 농업폐기물(왕겨, 쌀겨, 옥수수대 등 농작물의 부산물), 폐목재류(원목으로 된 폐가구류 및 제재부산물 포함, 철도용 침목과 전신주로 사용된 것 제외), 식물성 잔재물(땅콩껍질, 호두껍질, 팜껍질, 코코넛껍질, 귤껍질 등을 말함, 음식물류 폐기물 제외), 초본류 폐기물

3 열분해

열분해(熱分解, Thermal Pyrolysis)에 있어 지역발생 폐기물의 열분해법은 산소가 없는 상태나 저산소 등에서 고온으로 가열하여 탄화수소계 오일, 가스를 회수하거나 유기화합물을 화학적으로 분해하는 방법을 말한다. 열분해 기술은 지역발생 폐기물과 소각처리가 직면하고 있는 폐가스와 폐수처리 중의 2차 오염물질 처리 및 매립처분량의 감소대책이라는 점에서 가장 확실한 방법으로 제시되고 있으나, 전처리공정이 필요하고 지역발생 폐기물의 조성이 다양하여 투입된 재료의 균질성이 불확실한 점, 그리고 열분해 생성물의 수율을 제고해야 하는 것 등이 주요 당면 과제이다.

일본 및 유럽, 미국 등지에서는 열분해 기술, 특히 플라스틱류에 대한 열분해 기술과 전처리공정 등을 꾸준히 연구개발하고 있으며, 차세대의 폐기물처리기술로서 중점적 연구개발 및 적극적 행정지원을 하고 있다. 참고로 현재 상용화되어 널리 사용하고 있는 열분해공정을 몇 가지 소개하면 다음과 같다.

① Purox Process
② Torrax Process
③ Rotary Kiln식 Landgard Process
④ 이동층 용융로식 열분해공정
⑤ Occidental Process
⑥ 회전식 열분해공정(BKMI-Pyrocal Process)
⑦ Thermoselect etc.

4 퇴비화

퇴비화(堆肥化, Composting)는 미생물을 이용하여 고형폐기물 등의 유기물을 분해하여 처리하는 방법을 말한다. 농업생산에서 전 세계적으로 널리 활용되는 방법으로 농업폐기물의 퇴비화 방식이 지역에서 발생하는 폐기물에 그 원리가 점차 활용된 것은 여러 가지의 재활용이 강조된 이후부터이며, 기계적 고속 퇴비화 방법이 개발되어 선진국에서 많이 활용되고 있다.

퇴비화 과정은 미생물학적 과정으로 진행되는데, 주로 다음과 같은 기본적인 조건과 관련하여 진행되고 있다.

① 퇴비화 물질의 물리적인 성질
② 퇴비화 물질의 전처리 유무
③ 화학적인 조성상태(영양분, 유독성 물질 등)
④ 퇴비화 물질의 미생물 함유상태
⑤ 환경적인 인자(함수율, 산소, 온도, pH, C/N Ratio)
⑥ 퇴비화 방식

유기물질의 분해에서 미생물의 활동은 기본적으로 두 가지 형태, 즉 산소가 충분히 공급되는 호기성(好氣性) 조건 아니면 그 반대인 혐기성(嫌氣性) 조건이다. 퇴비화에서 가장 중요한 것은 퇴비더미를 혐기성 상태로 유지해서는 안 된다는 것인데, 이는 혐기성 상태에서는 온도, 퇴비화 속도, 분해율, 회충란 및 병원균 사멸 등 모든 조건에서 불리하기 때문이다. 퇴비화를 위해 요구되는 설계인자들을 열거하면 다음과 같다.

① 퇴비화의 적정 C/N비는 대략 20 : 1 부근을 유지하여야 한다.
② 퇴비화 물질의 함수율이 30% 이하에서는 실제 퇴비화가 불가능하며, 적정 함수율로는 50~70% 수준을 유지하여야 한다.
③ 퇴비화의 적정온도는 60℃ 전후로 최소한 2주일 이상의 기간동안 유지되는 것이 바람직하다.
④ 퇴비화 재료의 입도는 가능한 한 작은 것이 바람직하나, 너무 입도가 작으면 호기성 상태를 유지시켜 주지 못하므로 호기성 상태를 유지시켜 주는 퇴비화 방법 등에 따라 또는 인공산소 공급 여부에 따라 적정 입도를 가져야 한다.
⑤ 퇴비화 재료의 pH 상태는 약알칼리 상태가 유리하며, 강산 및 강알칼리에서는 방해를 받는다.
⑥ 미생물에 해가 되는 독성물질이나 중금속 등은 퇴비화에 지장을 주므로 유의해야 한다.
⑦ 공기 공급은 필수적이며, 자연 순환공기를 공급하는 방법이 경제적이다.

퇴비화의 방법으로는 '야적 퇴비화법(Windrow Composting)'과 '기계식 퇴비화(Mechanical Composting)'가 있고, 고속 퇴비화 공법으로는 주입식 퇴비화법, 진공식 퇴비화법, 개량식 퇴비더미법, 기계식 고속 퇴비화법 등이 있다.

① **야적 퇴비화법**
토지의 확보가 용이하고, 악취가 그다지 문제가 되지 않는 지역에서 용이하며, 전처리 과정을 거쳐서 50mm 이하로 분쇄시킨 폐기물을 높이 2m 정도의 반구형으로 쌓거나 너비 약 4m, 높이 2m 정도의 반구형으로 쌓거나, 너비 약 4m, 높이 2m의 기다란

Windrow형으로 쌓아서 퇴비화를 진행시키며, 산소 공급을 돕기 위하여 통기관을 삽입시키기도 한다.

② 기계식 퇴비화법

가용(可用)토지가 부족하고, 비교적 유기질 성분이 많은 폐기물을 대량 처리하기 위한 지역에 적용이 가능하며, 전처리공정을 거친 유기물들이 커다란 회전식 실린더나 내면에 회전식 패들(Paddle)이 달린 사일로(Silo)와 같은 통 속에 투입되어 수일 동안 퇴비화 과정을 거치게 된다. 이때 미생물 분해를 촉진시키기 위하여 발효통 속에는 공기를 유통시키고, 온도와 수분함량도 적당하게 조절한다. 공정에 따라서는 후처리공정을 추가하여 숙성된 퇴비를 농경지에 살포하기 좋도록 다시 가공을 하고, 운반이 편리하도록 건조시키는 작업을 한다.

심화학습

지렁이를 이용한 음식물 퇴비화

지렁이를 이용해 유기성 쓰레기로부터 영양 많은 부식토(腐植土)를 얻을 수 있는데, 부엌에서 발생하는 음식물쓰레기를 사용하여 퇴비를 만드는 것에도 매우 적합한 방법이다. 정원이나 밭 또는 화단의 거름 등에 약간 축축한 음식물쓰레기를 가하게 되면 모처럼 잘 숙성되고 있는 퇴비의 작용을 방해하게 된다. 하지만 지렁이를 이용한 퇴비라면 매일매일 조금씩 가해주는 음식물쓰레기는 지렁이에게 아주 좋은 먹잇감이 되어 퇴비화를 진행시키는데 매우 효율적이다.

지렁이는 본래 땅 속에서 사는 동물이므로 지렁이를 이용해서 음식물쓰레기를 처리하기 위한 가장 좋은 방법은 텃밭이나 비닐하우스 등의 구조물을 설치하고 지렁이를 키우는 것이다. 하지만 대부분의 일반 가정에서는 비닐하우스를 설치할 마땅한 공간도 없을 뿐더러 설치비용에 대한 부담이 커질 수 있으므로 밭이나 정원이 없는 일반 가정의 부엌에서 지렁이 상자를 이용해서 음식물쓰레기를 처리하는 것도 하나의 방법이 될 수 있다.

지렁이는 신문지나 판지도 먹기 때문에 가연성 쓰레기의 양을 줄일 수 있고, 동시에 정원 화분이나 모형정원, 채소밭으로 영양 많은 채소를 재배하기 위한 비료와 흙을 만들어 주기도 한다(지렁이 배설물은 토양을 정화하는 작용을 함. 지렁이 분변토 효과).

5 매립

매립(埋立, Land-fill)은 공유수면에 폐기물 포함, 토사·토석 기타의 물건을 인위적으로 투입하여 토지를 조성하는 것을 말하며, 간척(干拓)을 포함한다.

매립은 '단순매립'과 '위생매립'으로 각각 구분할 수 있으며, 단순매립이란 어느 일정한 장소에 침출수 배제시설이나 우수 배제시설 등의 특별한 시설이나 조치를 하지 않고 폐기물을 단순히 투하하여 주변지역에 미치는 환경적 악영향이 매우 큰 재래적인 방법인 반면, 위생매립은 메탄가스 발생에 의한 화재를 방지하고 파리, 쥐 등의 서식을 막으며, 폐기물 침출수에 의한 환경오염을 줄이기 위하여 매립을 시작하기 전, 지하수에의 침투를 방지하기 위하여 필요한 조치를 하고 매립계획에 따라 일정한 장소에 하역시킨 폐기물을 적정 강도로 다진 후 일정 높이의 작업이 끝나면 최종 흙으로 덮는 방식이다(일명 복토작업을 말함).

[사진 1-3]은 서울특별시 마포구 하늘공원(옛 난지도 매립장) 전경이다. 현재는 수명이 완료되어 매립장 기능 대신 훌륭한 자연생태공원으로 조성되어 시민들의 휴식처로 거듭나고 있다.

(a) 자연생태공원 (b) 매립가스 포집시설

[사진 1-3. 서울특별시 마포 하늘공원(옛 난지도 매립장) 전경]

※ 자료 : Photo by Prof. S.B.Park, 2013년

폐기물 매립지 입지 선정을 위해서는 관련 법규, 주민민원, 경제적 여건 등을 포함한 여러 요소들이 검토되어야 한다. 일반적으로 폐기물 매립지 건설 전에 입지 선정을 위한 검토사항 몇 가지를 소개하면 다음과 같다.

① 관련 법규(정책적 사항)
② 주민의견 수렴(사회적 사항)
③ 입지선정기준(기술적 사항)
④ 경제적 사항

[사진 1-4]는 구글(Google) 위성사진으로 촬영한 남미 브라질 매립시설 전경이고, 〈표 1-1〉은 기술적 사항으로 분류되는 폐기물 매립지 입지선정기준 항목을 세분화한 것이다.

[사진 1-4. 해외 매립시설 전경(브라질)]

※ 자료 : 구글(Google) 위성사진, 2019년 2월(검색기준)

〈표 1-1〉 **폐기물 매립지 입지선정기준**

구 분	주요 항목
지 형 (Topography)	• 충분한 부지 확보 가능성 • 덮개 흙 조달 용이도 • 토공량 • 우수배제 용이도
수문지질 (Hydrogeology)	• 최고지하수위 • 지하수 용도 • 바닥층 토양 특성
위 치 (Location)	• 시각적 은폐 • 교통 • 폐기물 운반거리
생태학적 고려 (Ecology)	• 수림상태 • 특정 동・식물 서식
토지 이용 (Land Use)	• 매립지 주변의 주민거주 현황 • 매립 후 부지 사용 계획(사후활용 계획) • 매립지 주변 토지 이용 현황 • 지역계획과의 연관성

※ 자료 : 신현국, 환경학개론, 신광문화사

폐기물의 경제적이고 효과적인 처리를 위해 여러 공법이 개발되어 활용되고 있으나, 현재까지 가장 많이 사용되고 있는 처리방법은 주로 위생매립(Sanitary Land-fill)방식이다. 매립방식은 다음과 같은 장·단점이 있다.

(1) 매립의 장점

① 처리단가가 저렴하다.
② 특별한 처리기술이 불필요하다.
③ 일시에 대량처분이 가능하다.
④ 매립 후 주차장, 경작지, 택지, 공원 등의 부지로 활용할 수 있다.
⑤ 메탄가스 등 발생가스(LFG)를 회수하여 활용할 수 있다(경제성 효과).

(2) 매립의 단점

① 지가(地價)가 비싸거나 무계획적으로 도시를 개발할 경우 매립지 확보가 어렵다.
② 넓은 부지를 필요로 하고, 미관상 좋지 않다.
③ 매립 시 종이, 먼지 등 비산먼지의 날림으로 주변 생활환경을 저해한다.
④ 파리의 발생, 쥐의 서식 등으로 전염병의 발생원인이 될 수 있다.
⑤ 유기물의 부패로 악취가 발생할 수 있고, 메탄가스에 의한 폭발위험성이 상존한다.
⑥ 침출수의 발생으로 수질 및 토양오염의 우려가 있고, 매립 후 지반침하 등으로 토지 이용의 난점(難點)이 있다.

NCS 실무 Q&A

Q 폐기물처리시설 종합단지 기본계획을 수립하기 위해서는 무엇보다 주민민원을 사전에 고려해야 하는데, 이와 관련한 용어인 님비(NIMBY)와 핌피(PIMFY)에 대하여 설명해 주시기 바랍니다.

A 폐기물처리시설 종합단지 기본계획을 수립하기 위해서는 기술적, 경제적 사회문화적 요소들을 다양하게 고려해야 하는데, 그 중 가장 중요한 것이 지역주민의 민원 해소 방안일 것입니다.
따라서 주민민원과 관련된 기초용어인 님비(NIMBY)와 핌피(PIMFY)에 대하여 간략히 설명하면,
님비는 'Not In My Back Yard'의 준말로서 쓰레기 소각장이나 핵폐기물처리장, 원자력발전소 등과 같이 공해나 위험의 가능성이 있는 사회적 시설물의 설치에 대해서 그 필요성은 원칙적으로 인정하면서도 자기 주거지역에서만은 안 된다고 하는 자기중심적인 태도나 경향을 말합니다.
반면, 핌피는 'Please In My Front Yard'의 준말입니다. 이는 지역이기주의 중 하나로서, 주로 그 지역에 이익이 되는 시설들을 자신의 지역에 끌어오려고 하는 것을 뜻하며 지하철역, 기차역, 병원, 버스터미널 등이 건설될 때 생깁니다. 님비와는 반대의 개념입니다.

CHAPTER 2

폐기물 발생 및 주요 정책

학습목표

1. 폐기물 발생 및 처리현황을 파악할 수 있다.
2. 폐기물 관련 주요 정책을 알 수 있다.

학습내용

1. 폐기물 발생 및 처리현황
2. 폐기물 관련 주요 정책

1 폐기물 발생 및 처리현황

1 폐기물 발생현황

○ 2015년도 총 폐기물 발생량(지정폐기물 제외)은 1일 404,812톤으로 전년대비 약 4.2% 증가함.

○ 2015년도 발생 폐기물 구성비는 건설폐기물 49.0%, 사업장배출시설계폐기물 38.3%, 생활폐기물 12.7%임.

〈표 2-1〉은 연도별 폐기물 발생현황을 요약한 것이고, [그림 2-1]은 폐기물 발생량 변화추이 ('10~'15) 및 종류별 구성 비율을 나타낸 것이다.

〈표 2-1〉 **연도별 폐기물 발생현황** (단위 : 톤/일, %)

구 분		'10	'11	'12	'13	'14	'15
총 계	발생량	365,154	373,312	382,009	380,709	388,486	404,812
	전년대비 증감률	2.0	2.2	2.3	−0.3	2.0	4.2
생활 폐기물[1]	발생량	49,159	48,934	48,990	48,728	49,915	51,247
	전년대비 증감률	−3.4	−0.5	0.1	−0.5	2.4	2.7
사업장 배출 시설계 폐기물[2]	발생량	137,875	137,961	146,390	148,443	153,189	155,305
	전년대비 증감률	11.5	0.1	6.1	1.4	3.2	1.4
건설 폐기물	발생량	178,120	186,417	186,629	183,538	185,382	198,260
	전년대비 증감률	−2.9	4.7	0.1	−1.7	1.0	6.9

※ 주 : [1] 생활폐기물은 가정생활폐기물, 사업장생활계폐기물, 공사장생활계폐기물을 함께 포함한 수치임.
[2] 사업장배출시설계폐기물은 지정폐기물을 제외한 수치임(단위 : 톤/일, %).

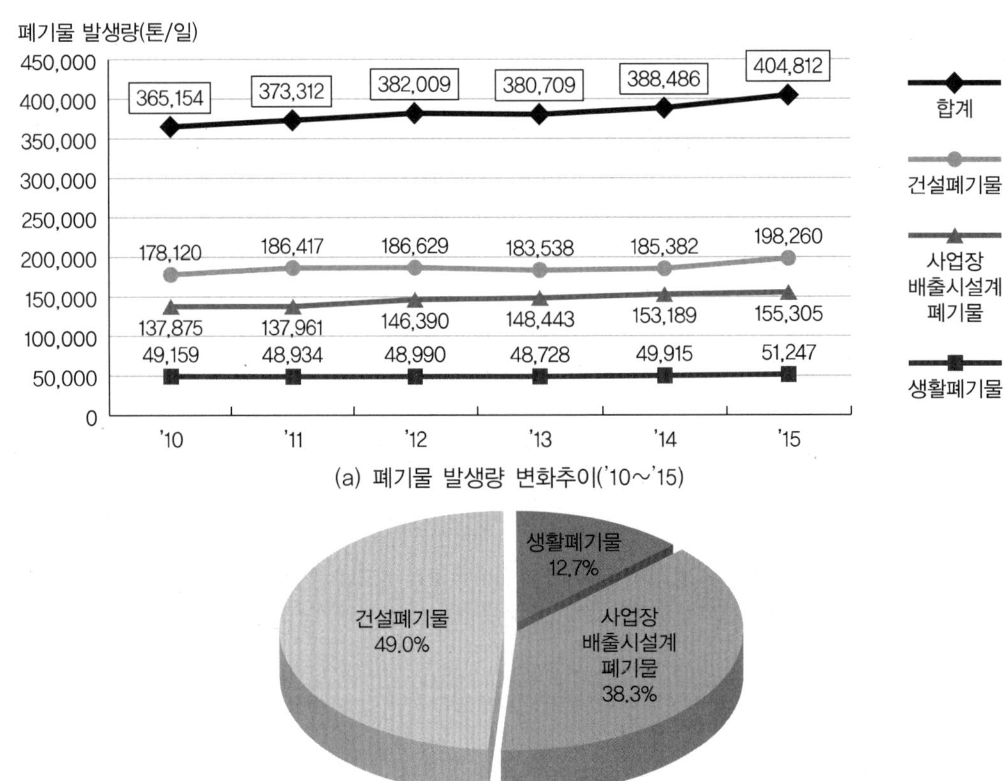

(a) 폐기물 발생량 변화추이('10~'15)

(b) 폐기물 종류별 구성비율

[그림 2-1. 폐기물 발생량 변화추이('10~'15) 및 종류별 구성비율]

※ 자료 : 환경부·한국환경공단, 2015년 전국 폐기물 발생 및 처리현황, 2016년

2 폐기물 처리현황

- ○ 폐기물처리에 있어 주요 방법은 재활용이며, '15년도 재활용률은 85.2%로 전년(84.8%) 대비 0.4%P 증가함.
- ○ '15년도 매립률은 8.7%로 전년(9.1%)대비 0.4%P 감소하였으며, 소각률은 5.9%로 전년(5.8%)대비 0.1%P 증가함.

〈표 2-2〉는 연도별 폐기물 처리방법의 변화를 요약한 것이고, [그림 2-2]는 폐기물 처리량 변화추이('10~'15)를 나타낸 것이다.

〈표 2-2〉 연도별 폐기물 처리방법의 변화

구 분	'10		'11		'12		'13		'14		'15	
	톤/일	%	톤/일	%	톤/일	%	톤/일	%	톤/일	%	톤/일	%
계[1]	365,154	100	373,312	100	382,009	100	380,709	100	388,486	100	404,812	100
매 립	34,306	9.4	34,026	9.1	33,698	8.8	35,604	9.4	35,375	9.1	35,133	8.7
소 각	19,511	5.3	20,898	5.6	22,848	6.0	22,918	6.0	22,420	5.8	23,904	5.9
재활용	304,381	83.4	312,521	83.7	322,419	84.4	319,579	83.9	329,268	84.8	345,114	85.2
해역 배출	6,956	1.9	5,867	1.6	3,044	0.8	2,608	0.7	1,423	0.3	661	0.2

※ 주 : [1] 사업장폐기물 중 지정폐기물은 제외함.

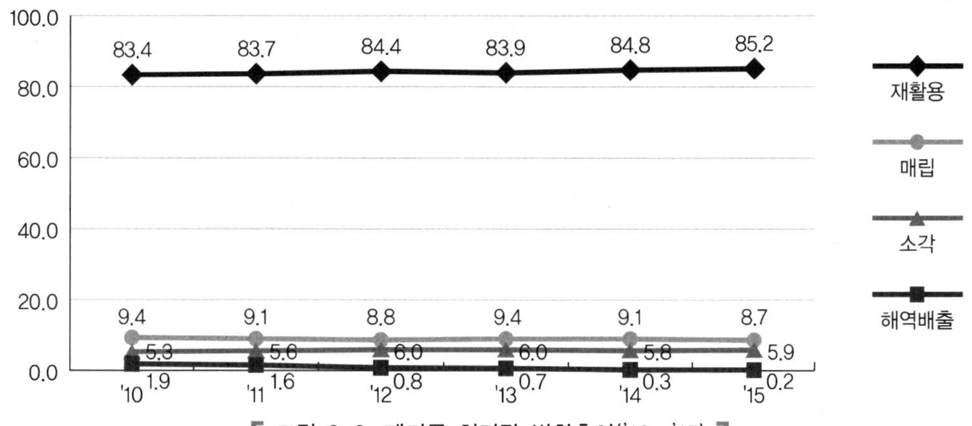

[그림 2-2. 폐기물 처리량 변화추이('10~'15)]

※ 자료 : 환경부・한국환경공단, 2015년 전국 폐기물 발생 및 처리현황, 2016년

2 폐기물 관련 주요 정책

1 정책 일반

국제유가가 급격히 상승하면서 그 동안 더 이상 쓸모가 없어 땅 속에 매립되거나 바다에 버려지던 폐기물의 에너지 자원 활용이 본격화된다. 과거에 매립된 폐기물에서도 바이오가스를 추출해 전기를 생산하고, 폐기물을 소각하는 과정에서 발생하는 폐열도 최대한 회수해 에너지로 활용할 것으로 보인다.

환경부는 이제까지 폐기물의 재사용과 재활용 정책을 중점 추진해 왔지만, 최근 국제유가 상승의 지속과 온실가스 감축을 위해 그간 매립 또는 해양투기되어 온 폐기물까지도 에너지 자원으로 활용한다는 방침이다. 우선 이를 달성하기 위해 고형연료화(SRF)시설 및 전용발전시설, 바이오가스화 및 발전시설 등을 지속적으로 확충하고, 매립가스와 소각여열 회수 지원사업도 병행하여 추진한다. [사진 2-1]은 고형연료 생산 및 활용 모식도이다.

[사진 2-1. 고형연료(SRF) 생산 및 활용]

또한 폐기물 에너지화 추진기반 마련을 위해 관계부처, 지자체, 지역주민 및 관계전문가 간 협조 및 지원체계를 구축하고 있으며, 지자체에 대한 매립・소각시설 설치 국고지원의 단계적 축소, 매립부과금 부과, 발전차액 등 인센티브도 제공한다.

환경부는 에너지화시설 입지 규제완화 등 정책전환 및 관계법령 정비, 기술개발 지원을 통해 폐기물 에너지화 추진기반을 마련해 나가는 한편, 초기에 지자체의 공공·생활폐기물을 중심으로 한 재정지원 및 시설확충을 통해 에너지화 여건을 조성, 중·장기적으로 민간사업자 참여 및 사경제시장으로 확산시켜 나갈 계획이다.

2 주요 정책

(1) 쓰레기 종량제

쓰레기 종량제(從量制)는 전체 쓰레기 발생량을 줄일 목적으로, 배출되는 쓰레기의 양에 따라 요금을 부과하는 제도를 말한다. 국내에서는 1994년 4월부터 일부 지역에서 시작되었으며, 1995년 1월 1일부터 전국적으로 시행되었다. 용량에 따라 비닐 규격봉투의 크기를 다르게 하는 방법을 쓰고 있으며, 이 밖에도 깡통·플라스틱·종이류는 따로 수거하여 재활용하고 있다.

우리나라에서는 쓰레기 종량제에 따라 규격봉투를 쓰며, 각 지방자치단체별로 각기 다른 모양의 것을 판매하고 있다. 크기도 버리는 쓰레기의 용량에 따라 소, 중, 대가 나뉘어 있다. 지정된 쓰레기봉투가 아닌 다른 비닐봉투를 사용했을 경우는 쓰레기를 수거하는 측에서 쓰레기의 수집을 거부할 수 있다. 쓰레기봉투에 쓰레기를 너무 많이 담아 수거 전에 봉투가 파손되어 주변 환경을 더럽히거나, 봉투의 파손을 막기 위해 여러 겹의 비닐봉투를 쓰는 경우 매립지에서 봉투가 찢어지지 않아 2차 환경오염을 일으키므로 최근에는 생분해성 봉투를 많이 쓰고 있다.

(2) 폐기물 부담금제도

① 정의 및 법률적 근거

'폐기물 부담금제도'란 유해물질 또는 유독물을 함유하고 있거나, 재활용이 어렵고, 폐기물 관리상 문제를 일으킬 수 있는 제품, 재료, 용기에 대한 폐기물 처리비용을 해당 제품, 재료, 용기의 제조업자 또는 수입업자에게 부담하도록 하여 폐기물의 발생을 생산단계에서부터 억제하고 자원의 낭비를 막기 위한 제도를 말한다. 이 폐기물 부과금제도는 '자원의 절약과 재활용 촉진에 관한 법률' 제12조(폐기물부담금)에 근거하고 있다.

② 대상 품목

㉠ 살충제(유리병, 플라스틱 용기), 유독물(금속캔, 유리병, 플라스틱 용기), 부동액, 껌, 1회용 기저귀, 담배(전자담배 포함)의 제조·수입업자 또는 도·소매업자

㉡ 플라스틱을 재료로 사용한 제품으로서 시행령 [별표 1]의 2에 따른 업종의 제조업을 경영하는 자 또는 도·소매업자가 제조하거나 수입한 제품. 다만, 합성수지 섬유 제품은 제외한다(소비자에게 판매하기 위하여 시장에 유통되는 최종단계의 제품을 말한다). 여기서 플라스틱을 재료로 사용한 제품이란 합성수지, 가소제, 첨가제를 사용

하여 제조한 제품 및 그 수입제품으로 제품의 전체 또는 일부가 플라스틱(합성수지) 재질인 제품을 말한다. 즉 트렁크, 신발(뒷굽 및 깔창), 오디오(테이프), 사진필름, 인조잔디, 가위, 공기청정기, 전기다리미, 전자계산기, 인체보정기, 저항검사기, 안경테, 전자시계, 이륜자전거, 플라스틱 가구, 장난감 등 제품의 일부가 플라스틱으로 되어 있는 제품들도 폐기물부담금 부과 대상 제품에 해당한다. 그리고 최종단계 제품과 중간단계 제품의 구별은 제품의 성질이 아닌 사용 목적에 따라 구분하는데, 최종단계 제품을 제조하기 위하여 제조공정에 다시 투입하는 경우(원재료, 반제품, 부품 등) 중간단계 제품에 해당되어 부과대상에 해당되지 않지만 제품의 유지 및 보수를 위하여 별도로 판매되는 부품의 경우는 부과대상이다.

③ 납부 대상자

㉠ 유독물(금속캔, 유리병, 플라스틱 용기), 부동액, 껌, 1회용 기저귀, 담배의 수입업자 및 제조업자

㉡ 플라스틱을 재료로 사용한 제품의 제조업자 및 수입업자

- 소비자에게 판매하기 위하여 시장에 유통되는 최종단계의 완제품을 제조하거나 수입한 자(부분품 및 부속품을 사용하여 최종단계의 완제품으로 제조하여 판매하는 제조업자 및 그 제품 수입업자를 포함한다)

  여기서 '부분품'이란 주된 물품의 기능작용 또는 구성에 있어서 필수요소가 되는 불가결의 부분을 이루는 것을 말하며, '부속품'이란 주된 물품의 기능작용 또는 구성의 필수요소는 아니지만 그 물품에 있어서 통상적이고 일반성을 가진 장치 또는 부착물을 말한다.
- 최종단계의 완제품을 제조하는 공정에 투입되지 아니하고, 완제품의 기능작용 등을 위하여 소비자에게 판매되는 부분품 및 부속품을 제조하거나 수입한 자
- 폐기물부담금 부과대상 품목에 대한 상표권을 소유한 자(상표권을 양도할 경우 상표권을 양수한 자)
- 상표권이 없더라도 상품을 소유한 자로서 소비자에게 판매하기 위하여 제조하는 제조업자 또는 그 제품의 수입업자

㉢ 폐기물부담금 대상 최종단계의 완제품 제조자에 속하지 않는 제품

- 시장에 유통되는 최종단계의 완제품을 화학적 변화없이 단순 절단, 접착, 인쇄하여 판매하는 경우
- 최종단계의 완제품을 가공하여 건축물 및 구축물로 시공한 경우
- 최종단계의 완제품을 단순히 상품을 선별, 정리, 분할, 포장, 재포장하는 경우

④ 플라스틱 부과대상 업종

플라스틱 제품 부과 관련, 부과대상 업종은 다음 〈표 2-3〉과 같다(법제처, 2017년 4월 (검색기준)).

〈표 2-3〉 **[별표 1의 2] 폐기물부담금 부과대상 업종 시행령**(제10조 제1항 제6호 관련)

업종의 구분	부과대상 업종의 구체적 범위
1. 섬유제품 제조업 : 의복 제외(C13)	기타 섬유제품 제조업(C139)
2. 가죽, 가방 및 신발 제조업(C15)	가. 가죽, 가방 및 유사제품 제조업(C151)
	나. 신발 및 신발 부분품 제조업(C152)
3. 인쇄 및 기록매체 복제업(C18)	기록매체 복제업(C182)
4. 화학물질 및 화학제품 제조업 : 의약품 제외(C20)	기타 화학제품 제조업(C204)
5. 고무제품 및 플라스틱 제품 제조업(C22)	플라스틱 제품 제조업(C222)
6. 금속가공제품 제조업기계 및 가구 제외(C25)	기타 금속가공제품 제조업(C259)
7. 전자부품, 컴퓨터, 영상, 음향 및 통신장비 제조업(C26)	가. 반도체 제조업(C261)
	나. 전자부품 제조업(C262)
	다. 컴퓨터 및 주변장치 제조업(C263)
	라. 통신 및 방송장비 제조업(C264)
	마. 영상 및 음향기기 제조업(C265)
	바. 마그네틱 및 광학 매체 제조업(C266)
8. 의료, 정밀, 광학기기 및 시계 제조업(C27)	가. 의료용 기기 제조업(C271)
	나. 측정, 시험, 항해, 제어 및 기타 정밀기기 제조업 : 광학기기 제외(C272)
	다. 안경, 사진장비 및 기타 광학기기 제조업(C273)
	라. 시계 및 시계부품 제조업(C274)
9. 전기장비 제조업(C28)	가. 절연선 및 케이블 제조업(C283)
	나. 전구 및 조명장치 제조업(C284)
	다. 가정용 기기 제조업(C285)
	라. 기타 전기장비 제조업(C289)
10. 기타 기계 및 장비 제조업(C29)	가. 일반 목적용 기계 제조업(C291)
	나. 특수 목적용 기계 제조업(C292)
11. 자동차 및 트레일러 제조업(C30)	가. 자동차용 엔진 및 자동차 제조업(C301)
	나. 자동차 차체 및 트레일러 제조업(C302)
	다. 자동차 부품 제조업(C303)
12. 기타 운송장비 제조업(C31)	가. 선박 및 보트 건조업(C311)
	나. 철도장비 제조업(C312)
	다. 항공기, 우주선 및 부품 제조업(C313)
	라. 그 외 기타 운송장비 제조업(C319)

업종의 구분	부과대상 업종의 구체적 범위
13. 가구 제조업(C32)	가구 제조업(C320)
14. 기타 제품 제조업(C33)	가. 귀금속 및 장신용품 제조업(C331)
	나. 악기 제조업(C332)
	다. 운동 및 경기용구 제조업(C333)
	라. 인형, 장난감 및 오락용품 제조업(C334)
	마. 그 외 기타 제품 제조업(C339)

※ 비고

1. 업종의 구분은 한국표준산업분류의 중분류를 따르고, 부과대상 업종의 구체적 범위는 한국표준산업분류의 소분류를 따른다.
2. 괄호 부분은 한국표준산업분류에 따른 해당 분류번호를 말한다.

⑤ 부과 제외대상

㉠ 수출을 목적으로 제조 또는 수입한 제품, 재료, 용기

㉡ 기초연구진흥 및 기술개발지원에 관한 법률 제14조 제1항에 따른 기관이나 단체가 수입하는 연구용 제품·재료·용기의 견본품

㉢ 플라스틱 제품으로 다음 어느 하나에 해당되는 제품

- 플라스틱 제품의 매출액이 연간 10억 원 미만 또는 연간 플라스틱 사용량이 10톤 이하인 제품
- 연간 수입하는 양이 금액 기준으로 미화 9만 달러 미만 또는 연간 수입한 제품에 포함된 플라스틱량이 3톤 이하인 경우
- 법적으로 소유자에게 제품의 취득·보관·사용 및 폐기에 따른 의무가 부여된 경우
- [자동차관리법] 제2조 제1호에 따른 자동차(이륜자동차 제외)
- [군수품관리법] 제11조에 따라 획득된 차량
- [건설기계관리법] 제2조 제1항 제1호에 따른 건설기계
- [선박법] 제2조에 따른 한국 선박
- [어선법] 제2조 제1항에 따른 어선
- [항공법] 제3조에 따라 등록한 항공기
- [철도사업법] 제5조에 따라 면허를 받은 사업자가 관리하는 철도차량
- [의료기기법] 제2조 제1항에 따른 의료기기에 해당하는 1회용 주사기 및 수액 세트, 혈관 내 튜브·카테터 등 일부 품목
- 의료기관에 납품하는 1회용 기저귀

㉣ 환경부장관과 제조업자 또는 수입업자(사업자 단체 등 포함)가 폐기물 회수·재활용에 관하여 법 제17조부터 제19조까지의 규정에 따른 이행방법을 정한 자발적 협약을 체결하고, 협약에 따른 의무를 이행한 제품

㉤ '자원의 절약과 재활용 촉진에 관한 법률' 제12조 제1항 중 '제16조의 규정에 의한 재활용 의무대상 제품, 포장재 및 생분해성 수지제품'

㉥ 폐기물부담금 대상 플라스틱 제품 중 일정 비율 이상 재활용한 경우, 부담금 면제

⑥ 수입 및 제조업자 이행절차

㉠ 수입업자 이행절차

폐기물부담금 대상제품 수입업체는 전년도 제품 수입실적에 관한 자료를 매년 3월말까지 사업자 소재지의 관할 한국환경공단 관할 지역본부 및 지사에 제출해야 한다. 법정 적용기한은 전년도 1월 1일부터 12월 31일까지 수입분이며, 법정 제출기한은 익년도 3월 31일까지, 그리고 제출방법은 우편, 팩스, 방문 및 폐기물부담금 시스템(www.budamgum.or.kr) 등이다. 이해를 돕기 위하여 수입업자 업무 흐름도를 요약하면 [그림 2-3]과 같다.

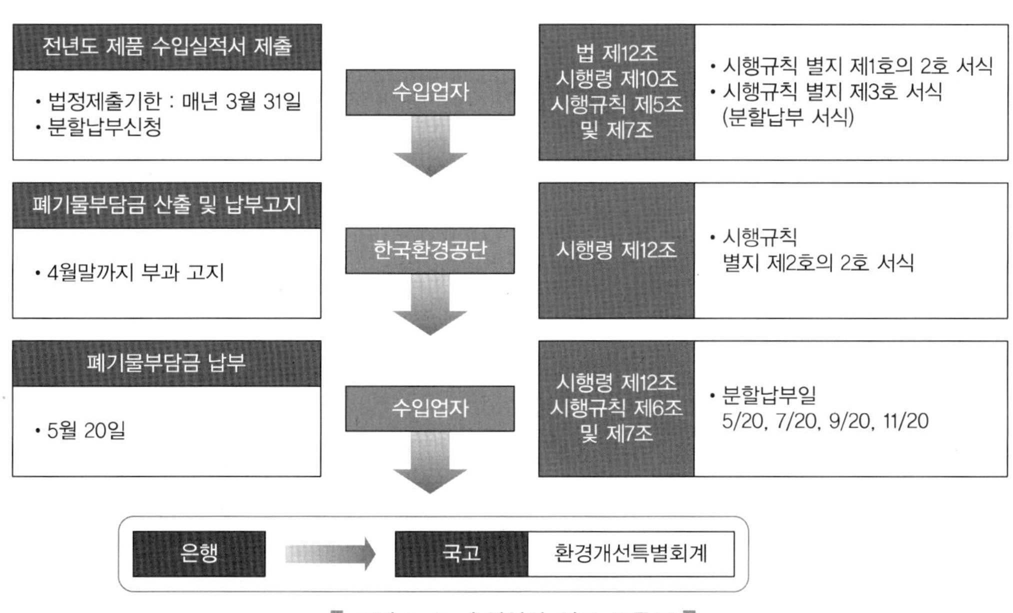

[그림 2-3. 수입업자 업무 흐름도]

※ 자료 : 폐기물 부담금제도(http : //www.budamgum.or.kr), 2019년 1월(검색기준)

㉡ 제조업자 이행절차

폐기물부담금 대상제품 제조업체는 전년도 제품 출고실적에 관한 자료를 매년 3월말까지 사업자 소재지의 관할 한국환경공단 관할 지역본부 및 지사에 제출해야 한다.

법정 적용기한은 전년도 1월 1일부터 12월 31일까지 출고분이며, 법정 제출기한은 익년도 3월 31일까지, 그리고 제출방법은 우편, 팩스, 방문 및 폐기물부담금 시스템(www.budamgum.or.kr) 등이다. 이해를 돕기 위하여 제조업자 업무 흐름도를 요약하면 [그림 2-4]와 같다.

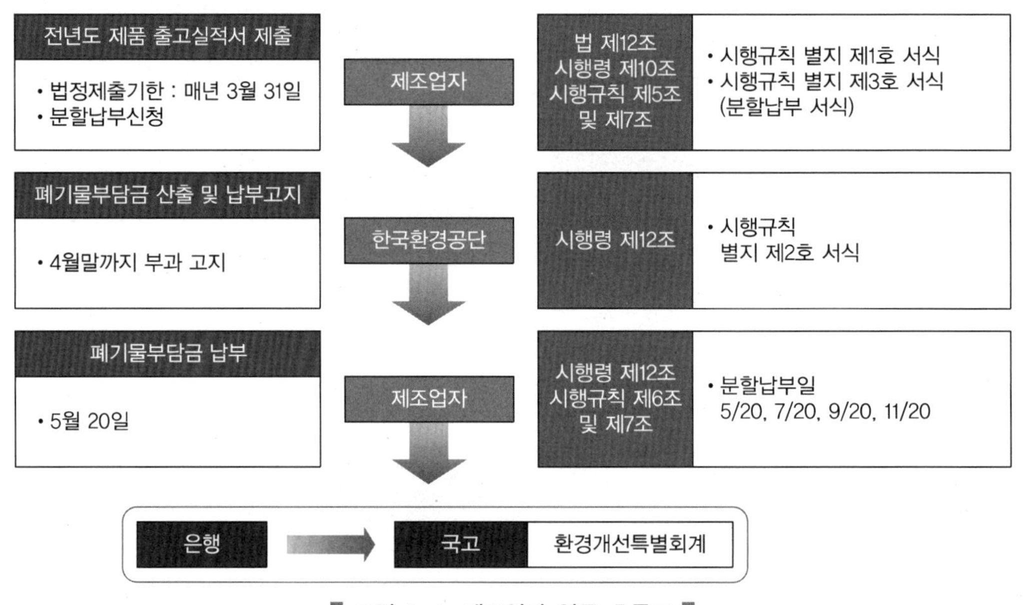

[그림 2-4. 제조업자 업무 흐름도]

※ 자료 : 폐기물 부담금제도(http://www.budamgum.or.kr), 2019년 1월(검색기준)

(3) 플라스틱 폐기물 자발적 협약제도

① 정의 및 법률적 근거

'플라스틱 폐기물 회수·재활용 자발적 협약제도'란 폐기물부담금 대상이 되는 플라스틱 제품 및 그 포장재의 제조·수입업자(사업자 단체 포함)가 환경부장관과 협약을 체결하고 협약의무를 이행하는 경우 폐기물부담금을 면제해주는 제도를 말한다. 폐기물부담금 대상 플라스틱 제품은 생산자 책임 재활용 제도 대상 품목과 달리 재활용을 이행하여도 폐기물부담금을 면제받지 못하는 문제점이 있어, 2008년부터 환경부장관과 대상 사업자가 플라스틱 폐기물 회수·재활용 자발적 협약을 체결하고 이행함으로써 대상 사업자의 부담을 경감시키고 플라스틱 재활용 활성화를 유도하게 되었다. 이 '플라스틱 폐기물 회수·재활용 자발적 협약제도'는 '자원의 절약과 재활용 촉진에 관한 법률' 제12조 제2항 2호에 근거하고 있다.

② 대상 품목

'플라스틱 폐기물 회수・재활용 자발적 협약' 대상 품목으로는 프로파일・바닥재, PE관, PE영농필름, 파렛트・컨테이너, 전력통신선, 건설용 발포폴리스티렌, PVC관(이형제품 포함), 로프・망, 김발장, 비료포장재, 곤포사일리지, 청소기, 정수기, 청정기, 비데, 필터, 자동차 AS용 범퍼몰딩(가니쉬 포함), 산업용 PE 필름, 콘크리트 거푸집용 합성수지판, 생활용품(주방용품 등 18개 품목), 연수기, 음식물처리기 등이 있다.

③ 협약 신청자격

㉠ '자원의 절약과 재활용 촉진에 관한 법률' 시행령 제10조 제1항 제6호의 규정에 따른 플라스틱을 재료로 사용한 제품으로서, [별표 1의 2]에 따른 업종의 제조업을 경영하는 자 또는 도・소매업자가 제조하거나 수입한 제품

㉡ 폐기물로 발생되는 해당 품목을 수거, 회수할 수 있는 지역별 회수체계를 갖추거나 이를 구비한 재활용 사업자와 계약한 생산자(또는 단체)

㉢ 폐기물로 회수된 해당 품목을 관련법규에 따라 재활용하여 재활용의무율이 달성될 수 있도록 재활용시설을 설치, 운영하거나 이를 구비한 재활용사업자와 계약한 생산자(또는 단체)

㉣ 해당 품목의 회수, 재활용 실적 및 상기 사업자를 관리 감독할 인력, 조직을 갖춘 생산자(또는 단체)

④ 협약의 갱신 및 해제

㉠ 협약의 갱신

- 1년 단위로 협약을 체결한 자가 협약기간을 연장하고자 하는 경우에는 협약의 효력이 완료되는 연도 10월 31일까지 협약이 완료되는 3개월 전까지의 이행결과 보고서와 협약 참여의향서, 이행계획서, 이행확약서, 미이행부과금 납부・고지대행 확약서 및 증빙서류를 첨부하여 환경부장관에게 협약의 갱신을 요청하여야 한다.
- 환경부장관은 협약 체결자로부터 협약의 갱신을 요청받은 경우에는 재활용의무율 달성도, 회수・재활용 여건 등을 심사하여 적정한 자격을 갖춘 것으로 평가된 협약의 갱신을 요청한 자와 협약을 갱신하여야 한다.

㉡ 협약의 해제

- 협약체결자가 협약을 해제하고자 하는 경우에는 환경부장관에게 협약의 해제를 요청할 수 있고, 이 경우 환경부장관은 특별한 사유가 없는 한 협약을 해제하여야 한다.
- 협약체결자가 다음 어느 하나에 해당하는 경우에는 협약을 해제할 수 있다.
  - 재활용의무율 개선 부진 등의 사유로 제도전환이 불가하다고 판단되는 경우(단, 이 경우에는 협약 해제 통보일로부터 3년 이내에 협약 재진입을 제한할 수 있음)
  - 자료를 허위로 작성하여 협약을 체결한 경우

- 생산자의 책무를 미이행한 경우
- 단체의 책무를 미이행한 경우
- 회수·재활용 여건 등을 감안 자발적 협약의 정상적인 운영이 어렵다고 판단되는 경우
- 협약 이행실태 점검을 위한 자료를 제출하지 아니하거나 출입·검사를 거부 또는 방해한 경우
- 협약을 체결한 자가 제출한 이행결과 보고서 및 증빙자료의 허위사실을 확인한 경우
- 미이행부과금을 2회 이상 부과받거나 미이행부과금을 3개월 이상 연체한 경우

• 협약이 해제된 경우에는 그 해제된 연도의 해당 제품 출고량에 대한 폐기물부담금을 부과한다.

⑤ 경제적 편익효과

한국환경공단에서는 2015년 플라스틱 폐기물 회수·재활용 자발적 협약제도 운영을 통해 약 198천 톤의 폐플라스틱 재활용을 통해 총 1천717억 원의 경제적 편익을 창출했다고 발표하였다(출처 : 워터저널, 2016.11. 인터넷 기사).

공단이 발표한 이 협약의 2015년도 운영성과 분석에 따르면 매립·소각처리비용 4억 원 절감효과, 재활용 시장에서 재생가치를 가지고 유통·판매할 수 있는 재활용품의 경제적 가치는 1천278억 원으로 총 1천717억 원의 경제적 효과를 냈다. 자발적 협약 대상 품목 전체 출고량 중 재활용의무량(192천 톤)을 초과한 198천 톤을 재활용함으로써 103.3%의 목표달성률을 기록했다. 이와 더불어 협약 이행 제조업체의 경우, 자발적 협약을 통해 폐기물부담금 약 814억 원을 면제받음으로써 기업의 경제적 부담을 경감하는 성과도 함께 거두었다.

(4) 자원순환기본법

① 도입 배경

자원순환기본법은 폐기물의 매립 및 소각량을 최소화하고 폐자원의 재활용을 촉진하기 위해 2016년 5월 최초 제정된 법으로, 2018년 1월 1일부터 시행되었다.

이 법률에 따라 시행되는 주요 제도로는 폐기물처분부담금제도, 자원 순환성과 관리, 순환자원 인정제도 같은 것이 있는데, 폐기물처분부담금의 요율을 포함해서 법률의 시행을 위한 구체적인 내용을 담고 있다.

② 주요 내용

㉠ 제1장 총칙

• 이 법은 자원을 효율적으로 이용하여 폐기물의 발생을 최대한 억제하고 발생된 폐기물의 순환이용 및 적정한 처분을 촉진하여 천연자원과 에너지의 소비를 줄임으

로써 환경을 보전하고 지속 가능한 자원순환사회를 만드는 데 필요한 기본적인 사항을 규정함을 목적으로 한다.

- 국가는 자원순환사회로의 전환을 종합적·체계적으로 추진하기 위한 시책을 수립·시행하여야 하고, 지방자치단체는 제1항에 따른 국가의 시책에 따라 국가와의 적절한 역할 분담 및 관할구역의 경제적·자연적·사회적 여건을 고려한 자원순환사회로의 전환에 관한 시책을 수립·시행하여야 한다.
- 사업자는 자원의 투입과 에너지 사용을 효율적으로 하고 공정 및 제품의 재질·구조 등을 개선하여 사람의 생활이나 산업활동에 필요한 제품·원료·재료·용기가 폐기물로 되는 것을 최대한 억제함으로써 폐기물의 발생을 줄여야 한다.
- 사업자는 발생된 폐기물을 스스로 순환이용하거나, 폐기물을 종류별·용도별로 분리하여 배출하는 등의 방법으로 자원순환산업에 종사하는 자가 쉽게 순환이용을 할 수 있도록 하여야 한다.
- 사업자는 처분대상 폐기물을 줄이기 위한 기술개발을 위하여 노력하고, 자원순환사회로의 전환을 위한 국가 및 지방자치단체의 시책에 적극 협력하여야 한다.

㉡ 제2장 자원순환기본계획의 수립 등

- 환경부장관은 자원의 효율적 이용, 폐기물의 발생 억제 및 순환이용의 촉진 등에 관한 중장기 정책 목표와 방향을 제시하는 자원순환기본계획을 관계 중앙행정기관의 장과 협의를 거쳐 10년마다 수립·시행하여야 한다.
- 자원순환기본계획에는 자원순환사회로의 전환에 관한 기본방침과 추진목표에 관한 사항, 자원의 절약과 폐기물의 발생 억제에 관한 사항, 순환이용의 활성화와 폐기물의 처분에 관한 사항, 지방자치단체·사업자·국민 등 이해관계자의 역할 분담에 관한 사항, 기본계획의 시행에 드는 비용의 산정 및 재원의 확보 계획, 그 밖에 자원순환사회로의 전환에 필요한 사항으로서 대통령령으로 정하는 사항 등이 포함되어야 한다.
- 환경부장관은 자원순환기본계획을 수립한 후 5년이 지나면 그 타당성을 검토하여야 한다.

㉢ 제3장 자원순환 촉진시책 등

- 환경부장관은 폐기물의 발생을 억제하고 순환이용을 촉진하기 위하여 다음 각 호의 사항에 대한 국가의 중장기·단계별 자원순환 목표를 설정하고, 그 달성에 필요한 조치를 하여야 한다.
  - 폐기물 발생량 대비 폐기물 최종처분량의 비율인 최종처분율
  - 폐기물 발생량 대비 폐기물 순환이용량의 비율인 순환이용률
  - 에너지화 가용폐기물 발생량 대비 에너지화된 폐기물량의 비율인 에너지회수율

- 순환자원의 사용을 촉진할 필요가 있는 사업자로서 대통령령으로 정하는 업종 및 규모 이상의 사업자는 대통령령으로 정하는 순환자원을 환경부장관과 산업통상자원부장관이 공동으로 고시하는 지침에 따라 일정량 이상 사용하도록 노력하여야 한다. 이 경우 해당 지침에는 순환자원의 사용량 및 사용방법 등 환경부령으로 정하는 사항이 포함되어야 한다.
- 환경부장관 및 산업통상자원부장관은 순환자원의 사용 실적이 우수한 순환이용사업자에게 행정적·기술적·재정적 우대조치를 할 수 있다.
- 환경부장관 및 산업통상자원부장관은 순환자원의 사용을 촉진하기 위하여 필요한 경우에는 관계 중앙행정기관의 장과 협의하여 제1항에 따른 업종에서 제품 등의 생산에 사용하여야 하는 원재료의 사용 표준을 마련하여 공동으로 고시할 수 있다.
- 자원순환성과관리대상자 또는 순환이용사업자는 사업자의 자원순환성과관리나 순환자원의 사용 촉진 등과 관련된 업무를 원활하게 수행하기 위하여 사업자 단체를 설립할 수 있다.

㉣ 제4장 자원순환 기반 조성 및 지원 등

- 환경부장관은 폐기물을 순환이용할 수 있음에도 불구하고 소각 또는 매립의 방법으로 폐기물을 처분하는 경우 폐기물처분부담금을 부과·징수할 수 있다.
- 폐기물처분부담금은 소각 또는 매립한 폐기물을 순환이용하는 데에 소요되는 비용을 고려하여 산정하되, 처분한 폐기물의 양에 대통령령으로 정하는 산출기준을 적용하여 산출된 금액과 대통령령으로 정한 산정지수를 곱하여 산정한다.
- 폐기물처분부담금의 산정·감면기준, 납부시기·절차 및 그 밖에 필요한 사항은 대통령령으로 정한다.
- 환경부장관은 폐기물처분부담금을 내야 하는 자가 납부기한까지 내지 아니하면 30일 이상의 기간을 정하여 납부를 독촉하여야 한다. 이 경우 체납된 폐기물처분부담금의 100분의 3에 해당하는 가산금을 부과한다.
- 환경부장관은 폐기물처분부담금을 산정하기 위하여 필요한 경우에는 「한국환경공단법」에 따른 한국환경공단이나 폐기물 소각시설 또는 매립시설을 설치·운영하는 자에게 관련 자료의 제출을 요청할 수 있다. 이 경우 요청을 받은 자는 특별한 사유가 없으면 이에 따라야 한다.
- 폐기물처분부담금은 다음 각 호의 용도로 사용하여야 한다.
  - 폐기물과 순환자원의 이용을 장려하기 위한 홍보·교육, 문화조성 등의 사업
  - 폐기물처리시설, 자원순환시설 및 그 주변지역의 환경 개선을 위한 사업
  - 폐기물의 발생 억제, 순환이용 및 처분을 위한 시설의 설치·운영
  - 자원순환산업 및 영세한 자원순환시설을 위한 단지의 조성·운영

- 폐지 · 고철 등을 수집 · 운반하는 자와 영세한 자원순환시설의 수집 환경 및 시설 개선 등을 위한 사업
- 폐기물과 순환자원의 이용 및 처분과 관련된 연구 · 개발 및 국제협력 사업
- 그 밖에 대통령령으로 정하는 자원순환사회로의 전환을 촉진하기 위한 사업

• 국가 및 지방자치단체는 자원순환사회의 발전을 위하여 다음 각 호의 사업을 하는 지방자치단체, 사업자 단체 또는 사업자 등에게 필요한 재정적 · 기술적 지원이나 금융 관련 법률에 따른 자금 융자 등의 지원을 할 수 있다.
  - 자원순환사회의 발전에 필요한 시설의 설치 · 운영 사업
  - 자원순환사회에 관한 연구 · 기술개발 사업
  - 자원순환산업의 육성에 필요한 사업
  - 순환자원을 사용하는 사업자의 순환이용 사업
  - 폐지 · 고철 등을 수집 · 운반하는 자와 영세한 자원순환시설의 수집 환경 및 시설 개선 등을 위한 사업
  - 그 밖에 자원순환사회의 발전을 위하여 필요한 사업으로서 환경부령으로 정하는 사업

ⓜ 제5장 보칙

보고 및 검사, 청문, 권한의 위임 및 위탁, 벌칙 적용에서 공무원의 의제, 규제의 존속기한 및 재검토기한 등을 규정하고 있다.

ⓑ 제6장 벌칙

벌칙, 양벌규정, 과태료 등을 규정하고 있다.

NCS 실무 Q & A

Q 법률에서 규정하고 있는 '벌금'과 '과태료'의 차이점에 대해 궁금한데요. 이를 구체적으로 비교 설명해 주시기 바랍니다.

A 우선 벌금은 형벌의 일종으로 범죄인에게 일정한 금액의 지급의무를 강제적으로 부과하는 것을 말하며, 벌금에 관한 일반적인 규정은 형법에서 규정하고 있습니다.

여기에 비교되는 것이 과태료입니다. 일반적으로 과태료는 행정법상의 경미한 의무위반에 대한 제재로서 부과·징수되는 금전을 말합니다. 과태료는 간접적으로 행정질서 유지에 장애를 줄 정도의 경미한 의무태만에 대하여 부과되는 것임에 반해, 벌금은 직접적으로 행정목적을 침해하거나 반사회성을 띤 행위에 대하여 부과되는 형벌입니다.

과태료는 형벌이 아니므로 고의·과실과 같은 형법상의 규정이 적용되지 않으며, 전과로 되지 않는 점이 벌금과 가장 큰 차이점입니다. 또한 벌금의 부과절차는 원칙적으로 형사소송법에 의하여 법원에서 담당하고 있고, 과태료의 부과절차는 주로 행정기관에서 담당하고 있습니다.

현재 우리나라 행정 관련 법에서는 많은 국민을 전과자로 만드는 것을 지양하기 위하여 종전에 벌금형으로 다스리던 비교적 가벼운 행정의무 위반행위에 대하여는 행정목적의 달성에 지장이 없는 범위 내에서 과태료로 전환하는 입법정책을 취하고 있습니다.

CHAPTER 3

연소이론 및 계산

학습목표

1. 연소 일반에 대해 이해할 수 있다.
2. 연소실 열발생률과 화격자 연소율에 대해 알 수 있다.
3. 연소계산을 할 수 있다.

학습내용

1. 연소 일반
2. 연소실 열발생률과 화격자 연소율
3. 연소계산

1 연소 일반

1 연소의 정의

연소(Combustion)란 연료 중에 함유된 산화되기 쉬운 가연성분이 공기 중의 산소 및 점화원(불씨)과 접촉하여 급격히 빛과 열을 내는 산화반응을 말한다. 이때 빛과 열에 따라 연소온도가 500℃ 정도이면 적열상태가 되고, 1,000℃ 이상이면 백열상태가 된다. 또한 연소는 산화과정 중의 하나로서, 산화되는 속도에 따라 부식, 연소, 폭발 등으로 구분된다.

이 중 연소는 빛과 열이 있는 급격한 산화과정으로 화학반응의 원리와 법칙에 지배된다. 일반적으로 연소는 '완전연소'와 '불완전연소'로 각각 구분되는데, 설명은 다음과 같다.

2 완전연소와 불완전연소

(1) 완전연소

가연성 물질이 연소하여 생성된 물질이 다시 연소시킬 수 없는 상태로 완전히 연소되는 것을 의미하며, 탄소(C)와 산소(O)가 결합하여 이산화탄소(CO_2)를 생성한다.

$$C + O_2 = CO_2$$

(2) 불완전연소

가연성 물질이 연소하여 생성되는 생성물이 다시 연소될 수 있는 형태로 배출되는 경우를 말하며, 탄소(C)가 산소(O)와 결합하여 일산화탄소(CO)로 된다.

$$C + \frac{1}{2}O_2 = CO$$

실제로 피연물이 연소될 때는 공기 중 산소와 연료간의 불충분한 접촉으로 불완전연소가 일어날 수 있으며, 연료에 포함된 불연성 물질, 황(S) 등으로 인해 먼지, SO_2, CO 등과 같은 대기오염물질이 발생하게 된다. 결론적으로 불완전연소는 에너지 효율과 관계가 있으며 환경 및 에너지 관리 측면에서 문제가 되기도 한다.

연소를 위한 '3T 조건'이란 체류시간, 연소온도, 난류 혼합도를 말하는 것으로, 다음과 같은 전제조건이 요구된다([그림 3-1] 참조).

① Time(체류시간) : 완전연소를 위한 체류시간이 충분하여야 한다.
② Temperature(연소온도) : 연소온도를 충분히 높게 유지하여야 한다.
③ Turbulence(난류 혼합도) : 공기와 연료는 충분히 혼합되어야 한다.

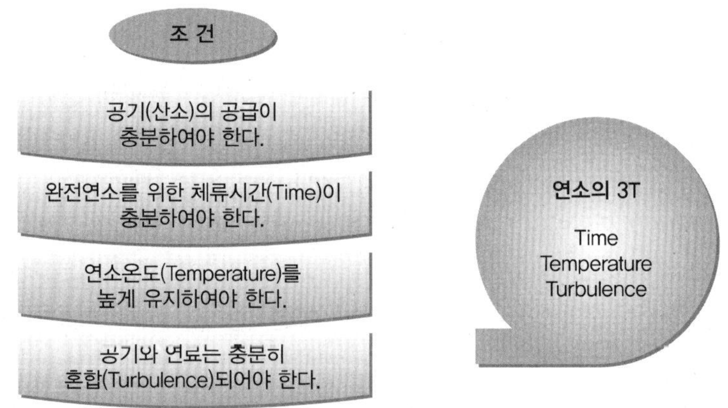

[그림 3-1. 연소를 위한 3T 조건]

실제로 연소효율을 증대하기 위해서는 3T 조건 외에 소각로 내부는 적절한 압력이 유지되어야 한다. 일반쓰레기 중 저발열량의 쓰레기는 0.5~1.0mmAq, 고발열량의 쓰레기는 −3

~-10mmAq 정도이며, 만약 과부압인 경우는 로(爐)의 축열손실로 인해 적정온도 유지가 곤란하고, 때로는 연소 시 비산재의 과다 유출되는 등의 문제가 발생하기도 한다.

3 연소의 3대 요소

(1) 가연물

산화되기 쉬운 물질로 산소와 화합할 때 발열량이 크다. 가연물이 될 수 있는 것은 산소와 화합할 때 발열량이 큰 것, 산소와 화합할 때 열전도율이 작은 것, 활성화에너지가 작은 것 등이다. 반면, 가연물이 될 수 없는 것은 흡열반응을 일으키는 질소 및 질소산화물, 불활성 기체(He, Ne, Ar, Kr, Xe, Re 등), 산소와 결합하여 반응이 종결된 산화물(CO_2, H_2O, SO_2 등) 등이다.

(2) 산소 공급원

대부분의 경우 연소에 필요한 공기이다. 공기 중에 부피비로 약 21%의 O_2가 있으며, 다른 원소와 결합되기 쉬운 분자(기체)상태로 존재하고 있다. 산소 공급원을 산화제 또는 조연제라고 한다.

(3) 점화원

가연물에 활성화에너지를 줄 수 있는 것으로, 전기불꽃이나 성냥불꽃 등이다.

심화학습

기체연료의 연소방법(3가지)

일반적으로 기체연료의 연소방법은 크게 세 가지, 즉 확산연소, 예혼합연소, 부분예혼합연소로 구분하는데, 각각의 특성은 다음과 같다.

① 확산연소 : 버너 내에 공기와 혼합시키지 않고 버너노즐에서 연료가스를 분사하고, 연료와 공기를 일정 속도로 혼합하여 연소시키는 방법을 말한다.

② 예혼합연소 : 연소용 공기 전부를 미리 연료와 혼합하여 버너로 분출시켜 연소시키는 방법을 말한다.

③ 부분예혼합연소 : 연소용 공기의 일부를 미리 연료와 혼합하고, 나머지 공기는 연소실 내에서 혼합하여 확산연소시키는 방법을 말한다.

[사진 3-1]은 기체연료(LNG)를 사용하는 저녹스 버너의 실제 가동 모습이다.

(a) 저녹스 버너

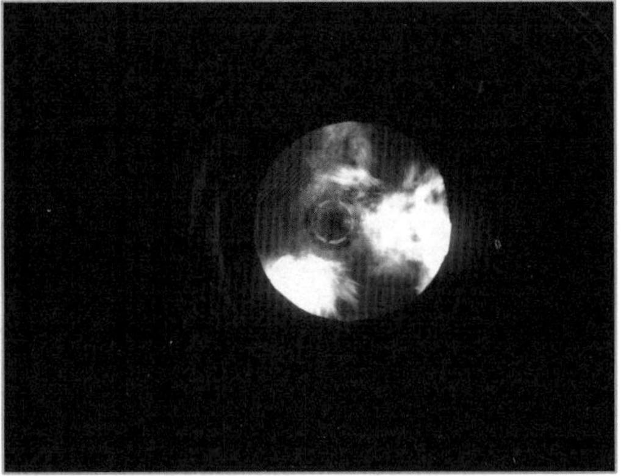

(b) 보일러 내부 화염

【 사진 3-1. 기체연료(LNG) 사용 저녹스 버너 가동 모습 】

※ 자료 : Photo by Prof. S.B.Park

2 연소실 열발생률과 화격자 연소율

1 연소실 열발생률

버너연소의 경우에는 연소실의 단위용적당, 단위시간당 발생열량을 연소실 열발생률이라고 하며, 1시간, $1m^3$에 발생하는 열량을 나타내는 것으로, '연소실 열부하'라고도 한다. 단위는 $kcal/m^3$이다. 연료의 종류에 따른 개략적인 연소실 열발생률은 미분탄, 중유, 가스의 연소에는 각각 10~30, 20~150, 10~50($\times 10^4 kcal/m^3 \cdot hr$) 정도이다.

$$Q_v = \frac{G_f \cdot H_l}{V} [kcal/m^3 \cdot hr]$$

여기서, G_f : 단위시간당 연료 사용량

- 고체・액체연료인 경우 : kg/hr
- 기체연료인 경우 : Sm^3/hr

H_l : 저위발열량(kcal/kg, $kcal/m^3$)

V : 연소실 체적(m^3)

실제 연소실 열발생률은 연료의 연소효율, 연소용 공기와 연료의 예열 여부, 연소 후 방열손실 등을 충분히 고려하여야 하는데, 이러한 조건들을 고려한 식은 다음과 같다.

$$Q_v = \frac{G_f \times [H_l \cdot \eta + Q_a + Q_f - Q_o]}{V} [\text{kcal/m}^3 \cdot \text{hr}]$$

여기서, G_f : 단위시간당 연료 사용량

- 고체 · 액체연료인 경우 : kg/hr
- 기체연료인 경우 : Sm^3/hr

H_l : 저위발열량(kcal/kg, kcal/Sm^3)

V : 연소실 체적(m^3)

η : 연료의 연소효율(%)

Q_f : 공급되는 연료의 입열, 현열(kcal/kg, kcal/Sm^3)

Q_a : 공급되는 공기의 입열, 현열(kcal/Sm^3)

Q_o : 연소실 벽면과 전도에 의한 열손실량(kcal/kg, kcal/Sm^3)

〈표 3-1〉은 소각방식별 피연소물의 종류에 따른 연소실 열발생률 혹은 연소실 열부하율 관련 기초설계 데이터로서, 기본설계* 시 활용이 가능하다.

〈표 3-1〉 연소실 열발생률(연소실 열부하율) (단위 : kcal/m^3 · hr)

피연소물 종류	화격자(火格子) 연소	상(床) 연소				유동층
		고정상	회전로상	다단로상	로터리 킬른	
잡개, 도시쓰레기	$8\sim20\times10^4$					
오니탈수 케이크		$15\sim45\times10^4$	$15\sim45\times10^4$	$7\sim15\times10^4$	$7\sim10\times10^4$	$15\sim45\times10^4$
주방쓰레기(식물성)	$15\sim25\times10^4$					
주방쓰레기(동물성)	$15\sim40\times10^4$					
가축분뇨						$15\sim45\times10^4$
도살장쓰레기						
동물사체	$15\sim25\times10^4$					
폐목재	$10\sim20\times10^4$					
폐플라스틱		$60\sim70\times10^4$	$60\sim70\times10^4$			
폐고무 · 폐타이어		$10\sim20\times10^4$	$10\sim20\times10^4$			

2 화격자 연소율

화격자 연소율이란 화격자 연소장치를 사용하는 고체연료의 연소능력을 화격자의 단위면적, 단위시간당 연료공급량으로 나타내는 것으로, 화상 부하율이라고도 한다. 단위는 kg/m^2 · hr이다.

① 자연통풍인 경우
통상 150kg/m^2 · hr 이하

② 압송통풍인 경우
통상 150~250kg/m^2 · hr(단, 하송 스토커인 경우 200~700kg/m^2 · hr) 정도이다.

$$G_A = \frac{G_f}{A_H} [\text{kg/m}^2 \cdot \text{hr}]$$

여기서, G_f : 단위시간당 연료 사용량
- 고체 · 액체연료인 경우 : kg/hr
- 기체연료인 경우 : Sm^3/hr

A_H : 화격자의 단위면적(m^2)

[그림 3-2]는 생활폐기물 소각로(Stoker Type) 공정도이고, 〈표 3-2〉는 기본설계 시 활용 가능한 화격자 연소율(화상 부하율, kg/m^2 · hr)이다.

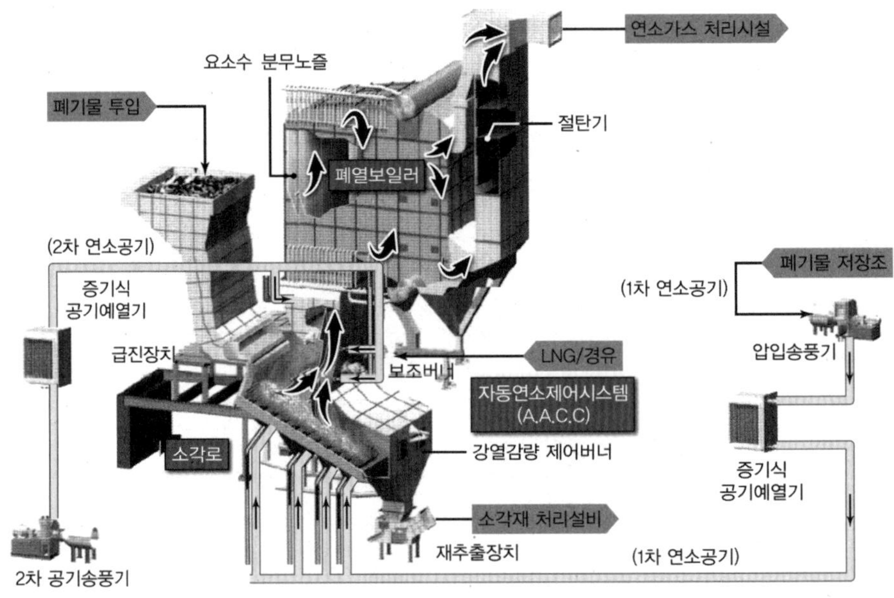

[그림 3-2. 생활폐기물 소각로(Stoker Type) 공정도]

〈표 3-2〉 **화격자 연소율(화상 부하율)** (단위 : kg/m^2·hr)

형식 구조		화격자 연소방식			상연소방식				유동층 방식
화상 종류		고정 화격자		가동 화격자	고정상	선회	다단로	로터리 킬른	유동상
통 풍		자연	강제	강제	강제	강제	강제	강제	강제
피연소물 종류	일반쓰레기[1]	100~150	150~250	200~300					
	도시쓰레기	80~100	120~150	150~200					
	오니탈수케이크[2]				20~25	35~40	35~40	30~38	350~450
	주방쓰레기 (식물성)	20~30	30~50	40~60	20~25	35~40	35~40		
	주방쓰레기 (동물성)	40~45			20~35	45~55	45~55		
	가축분뇨				20~30	40~45	40~45		350~450
	도살장쓰레기		40~50			40~50			400~600
	동물사체	40~60							350~450
	폐목재	100~150	200~250	200~250					
	폐플라스틱				100~200				
	폐고무·폐타이어				50~150	60~200			
	코크스, 무연탄	65~90	90~130	90~140					
	석탄	75~130	100~200	150~250					

※ 주 : [1] 함수율이 낮은 셀룰로오스(Cellulose)계 주체
[2] 함수율 85% 정도

심화학습

저온부식과 고온부식

(1) 저온부식

저온부식이란 저온이나 이슬점 온도 이하에서 산성가스가 응축되어 생성된 황산, 염산 등이 금속 등의 표면에 부착되어 부식을 일으키는 현상을 말하며, 보통 15~40℃에서 부식이 최대가 된다.

반응 메커니즘은 소각물질의 소각(염소, 황 성분 함유) ⇒ 연소가스 발생(유리염소, 염화수소, 아황산 등 부식성 가스) ⇒ 응축, 냉각(149℃) ⇒ 염산, 황산 생성 ⇒ 금속표면 부착, 부식 발생이다.

(2) 고온 부식

고온부식은 고온의 배기가스에 함유된 HCl 등의 산성가스가 금속성분과 화학적으로 반응하여 금속 산화물 또는 스케일을 형성하는 현상을 말한다.

주요 특징으로는 금속 벽의 온도가 약 300~600℃의 범위 내에서는 금속 표면상에 점착성 비산화 퇴적층이 있는 경우, HCl 등의 산성가스와 관계없이 부식이 일어나며 HCl 등이 존재할 경우에는 부식이 더욱 심화된다.

염소는 보일러관의 철과 반응하여 염화철을 생성하고, 생성된 염화철은 다시 연소가스 중의 산소와 반응하여 산화철이 된다. 산화철은 흔히 녹이라 하며, 보일러관의 부식으로 열전달 효율이 저하되어 수증기의 생성이 감소될 뿐만 아니라 이로 인하여 보일러의 수명을 크게 단축시킨다.

전열면의 부식방지 대책으로는 황성분의 함유량이 적은 연료를 사용하고, 연소공기의 예열 등으로 표면온도를 노점온도 이상으로 유지하며, 충분한 산소 공급 등으로 완전연소를 유도한다.

그리고 MgO, ZnO 등을 2차 공기와 혼합하여 연소실 내에 주입, SO_2를 흡착 제거하고, 가스의 흐름을 균일하게 유지하며, 과잉공기량을 줄여 SO_3의 생성을 억제시킨다.

※ 자료 : 엔바이로엔지니어클럽, cafe.daum.net/EnviroEngineerClub

3 연소계산

1 연소계산의 정의

연소계산은 투입된 연료와 공기의 양으로 연소 생성물인 연소가스량과 연소온도 등을 산정하는 과정을 말한다. 투입된 연료성분[C, H, O, S, N, A(Ash), W(Water)]과 공기 중의 산소의 양으로 연소생성물을 예측하고, 완전연소와 불완전연소의 연소상태를 파악한다. [그림 3-3]은 연소계산의 개략도이다.

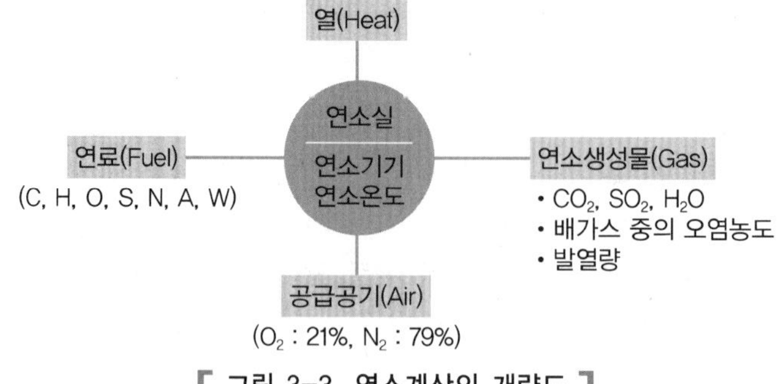

[그림 3-3. 연소계산의 개략도]

2 연료의 발열량 및 열수지 기초이론

(1) 발열량의 정의 및 구분

연료의 단위량(기체연료의 경우는 $1Nm^3$, 고체・액체연료의 경우는 1kg)이 완전히 연소할 때 발생하는 열량(kcal)을 연료의 발열량이라고 하며, 연료의 발열량은 다음과 같이 '고위발열량'과 '저위발열량'으로 구분하고 있다.

① 고위발열량(H_h)

연료가 연소될 때 생성되는 총 발열량으로, 연료의 수분 및 연소가스 중의 수증기 응축잠열까지 포함한 발열량(발생한 H_2O가 전부 액체로 된다고 가정할 때의 발열량)으로 봄베(Bomb) 열량계에서 측정한 값이다.

㉠ 고체 및 액체연료 : $H_h = H_l + 600(9H + W)$

㉡ 기체연료 : $H_h = H_l + 480 \times \Sigma$(연소 시 생성 수분량)

② 저위발열량(H_l)

연료의 총 발열량에서 연료 중의 수분이나 수소의 연소에 의해 생성된 수분의 증발잠열을 제외한 열량이다. 실제의 연소상황에서는 연소 배기가스 중의 수분이 과열증기상태로 배출되게 되므로 증발잠열은 이용성이 없게 된다.

따라서 고위발열량에서 증발잠열을 제외한 열량을 유효한 열량으로 보고, 이것을 저위발열량 또는 진발열량이라고 한다.

㉠ 고체 및 액체연료 : $H_l = H_h - 600(9H + W)$

㉡ 기체연료 : $H_l = H_h - 480 \times \Sigma$(연소 시 생성 수분량)

기체의 발열량은 부피당 발열량과 중량당 발열량이 현저히 다르기 때문에 주의를 요한다. 연소에 의하여 생성된 연소가스 중에는 일반적으로 수분이 포함되어 있는데, 이것은 연료 중의 수소분이 타서 생성되는 것과 연료 중에 처음부터 수분이 포함되어 있는 것으로 구분한다.

코크스나 일산화탄소의 연소에서는 H_2O를 생성하지 않는다. 연소가스 중의 H_2O를 액상의 물로 할 것인지, 아니면 수증기 그대로 할 것인지에 따라 발열량은 차이가 있으며, 연료의 조성에 따른 발열량은 〈표 3-3〉과 같다.

〈표 3-3〉 **가연분의 연소량**(완전연소 조건)

가연분	화학식	발열량			
		kcal/kg		$kcal/Nm^3$	
		H_h	H_l	H_h	H_l
탄소	C	8,100	8,100	–	–
수소	H	3,400	2,860	3,050	2,570
황	S	2,500	2,500	–	–
일산화탄소	CO	2,430	2,430	3,035	3,035
메탄	CH_4	13,320	11,970	9,530	8,570
에탄	C_2H_6	12,410	11,330	16,820	15,380
프로판	C_3H_8	12,040	11,070	24,370	22,350
부탄	C_4H_{10}	11,840	10,920	32,010	29,610
아세틸렌	C_2H_2	12,030	11,620	14,080	13,600
에틸렌	C_2H_4	12,130	11,360	15,280	14,320
프로필렌	C_3H_6	11,770	11,000	22,540	21,070
부틸렌	C_4H_8	11,630	10,860	29,110	27,190
벤졸증기	C_6H_6	10,030	9,620	34,960	33,520

【예제 1】 메탄(CH_4)의 고위발열량이 9,500($kcal/Sm^3$)이면 저위발열량은?

해설 $H_l = 9{,}500 - 480 \times 2 = 8{,}540(kcal/Sm^3)$

【예제 2】 수소 12.0%, 수분 0.3%인 중유의 고위발열량이 10,600(kcal/kg)일 때, 저위발열량을 구하면?

해설 문제에서 $H=0.12$, $W=0.003$이므로

식 $H_l = H_h - 600(9H + W)$을 이용하면,

$$= 10{,}600 - 600(9 \times 0.12 + 0.003)$$

$$= 9{,}950(kcal/kg)$$

【예제 3】 저위발열량이 10,000(kcal/kg)의 중유를 연소시키는데 필요한 이론공기량은 얼마인가?

해설 문제에서 저위빌열량 $H_l = 10{,}000$이므로,

$$\text{Rosin식 } A_0 = 0.85\left(\frac{H_l}{1{,}000}\right) + 2.0$$

$$= 0.85\left(\frac{10{,}000}{1{,}000}\right) + 2.0$$

$$= 10.5(Sm^3/kg)$$

(2) 열수지 기초이론

열수지(熱收支)는 어떤 계(界)로 유입되는 열량과 소비되어 계 밖으로 배출되는 열량 사이의 양적관계를 나타낸다. '계(界)로 유입되는 열량=계(界) 밖으로 유출되는 열량'의 합에서 각종 유입열량과 각종 유출열량의 비율과 분포가 어떻게 구성되어 있는지를 조사함으로써 계(界)에서의 열작용의 효율을 판정할 수 있다.

① 입열(入熱) 설정항목

연료에 의해 유입되는 열량, 공기의 보유열량, 수증기의 보유열량, 피열물의 보유열량, 피열물의 화학적 반응에 의한 열량 등이다.

② 출열(出熱) 설정항목

피열물이 반출하는 열량, 배기손실, 연소손실, 방열손실, 축열손실 등이다.

[그림 3-4]는 소각로에서의 열수지(熱收支) 개념도를 나타낸 것이며, 〈표 3-4〉는 저위발열량(H_l)에서의 이론공기량 및 가스량 계산식이다.

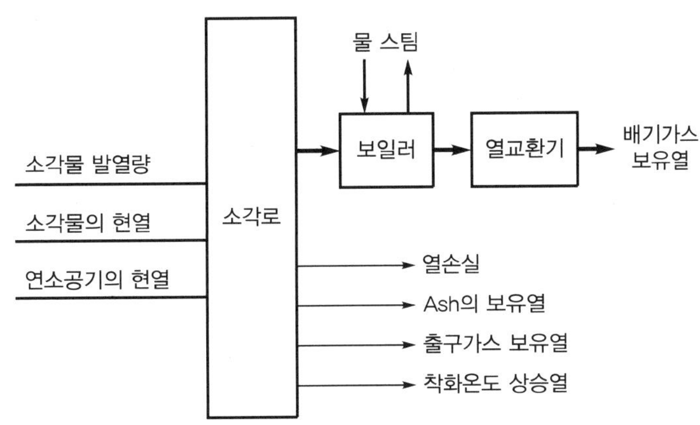

[그림 3-4. 열수지(熱收支) 개념도]

〈표 3-4〉 저위발열량(H_l)에서의 이론공기량 및 가스량 계산식

종별 \ 문헌	구분	열관리 편람	보일러 편람	Rosin식	石谷(고체) 說藥(액체)
고체연료(석탄) (Nm³/kg)	A_o	$1.09\times\frac{H_l}{1,000-0.09}$	$1.012\times\frac{H_l}{1,000+0.5}$	$1.01\times\frac{H_l}{1,000+0.5}$	$1.05\times\frac{H_l}{1,000+0.1}$
	G_o	$1.17\times\frac{H_l}{1,000-0.2}$	$0.95\times\frac{H_l}{1,000+1.375}$	$0.89\times\frac{H_l}{1,000+1.65}$	$1.11\times\frac{H_l}{1,000+0.3}$
고체연료(목재) (Nm³/kg)	A_o	$1.04\times\frac{H_l}{1,000+0.27}$			
	G_o	$1.11\times\frac{H_l}{1,000+0.27}$			
액체연료 (Nm³/kg)	A_o	$1.04\times\frac{H_l}{1,000+0.02}$	$0.88\times\frac{H_l}{1,000+1.7}$	$0.85\times\frac{H_l}{1,000+2}$	$1.04\times\frac{H_l}{1,000+0.02}$
	G_o	$1.11\times\frac{H_l}{1,000+0.04}$	$1.11\times\frac{H_l}{1,000}$	$1.11\times\frac{H_l}{1,000}$	$1.11\times\frac{H_l}{1,000+0.04}$
기체연료 (Nm³/Nm³) 저열량가스	A_o	$1.1\times\frac{H_l}{1,000-0.32}$	$1.09\times\frac{H_l}{1,000+0.28}$	$0.875\times\frac{H_l}{1,000}$ (단, H_l=500~3,000)	
	G_o	$1.06\times\frac{H_l}{1,000-0.61}$	$1.09\times\frac{H_l}{1,000+0.446}$	$0.725\times\frac{H_l}{1,000+1}$ (단, H_l=500~3,000)	
기체연료 (Nm³/Nm³) 고열량가스	A_o			$1.09\times\frac{H_l}{1,000-0.25}$ (단, H_l=4,000~7,000)	
	G_o			$1.14\times\frac{H_l}{1,000+0.25}$ (단, H_l=4,000~7,000)	

NCS 실무 Q&A

Q 프로판의 이론 연소반응식과 1Sm³를 완전연소할 때 이론 건연소가스량(G_{od})을 구하는 방법을 설명해 주시기 바랍니다.

A 1) 프로판(C_3H_8)의 이론 연소반응식

$C_3H_8+5O_2=3CO_2+4H_2O$

2) 이론 건연소가스량(소수 셋째자리에서 반올림)

$G_{od}=(1-0.21)\cdot A_o+CO_2$량

$=(1-0.21)\times\left(\frac{5}{0.21}\right)+3$

$=21.81(Sm^3/Sm^3)$

폐기물 소각 및 고형연료화

학습목표

1. 폐기물 소각에 대하여 이해할 수 있다.
2. 폐기물 가스화 기술과 열분해 유화기술에 대하여 알 수 있다.
3. 소각설비 선정요령 및 열회수 내용을 알 수 있다.
4. 폐기물 고형연료화에 대하여 알 수 있다.

학습내용

1. 폐기물 소각
2. 폐기물 가스화 기술과 열분해 유화기술
3. 소각설비 선정요령 및 열회수
4. 폐기물 고형연료화

1 폐기물 소각

1 개요

소각(燒却, Incineration)은 폐기물을 고온 산화시켜 가연성인 경우 부피를 80~90%까지 감소시킬 수 있으며, 또한 부패성 물질을 안정화시키는 방법이다. 특히 병원에서 발생하는 폐기물은 감염 및 독성물질 존재 등의 우려가 있으므로 소각을 통한 위생적 처리가 필수적이다.

우리가 알고 있는 개념의 소각로는 약 120년 전 영국의 노팅햄(Nottingham) 市에서 도시쓰레기를 태우기 위해 세워졌으며, 미국에서도 뉴욕의 거버너섬에 첫 소각로가 들어선 후 1921년까지 약 200기 이상이 설치되었다.

이들은 대부분 배치(Batch)형으로 성능이 불량하였으며, 1950년대까지는 이들 소각로에서 내뿜는 연기와 냄새가 일종의 필요악(必要惡)으로 받아들여졌으나 그 후 대기관련법의 제정으로 소각로의 성능도 향상되어야만 했다. 주로 성능이 향상된 부분은 연속투입방법, 연소제어 향상, 다단연소실 개념의 도입, 에너지 회수를 겸비한 설계와 대기오염방지설비 설치 등이었다.

초창기 로터리 킬른 소각로는 주로 독일에 많이 설치되었으며, 미국에서는 1948년 미시간주 미드랜드시에 있는 다우화학공장(Dow Chemical Plant Co.)에 처음 설치되었다.

[사진 4-1]은 스토커식 생활폐기물 소각설비 모형이다(오스트리아 '훈더러트 바써' 展).

[사진 4-1. 생활폐기물 소각설비 모형]

※ 자료 : Photo by Prof. S.B.Park, 2017년 1월

2 소각의 목적

폐기물 삼성분을 가연분(Combustible), 수분(Water), 회분(Ash)이라고 하며, 이 중 가연분 성상은 탄소(C), 수소(H), 산소(O), 질소(N), 황(S), 염소(Cl)로 구분한다. 폐기물을 소각하는 궁극적인 목적은 무해화(無害化), 감량화(減量化), 폐열회수를 통한 에너지 절약, 그리고 선도적인 환경행정 이미지 구축 등이다.

3 소각설비의 종류

(1) 소각로의 일반적 구분

(2) 주요 소각로의 특성

① 스토커식 소각로

스토커(Stoker)식 소각로는 생활폐기물 등 대용량의 소각에 적합하고 가동 화격자(火格子) 상의 폐기물이 건조, 연소, 후연소의 과정을 거치며 소각하는 시스템을 말한다. [사진 4-2]는 시공이 완료된 스토커(Stoker)식 소각로 연소실 내부 전경과 실제 화격자 모습이다.

[사진 4-2. 연소실 내부 전경(좌)과 화격자 모습(우)]

호퍼(Hopper)와 슈트(Chute)에서 투입된 쓰레기는 스토커에 의해 연속적으로 서서히 이동하면서 스토커 하부에서의 열풍에 의한 대류열과 로 내의 연소가스와 로 벽에서의 복사열에 의해 건조, 착화, 불꽃연소, 잔류탄소 연소의 과정을 거치게 된다. 이를 통해 열풍 및 연소가스와의 접촉을 원활하게 유지하면서 쓰레기의 이송 및 뒤집음을 적절히 수행하게 되며, 스토커 형식이 수많은 방법으로 현재까지 지속적으로 개발되고 있다. 이해를 돕기 위해 스토커식 소각로의 본체 구조를 도식화하면 [그림 4-1]과 같다.

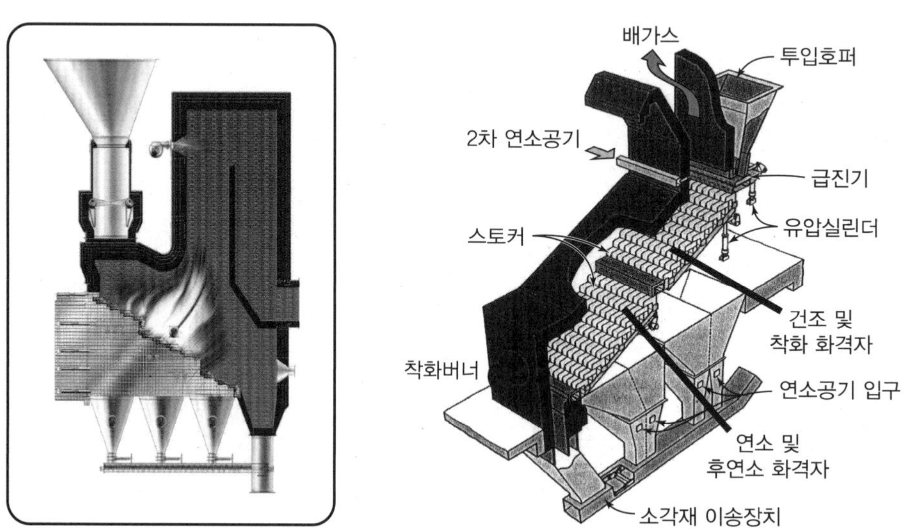

[그림 4-1. 스토커식 소각로의 본체 구조도]

스토커식 소각로는 현재 생활폐기물 소각용으로서 전 세계적으로 실적이 제일 많고, 다양한 화격자 시스템이 개발되었거나 되고 있으며, 건설기술 및 성능에 대한 기술적 신뢰성이 높다. [사진 4-3]은 미국 발티모어(Baltimore)에 설치되어 가동 중인 대형 생활폐기물 소각설비이다.

[사진 4-3. 스토커(Stoker)식 소각설비]

※ 자료 : Baltimore, Maryland Recycling Trash-to-Energy Facility, USA

타 방식에 비해 스토커식 소각로의 적용범위는 상대적으로 우수한 편이며, 장·단점 분석을 통해 학습에 대한 이해도를 향상시키고자 한다.

㉠ 장점

- 생활폐기물 소각용으로 실적이 제일 많고, 다양한 화격자 시스템이 개발되어 건설기술 및 성능에 대한 기술적 신뢰성이 크다(90% 이상의 가동률).
- 벌키(Bulky) 폐기물 외에는 전처리가 불필요하고 매스 버닝(Mass Burning) 처리가 가능하다.
- 소요전력이 적은 편이고, 운전 및 보수관리가 용이하며, 연속 자동운전 기능이 있다.
- 폐기물 처리 톤당 건설비, 유지비가 상대적으로 낮은 편이다.
- 대용량 소각로의 설계·제작기술이 확립되어 있고, 폐열보일러의 증기발생 변동량이 적어 안정적으로 열회수가 가능하므로 발전 등 여열 이용에 유리하다.

㉡ 단점

- 가급적 고발열량 플라스틱류의 함유율을 25% 미만으로 제한해야 한다.
- 과잉공기량이 1.5~2.5배 정도로 상대적으로 많은 편이며 가동·정지 시 소요시간이 많다.
- 분체성 쓰레기의 소각에는 부적합하다.
- 60% 이상의 고수분을 함유하고 있는 저발열량 폐기물 소각에는 적합하지 않으므로 소각 가능 폐기물 질(質)의 범위를 일정 한도로 제한할 필요가 있다.

[그림 4-2]는 스토커(Stoker)식 소각설비의 흐름공정을 요약해 도식화한 그림이다.

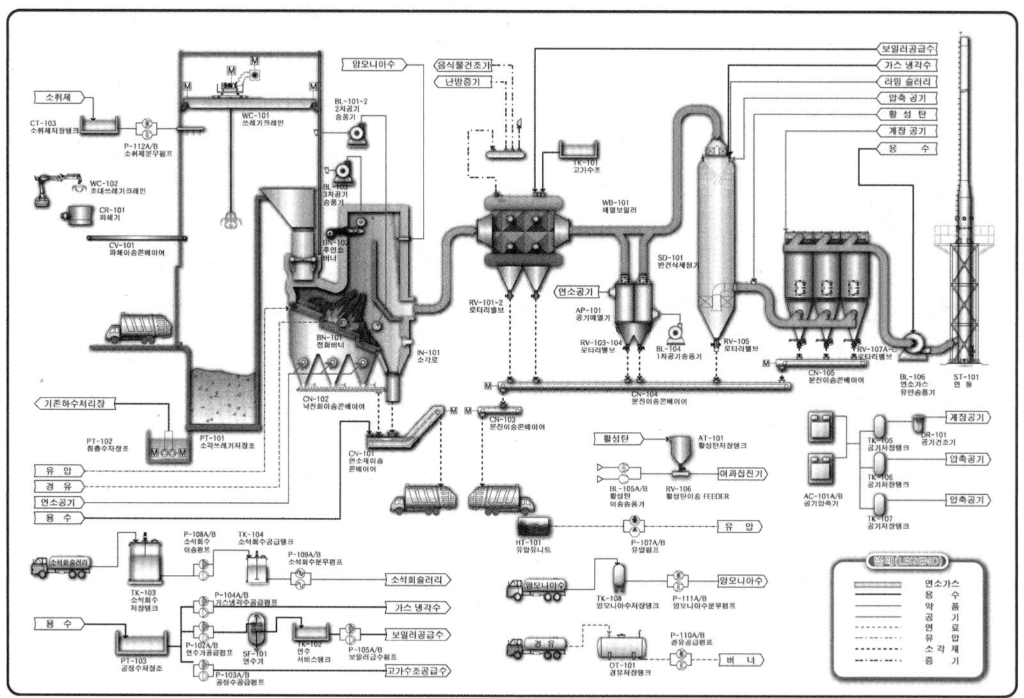

[그림 4-2. 스토커(Stoker)식 소각설비 흐름 공정도]

② 유동상식 소각로

유동상식 소각로는 하수슬러지나 제지(펄프)슬러지, 그리고 3~5cm 정도의 균일한 크기의 폐기물 소각에 적합하다. 소각처리 규모로는 일일 150톤 이하의 용량에 적합하고, 생활폐기물 소각 시에는 전처리인 파쇄, 선별 등이 필요하다.

[그림 4-3]은 일반적인 유동상식 소각로 구조와 유동연소용 공기노즐을, [그림 4-4]는 일본 IHI사의 대표적인 유동상식 소각로의 구조를 각각 나타내고 있다.

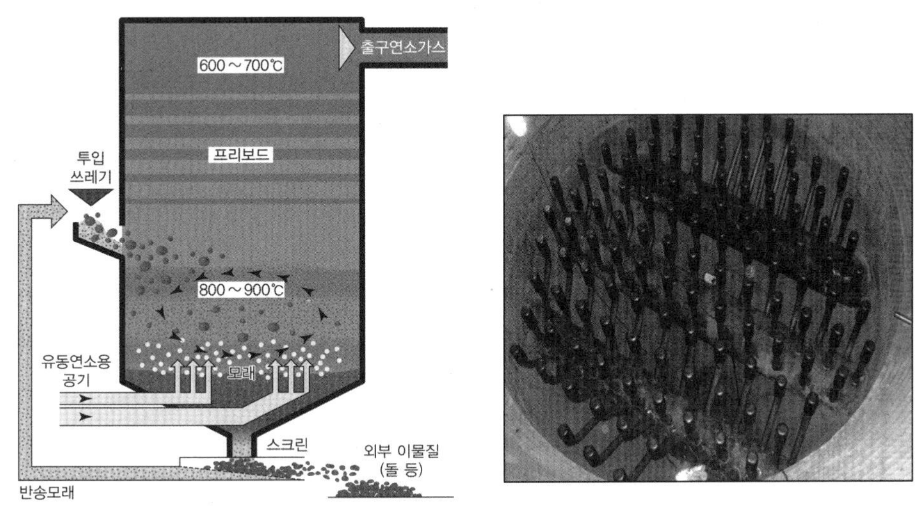

[그림 4-3. 유동상식 소각로 구조(좌)와 유동연소용 공기노즐(우)]

※ 자료 : 박성복, 최신폐기물처리공학, 성안당

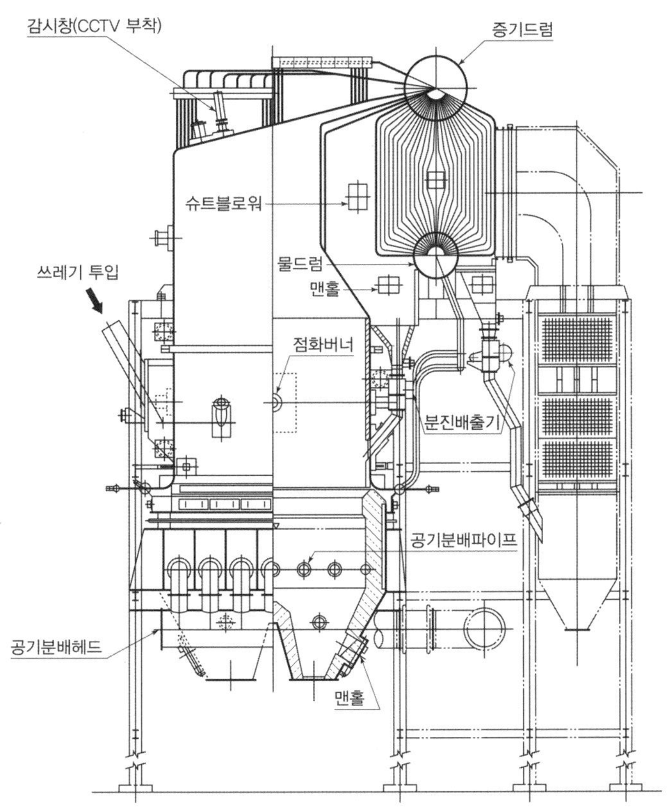

[그림 4-4. 일본 IHI 유동상식 소각로 구조]

한마디로 말해 유동상식 소각로는 유동층상(Fluidized Bed)을 이용하여 폐기물을 소각하는 시스템을 말한다. 유동층이란 화격자식 소각로의 화격자에 상당하는 부분으로 직경 0.3~0.7mm의 입자에 해당하는 유동매체(유동사)가 산기장치로부터 송풍압에 의해 유동상태가 되며, 내부 유동사는 600~700℃로 가열되어 있어 폐기물이 연소 가능한 상태로 되어 있다.

프리보드(Free Board)란 연소실을 말하며, 쓰레기의 투입에 의해 유동상에서 발생하는 열분해가스 연소와 가벼운 종이 등의 연소를 매우 단시간에 완료시키게 되는데, 이와 같은 방법으로 고온의 모래입자와 접촉하여 폐기물이 연소됨으로써 대기오염 감소와 유동층상 모래와의 연소 접촉면적이 증가하여 효율적인 연소가 이루어진다.

불연물 배출장치란 불연물이 유동상 내에 가라앉아 유동사와 함께 서서히 내려가서 배출되고, 배출된 불연물을 진동체를 사용하여 유동사로서 다시 이용하는 불연물과 그것 이외의 불연물, 즉 소각잔사로서 계외(系外)로 반출하기 위한 것이다.

여기서 진동체는 유동사를 진동을 이용하여 분급(分級)하는 장치이고, 분급된 유동사는 다시 유동상식 소각로 내로 되돌려서 유동사로서 사용하게 된다.

[사진 4-4]는 현재 가동 중인 유동상식 소각설비용 중앙제어실 Graphic Panel 모습이다.

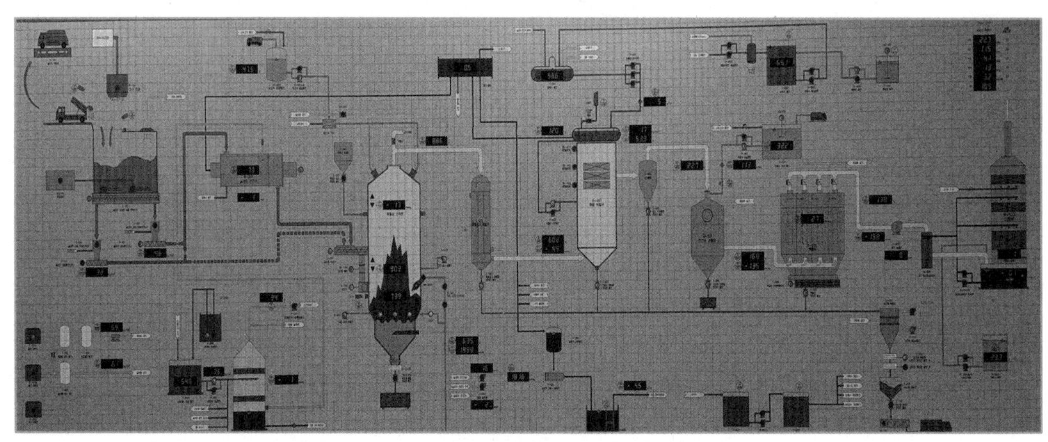

[사진 4-4. 유동상식 소각설비용 Graphic Panel]

※ 자료 : Photo by Prof. S.B.Park, 2017년 9월

유동상식 소각로 내부 유동매체는 불활성(不活性)으로 모래를 사용하고, 유동층상 하부는 다공(多孔) 분사판이 있으며, 온도는 약 700~800℃로 유지한다.

유동사는 로(爐) 내에서 약 700℃의 고온상태로 열을 계속 보유할 필요가 있으며, 불연물 배출장치에서 소각잔사와 함께 빠져나오기 때문에 급랭된다. 이와 같은 관점에서 유동사로서의 필요조건을 몇 가지 요약하면 다음과 같다.

- 불활성(不活性)일 것
- 열 충격에 강할 것
- 융점(融點)이 높을 것
- 내마모성이 있을 것
- 비중이 작고, 공급이 안정되어 있을 것
- 값이 쌀 것
- 미세하고 입도분포가 균일할 것

일반적으로 유동사(流動砂)는 강모래를 사용한다. 과거부터 강원도 주문진산(産)이나 전라남도 섬진강 등에서 채취되는 모래를 많이 쓰고 있는데, 국내 모래 품질이 좋아 일본 등에까지 수출되기도 했다. 참고로 국내 주문진에서 생산된 유동사 성분 분석결과치를 소개하면 〈표 4-1〉과 같다.

〈표 4-1〉 유동사(流動砂) 성분 분석치 (단위 : %)

시험항목	결과치	시험방법	비 고
SiO_2	82.8	I.C.P	–
Al_2O_3	5.26	I.C.P	–
Fe_2O_3	0.24	I.C.P	–
CaO	0.25	I.C.P	–
MgO	0.05	I.C.P	–
수분	0.25	–	

※ 자료 : 임광토건(주), 유동층 소각로 설계 및 운영실무 교습, (사)한국공업화학회

일반적으로 유동화(流動化)에 필요한 유동사 직경은 다음 식으로 산출한다.

$$D_p = \sqrt{\frac{50\mu(1-\varepsilon)V_0}{g(\rho_p-\rho)\phi_s{}^2 \cdot \varepsilon^3}}$$

여기서, μ : 점도(kg/m · s)
ε : 공극률(유동 시 유동층 높이/정지 시 유동층 높이)
V_0 : 공탑속도(m/s)
g : 중력가속도($9.8m/s^2$)
ρ_p : 유동사 밀도(kg/m^3)
ρ : 유동사 겉보기 밀도(kg/m^3)
ϕ_s : 모래의 원형도(상수)

한편 유동층의 용적은 다음 식으로 계산한다.

$$V = \frac{S_h \cdot H_L + A \cdot C_p \cdot T + X_o H}{K}$$

여기서, S_h : 슬러지 처리량(kg/hr)
H_L : 슬러지 저위발열량(kcal/kg)
A : 유동 공기량(kg/hr)
C_p : 유입공기의 비열(kcal/kg · ℃)
T : 유동사 온도(℃)
X_o : 보조연료 사용량(kg)
H : 경유의 발열량(kcal/kg)
K : 열전달계수(kcal/m^2 · hr)

그러나 로(爐)의 운전을 개시한 후는 폐기물 중의 불연물이 유동사로서 치환(置換)되어 버린다. 본래 유동사는 마모하여 미세하게 되므로 정기적으로 보충할 필요가 있으나, 실제로는 보충하는 일이 거의 없이 연속운전하는 사례가 많다.

유동상식 소각로는 크게 '산기방식'과 '유동사의 유동방법'에 따라 분류하는데, 이를 이해하기 쉽게 도식화해서 비교하면 [그림 4-5]와 같다.

㉠ 산기방식에 따른 분류

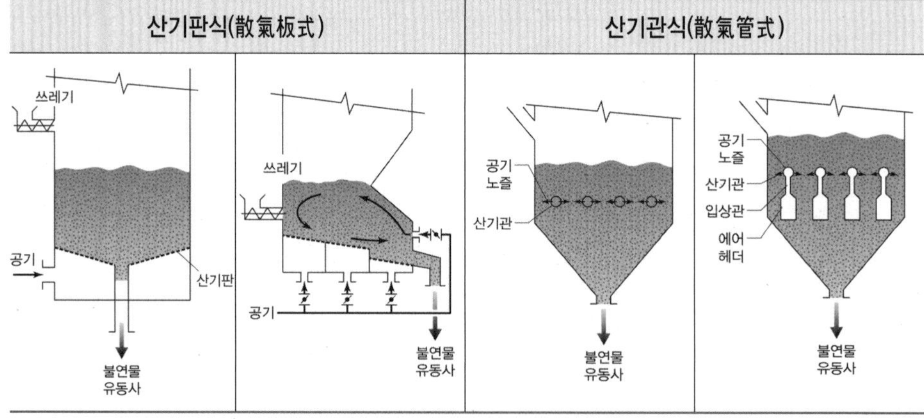

㉡ 유동사의 유동방법에 따른 분류

수직류형 (垂直流形) (V형)	일선회류형 (一旋回流形) (R형)	하향이선회류형 (下向二旋回流形) (D형)	상향이선회류형 (上向二旋回流形) (U형)
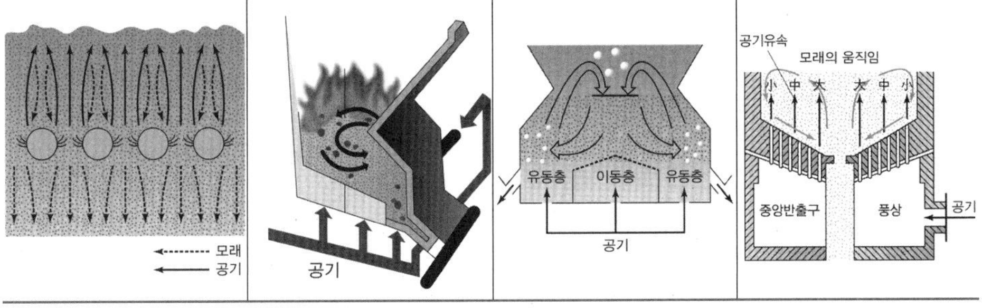 모래 공기	공기	유동층 이동층 유동층 공기	공기유속 모래의 움직임 小 中 大 大 中 小 중앙반출구 풍상 공기

[그림 4-5. 산기방식과 유동사의 유동방법]

유동상식 소각로의 소각범위는 앞서 언급한 하수슬러지나 제지(펄프)슬러지, 균일한 입자의 생활폐기물 소각에 적합한 것 외 여건에 따라 다양하게 적용할 수 있으며, 이를 장·단점 분석을 통해 학습에 대한 이해도를 높이고자 한다.

- 장점
  - 완전연소하여 열작감량 5% 이하 유지 가능하고, 건조상태의 소각재를 배출한다.
  - 저발열량의 폐기물(700kcal/kg)부터 폐플라스틱류 40%를 함유한 고발열량의 폐기물까지 소각 가능하며, 기계적 구동부가 적어 트러블(Trouble)이 적다.
  - 과잉공기량이 적고(약 1.2~1.8), 단시간 내에 시동 및 정지가 용이하며, 간헐적 운전에 유리하다.
  - 과잉공기량이 적어 질소산화물(NO_x) 발생량이 적다.
  - 연소효율이 높아 소형화가 가능하고, 설치면적을 최소화할 수 있다.
  - 불연물이 많은 경우도 상대적으로 처리가 가능하고, 로 내에 직접 알칼리 분말 투입으로 HCl 제거가 용이하다.
  - 전처리를 전제로 한 소형 생활폐기물 소각로(규모 : 50톤/일/기)에 적합하다.
- 단점
  - 단위폐기물 처리당 소요전력이 많은 편이다.
  - 전처리설비가 반드시 필요하며, 100톤/일 이상 대용량 소각로의 실적이 적다.
  - 로 내 압력손실이 크므로 공급되는 연소공기의 정압이 높아야 한다.
  - 배기가스 분진량이 비교적 많아 후단 집진장치가 커져야 하고, 처리용량에 비해 유지관리비 및 투자비가 커서 규모의 경제성이 낮다.
  - 소각로 보수작업이 상대적으로 비교적 어렵고, 유동매체 중의 불연물 분리, 배출장치가 필요하다.

③ 로터리 킬른식 소각로

일명 회전로식 소각로라고도 하며, 유해한 성분의 산업폐기물을 고온으로 소각하여 무해화시킨다. 대형 생활폐기물 소각에는 부적합하고, 기계 구동부가 있어서 유지관리가 상대적으로 어렵다([사진 4-5] 참조).

[사진 4-5. 로터리 킬른식 소각로 실제 모습]

이 소각설비는 화상(火床) 그 자체가 연소실을 형성한 원통을 수평축 중심으로 회전하도록 한 구조로서, 폐기물은 원통의 후부인 투입구로 투입되어 회전로 하부에서 혼합·소각되면서 전방으로 이동 배출한다.

고수분을 함유한 폐기물의 처리는 연소가스와 폐기물의 이동을 향류(向流)하면서 보다 쉽게 연소할 수 있는 다른 폐기물과 같이 이용하면 소각효율을 극대화할 수 있다.

일반적인 로터리 킬른식 소각로는 길이 대 직경의 비(L/D Ratio)를 2~10 정도로 하고, 회전속도는 0.5~2.0rpm 정도로 한다. 처리율은 통상 45kg/hr~2ton/hr 정도로 설계하며, 연소온도는 800~1,600℃까지 가능하다.

[그림 4-6]은 로터리 킬른의 구조로서, 통상적으로 (a) 단일형이 사용되며, (b) 복합형은 후연소 효과를 극대화한다는 차원에서 후단에 스토커를 부착하는 방식이다.

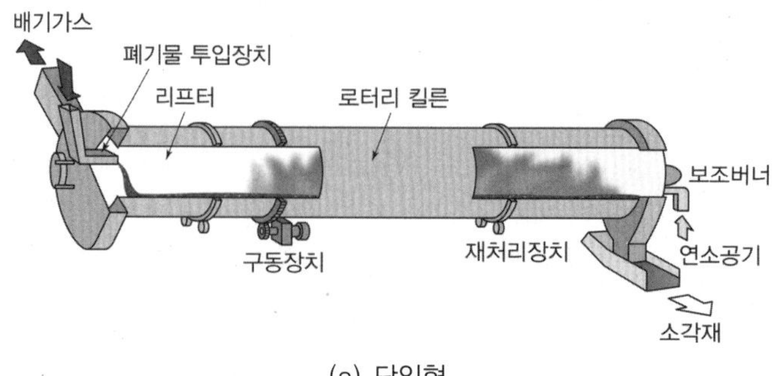

(a) 단일형

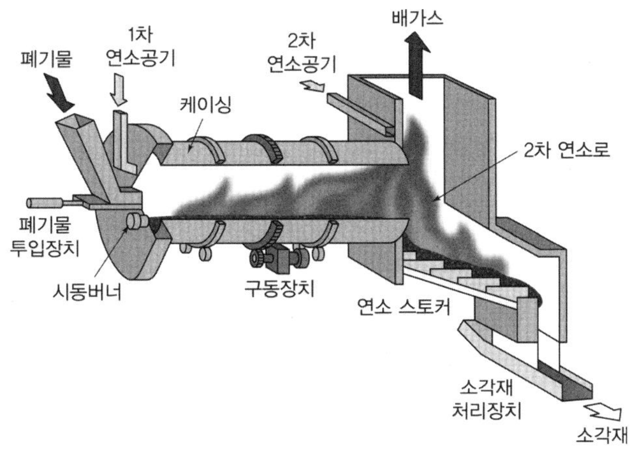

(b) 복합형

[그림 4-6. 로터리 킬른식 소각로 구조도]

※ 자료 : 박성복, 최신폐기물처리공학, 성안당

상기 로터리 킬른식 소각로 내부에서 일어나는 열 및 물질전달 현상을 요약하면 다음과 같다.

㉠ 열전달 현상

- 배기가스로부터 폐기물로의 대류 및 복사열 전달
- 배기가스로부터 표면 벽체로의 대류 및 복사평열 전달
- 회전하는 내화벽에서 폐기물로의 열전달
- 회전하는 내화벽에서 폐기물로의 복사 열전달
- 폐기물 내에서 열전도에 의한 열전달
- 폐기물 및 배기가스의 축방향으로의 전도, 대류, 복사에 의한 열전달
- 소각로 벽체에서의 열손실

㉡ 열의 생성 및 흡수현상

- 폐기물의 건조 및 열분해를 위한 열흡수
- 열분해 가스의 연소열 생성
- 고체물질의 표면연소열 생성
- 휘발분 연소열 생성

㉢ 물질전달 현상

- 연소공기 중 산소 벌크(Bulk)상태 폐기물의 전달현상
- 열분해・가스화 생성물의 자체 상벌크(Bulk)상태로의 전달현상

이외에도 회전에 의한 폐기물과 연소공기의 혼합 촉진현상, 그리고 소각이 진행 중인 폐기물 파괴현상(쪼개짐 현상)이 일어나게 된다.

[그림 4-7]은 고상 폐기물과 폐액이 로터리 킬른식 소각로에 동시 투입되어 연소되고 있는 과정을 도식화한 것이다.

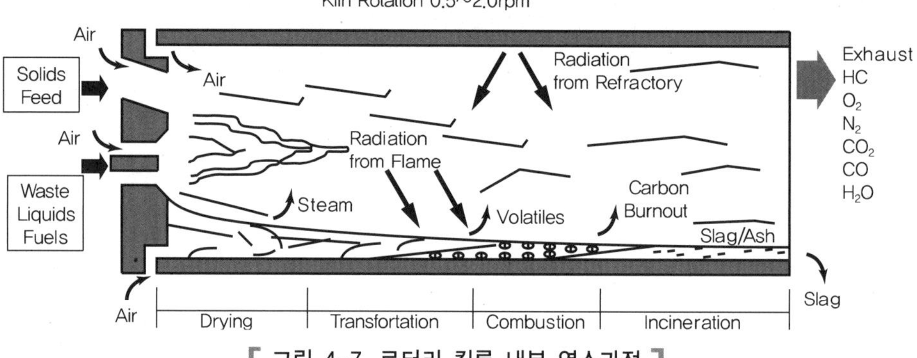

[그림 4-7. 로터리 킬른 내부 연소과정]

로터리 킬른식 소각설비는 Firing Shield, Kiln Shell, Discharge Hood, Tire-gear, 구동장치 및 제어설비(회전수 제어) 등으로 구성되어 있다. [사진 4-6]은 가동 중인 로터리 킬른식 소각로 하부 롤러의 모습이다.

[사진 4-6. 가동 중인 로터리 킬른식 소각로 하부 롤러]

로터리 킬른식 소각로 설계 시 투입열량에 따라 크기가 결정되고, 폐기물 성상 및 운전경험에 입각해 길이/직경(L/D)비와 회전수(rpm) 등을 결정한다.

2차 연소실(Secondary Combustion Chamber)은 Shell, Flange 등으로 구성된다. 국내에서 설계 및 제작이 충분히 가능하며, 폐액을 소각시킬 경우는 버너 및 내화물의 재질 선정 등에 유의해야 한다. 배기가스량, 예상체류시간 등을 감안하여 크기를 결정하고, 일반 로(爐)에 대한 경험에 입각하여 설계 및 제작이 가능한 것이 특징이다.

그리고 버너 설비는 본체(보조열원, 점화), 연소공기 및 보조연료 공급 및 조절설비, 제어설비(공연비 비례제어 및 실화경보)와 기타 전처리 보조설비 등으로 구성되어 있다.

일반적으로 소각과정 중 물리화학적인 변화(건조·가열과정, 열분해·가스화 과정, 휘발분의 2차 연소·미연분연소 등)가 나타나며, 이러한 소각과정에서 가장 중요한 변화 과정이 폐기물 열분해 시 생성되는 응축성 가스의 연소이다.

응축성 가스는 다양한 유기화합물(지방족 탄화수소, 방향족 탄화수소 등)을 포함하고 있으므로 차후 연소 시 고온에서 충분한 산소공급과 혼합강도를 부여하여 완전연소가 일어날 수 있도록 해야만 소각로에서 유기독성 오염물의 배출을 최대한 억제할 수 있다.

또한 폐합성수지류, 폐고무, 폐피혁 등의 난연성 폐기물을 다량으로 직접 소각시킬 경우 높은 발열량과 산소공급의 어려움 등으로 불완전연소에 의한 오염물질의 배출량이 상당히 크게 된다. 따라서 1차 연소로에서 열분해 및 가스화 과정을 중심으로 화학적인 변화를 유도하여 고형폐기물을 연소가 잘 되는 기체상 연료로 전환시켜 2차 연소로에서 완전연소를 유도하는 것이 연소효율을 높이고, 대기오염물질의 배출저감효과를 달성할 수 있다.

수분함량이 많은 슬러지 생활폐기물 소각의 경우에는 향류식(Counter-current Type) 로터리 킬른 소각로를 주로 사용하고 있으며, 폐유, 폐합성수지류 및 고발열량의 폐기물을 소각시킬 경우에는 병류식(Co-current Type) 로터리 킬른 소각로를 사용하고 있다.

열회수장치는 수관식 또는 연관식 보일러를 채택하고 있고, 대기오염제어설비는 분진제거장치, 산성가스제거장치, 유기성 가스 및 미세분진제거장치 등으로 구성되어 있다.

[사진 4-7]은 현장에서 제작 중인 폐열보일러(Waste Heat Boiler)의 실제 모습이다.

[사진 4-7. 폐열보일러(Waste Heat Boiler) 제작 모습]

※ 자료 : 지이큐솔류션(주)

일반적인 로터리 킬른식 소각로 운전 및 설계변수(영향인자 관련 설계 및 운전범위)를 소개하면 〈표 4-2〉와 같다.

〈표 4-2〉 로터리 킬른식 소각로 운전 및 설계변수

영향인자	설계 및 운전범위	비 고
폐기물 소각량 (kg/hr)	–	시스템의 규모 결정
폐기물의 원소 조성	–	배기가스량 계산, 배기가스 조성 예측 등
폐기물의 공업분석 조성	–	회분 발생량
체류시간	• 기체 : 1~2초 • 고체 : 수시간	소각로의 크기
열발생률 (kcal/m^3 · hr)	• R/K : 10~40×10^4 • 후연소버너 : 20~80×10^4 *수냉식 R/K : 6,000BTU/hr · ft^3	소각로의 크기, 재질의 열적 파괴, 회분의 Fouling이나 Slagging 고려
연소공기 온도	• 상온 • 가열공급(200~320℃)	소각로 내의 온도 유지와 연소 촉진 등
열손실	• R/K : 약 5% • 후연소버너 : 약 5%	소각로의 온도, 열회수량 등
과잉공기량	25~125% 과잉공기 주입 • 1차 연소실 : 이론공기량의 60~100% 주입 • 2차 연소실 : 과잉공기	완전연소를 확보하기 위한 공기공급
연소실 온도	• 1차 연소실 : 600~800℃ • 2차 연소실 : 1,000~1,200℃	불완전연소를 확보하기 위한 최소온도
R/K의 L/D Ratio	2~10	소각로의 Sizing
후연소버너의 L/D	2~5	후연소버너의 Sizing
회전속도 (rpm)	3/4~4.0	폐기물 혼합과 체류시간
회전로의 기울기	3°	폐기물 체류시간

[Flow의 형태]
- 향류식(Counter-current Type) : 수분이 많이 포함된 폐기물과 발열량이 낮은 것(생활폐기물, 슬러지, 오염된 토양 등)
- 병류식(Co-current Type) : 휘발성이 큰 물질(산업폐기물 중 석유화학계 폐기물)

영향인자	설계 및 운전범위	비 고
Nonslagging 또는 Slagging Mode	–	회분의 용융점 고려
내화재의 유무	• 내화재 이용 • 강관 이용	일반적으로 석유화학계 폐기물은 Co-current, Nonslagging과 내화재 이용
R/K 내부에 Baffle 설치	–	소각 시 폐기물의 혼합강도 향상
Sealing 방법	–	배기가스의 누출방지 효과
압력	−10∼−20mmHg	–
Kiln 내 가스유속	5∼15ft/sec (2차 연소실 : 3∼6m/sec)	–
Kiln에의 폐기물 부하량 : Kiln 단면적의 3∼12% 정도		

※ 자료 : 이건주, 국내 소각로 공정기술 현황, (사)한국공업화학회

로터리 킬른식 소각로는 교반효과가 아주 우수하기 때문에 건조효과가 좋고, 착화 및 연소시키기 용이한 장점이 있는 반면, 점착성 폐기물이나 섬유 클링커를 형성하는 문제가 발생하는 등의 단점도 있다.

㉠ 장점

- 쓰레기 교반이 좋아 대형 클링커(Clinker) 형성을 방지한다.
- 고수분 저발열량의 폐기물도 연소 가능하며, 브릭 라이닝형(Brick Lined Type)일 경우에는 폐플라스틱 함유량이 많은 고발열량의 폐기물까지 처리 가능하다.
- 처리물성, 크기 변화에 대하여 비교적 안정적인 운전이 가능하다.
- 수냉식(Water Cooled Type) 로터리 킬른일 경우에는 연소가스 온도가 낮고, 과잉공기량이 적어 질소산화물(NO_x) 발생량이 적다.

㉡ 단점

- 생활폐기물 소각 시 스토커와 조합하여 건조 또는 후연소에 사용할 수 있다.
- 고수분 폐기물의 경우 조립(Pelletizing)효과로 연소효율이 나빠질 수 있다.
- 브릭 라이닝형(Brick Lined Type)일 경우 연와 마모가 크고, 스폴링(Spalling)이 일어나기가 쉽다.
- 방열손실이 비교적 크고, 배기온도가 낮아 소각여열 이용에 다소 부적합하다.
- 간헐운전에 부적합하고, 유동상식 소각로 다음으로 분진 배출량이 많다.

이해를 돕기 위한 로터리 킬른식 소각로 개략 흐름 공정도는 [그림 4-8]과 같다.

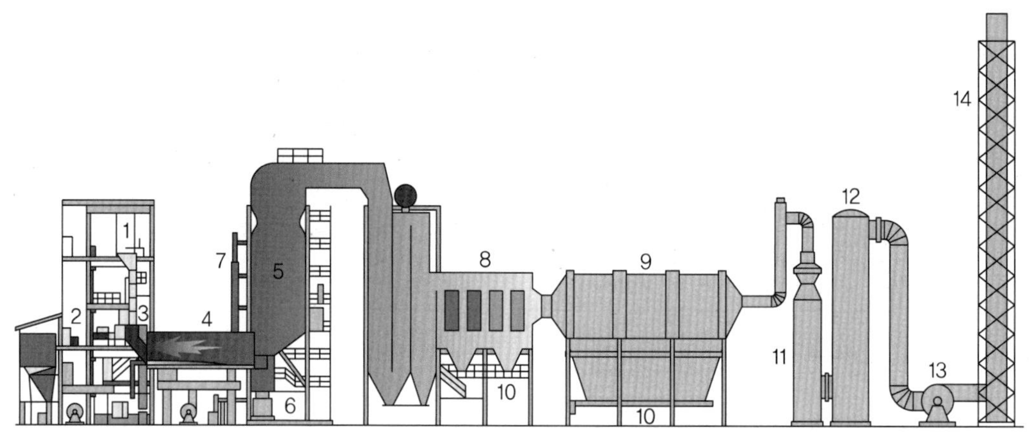

[그림 4-8. 로터리 킬른식 소각로 흐름 공정도]

※ 자료 : 한국환경기술단(KETEG), 소각설비 기본설계 자료집, 2019년(개정)

④ 다단로식 소각로

다단로는 1934년에 하수슬러지를 소각하기 위하여 설계되었으나, 최근에는 하수슬러지는 물론 하수, 타르와 같이 고상, 액상, 기상 및 가연성 폐기물의 연소에도 사용할 수 있게 되었다.

슬러지나 입상 고형폐기물은 나선형 공급장치나 벨트식 문, 날개식 문(Flap-gate)으로 공급된다. 회전축은 폐기물을 상부의 상(床)에서 하부로 이동하게 하여 최종 재가 배출될 때까지 다음 상(床)으로 연속적으로 이동하게 된다.

다단로는 내화물을 입힌 가열판, 중앙의 회전축, 일련의 평판상을 구성하는 교반 암(Rabble Arms)으로 구성되어 있다. 액상이나 기상의 가연성 폐기물은 보조버너 노즐에 의해 시스템 내로 주입된다.

액상 및 기상 폐기물의 이용은 보조연료의 양을 감소시켜 운전비용을 절감할 수 있는 일석이조의 효과를 꾀할 수 있으며, [그림 4-9]는 다단로식 소각로의 내・외부 구조를 입체적으로 나타내고 있다.

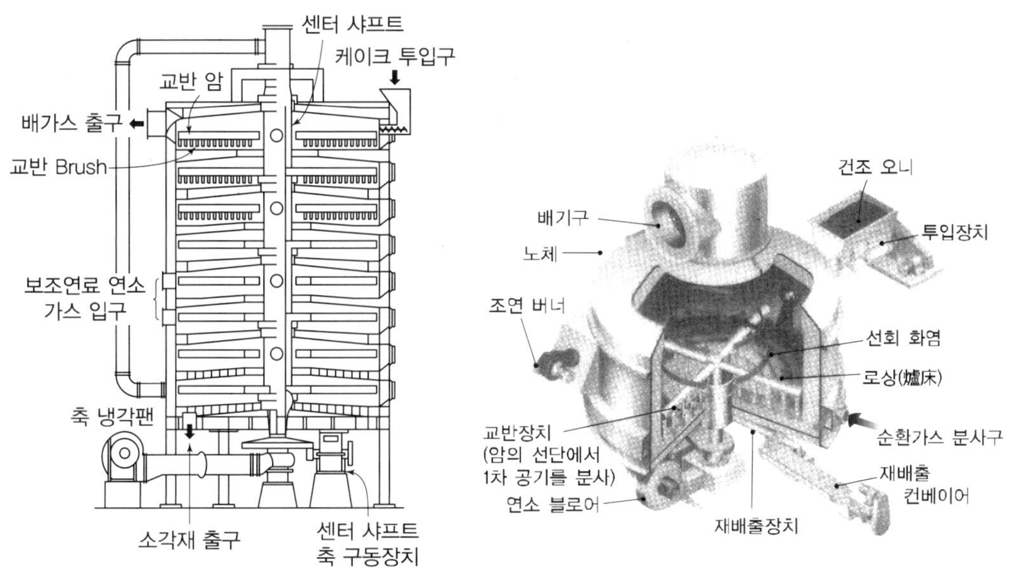

[그림 4-9. 다단로식 소각로 구조도]

⑤ 분무연소식 소각로

분무연소식 소각로는 액체연료의 분무화 연소와 똑같이 분무화기(Atomizer)에 의하여 폐액을 분무화 미립액적화하여 표면적을 증대시켜 로의 복사대류 전열, 증발가스화를 촉진하고, 공급공기의 확산혼합에 의하여 연소속도, 연소효율의 증대를 꾀하는 방식을 말한다.

연소 시 유체분무, 가압분무, 회전식 분무 등의 분무방법이 있으며, 분무입경은 10~400μm 정도가 일반적이다. 액적경이 작을수록 연소상태가 양호하므로 연속해서 조연열량 공급을 필요로 하는 저열량 폐액일수록 고압 2류체 분무형식을 채택하는 것이 좋다. 액적의 연소시간은 분무초 입경의 제곱에 비례하고, 미립화할수록 불완전연소, 매연의 감소 등의 양호한 효과를 갖는다.

이해를 돕기 위해 분무연소식 소각로의 개념을 간략히 소개하면 [그림 4-10]과 같다.

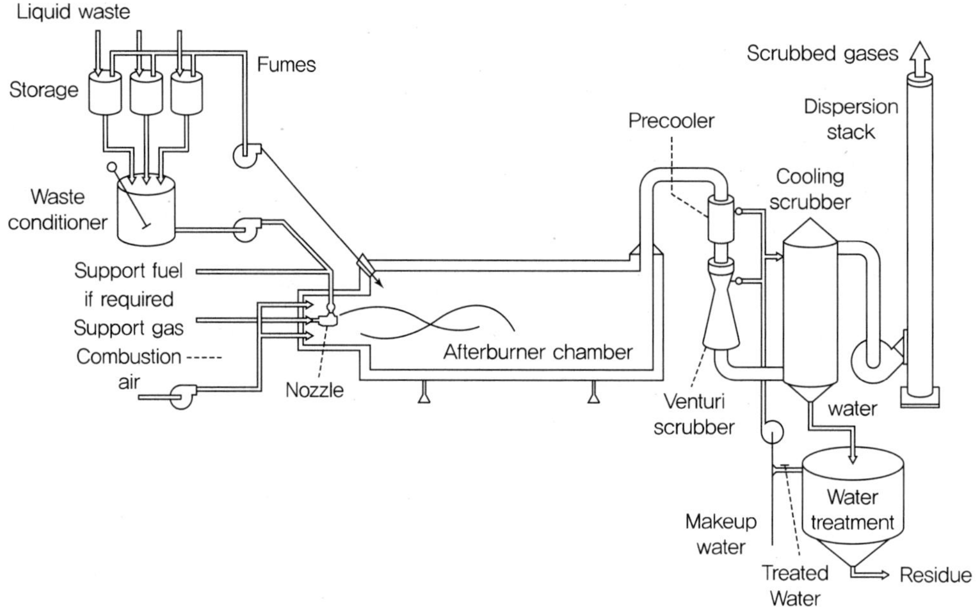

[그림 4-10. 분무연소식 소각로의 개념도]

상기 관련 2유체분무의 분무류 평균입경(d)을 구하는 실험식은 다음과 같다.

$$d = \frac{585}{v}\left(\frac{\delta}{\rho}\right)^{0.5} + 597\left(\frac{\mu_e}{\rho \times \delta}\right)^{0.45} L^{1.5}$$

여기서, d : 액적 평균입경
v : 분출구에 있어서 액과 공기(또는 증기)의 상대속도(m/sec)
δ : 액의 표면장력(dyne/cm)
ρ : 액의 밀도(g/cm^3)
μ_e : 액의 점성계수($dynes/cm^2$)
L : 액의 공기비(l－액/m^3－기체)

또한 최대입경(d_{max})은 약 (1.3~3)d이다.

2 폐기물 가스화 기술과 열분해 유화기술

1 폐기물 가스화 기술

폐기물 가스화 기술은 기존 소각방식과는 달리 공급된 폐기물 내의 탄소 및 수소성분이 고온의 환원조건(부분산화 조건)에서 반응이 진행되며, 가스화 반응에서 생산된 합성가스는 일산화탄소와 수소가스를 주성분으로 생산된다. 또한 폐기물 가스화 기술은 산화제로서 주로 산소를 이용하며 공기를 사용하여 가스화하는 경우도 있으나, 산화제로서 산소를 사용함으로써 합성가스 중 질소성분을 최소화하여 일산화탄소 및 수소농도를 높일 수 있다.

폐기물 가스화 기술은 폐기물을 소각하는 과정에서 생성되는 다이옥신과 같은 유해가스를 고온에서 완전히 분해하여 무해화하면서 폐기물이 가지고 있는 에너지 회수를 극대화할 수 있고, 생활폐기물로부터 다양한 사업장폐기물까지 처리가 가능한 장점을 가지고 있다.

이러한 열분해 가스화 기술의 각 주요 단위기술로는 가스화 반응기술, 합성가스 정제기술, 복합발전기술, 합성가스 이용기술 등이 있다.

(1) 가스화 반응기술

폐기물 가스화 기술은 근본적으로 폐기물 내에 함유되어 있는 가연성분의 열분해 반응을 수반하게 되므로 열분해 유화기술과 유사한 측면이 있다. 그러나 열분해 유화기술과의 차이점은 열분해 유화기술의 경우 600℃ 이하의 낮은 온도에서 열분해하여 생성되는 물질로서 오일, 비응축성 가스, Char 성분 등이 생성되며, 이러한 생성물 중 Char를 제외하고 증기형태로 발생되는 열분해 생성물을 다시 냉각・응축하여 액상연료를 회수하는데 기술의 주안점이 있다.

반면에 가스화 기술의 경우 열분해 유화기술의 경우보다 높은 750~1,200℃ 범위의 고온에서 부분산화에 의해 대부분 일산화탄소나 수소 등과 같은 비응축성 가스성분을 생산하는 기술이다.

(2) 합성가스 정제기술

폐기물 가스화의 경우 폐기물에 함유된 오염물질이 합성가스 중에 포함되어 있으므로 다양한 방식으로 합성가스를 이용하기 위해서는 합성가스 이용기술에 맞도록 정제를 해야 한다. 폐기물 가스화에 발생되는 주요 오염물질로는 HCl, H_2S, NH_4, 분진 및 미량 중금속 등 다량의 오염물질을 함유하고 있다. 따라서 폐기물 합성가스는 발전 기상연료화, 액상연료화(DME, 메탄올 등으로 전환) 등으로 이용하게 되며, 이러한 합성가스의 이용을 위해서는 각각의 이용기술에 적합하도록 가스화기에서 생성된 합성가스 중에 함유된 오염물질을 정제시키는 기술이 필요하다.

(3) 복합발전기술

정제된 합성가스를 이용하여 증기와 증기터빈 발전을 동시에 하는 열병합발전설비에 적용하거나, 가스 엔진 및 가스터빈 발전 및 복합화력발전 등 다양한 분야에 적용이 가능하다.

(4) 합성가스 이용기술

합성가스를 이용하는 기술에는 합성가스를 이용한 발전설비가 해당되지만, 여기서는 합성가스를 활용하여 다양한 물질을 생산하는 공정을 말하며, 주로 CO와 수소가 생산되지만 적절한 공정을 거쳐 다양한 원료 물질을 제조할 수 있다.

2 폐기물 열분해 유화기술

열분해 유화기술은 400~550℃의 무산소 분위기에서 폐기물을 가스상의 탄화수소화합물로 이루어진 합성가스로 분해한 후 응축기를 통하여 액상의 연료유를 생성하는 기술을 말한다.

폐기물을 열분해하는 경우 분해온도에 따라 생성가스의 성분 또한 변화되며, 분해온도가 높을수록 열분해 후 생성되는 가스는 탄소수가 적은 합성가스로 분해되어 일반적인 응축기를 이용할 경우 액상으로의 응축효율이 낮아지게 된다. 따라서 가스화의 경우 용융공정을 거치지 않는 750℃ 전후의 열분해 가스화 기술이 있으며 이 경우 열분해 유화기술과 기술적으로 매우 흡사할 수 있으나, 최종 생성물을 액상으로 회수하느냐 또는 기상으로 회수하느냐에 따라 차이가 있다.

즉, 열분해 기술은 가연성 폐기물을 처리하여 2차 오염물질의 발생을 최소화시키면서 에너지를 회수하는 기술의 하나로서, 폐기물을 무산소 또는 저산소 분위기하에서 고온으로 가열하는 조작으로 소각이 연소반응에 의하여 각종 유기물을 산화・분해시켜 최종적으로 CO_2와 H_2O 그리고 회분의 생성물을 발생시키는 반면에, 열분해 유화기술은 고분자화합물을 산소가 없는 상태에서 환원・분해시켜 각종 유기화합물을 저분자화 함으로써 연료로 재사용이 가능한 액상의 재생유로 생산하는 방식인 것이다.

열분해 유화기술은 열분해 유화공정의 단위공정을 대상으로 다음과 같이 기술적으로 분류할 수 있다.

① PVC 함유 여부에 따른 탈염소 전처리 기술
② 열분해 유화 반응기 설계기술
③ 유화공정의 장기간 운전을 위한 반응기의 코킹 방지기술
④ 열분해 생성유의 정제기술
⑤ 원료의 투입 및 전처리 기술

〈표 4-3〉은 열분해 유화공정의 단위기술의 분류를 나타낸 것이다.

〈표 4-3〉 열분해 유화공정의 단위기술의 분류

기술 분류	기술 범위	비 고
PVC 처리	가열 압출기술 탈염소 또는 탈염화수소기술 염산 회수기술 염산 중화기술	공정의 안전성 및 생성유의 품질 저하를 방지하기 위하여 PVC의 열분해 과정에서 발생되는 염소 및 염화수소의 처리기술
반응기 설계	연속 교반형 반응기술 관형 반응기술 유동상 반응기술 킬른형 반응기술	회분식 공정, 반회분식 공정, 연속식 공정기술 등의 반응형태에 따른 최적 반응기의 설계기술
코킹 방지	첨가제 이용기술 반응기 재질 확보기술 온도제어기술	유화공정의 장기간 운전성 확보를 위하여 열분해 과정에서 장치에 형성되는 코킹 방지기술
열분해 촉매	기상 촉매반응기술 액상 촉매반응기술 촉매 접촉분해반응기술	폐기물의 분해효율 및 생성유의 고급화를 위한 촉매의 활용기술
생성유 정제기술	화학적 정제기술 물리적 정제기술	생성유의 일정한 품질을 유지시킬 수 있는 생성유의 정제기술
원료의 투입 및 전처리	파쇄 및 분쇄기술 조립 또는 감용조립기술 선별기술, 건조기술	폐기물에 함유된 이물질의 제거와 반응기의 효율 향상을 위하여 폐기물의 부피를 감소시킬 수 있는 기술

3 소각설비 선정요령 및 열회수

1 선정 일반

산업의 발달로 인해 폐기물의 종류 및 형태도 더욱 다양해져 폐기물 소각처리방식 또한 복잡해지고 있다. 따라서 폐기물 처리목적으로 많은 투자를 하여도 폐기물의 특성에 따른 적정 처리시설 선정이 안 될 경우, 소각설비 가동을 시운전 단계에서 중지해야 하는 경우가 발생할 수 있으므로 초기 계획단계에서부터 신중을 기하지 않으면 안 된다.

소각설비는 외형적으로는 거의 비슷하게 보일지 모르지만 그 기능을 좀 더 상세하게 살펴보면 기술적으로 고려해야 할 사항이 많은데, 특히 가동 시 주의해야 할 점이 많은 게 사실이다.

그러므로 소각로 계획 시에는 폐기물의 특성, 폐기물 발생량, 소각로 내구연한, 가동인원, 보수기간, 환경기준 등을 충분히 고려하지 않으면 안 된다. 사전에 폐기물 성상조사가 얼마나 철저하게 수행되었느냐에 따라 소각로 성능이 좌우되는 만큼 이에 따른 철저한 성상분석이 필요하며, 폐기물 발생량 예측 시에는 해당 지역의 개발에 따른 사회적 여건과 소각로 보수기간 등을 충분히 고려하여 산정하는 것이 바람직하다.

2 소각시설 배치 및 동선계획

(1) 시설물 배치기준

① 소각시설 및 부대시설 기능 극대화를 위한 배치
② 소각시설의 이미지 개선
③ 원활한 동선계획
④ 지형에 대한 배려
⑤ 환경에 대한 대책 및 에너지 절약계획

(2) 처리시설 배치의 기본방향

① 폐기물 소각시설의 특수성을 감안해 주요 시설물 및 부대설비의 유지관리와 운영조작이 편리하고 능률적으로 작업할 수 있도록 시설물 배치계획 및 동선계획을 수립한다.
② 쓰레기 처리공정에 의해 작업동선이 자연스럽고 행동반경이 최소화되도록 동선계획을 수립한다.
③ 각 시설물의 유사성과 연관성을 감안하여 기능별로 이용에 적합한 지역을 선정하여 배치한다.
④ 관리기능은 외부에서 진입 및 접근이 용이하며, 내부의 기능을 방해하지 않도록 배치한다.
⑤ 스포츠 시설 및 휴게공간 등을 확보하고, 종사자의 정서 함양과 주민들의 편의를 도모하기 위한 편익시설을 고려한다.
⑥ 광역폐기물 소각시설 건설 및 운영에 따른 환경영향요인인 악취, 먼지, 폐기물의 비산, 배기가스, 교통혼잡 등을 가장 효과적으로 제거할 수 있도록 배치한다.
⑦ 소각장의 각종 시설물은 주변 자연경관과 잘 조화되도록 조경시설, 배치계획 등을 수립한다.

[그림 4-11]은 소각시설동 내부 평면 동선계획을, [그림 4-12]는 수평 및 수직 동선계획을, 그리고 [그림 4-13]은 소각시설 견학동선의 예(例)를 보여주고 있다.

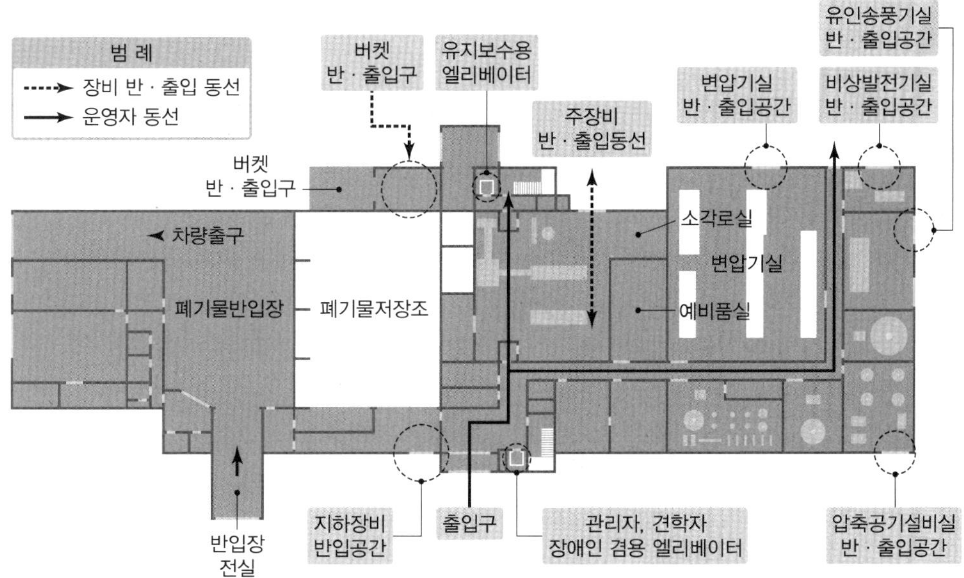

[그림 4-11. 소각시설동(洞) 내부 평면 동선계획(예)]

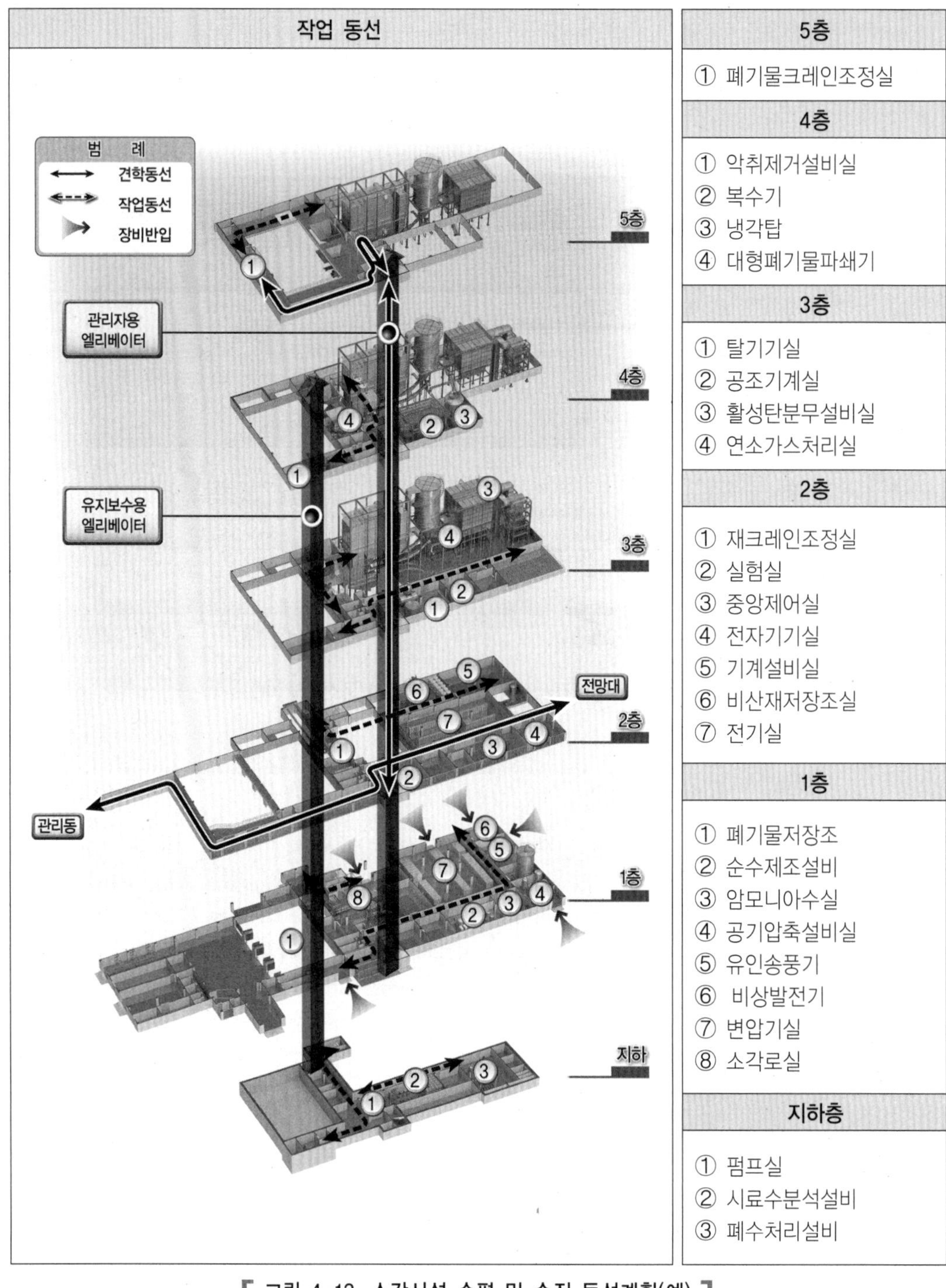
작업 동선
범 례
견학동선
작업동선
장비반입
관리자용 엘리베이터
유지보수용 엘리베이터
관리동
전망대
5층
4층
3층
2층
1층
지하
5층
① 폐기물크레인조정실
4층
① 악취제거설비실
② 복수기
③ 냉각탑
④ 대형폐기물파쇄기
3층
① 탈기기실
② 공조기계실
③ 활성탄분무설비실
④ 연소가스처리실
2층
① 재크레인조정실
② 실험실
③ 중앙제어실
④ 전자기기실
⑤ 기계설비실
⑥ 비산재저장조실
⑦ 전기실
1층
① 폐기물저장조
② 순수제조설비
③ 암모니아수실
④ 공기압축설비실
⑤ 유인송풍기
⑥ 비상발전기
⑦ 변압기실
⑧ 소각로실
지하층
① 펌프실
② 시료수분석설비
③ 폐수처리설비

[그림 4-12. 소각시설 수평 및 수직 동선계획(예)]

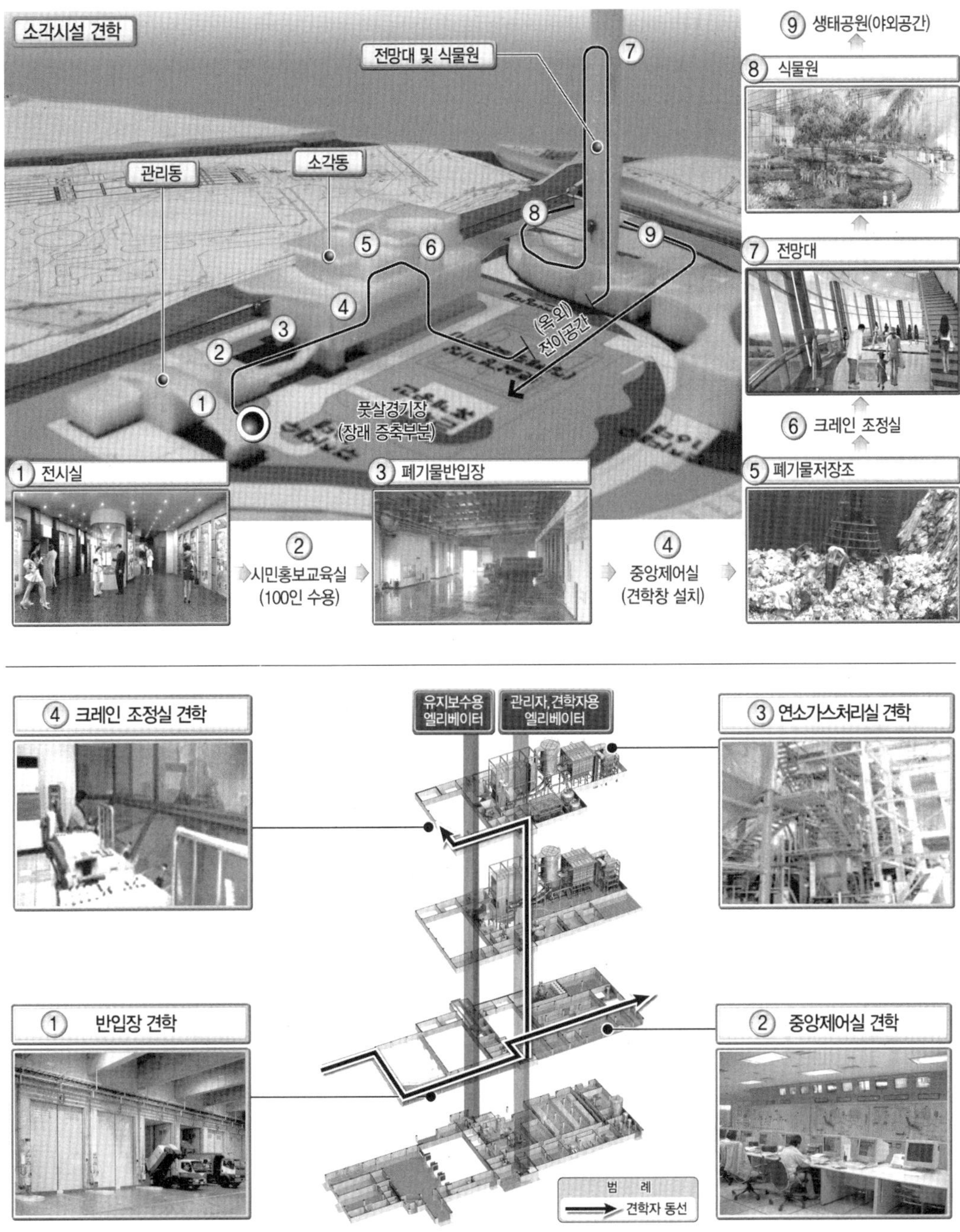

[그림 4-13. 소각시설 견학동선(예)]

〈표 4-4〉는 폐기물 소각시설 부지 선정 시 활용할 수 있는 일반적인 적지(適地) 평가기준(예)이다.

〈표 4-4〉 폐기물 소각시설 적지(適地) 평가기준(예)

평가분야 및 배점	항 목		적지판정기준 고려 내역		배점 (%)
			부적지조건	최대적지조건	
면적 및 수송성	사용면적		좁고 배치 부적합	충분하고 확장이 가능	5
	운반거리		수거거리가 멀다.	수거거리가 비교적 짧다.	5
지 역 사회성	지역조건		주거지역과 가깝거나 자연・생산녹지지역 이외의 지역이고, 농경지 등 생활 의존도가 높다.	주거지역과 멀리 떨어져 있고, 자연・생산녹지지역이고, 농경지 등이 적다.	10
	운반로 및 교통		도로가 협소하고 교통량이 많다.	도로조건이 좋고 교통량이 적다.	5
	문화재 및 주요 시설물		중요 문화재가 많고 군사・교육시설 등 주변의 주요 시설에 영향을 준다.	문화재가 전혀 없고 주요 시설물이 2km 이상 떨어져 있다.	5
경관영향	경 관		경관이 양호하며 소각시설 설치로 인한 경관파괴가 심하다.	경관에 영향이 적다.	10
환경영향	생태계		동・식물상이 풍부하고 자연생태계의 파괴가 심하다.	파괴가 심하지 않고 긍정적 영향을 준다.	5
	폐수처리		처리 후 방류조건이 불리	처리 및 방류조건이 양호	5
	대기	분진	풍향의 영향을 많이 받아 발생량이 많고, 영향권이 넓다. 안개 발생빈도 및 일수가 많다.	분진발생 및 영향이 적고, 안개 발생지역이 아니다.	5
		냄새	악취물질의 확산이 용이하고 영향권이 넓다.	악취물질의 확산이 어렵고 영향권이 좁다.	5
		배기가스	배기가스의 영향이 크게 예상된다.	유리한 풍향, 지형조건으로 인하여 영향이 전혀 없다.	5
	소 음		운반 및 작업차량, 그리고 시설가동에 의한 소음공해가 크다.	거의 없다.	5
폐열 활용성	폐열이용		인근지역에 열병합 발전소나 아파트 단지가 없다.	있다.	10
시공 및 운전	부지확보		비싸고 확보가 어렵다.	가장 싸고 확보가 용이하다.	10
	진입도로		신설해야 할 도로가 길고, 많은 보수가 필요하다.	신설 보수의 필요성이 전혀 없다.	5
	지 반		연약지반이다.	구조물에 대한 지지력이 아주 좋은 지반이다.	5

※ 배점은 100% 만점을 기준으로 하며, 상기 표에서의 각 배점(%)은 변동될 수 있음.

3 소각시설에서의 열회수

소각시설에서 발생하는 열을 회수하여 재이용하는 것은 에너지 및 비용절감 차원에서 매우 중요하므로 소각여열 이용을 크게 세 가지, 즉 소규모, 중규모, 대규모 방식으로 구분하여 설명하고자 한다.

(1) 소규모 여열이용방식

소규모 소각로에 적용하는 방식으로서, 공장동(工場洞) 및 부속건물에 대한 급탕 및 난방 등에만 여열을 공급하는 경우이다. 보통 수분사식 가스냉각탑 후단에 온수기를 설치하여 잔여열을 회수한다. 배기가스 중에 온수기를 직접 노출시키는 경우 배기가스 중의 염화수소(HCl), 황산화물(SO_x) 등에 의한 저온부식의 우려가 있을 수 있으므로 유의해야 한다.

(2) 중규모 여열이용방식

소각장 자체 부속건물에 대한 급탕, 난방 외에도 복지센터나 온수 수영장 등을 설치하여 여열을 공급하는 것으로서, 수분사식 냉각방식과 폐열보일러를 조합한 방식이다. 이 방식은 크게 두 가지, 즉 'Type 1. 소각로 → 수분사식 가스냉각탑 → 폐열보일러 조합방식'과 'Type 2. 소각로 → 폐열보일러 → 수분사식 가스냉각탑 조합방식'이다.

여기서 Type 1은 여열이용부하가 적은 경우에 적합하고, Type 2는 여열이용부하가 다소 큰 경우에 적합하다. 폐열보일러를 설치할 경우에도 소규모 여열이용방식의 온수기와 마찬가지로 저온부식의 우려가 있으므로 보일러의 증기압력을 $4kg/cm^2$ 이상 유지하는 것이 필요하다. 통상 중규모 여열이용방식의 경우에는 $7 \sim 10kg/cm^2$ 정도의 증기압력이 적정하다.

(3) 대규모 여열이용방식

소각 시 발생하는 열을 최대한 이용하는 경우로 배기가스의 보유열량을 전량 보일러로 회수하는 방식으로, 여열이용의 주목적에 따라 온수나 증기로의 열 공급, 발전, 발전과 열 공급의 병행 등으로 구분할 수 있다.

① 열 공급이 주목적인 경우

이 경우는 보일러의 증기조건을 $10 \sim 20kg/cm^2G$(포화증기)로 계획하며, 여열이용의 열부하가 일간 또는 연간변동이 있으므로 잉여증기를 공랭식 증기복수기에서 응축하여 보일러 압력을 조절한다.

② 발전이 주목적인 경우

이 경우는 발전효율을 제고하기 위하여 보일러 증기조건을 고온·고압으로 할 것이 요망되나, 폐기물 소각 배기가스 중에 함유된 염화수소(HCl), 황산화물(SO_x) 등에 의한 전열관의 부식(고온부식) 문제가 고온·고압으로 하는 증기조건에 제약을 가져온다.

고온부식은 전열관의 벽 온도가 320℃ 이상의 범위에서 현저히 발생해 500~600℃의 온도범위에서 최대치에 이르므로 기기의 내구성을 고려하여 과열 증기조건을 250~280℃ 정도로 계획하는 것이 중요하다. 참고로 터빈 후단의 복수기는 공장입지조건 및 건설비 측면을 고려하여 공랭식 복수기를 일반적으로 채용하고 있다.

③ 발전과 열 공급의 병행

이 경우는 발전과 열 공급을 조합하여 여열이용을 계획할 경우, 보일러에 발생하는 고온・고압의 증기터빈을 이용하여 전기로 전환하고, 그 후에 배출되는 추가 증기를 급탕 및 난방에 이용하는 방식이다.

이해를 돕기 위하여 [그림 4-14]는 여열이용설비 계통도의 한 예(例)를 도식화한 것이다.

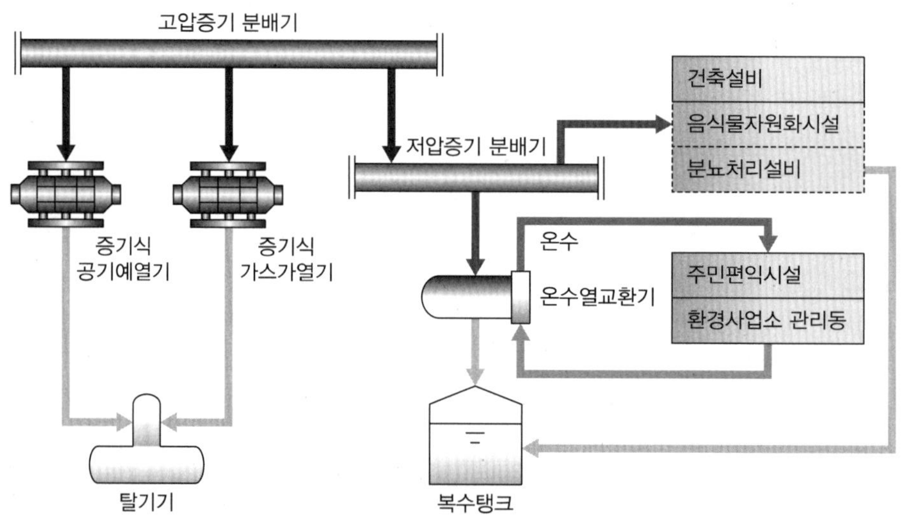

[그림 4-14. 여열이용설비 계통도(예)]

심화학습

부식(腐蝕)의 종류 및 특성

부식(腐蝕)의 종류에는 전면 부식, 갈바닉(Galvanic) 부식, 침식 부식, 틈 부식, 공식(Pitting) 등이 있으며, 종류별 특성은 다음과 같다.

① 전면 부식
금속면의 양극부위가 여러 번에 걸쳐 이어질 때 발생하는 부식으로 비교적 균일하게 금속이 제거되어 부식감량의 예측이 가능하다.

② 갈바닉(Galvanic) 부식
전도성 유체(물) 내에 이종금속이 접촉하고 있을 때 발생하는 부식으로 저항력이 있는 금속은 보호되지만 저항력이 작은 금속은 부식이 가속화된다. 장치설계 시 갈바닉 계열에서 서로 인접한 금속들을 사용하면 부식으로부터 보호할 수 있다.

③ 침식 부식
주로 구리 합금강에서 발생되며, 금속표면에서 난류강도가 매우 높아 보호피막이 기계적 또는 전기화학적으로 손상되는 부위에서 쉽게 발생한다. 모래와 같은 마모성 고형입자들이 용수 중에 유입될 때 가속화되며 유속이 큰 부위에서 쉽게 발생한다.

④ 틈 부식
밀폐된 부위와 주변의 부식 환경차이에 의해 발생되는 전기화학적 부식으로 틈새 내 용존 산소 농도가 주위의 산소농도보다 낮기 때문에 발생하며, 열교환기 튜브 지지판 부위, 부착물이나 침전물 하부, 리벳 연결부위와 같이 용수가 정체된 부분에서 발생한다.

⑤ 공식(Pitting)
공식(孔蝕)은 어느 한 부분이 계속적으로 상대적 양극으로 작용함으로써 구멍모양으로 진행하는 부식으로, 일명 점식(點蝕)이라고도 한다.
가장 심각한 부식의 한 형태로서, 적은 질량감소로도 장치 내에 미세한 구멍을 발생시켜 갑작스런 큰 손상을 일으킬 수 있다. 발생원리는 틈 부식과 유사하지만 틈새가 불필요하고 자발적으로 발생되는 점이 다르며, 대부분의 점식장해는 염소이온과 잔류염소에 의해 발생된다. 따라서 점식은 저온부식과 고온부식 모두에 해당된다고 판단된다.

4 폐기물 고형연료화

1 개요

고형연료(固形燃料)란 가연성 폐기물(지정폐기물 및 감염성 폐기물 제외)을 선별·파쇄·건조·성형을 거쳐 일정량 이하의 수분을 함유한 고체상의 연료로 제조한 것을 말하며, 우리나라에서는 시행 중인 폐기물 분리수거정책에 의해 생활폐기물계에서의 음식물류와 재활용품의 분리선별률은 지속적으로 증가하고 있는 추세이다.

단독 및 집합주택에서 배출되는 쓰레기종량제 봉투 안에 담겨 있는 생활폐기물의 성상이 고형연료화하기에 적합한 형태로 계속 변하고 있기 때문에 현재보다 고형연료의 품질과 생산 경제성이 훨씬 좋아질 것으로 예상된다([사진 4-8] 참조).

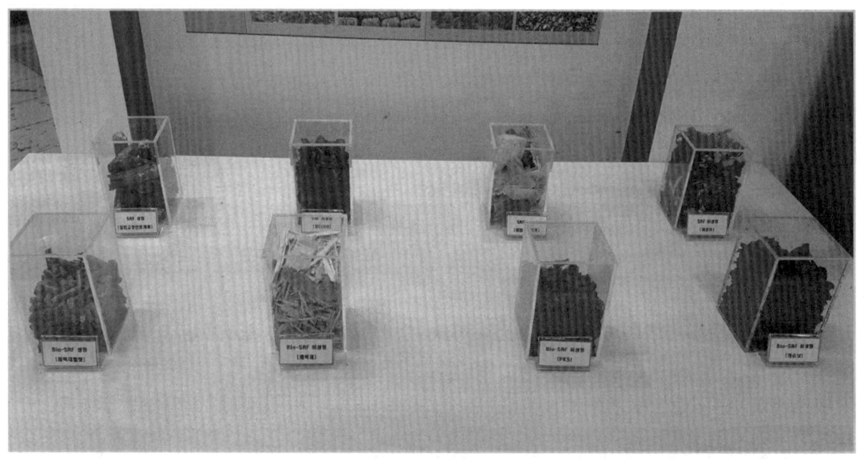

[사진 4-8. 생산된 다양한 고형연료제품(ENVEX2017, COEX, Seoul)]

※ 자료 : Photo by Prof. S.B.Park, 2017년 6월

고형연료는 폐기물 원천에 따라 생활폐기물 고형연료(RDF : Refuse Derived Fuel), 폐플라스틱 고형연료(RPF : Refuse Plastic Fuel), 폐타이어 고형연료(TDF : Tire Derived Fuel), 목재칩 고형연료(WCF : Wood Chip Fuel) 및 슬러지 고형연료(SDF : Sludge Drying Fuel) 등으로 각각 구분할 수 있다.

① 생활폐기물 고형연료제품(RDF)

가연성 생활폐기물을 사용하여 제조한 고형연료제품

② 폐플라스틱 고형연료제품(RPF)

폐플라스틱을 중량기준으로 60% 이상 함유하여 제조한 고형연료제품

③ 폐타이어 고형연료제품(TDF)
　폐타이어를 사용하여 제조한 고형연료제품

④ 목재칩 고형연료(WCF)
　목재칩을 사용하여 제조한 고형연료제품

⑤ 슬러지 고형연료(SDF)
　하·폐수슬러지 등을 사용하여 제조한 고형연료제품

고형연료제품(SRF/Bio-SRF)은 기존에 단순 소각 또는 매립하던 폐합성수지, 폐고무, 폐목재 등에 대해 전처리 과정을 통해 운반과 저장, 연료열량을 향상시켜 석탄열량(4,000~5,000kcal/kg)과 유사한 수준으로 자원화한 것이다. 이 중 폐플라스틱과 폐비닐류를 소각하는 연료로 사용할 수 있도록 만든 고형연료가 RPF이고, 일반 생활쓰레기를 전처리해서 만든 고형연료를 RDF라고 부른다.

연료로서 사용하는 고형연료의 구비조건을 열거하면, 우선 제품으로서의 발열량, 즉 칼로리가 높아야 하고(High Calorific Value), 원료 중에 비가연성 성분이나 연소 후 잔류하는 재(Ash)의 양이 적어야 한다(Low Ash Content). 아울러 고형연료의 조성 배합률이 균일해야 하고(Homogeneous Composition), 저장 및 수송이 편리하도록 개질되어야 하며, 제조과정 중 대기오염물질의 발생이 적어야 함은 물론 기존의 고체연료를 사용하는 로(爐)에서도 사용이 가능해야 한다.

국내의 경우, 2012년부터 시행된 신·재생에너지의무할당제(RPS) 도입으로 지속적으로 생산업체가 증가하고 있는 추세이며, 현재는 고형연료제품을 '일반 고형연료제품(SRF)'과 '바이오 고형연료제품(Bio-SRF)'이라는 용어로 수정 정의하고 있다. [사진 4-9]는 현재 가동 중인 국내 고형연료제품 생산시설 모습이다.

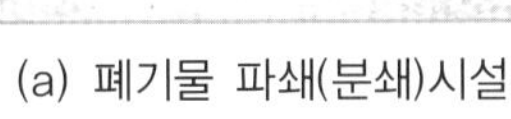
(a) 폐기물 파쇄(분쇄)시설

(b) 성형시설

[사진 4-9. 고형연료제품 생산시설]

※ 자료 : Photo by Prof. S.B.Park, 2018년 12월(검색기준)

2 국내 고형연료제품의 품질기준

(1) 일반 고형연료제품(SRF : Solid Refuse Fuel)

시행규칙 제20조의 2 관련, [별표 7] 〈개정 2016.4.29.〉

구 분		단 위	성 형		비성형	
모양 및 크기		mm	직경	50 이하	가로	50 이하
			길이	100 이하	세로	50 이하
수 분		wt.%	10 이하		25 이하	
저위발열량		kcal/kg	수입 고형연료제품 : 3,650 이상 제조 고형연료제품 : 3,500 이상			
회 분		wt.%	20 이하			
염 소		wt.%	2.0 이하			
황 분		wt.%	0.6 이하			
금속 성분	수은(Hg)	mg/kg	1.0 이하			
	카드뮴(Cd)		5.0 이하			
	납(Pb)		150 이하			
	비소(As)		13.0 이하			

※ 비고

① 회분, 염소, 황분 및 금속성분은 건조된 상태를 기준으로 한다.

② 성형제품은 펠릿으로 제조한 것으로 한정하며, 사용자가 주문서 또는 계약서 등에 별도로 명시하여 요청한 경우에는 길이를 100mm 초과하여 제조할 수 있다.

③ 비성형제품으로서 제20조의 3 제1항에 따른 고형연료제품 사용시설에 직접 사용하기 위해 같은 부지에서 제조하는 경우에는 체 구멍의 크기가 가로 120mm, 세로 120mm 이하(체 구멍이 원형인 경우 면적이 14,400mm^2 이하)인 체에 통과시켰을 때 무게 기준으로 제품의 95% 이상이 통과할 수 있는 것으로 제조할 수 있다.

④ 위 표에도 불구하고 별표 1 제10호 가목의 일반 고형연료제품 중 폐타이어만을 사용하여 제조한 고형연료제품의 황분 함유량은 2.0wt.% 이하로 한다.

(2) 바이오 고형연료제품(Bio-SRF : Biomass-Solid Refuse Fuel)

시행규칙 제20조의 2 관련, [별표 7] 〈개정 2016.4.29〉

구 분		단 위	성 형		비성형	
모양 및 크기		mm	직경	50 이하	가로	120 이하
			길이	100 이하	세로	120 이하
수 분		wt.%	10 이하		25 이하	
저위발열량		kcal/kg	수입 고형연료제품 : 3,150 이상 제조 고형연료제품 : 3,000 이상			
회 분		wt.%	15 이하			
염 소		wt.%	0.5 이하			
황 분		wt.%	0.6 이하			
바이오매스		wt.%	95 이상			
금속성분	수은(Hg)	mg/kg	0.6 이하			
	카드뮴(Cd)		5.0 이하			
	납(Pb)		100 이하			
	비소(As)		5.0 이하			
	크롬(Cr)		70.0 이하			

※ 비고
① 회분, 염소, 황분 및 금속성분은 건조된 상태를 기준으로 한다.
② 성형제품은 펠릿으로 제조한 것으로 한정한다.
③ 바이오매스 함유량은 고형연료제품의 함유 성분 중에서 수분과 회분을 제외한 나머지 성분 중 바이오매스의 비율을 말한다.

심화학습

폐기물처리시설 설치 촉진 및 주변지역 지원 등에 관한 법률

환경부에서 폐기물처리시설의 부지 확보의 촉진과 그 주변지역 주민에 대한 지원을 통하여 폐기물처리시설의 설치를 원활히 하고 주변지역 주민의 복지를 증진함으로써 환경보전 및 국민생활의 질적 향상에 이바지하기 위하여 '95. 1월 '폐기물처리시설 설치 촉진 및 주변지역 지원 등에 관한 법률'을 제정 · 시행하였다.

단, 동법 제정 이전에 설치 · 운영 중인 일정 규모 이상의 소각장 및 매립시설은 동법 적용 대상에서 제외되어 당해 시설로 인해 영향을 받는 주변지역 주민들에 대한 지원이 어려움에 따라 타 시설과의 형평성을 제고하기 위하여 동법 제정 이전에 설치 · 운영 중인 일정 규모 이상의 폐기물처리시설도 당해 시설로 인해 환경상 영향을 받게 되는 주변지역 주민들에 대하여 주민지원기금을 조성하여 편익시설 설치 및 복리증진사업 등을 실시하도록 하였다.

NCS 실무 Q&A

Q 폐기물 소각처리 과정에서 발생할 수 있는 내화물 손상 주요 요인에 대해서 설명해 주시기 바랍니다.

A 일반적으로 폐기물 소각로에서는 연소온도 750℃ 이상, 1,100~1,200℃ 정도를 설계온도로 설정하고 있습니다. 일부 스토커 측벽 부위 과열집중에 따라 클링커가 부착하기도 하지만, 내화물 특성상 이 정도 온도에서는 큰 문제가 없습니다. 일반적으로 다음과 같은 요인에 의해 내화물 손상이 많이 발생하는 편입니다.

① 벽의 돌출(突出) 및 도괴(倒壞)
② 급열·급랭으로부터 오는 열적 스폴링(Spalling)에 의한 탈락
③ Gas에 의한 손상과 Gas 누설
④ 수분사실의 누수 및 Joint부의 유출
⑤ 회분에 의한 손상
⑥ 마모 손상

[스토커 측벽 부위 과열집중에 따른 클링커 부착사례]

CHAPTER 5

다이옥신(Dioxin) 제어기술

학습목표

1. 다이옥신 및 PCB 일반을 이해할 수 있다.
2. 소각공정에서 발생하는 다이옥신 전구물질과 재생성과정, 그리고 제어방법을 알 수 있다.
3. 다이옥신 시료채취방법에 대하여 알 수 있다.

학습내용

1. 다이옥신 및 PCB 일반
2. 소각공정에서 발생하는 다이옥신 전구물질과 재생성 과정 그리고 제어방법
3. 다이옥신 시료채취방법

1 다이옥신 및 PCB 일반

1 다이옥신 일반

(1) 유래

일찌감치 다이옥신(Dioxin)은 과거 월남전에서 고엽제(枯葉劑, Defoliant)의 원료로 사용, 약 79만 명에게 간암과 기형아 출산 등의 피해를 일으킨 것으로 알려지면서 세인의 주목을 끌었다. 고엽제는 나무를 고사시키기 위해 살포한 제초제를 말하며, 베트남전 당시에 사용되었던 에이전트 오렌지가 유명하다([사진 5-1] 참조).

(a) 공중기동작전 디오라마

(b) 베트콩 지하동굴 디오라마

[사진 5-1. 월남전 모습]

※ 자료 : 용산 전쟁기념관, 2019년 3월(검색기준)

베트남 전쟁에서 살포된 고엽제에는 다이옥신이라는 화학적 불순물이 있는데, 이것은 치사량이 0.15g이며, 청산가리의 1만 배, 비소의 3,000배에 이르는 독성을 가지고 있다. 이 독소는 분해되지 않고, 체내에 축적되어 10~25년이 지난 후에도 각종 암과 신경계 손상을 일으키며 기형을 유발하고, 독성이 유전되어 2세에게도 피해를 끼친다.

특히 다이옥신은 발암물질인데다가 정자수를 감소시키기 때문에 지금까지 인간이 만들어낸 물질 가운데 가장 독성이 강한 물질로 평가받고 있기도 하다.

[사진 5-2]는 베트남전 이후 평온함을 되찾은 하노이 시가지와 호치민 묘 전경이다.

(a) 하노이 시가지

(b) 호치민 묘(하노이 소재)

[사진 5-2. 베트남 하노이 시가지와 호치민 묘]

※ 자료 : Photo by Prof. S.B.Park, 2015년 6월

(2) 정의 및 구조

다이옥신(Dioxin)은 고리가 세 개인 방향족화합물에 여러 개의 염소가 붙어있는 화합물로서, Poly Chlorinated Di-benzo Dioxin(PCDD)계 화합물을 말하며, 염소의 치환수와 치환위치에 따라 75개의 동족체가 존재한다.

흔히 다이옥신이라 함은 PCDD 외에 퓨란계 화합물(Poly Chlorinated Di-benzo Furan, PCDF), PCB(Poly Chlorinated Biphenyl)와 같은 다이옥신 유사물질을 모두 통칭하여 다이옥신류라고 부른다.

다이옥신과 유사한 성질을 가진 것으로서, 앞서 언급한 폴리클로리네이티드 디벤조 퓨란(Poly Chlorinated Di-benzo Furan)이 있다. 총칭하여 PCDFs로 표시하며, 다이옥신과 같이 염소의 치환수와 치환위치에 따라 135개의 동족체가 존재한다. 일반적으로 다이옥신과 퓨란을 합하여 다이옥신류(PCDDs+PCDFs)라 하며, 다이옥신류에는 이론적으로 총 210개의 이성체(Isomer)가 존재한다(〈표 5-1〉 참조).

〈표 5-1〉 PCDDs와 PCDFs의 구조

	PCDDs				PCDFs			
Cl	동족체	분자식	분자량	이성체	동족체	분자식	분자량	이성체
1	MCDD	$C_{12}H_7ClO_2$	218	2	MCDF	$C_{12}H_7ClO$	202	4
2	DCDD	$C_{12}H_6Cl_2O_2$	252	10	DCDF	$C_{12}H_6Cl_2O$	236	16
3	TrCDD	$C_{12}H_5Cl_3O_2$	286	14	TrCDF	$C_{12}H_5Cl_3O$	270	28
4	TeCDD	$C_{12}H_4Cl_4O_2$	320	22	TeCDF	$C_{12}H_4Cl_4O$	304	38
5	PeCDD	$C_{12}H_3Cl_5O_2$	354	14	PeCDF	$C_{12}H_3Cl_5O$	338	28
6	HxCDD	$C_{12}H_2Cl_6O_2$	388	10	HxCDF	$C_{12}H_2Cl_6O$	372	16
7	HpCDD	$C_{12}HCl_7O_2$	422	2	HpCDF	$C_{12}HCl_7O$	406	4
8	OCDD	$C_{12}Cl_8O_2$	456	1	OCDF	$C_{12}Cl_8O$	440	1
MCDD~OCDD 합계				75	MCDF~OCDF 합계			135

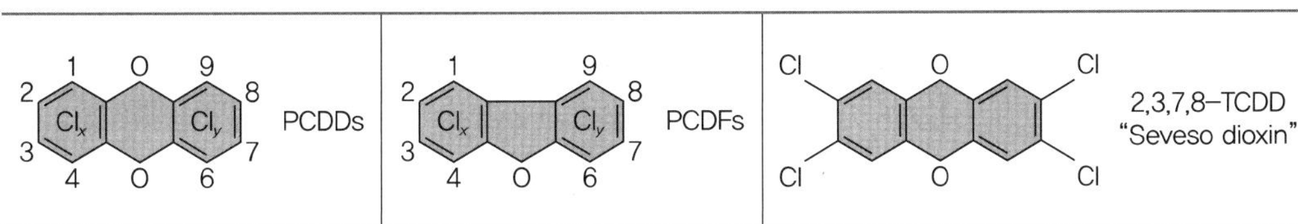

(3) 주요 발생원

다이옥신류의 오염원은 환경에 매우 다양하게 분포되어 있는 편인데, 주로 화합물의 제조, 펄프 및 종이 제조, 도시 및 의료폐기물 소각, 야금공정과 석탄연소 등이 주요 오염원으로 알려져 있다. 〈표 5-2〉는 다이옥신의 오염원 구분 및 제조공정별 세부 항목이다.

〈표 5-2〉 다이옥신의 발생 오염원 및 세부 항목

오염원 분류	항 목	세부 항목
1차 오염원	화합물 제조	클로로페놀 관련 물질의 제조(제초, 곰팡이 방지, 살충제의 용도) 예 2,4,5-T, PCP, 헥사클로로펜, NIP, X-52 등
	폐기물 소각	도시폐기물, 산업폐기물, 의료폐기물, 오니의 소각에 따른 연돌 배출물, 비산재, 잔재의 매립지
	펄프, 종이 제조	염소화합물에 의한 표백처리
	자동차	가솔린 첨가제(TEL), 포착제(2-브로모-2-클로로에탄)
	기 타	화산, 화재, 번개 및 산불 등
2차 오염원	식품 섭취, 음용수 섭취, 공기흡입, 피부접촉, 토양, 하수오니, 퇴비 및 퇴적물 등	

(4) 물리·화학적 성질 및 인체에 미치는 영향

① 물리·화학적 성질(염소수에 따라 물리·화학적 성질의 차이가 있음)

㉠ 유기성 고체로서 녹는점, 끓는점이 높다.

㉡ 증기압이 낮으며, 물에 대한 용해도가 매우 낮다.

㉢ 옥탄올/물 분배계수가 높아 환경 잔류성이 강하며, 분해속도가 매우 느리다.

㉣ 지용성 물질로 입자상 물질표면에 잘 흡착되어 지표면에 침착되거나, 장·단거리 이동이 용이하다.

② 인체에 미치는 영향

㉠ 강력한 발암물질로서 암 발생률을 높인다(폐암, 간암, 임파선암, 혈액암 등).

㉡ 심한 생식계 장애와 발달장애가 일어날 수 있다.

㉢ 면역계의 손상으로 여러 가지 전염성 질환에 걸릴 수 있다.

㉣ 호르몬 조절기능에 장애가 일어날 수 있다.

㉤ 불임(不姙), 출생 시 장애, 기형, 발육장애가 올 수 있다.

2 PCB 일반

(1) 정의 및 구조

PCBs(Poly Chlorinated Biphenyls)는 Biphenyl기($C_{12}H_{10}$)에 하나 이상의 수소원자가 염소로 치환된 물질을 총칭하며, 치환된 염소의 1~10개와 위치에 따라 이론적으로 209종의 이성체가 존재한다. 〈표 5-3〉은 PCB 분자구조 및 이성체 수를 표시하였다.

〈표 5-3〉 PCB 분자구조 및 이성체 수

클로로비페닐	분자식	이성체 수	염소함량(%)
mono	$C_{12}H_9Cl_1$	3	18.79
di	$C_{12}H_8Cl_2$	12	31.77
tri	$C_{12}H_7Cl_3$	24	41.30
tetra	$C_{12}H_6Cl_4$	42	48.56
penta	$C_{12}H_5Cl_5$	46	54.30
hexa	$C_{12}H_4Cl_6$	42	58.93
hepta	$C_{12}H_3Cl_7$	24	62.77
octa	$C_{12}H_2Cl_8$	12	65.98
nona	$C_{12}HCl_9$	3	68.73
deca	$C_{12}Cl_{10}$	1	71.18

(2) 주요 발생원

PCBs를 주원료로 한 전기제품 생산공장, 화학공장, 식품공장, 제지공장 등에서 제품을 생산・처리하는 과정에서 자연계로 유출되는데, 〈표 5-4〉는 PCBs 용도 및 사용제품을 요약한 것이다.

〈표 5-4〉 PCBs 용도 및 사용제품

<table>
<tr><th>구 분</th><th colspan="2">용 도</th><th>사용제품</th></tr>
<tr><td rowspan="3">PCB 그 자체 또는 이를 주성분으로 한 것</td><td>절연유</td><td>변압기
콘덴서
종이콘덴서
기타</td><td>화재의 위험이 있는 장소의 변압기(광산, 빌딩, 병원, 지하설비, 차량, 선박), 직류콘덴서, 축전용 콘덴서(전동차, 공장 등), 형광등, 수은등, 세탁기, 냉장고, 냉난방기, 전자레인지, 드라이어(Dryer), 직렬 Reactor, 정류기 Pushing Oil 등</td></tr>
<tr><td colspan="2">열매체</td><td>화학공업(Oxychlorination법), 염화비닐 제조 등 석유화학, 합성화학, 식품공업, 제지공업, 약품공업, 플라스틱공업, 아스팔트공업, 선박 등의 난방, 보일러, 건조기, 열풍발생기 등</td></tr>
<tr><td>기계유</td><td>특수윤활유
기타</td><td>고온용 윤활유, Air Compressor Oil, 수중용 윤활유, 작동유, 진공펌프오일, 절삭유 등</td></tr>
<tr><td>PVB를 첨가 한 것</td><td>가소제</td><td>절연성
내열난열</td><td>전선 및 케이블 피복, 절연테이프, 전기기기용 플라스틱 성형품, 절연용 함침제, 폴리에스테르수지, 폴리에틸렌수지, 염화비닐수지, 고무(염화고무, 합성고무, 천연고무) 접착제, 아교, 왁스, 아스팔트, 바닥타일 등</td></tr>
<tr><td colspan="2">도료</td><td colspan="2">난연성 도료, 염화고무도료(내식, 내약품, 내수, 내후), 염화비닐도료, 폴리우레탄도료(접착, 광택성, 방부), 셀룰로오스도료(내후, 광택, 절연용), 인쇄잉크(윤전Gravure, 등사잉크) 등</td></tr>
</table>

구 분	용 도	사용제품
PCB를 첨가 한 것	복사지	Non-carbon지, Carbon지, 전자식 복사지 등
	기타	종이나 모직물의 코팅, 브레이크라이닝, 컬러TV(KC-C), 농약, 도기채색(KC-500, KC-C), 화학비석의 점결제(KC-1000, KC-C), 집진, 방습, 의료방화, 방수함침제, 안료분산제 등

(3) 물리·화학적 성질 및 인체에 미치는 영향

① 물리·화학적 성질(염소수에 따라 물리·화학적 성질의 차이가 있음)

㉠ 열에 안정하고, 전기절연성이 좋다.

㉡ 상온에서 적당한 점성을 가지는 액체로서 접착성, 신전성(늘어나는 성질)이 풍부하다.

㉢ 이염화물 외에는 불연성이다.

㉣ 화학적으로 불활성이고 산, 알칼리성에 잘 견딘다.

㉤ 물에는 매우 난용성이나, 많은 유기용매에 가용성이다.

② 인체에 미치는 영향

㉠ 인체 내에 축적되는 PCB는 주로 염소가 5개 이상 치환된 것이다.

㉡ 4염화물 이하의 PCB는 비교적 대사되기 쉽고, 담즙 및 기타 배설계를 통해 부분적으로 배설된다.

㉢ 중독증상이 일어날 수 있는 최저량은 약 70μg/kg(체중)/일로 추정된다.

㉣ 피부증상으로는 여드름, 모공확대, 각질 증식 및 색소침착 등이 생기고, 점막증상으로는 눈꼽, 눈꺼풀의 종양, 눈의 침침함, 구강 및 치육의 색소침착 등이 생긴다.

㉤ 전신증상으로서 식욕부진, 피로, 두통, 복통, 요통, 관절통, 관절 부종창, 사지 부종, 월경 이상, 성욕 감퇴 등의 증상, 기타 호흡기장해, 신경 내분비장해, 지질대사 이상 등이 나타난다.

3 소각공정에서 발생하는 다이옥신 전구물질과 재생성 과정, 제어방법

(1) 다이옥신 전구물질(Precursors)

연소가스 중 다이옥신의 선행물질과 공여체가 반응하여 생성되는 것이 주원인이며, 연소가스의 온도가 300℃ 전후의 온도범위에서 재생성된다.

$$\text{전구체 I} + \text{전구체 II} \xrightarrow{260\sim316℃} \text{PCDD, PCDF}$$

전구체 Ⅰ은 벤젠고리 화합물로서 Cl을 함유하지 않은 것을 말하고, 전구체 Ⅱ는 Cl, HCl 등의 염소화합물을 말한다. 전구물질에 의한 다이옥신의 생성경로는 다음과 같이 구분할 수 있다.

① 유기염소계 화합물인 다이옥신류 전구체 물질과의 전환경로

염소 치환형의 벤젠핵을 가지고 있는 다이옥신류의 전구물질(Precursor)인 폴리염화비페닐류(PCBs : Polychlorinated Biphenyls), 클로로페놀, 염화벤젠류(CBs : Chlorobenzenes), 염화페놀(CPs : Chlorophenols), 염화나프탈렌(CNs : Chloronaphthalenes) 등으로부터 다이옥신류가 주로 생성하며, 상기 전구체 물질은 생활폐기물에 다량으로 존재하며, 산소결핍지역에서 열분해(Pyrolysis)에 의해 생성한다.

② 여러 유기화합물 존재 및 Chlorine Donor로부터의 생성

폴리염화비닐(PVC : Polyvinyl Chloride), 4염화탄소(CCl_4), 4염화에틸렌(C_2Cl_4), 클로로포름($CHCl_3$) 등과 같이 벤젠핵을 가지고 있지는 않지만 고온에서 열화학반응에 의해 다이옥신류 및 전구물질이 생성되는 경우이다.

③ 염소원이 존재하지 않는 고온반응에서 리그닌(Lignin) 및 폴리프로필렌(PP : Polypro-pylene) 등과 같이 염소성분을 함유하고 있지 않은 유기물과 탄소 등이 HCl, Cl_2, NaCl, $AlCl_3$ 등과 같은 무기물로부터 다이옥신류가 생성되는 경우이다.

(2) 다이옥신 재생성 과정(Dioxin Reformation)

① 디 노버 합성(De－novo Synthesis)

$$\text{Fly Ash with Precursors and Cu or Fe+Chlorine Donor} \xrightarrow[\text{불완전연소}]{250\sim450℃} \text{Fly Ash+Dioxin}$$

② 운전인자에 의한 영향

㉠ 온도

다이옥신류는 연소실에서의 불완전연소 및 온도범위 250~450℃ 사이의 후처리 설비에서 재생성에 의해 발생하며, 특히 온도범위 200~300℃ 사이에서 급격히 발생한다. 대책으로는 소각로 후단 반건식흡수탑(SDR)에서 연소가스 온도를 145℃ 이하로 급속히 냉각하여 다이옥신 재생성 방지 및 응축 후 여과집진장치를 이용하여 제거한다.

㉡ 산소

연소실 내의 산소농도를 6%로 유지해야 하는데, 이유는 산소농도가 6% 이상으로 높아질수록 다이옥신 농도가 급격히 증가하기 때문이다. 이는 다이옥신류의 생성에 필요한 Cl_2가 Deacon반응에 의해 생성되기 때문인 것으로 알려져 있다.

$$2HCl + \frac{1}{2}O_2 \leftrightarrow Cl_2 + H_2O$$

이 반응은 분진 내 산화금속의 촉매작용에 의해 발생하며, 특히 $CuCl_2$의 영향이 큰 것으로 추정된다. 연소실 내의 과잉산소는 후처리부에서 Cl_2의 생성을 증가시켜 다이옥신류의 생성을 급격히 증가시킨다.

(3) 다이옥신 제어방법

구 분		생성방지 대책	저감기술
생성방지	공급되는 폐기물의 균질화	소각로에 투입되는 폐기물의 조성을 균일하게 함.	투입 전 피트 내에서 잘 혼합하고 균질의 폐기물을 일정하게 공급할 수 있도록 설계 및 운전
	연소과정	소각로에서 고온(850℃ 이상)으로 연소하고, 2초 이상 체류하게 하여 유기물질을 완전 분해함.	• 850℃ 이상으로 유지 • 소각로 상부에 2차 연소로를 설치하여 체류시간(Detention Time) 증가 • 공급되는 공기량의 분배, 배기가스 중의 일산화탄소(10ppm 이하) 및 산소 모니터링 장치 설치
	냉각과정	급격한 연소가스 냉각으로 재생성 기간을 단축함.	보일러 후단에 반건식 반응탑(SDR/SDA)을 설치하여 연소가스를 급랭함.
제어대책	온도강하	다이옥신의 높은 비등점과 낮은 증기압의 특성 때문에 온도가 낮을수록 가스상에서 액상으로 변화시키기가 쉬워짐.	반건식 반응탑(SDR/SDA)에서 연소가스 온도를 145℃ 이하로 낮추어 다이옥신을 응축시킨 후 여과집진장치(Bag House) 등에서 포집 제거함.
	흡 착	가스상 다이옥신을 활성탄 등 다공성 물질을 투입하여 흡착 제거함.	일부 남아 있는 가스상 다이옥신도 다공성의 활성탄을 주입하여 흡착시킨 후 여과집진장치(Bag House)에서 포집 제거함.
	포 집	미세한 먼지에 부착되어 있는 다이옥신을 포집 제거(동일량의 먼지라도 먼지크기가 작아지면 먼지의 표면적은 기하급수적으로 증가함)	0.1μm까지의 먼지를 포집할 수 있는 여과집진장치(Bag House) 설치
	화학적 분해	촉매설치로 다이옥신을 분해제거, 최대제거효율은 약 90% 정도	SCR 촉매탑 설치로 NO_x 제거와 부수적 반응으로 다이옥신을 분해 제거함.

4 다이옥신류 시료채취방법

다이옥신류 시료채취는 대기오염공정시험방법 관련 규정에 따라 수행되어야 하며, 채취된 모든 시료는 배출가스 유속과 동일한 속도로 등속흡인한다. 이를 위해 배출가스의 유속, 온도, 압력(동압, 정압), 수분량 등을 측정하여 즉시 등속흡인 유량을 조절한다. 이 경우 흡인펌프의 흡인능력을 감안해 최적의 노즐직경을 선정하고, 필요 유량 확보를 위한 시료채취시간을 결정한다.

[사진 5-3. 다이옥신류 시료채취 모습]

시료채취장치는 먼지포집부, 가스흡수부, 가스흡착부, 배출가스 유속 및 유량측정부, 진공펌프 및 흡인가스 유량측정부 등으로 구성된다.

가스크로마토그래프/질량분석계에 의한 다이옥신류 분석은 각 동족체의 2개 이온을 선택이온검출법(SIM)으로 검출하고, 그 선택이온의 면적비를 검사하여 그 면적비로써 다이옥신류인 것을 확인한 다음 가스크로마토그램의 피크면적으로부터 내부표준법으로 정량한다. 다이옥신류 시료채취장치 구성은 [그림 5-1]과 같다.

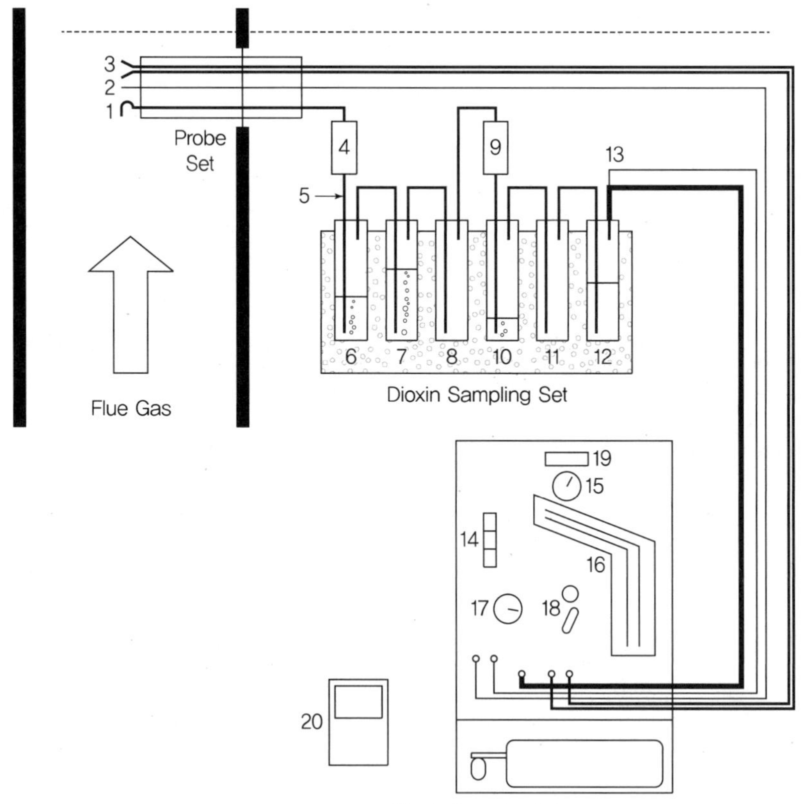

1 : 흡입관, 2 : 온도센서, 3 : 피토관, 4 : 여지(여지홀더), 5 : 온도센서,
6 : 세정수 150mL, 7 : 세정수 300mL, 8 : 공병, 9 : 흡착관(XAD수지),
10 : 디에틸렌글리콜, 11 : 공병, 12 : 실리카겔, 13 : 온도센서, 14 : 온도지시계,
15 : 적산유량계, 16 : 마노미터, 17 : 진공압게이지, 18 : 흡입유량조절밸브,
19 : 시계, 20 : 계산자

[그림 5-1. 다이옥신류 시료채취장치 구성도]

NCS 실무 Q&A

Q 생활폐기물 소각시설에서 다이옥신 저감을 위한 단계적 기술전략을 크게 4단계로 나누어 설명해 주시기 바랍니다.

A 생활폐기물 소각시설에서 다이옥신류의 생성 및 배출을 저감하기 위해서는 첫째, 쓰레기의 균질화 및 균일화, 둘째, 쓰레기 연소과정에서 다이옥신류의 생성억제, 셋째, 보일러 및 에코노마이저(Economizer), 공기예열기, 수분사냉각장치 등 연소가스의 열회수 가스냉각 과정에서 다이옥신류의 재합성 억제, 넷째, 집진 및 산성가스 제거 등 배기가스처리 과정에서 다이옥신류의 고효율 제거 등 4가지로 요약할 수 있습니다. 기술전략 단계별 구체적인 설명은 다음과 같습니다.

① 1단계 : 쓰레기의 균질화 및 균일화
생활폐기물 소각시설에서 다이옥신류의 생성 및 발생을 저감시키기 위해서는 먼저 쓰레기를 소각로에 투입하기 전에 균질화 및 균일화하는 작업이 선행되어야 합니다.

② 2단계 : 다이옥신 발생의 최소화
다이옥신 발생의 최소화는 소각로 내에서 이루어져야 하는데, 이를 위해서 소각로 내에서 안정적 연소(Stable Combustion)와 우수연소관리(GCP : Good Combustion Practice)에 의한 완전연소(Complete Combustion)를 달성하고자 하는 노력이 중요합니다.

③ 3단계 : 다이옥신 재합성 억제
냉각설비 및 폐열회수시설 등에 비산재가 퇴적되는 것을 막고 연소가스를 급속냉각시켜 다이옥신류가 재합성되는 것을 막아야 한다.

④ 4단계 : 다이옥신류의 고효율 제거
이상의 3단계 노력에도 불구하고 생성된 다이옥신류를 최종적으로 제거하는 단계로서, 적정 방지시설의 선정 및 운전, 방지시설로 유입되는 온도 통제 등이 중요하다.

CHAPTER 6

폐기물 매립시설

학습목표

1. 폐기물 매립시설 일반에 대하여 이해할 수 있다.
2. 폐기물 매립방법을 알 수 있다.
3. 매립시설의 단계별 시공계획을 파악할 수 있다.

학습내용

1. 폐기물 매립시설 일반
2. 폐기물 매립방법
3. 매립시설의 단계별 시공계획

1 폐기물 매립시설 일반

매립(埋立, Land-Fill)은 폐기물의 최종처리방법이며, 매립방법에 따라 단순매립, 위생매립, 안전매립 등으로 구분한다.

우선 단순매립(Open Dumping)은 비위생적인 매립형태를 말하고, 위생매립(Sanitary Landfill)은 일반폐기물 처분에 가장 효과적인 방법이며, 안전매립(Secure Landfill)은 유해폐기물의 최종처분방법으로 환경오염을 최소화하기 위하여 유해폐기물을 자연계와 완전히 차단하는 방법을 말한다.

매립지로부터의 환경오염은 근본적으로 폐기물 특성이 주위환경의 질과 크게 다르기 때문에 발생하는데, 주변 환경오염은 주로 폐기물 성분의 배출에 기인하는 것이 대부분이다.

매립지를 부적절하게 설치·운영할 경우의 대표적인 환경오염으로는 침출수에 의한 지하수 오염, 강우 유출에 의한 지표수 오염, 병원균 매개체인 파리, 모기, 쥐, 새 등의 서식, 종이 등의 흩날림, 악취, 먼지, 매립지 분해가스, 유해가스 및 화재 등이다.

폐기물 매립처리에 관한 규정은 점차 엄격해지고 있는 추세이며, 국내 폐기물 매립시설에 대한 설계·시공·감리수준이 꾸준히 발전하고 있음에도 불구하고 여전히 개선의 여지가 있는 것도 사실이다.

심화학습

폐기물 매립지에서 예상되는 환경오염

(1) 주변 환경변화에 대한 문제

매립지는 평지나 구릉지의 계곡부에 주로 설치되는데, 시공 시 수목의 벌채 및 토목공사에 따른 식생훼손 및 동물서식지의 파괴, 평지나 구릉이 작은 산으로 변하고, 계곡이 폐쇄됨에 따라 생물 서식환경의 교란에 따른 생태적 피해가 불가피하다. 또한 매립장과 주변지형 및 경관의 부조화로 경관의 질이 저하된다.

(2) 주변 수역의 수질오염

폐기물 매립장에서 발생하는 침출수 및 우수의 유출로 인한 인근 지표수와 지하수의 오염이 우려된다.

(3) 쥐나 곤충 등의 발생

매립지가 조성되면 열악한 환경에 저항성이 높은 쥐나 조류, 곤충 등이 대량 서식하게 되어 보건위생상 열악한 환경으로 변해간다.

(4) 가스, 악취의 발생 및 화재

매립 폐기물의 부패로 인해 심한 악취가 발생하여 인근 주민의 생활환경에 악영향을 초래할 수 있고, 폐기물의 혐기성 분해로 발생한 메탄가스는 자연발화 및 폭발의 우려가 상존한다.

(5) 교통장애

한정된 매립지의 진입로로 인해 청소차량이 집중되어 사고발생 및 교통체증이 초래될 수 있으며, 적재차량에서 비산되는 폐기물과 침출수 누출로 인한 악취 발생으로 생활환경에 악영향을 준다.

2 폐기물 매립방법

1 매립 구분

폐기물을 매립할 경우에는 계획된 매립량을 확보함과 아울러 매립된 폐기물층의 안정화를 촉진하고, 매립지반의 역학적 특성 및 매립 후 토지의 이용성, 그리고 매립작업 효율 등이 향상되도록 매립의 순서 및 방법을 적절히 선정해야 한다.

그리고 적절한 매립장비를 사용하여 폐기물을 충분히 다져야 하는데, 이와 같은 과정들이 바로 매립공법에 속한다.

일반폐기물 처분에 가장 효과적인 방법은 위생매립(Sanitary Landfill)으로서 개념은 [그림 6-1]과 같고, 매립방식을 샌드위치 공법, 셀(Cell) 공법, 압축매립공법, 도랑형(Trench) 매립 공법으로 구분하여 설명하면 다음과 같다.

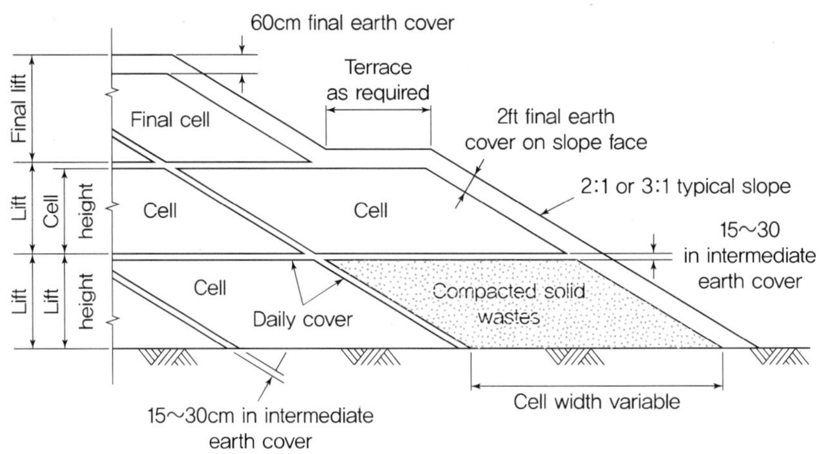

[그림 6-1. 위생매립(Sanitary Landfill) 개념도]

(1) 샌드위치 공법

샌드위치 공법은 폐기물을 수평으로 고르게 깔고 압축하면서 폐기물층과 복토층을 교대로 쌓는 방식으로, 좁은 산간지 등의 매립지에서 주로 이용되고 있다.

매립면적이 넓거나 복토를 위한 쓰레기층 확보를 위해 1일 작업면적을 작게 할 수밖에 없을 경우에는 쓰레기층에 비탈면이 발생하게 되는데, 이 경우 비탈면에도 복토가 필요하기 때문에 실제로는 셀(Cell) 공법이 된다.

(2) 셀(Cell) 공법

셀 공법은 매립된 쓰레기 및 비탈에 복토를 실시하여 셀 모양으로 각 셀마다 일일복토를 하는 방식이 가장 많이 이용되고 있으며, 폐기물층의 비탈면 경사는 15~25%의 구배로 하는 것이 좋다.

1일 작업하는 셀의 크기는 매립량에 따라 결정되며, 각 셀마다 독립된 쓰레기 매립층이 완성되어 있어 화재의 발생 및 확산을 방지할 수 있으며, 쓰레기의 비산과 함께 악취 및 해충의 발생을 방지하는 효과가 있다.

이 방식은 발생가스 및 매립층 내의 수분 이동이 억제되므로, 침출수 처리시설이나 발생가스 처리시설 설치 시에 이 점을 충분히 고려하여야 한다.

(3) 압축매립공법

폐기물을 매립하기 전 감용화를 목적으로 폐기물을 일정한 덩어리로 압축하여 부피를 감소시킨 후 포장을 실시하여 매립하는 방법이다.

이 방법은 폐기물 발생량이 증가하고, 폐기물의 매립지 확보 및 사용연수가 크게 문제시되고 있는 시점에서 운반이 쉽고, 안전성이 유리하다는 것과 지가(地價)가 비싼 경우에 유효한 이점이 있다. 폐기물을 압축하여 덩어리로 만들 때 덩어리가 흩어지는 것을 방지하기 위하여 철망이 필요한 경우가 있으며, 덩어리를 취급, 운반할 경우 파손에 주의하여야 한다.

압축매립공법은 층별로 정렬하는 방법이 보편적이며, 반드시 매립 각 층별로 5~10cm 정도의 일일복토를 실시하여야 한다. 최종 복토층은 향후 토지이용을 고려하여 실시하되 1.5~2m 두께 정도가 필요하다.

(4) 도랑형(Trench) 매립공법

도랑형(Trench) 매립공법은 약 2.5~7m 정도의 깊이를 도랑을 파고 이 도랑에 폐기물을 묻은 후 다지고, 다시 흙을 덮는 형식이다.

이 경우 파낸 흙이 항상 남는데, 이것은 복토재로 이용할 수 있다. 토양처리공법으로 동시에 활용할 수 있고, 안정된 지역의 폐기물을 토지개량제로 활용할 경우에는 그 자리에 다시 매립할 수 있으므로 토지이용의 효율화를 도모할 수 있다.

복토 시 사용되는 복토재는 일반적으로 토양이 거의 대부분이지만 복토재 확보의 어려움, 복토재로 인한 매립용량의 감소 등의 이유로 복토재와 같은 효과가 있으면서 보다 적은 양을 사용할 수 있는 복토대체재를 개발하여 사용할 수 있다. 복토대체재 사용 시 매립지의 수명연장 효과가 재료에 따라 다를 수 있지만, 경험적으로 17~25%의 부피절감효과를 거둘 수 있다.

위생매립을 할 경우에 반드시 복토를 해야 하는데, 복토의 종류로는 크게 3가지, 즉 매일복토, 중간복토, 최종복토로 각각 구분할 수 있다.

2 복토의 종류

(1) 매일복토

매립층이 일정 높이(3m) 정도이거나, 하루 매립작업이 끝났을 때 폐기물의 비산방지, 악취발산의 억제, 화재예방, 파리 등 유해곤충 발생 방지 등의 목적으로 실시하는 복토를 말하며, 복토 두께는 15cm 이상이다.

매립 폐기물의 분해를 돕거나 폐기물층의 안정성을 확보하기 위해서는 통기성이나 투수성이 양호한 사질계통의 토양을 사용하는 것이 좋은데, 만약 통기성이 불량한 토양을 복토재로 사용할 경우에는 혐기성 상태에서 악취가 발생하고, 발생된 가스는 매립지 내에 축적되어 안전을 저해할 수 있으니 유의해야 한다.

(2) 중간복토

폐기물의 매립과 더불어 폐기물 운반차량을 위한 도로지반 제공 또는 장기간 방치되는 매립 부분의 우수배제를 목적으로 실시하는 복토를 말하며, 복토 두께는 30cm 이상이다. 가스발생과 우수침투가 우려될 경우에는 통기성이 불량한 점성토계 토양이 바람직하고, 장 내 도포용으로는 자갈 섞인 토양이 필요하다.

(3) 최종복토

매립이 종료된 시점에 최상층에 실시하는 복토로서, 경관의 향상, 부지이용, 유출수 감소, 식물의 성장 등을 목적으로 하는 복토를 말하며, 하부로부터 30cm 이상의 가스 배제층, 45cm 이상의 차단층, 30cm 이상의 배수층 및 60cm 이상의 식생대층으로 설치한다.

가스 배제층은 폐기물층 바로 위에 설치되어 발생가스를 배출하여야 하므로 자갈이나 모래를 사용한다. 차단층은 발생가스가 지표면으로 확산되는 것을 방지하고, 가스 배제층으로 가스이동을 원활히 하면서, 우수의 침투를 방지할 수 있도록 점성토계 토양으로 설치한다.

배수층은 지표면을 통과한 우수의 배제를 목적으로 투수성이 양호한 사질계통의 토양을 사용한다. 식생대층은 강우에 침식이 잘 되지 않고, 투수성이 작으면서 식생에 적합한 토양으로 부식질이 적당히 섞인 토양이 좋다.

[사진 6-1]은 국내 최대의 매립장인 인천광역시 서구 수도권 매립지 전경이다.

[사진 6-1. 인천광역시 서구 수도권 매립지 전경]

※ 자료 : Photo by Prof. S.B.Park, 2013년 11월

3 매립장 단계별 시공계획

1 시공계획 일반

현장에서 폐기물 매립장을 건설하기 위해서는 단계별로 시공계획을 철저히 수립하고, 관련 시공규정을 준수하여야 한다. 매립장 건설을 위해 현장에 파견될 인력은 현장책임자를 중심으로 매립장 건설경험이 풍부하고, 현장상황을 충분히 숙지하고 있는 작업자로 구성하여야 한다. 이해를 돕기 위해 폐기물매립장 건설을 위한 시공계획 및 관련 공정을 단계별로 설명하면 다음과 같다.

2 단계별 시공계획 및 주요 공정

(1) 제1단계

① 현장 사무실 개설
② 매립장 건설 관련 인허가 업무추진
③ 건설공정 스케줄(Schedule) 작성
④ 시공 측량

(a) 현장 사무실 전경

(b) 임시 세륜설비 설치

[사진 6-2. 제1단계 시공계획]

(2) 제2단계

① 벌개제근 및 표토제거
② 부지성토 및 절토(매립장, 시설동)
③ 저류구조물 및 내부지반 정지
④ 현장주변 가설 우배수시설

⑤ 철저한 안전계획 수립
⑥ 시설동 부지 정지

(a) 벌개제근 및 표토제거 작업

(b) 내부지반 정지작업

【 사진 6-3. 제2단계 시공계획 】

(3) 제3단계

① 산마루 측구 임시수로 매설
② 매립지 내부 우수관로 매설
③ 매립지 외곽 우수관로 매설
④ 매립단계별 우수관로 매설
⑤ 지하수 배제관로 매설

(a) 산마루 측구 임시수로

(b) 지하수 배제관로 매설

【 사진 6-4. 제3단계 시공계획 】

(4) 제4단계

① 침출수 배제관로 매설
② 부직포 포설
③ H.D.P.E Sheet 사면 및 바닥 포설

(a) 지하수 배제관로

(b) 침출수 집배수층 공사

【 사진 6-5. 제4단계 시공계획 】

(5) 제5단계

① 토사선별(체가름)
② 혼합 및 포설
③ 다짐 및 구배조절
④ 차수재 포설, 다짐, 양생
⑤ 시공 시 유의사항
  ㉠ 특수시험 실시로 최적혼합비 산정
  ㉡ 자재관리 철저
  ㉢ 층 다짐시공 철저
  ㉣ 균일한 혼합포설 등

(a) 교반(1)

(b) 선별(2)

(c) 포설 및 다짐(3)

(d) 양생(4)

(e) 건조균열용 양생포 포설 및 다짐(5)

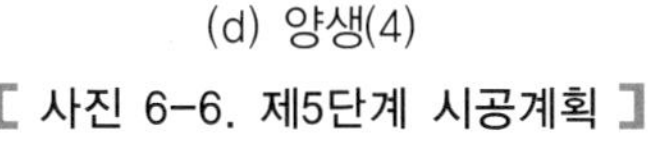

【 사진 6-6. 제5단계 시공계획 】

(6) 제6단계

① 사면부 포설 및 접합
② 바닥부 포설 및 접합
③ 검사 및 보수작업
④ 바닥, 사면 차수작업

(a) H.D.P.E SHEET 포설

(b) 바닥 부직포 포설(Ⅰ)

(c) 바닥 부직포 포설(Ⅱ)

(d) 사면 부직포 포설

[사진 6-7. 제6단계 시공계획]

간혹 폐기물매립장 부실시공으로 인해 공기지연은 물론 경제적 손실로 인한 경영악화가 초래될 수 있으므로 철저한 계획수립과 함께 정확한 시공노력이 요구된다. 과거 발생한 폐기물 매립장 부실시공으로 인한 실제 피해사례 두 가지를 소개한다.

[침출수위 급증에 의한 물고기 떼죽음 사고]

1996년 4월, ○○광역시 소재 매립장 1단계(약 4만 평)가 완공되어 폐기물 매립이 본격적으로 시작되었다. 여름철에 내린 집중강우로 인해 매립시설 내 침출수위가 급증, 매립장 하부제방을 침출수가 월류하는 바람에 주변 저수지의 물고기가 떼죽음 당하는 사고가 발생하였다. 이후 차수막, 제방, 내부 진입도로 등을 전면 재시공하고, 저류제방과 함께 침출수 매립장 등을 보완 시공하였다.

[차수막 훼손에 의한 지하수 오염사고]
K시에 소재한 광역 폐기물매립장이 1996년 6월 준공되었으나, 차수막이 손상되어 침출수가 지하수 배관을 통해 흘러나오는 사고가 발생함으로써 전면 재시공되었다. 또 다른 C군의 경우도 매립장 차수막이 찢겨지는 사고가 발생하여 매립된 3천7백 톤 정도의 폐기물을 모두 걷어내고, 1998년 7월부터 전면 재시공한 사례가 있다.

[사진 6-8]과 [사진 6-9]는 폐기물매립장 부실시공에 의한 침출수 누출현상을 생생하게 보여주고 있으며, [사진 6-10]은 전형적인 곡간매립시설에서 지오멤브레인(Geomembrane)이 경사면에 붙어있지 않고 불충분한 소단의 턱을 경계로 지오멤브레인 상하부가 팽팽히 당겨져 있는 현상을 볼 수 있다.

[사진 6-8. 침출수가 매립장 외부로 분출되고 있는 모습]

[사진 6-9. 침출수위 상승으로 중간복토층 침출수 누출모습]

[사진 6-10. 지오멤브레인(Geomembrane) 부실시공 장면]

관리형 매립시설의 경우, 폐기물매립장으로부터 침출수가 유출되는 것을 방지하기 위하여 점토 및 지오멤브레인을 이용한 차수시설을 많이 설치하고 있다.

3 연약지반 시공 시 유의사항

① 시공비와 안정성 측면에서 볼 때, 원칙적으로 연약지반에 매립시설을 조성하지 않는 것이 가장 바람직하다.

② 차수층의 파괴를 막기 위해서는 매립시설 기초의 연약지반을 충분히 개량한 후 매립시설을 시공하여야 한다. 연약지반 처리에 소요되는 1년 혹은 그 이상의 시공기간을 매립시설 사용계획에 반영하여 공기촉박으로 인한 부실시공의 요인을 사전에 제거하여야 하며, 이 경우 연약지반 처리에 따른 시공비의 증가는 불가피함을 인지해야 한다.

③ 연약지반 처리방법으로서 흔히 수직배수공법이 이용되는데, 이 경우 오염물질이 매립시설 차수층을 빠져 나왔을 때 수직 배수공을 따라 오염물질이 전체 지반에 급속히 이동하여 오염을 시키므로 수직배수공법의 사용에는 신중을 기해야 한다.

④ 연약지반 처리가 충분하지 않은 경우, 매립시설 사용기간 중 부등침하 및 이로 인한 차수층 손상과 침출수 유출의 문제는 해결된 것으로 보기 어렵다. 그러므로 가능한 한 피해상황에 대한 검토, 즉 부등침하 형태 및 크기에 따른 차수층과 제방 등의 안정성이 설계 시 검토되어야 하며, 매립시설 사용기간 동안은 적절한 계측을 통하여 차수층의 기능을 관찰하는 것이 바람직하다.

⑤ 연약지반이더라도 예외 없이 법에서 정한 같은 수준의 차수층을 설치하도록 되어 있다. 그러나 연약지반 위에 조성된 도로 성토체나 주거 및 공단지역의 예를 보면, 연약지반의 침하로 인한 문제점을 완전히 제거하기 위한 수준의 연약지반 처리는 상당한 비용과 시간을 필요로 한다.

따라서 연약지반 처리와 현행 차수시설을 설치하는 대신 주변에 연직차수시설을 설치함으로써 침출수가 외부로 이동하는 것을 막는 방법으로, 이는 일본에서의 해안매립시설 조성방법과 같다. 물론 이 경우 기초지반에서 오염물 이동 특성을 충분히 파악해야 함을 전제로 한다.

NCS 실무 Q&A

Q 국내 폐기물매립장에서 발생하는 가스, 즉 LFG 가스의 자원화 현황에 대해서 설명해 주시기 바랍니다.

A 매립지 가스의 자원화 기술은 '매립가스를 직접 이용하는 방법'과 '정제하여 이용하는 방법'이 있습니다.
우선 직접 이용하는 방법은 매립가스의 수분을 제거한 후 발전시설에 연료로 직접 주입하는 방법으로서, 가스엔진, 가스터빈, 증기터빈 등이 있습니다. 기타 소각시설, 침출수 증발기, 온실용 연료 등으로 사용할 수 있으며, 이 과정에서 발생하는 폐열은 지역난방공급 열로 사용할 수 있습니다.
다음은 정제 후에 이용하는 방법으로서, 매립가스를 수분 및 유해가스를 제거한 후 메탄가스의 순도를 98% 이상으로 정제하여 고질가스인 도시가스로 사용할 수 있습니다.

① 중질가스로의 직접 열 이용 : 4,500kcal/m^3 이상
② 전기발전 : 4,500kcal/m^3 이상
③ 고질가스 : 도시가스, LNG, 연료전지 등 9,500kcal/m^3 이상
④ 기타 메탄올, 온실가온용, 인산연료전지, 압축천연가스 자동차, 저용량 가스엔진 등

참고로 아래 사진은 현재 가동 중인 발전용량 50MW급 수도권 매립가스 발전소 모습입니다.

[수도권 매립가스 발전소(발전용량 : 50MW)]

※ 자료 : 수도권매립지관리공사, 2019년 3월(검색기준)

CHAPTER 7

하수슬러지 자원화

학습목표

1. 하수슬러지 자원화 일반에 대하여 이해할 수 있다.
2. 하·폐수슬러지 발생량 및 처리현황을 파악할 수 있다.
3. 하수슬러지의 연료화 기술을 알 수 있다.
4. 하수슬러지 연료화 관련 향후 과제를 예측할 수 있다.

학습내용

1. 하수슬러지 자원화 일반
2. 하·폐수슬러지 발생량 및 처리현황
3. 하수슬러지의 연료화 기술
4. 하수슬러지 연료화 관련 향후 과제

1 하수슬러지 자원화 일반

1 하수슬러지의 특성

하수처리공정에서 발생되는 슬러지는 생슬러지, 2차 활성슬러지, 소화슬러지 및 스크린 슬러지와 Grit 등이 포함된다. 하수슬러지의 발열량은 다른 폐기물과는 달리 발열량이 낮은데, 이는 슬러지에 함유되어 있는 수분함량이 높은 것이 가장 큰 요인으로 저위발열량이 고위발열량에 비하여 아주 낮은 수치를 보이고 있다.

또한 슬러지에 함유된 무기물인 회분의 함량에 따라서도 발열량의 차이가 크다. 슬러지의 발열량은 생슬러지와 소화슬러지 등의 종류에 따라서도 다르고, 도시지역과 농촌지역 등 지역에 따라서도 다른 것으로 보고되고 있다. 하수슬러지의 발열량은 약 2,500kcal/kg 정도인 것으로 조사되고 있다.

2 국내의 슬러지 정책

(1) ~1992년

① 단순 육상 직매립
② 해양오염방지를 위한 런던협약 가입(1992년)

(2) 1997년~2004년

① 유기성 오니 직매립 금지(폐기물관리법 2003년 7월 1일)
② 해양배출 증가 : 22% → 71%
③ 매립처리 감소 : 73% → 12%

(3) 2008년~2011년

① 해양환경관리법(2008년)
② 단계적 해양투기 금지(2008년)
③ 저탄소 녹색성장 런던의정서 체결(2009년)
④ 하수슬러지의 발전연료화 협약(4개 발전사, 2009년 10월)
⑤ 하수슬러지 에너지화 추진계획 발표(환경부, 2009년 4월)
- 석탄화력발전시설에서 5% 이내 혼소 가능하고, 해당 발전량의 50%를 RPS로 인정함.

(4) 2012년~향후

① 유기성 오니 해양배출기준 강화(2012년부터 해양배출 금지)
② 육상처리설비 완비(2013년)
③ 가용 폐자원 전량 에너지화(2020년)
㉠ 소화조 효율 개선을 통한 감량화, 연료화 및 퇴비화 등을 통한 자원화
㉡ 소형처리장 및 매립가스 재활용하면 매립 제한적 허용

[그림 7-1]은 하수슬러지 등을 이용한 유기성 슬러지 고형연료화 시스템이다.

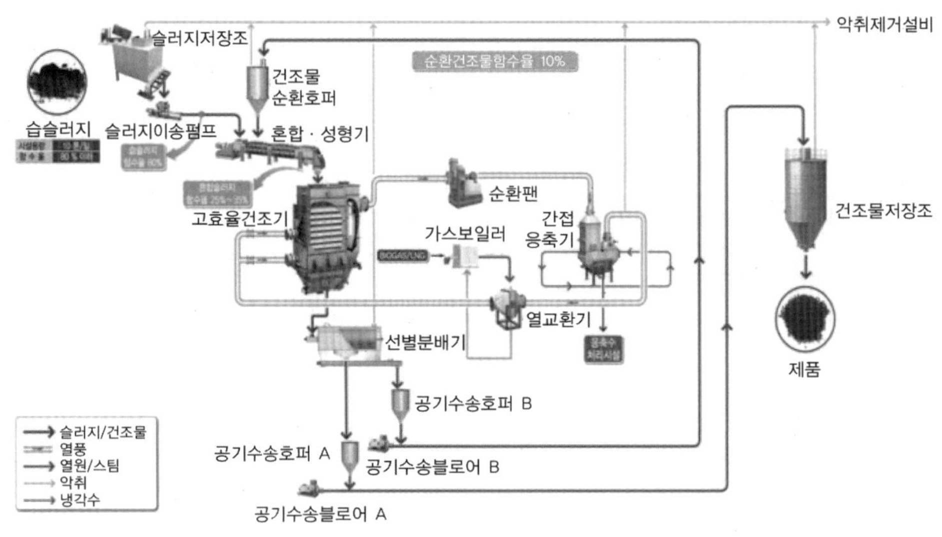

[그림 7-1. 유기성 슬러지 고형연료화 시스템]

〈표 7-1〉은 국내에서 상용화된 하·폐수슬러지 재이용 현황을 요약한 것이다.

〈표 7-1〉 국내 상용화된 하·폐수슬러지 재이용 현황

구 분	기술명	업체명
기술분야 고화	하수슬러지 건조 고화기술	(주)포스코건설
	하수슬러지를 발효, 고형화하여 매립지 복토재를 제조하는 기술	홍진씨엔택(주)
	내부발열소결법을 이용한 하수슬러지 경량골재 자원화 기술	(주)네오이엔비, (주)화오이엔비
	수화열 공법을 이용한 슬러지 가공원료 시멘트 부원료 생산기술	(주)아주글로벌
건 조	슬러지 처리를 위한 탈수 및 건조복합처리 시스템	(주)에코셋
	파쇄 및 다단 건조상을 이용한 하수슬러지 건조기술	(주)한틀산업
	이젝터 기술의 저온진공건조 시스템을 이용한 하수슬러지 완전건조기술	(주)드림바이오넷
	하수슬러지 건조 자원화	(주)수테크
	순환 건조시스템	두산건설(주)
	한솔 슬러지 건조기술	한솔이엠이(주)
	하수슬러지 건조기술(원구동 압축성형화에 의한 컨베이어 건조시스템)	한국종합플랜트
용 융	유동제어판을 적용한 건조 하수슬러지 선회용융기술	(주)고등기술연구원, (주)대우건설
소 각	한솔 유동층 슬러지 소각기술	한솔이엠이(주)

구 분	기술명	업체명
감량화	오존분해기술을 이용한 슬러지 자원화 및 감량화 기술	엔바이로텍(주), KIST
	오존처리 및 가성소다를 이용 슬러지를 분해시키고 호기성 소화 및 침지식 평막을 결합한 하수슬러지 저감기술	제닉스ENG(주), (주)태영
	고압구동방식 벨트프레스(하수슬러지용)	한국탈수기(주)
	S-TE Process	(주)수환경R&D
연료화	유기성 폐기물 열분해 탄화기술(환경부 신기술 163호)	(주)한국종합플랜트
	하수슬러지와 석탄을 혼합한 연료 제조기술	(주)조이환경에너지, 한라산업개발(주)
	하수슬러지의 2차 탈수 및 RPF 연료화 기술	(주)리젠스
퇴비화	무첨가형 하수슬러지 퇴비화 기술(HSC 공법)	현대ENG(주)
	퇴비화 기술	(주)지오인바이로텍
	원심박막건조기를 이용한 감량화 및 퇴비화	(주)비츠로시스
탄 화	하수슬러지 연속탄화설비	한국하이테크(주)

※ 자료 : 한국산업단지공단, 생태산업단지구축사업 관련 하·폐수슬러지 재이용, 2014년 7월

2 하·폐수슬러지 발생량 및 처리현황

1 국내 하·폐수 발생량

2013년도 자료에 의하면 국내 하·폐수 발생량은 하루 2천만 톤 정도이다. 함수율 80~85% 기준, 탈수슬러지 발생량을 하수 1만 톤 처리기준 약 5톤의 경험치로 추정할 경우에 하루 1만 톤 이상이 발생한다고 하겠다(〈표 7-2〉 참조).

〈표 7-2〉 국내 하·폐수 발생량 현황

구 분	하 수		폐 수			총 계
	건설사업	SOC	국가	일반/지자체	농공단지	
개소수	418	77	8	61	69	633
발생량(톤/일)	17,571,500	1,752,700	270,356	527,826	23,786	20,146,168

※ 자료 : 이강태, 슬러지 자원화 활용과 간접건조 처리기술, 첨단환경기술, 2013년 1월호

[그림 7-2]는 국내에 설치·가동 중인 한 공공하수처리시설 계통도이다.

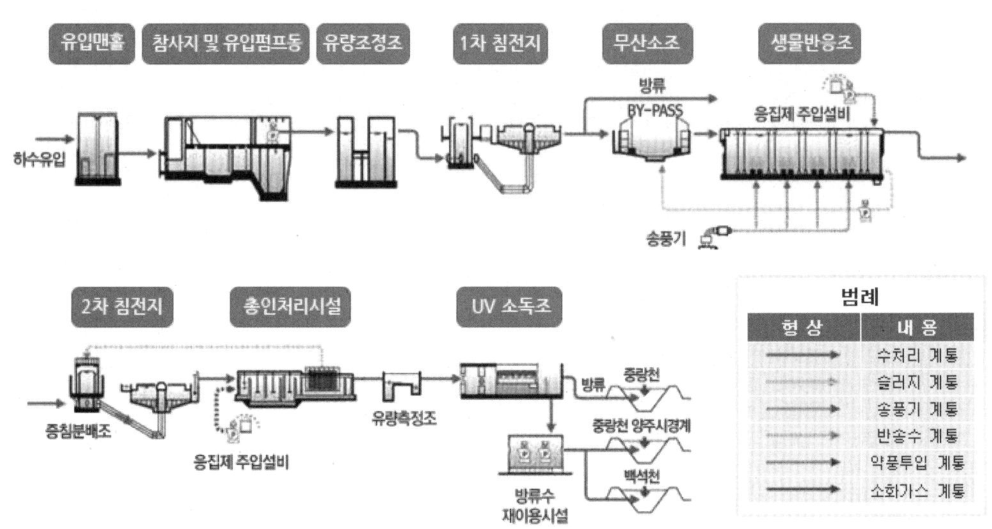

[그림 7-2. 공공하수처리시설 계통도]

※ 자료 : 국내 U시 하수처리사업소, 2017년 10월

2 국내 하·폐수슬러지 처리현황

탈수된 슬러지는 사업지역의 최종처분 또는 재활용, 자원화 시설 등과 연계하여 처리되는데, 이와 관련한 슬러지 처리시설 비율 현황(%)을 구체적으로 살펴보면 다음과 같다.

보통 함수율 건조범위에 따라 60%대 슬러지는 소각설비와 연계하여 처리하고, 30%대 슬러지는 재활용, 10%대 슬러지는 발전소 보조연료 및 시멘트 등의 원료성분 등 다양한 범위로 활용하고 있다.

① 중간처리단계

소각 41%, 건조 14%, 고화 41%, 탄화 2%, 부숙화 외 2%

② 최종처리단계

소각 후 매립 25%, 자원화·연료화 28%, 매립 1%, 재활용 46%

[사진 7-1]은 정상가동 중인 탈수기(벨트 프레스형과 원심탈수기) 모습이다.

(a) 벨트 프레스형 탈수기

(b) 원심탈수기

【 사진 7-1. 탈수기 설치 모습 】

※ 자료 : Photo by Prof. S.B.Park, 2017년

국내 슬러지 발생량은 매년 증가하고 있는 추세이며, 총인사업과 방류수 수질규제가 강화됨에 따라 그 발생량은 환경부 당초 추정치보다 훨씬 클 것으로 예상된다. 최근 국내 발전사들의 신재생에너지 공급 의무화를 위한 RPS 제도와 그 해당 범위의 확대는 슬러지를 건조 후 자원화, 재활용 개념으로 공급할 수 있는 긍정적 요인이 되고 있다.

[사진 7-2]는 탈수슬러지 배출 모습을, [사진 7-3]은 탈수슬러지 호퍼 저장 모습을 각각 보여주고 있다.

【 사진 7-2. 탈수된 하수슬러지 배출 모습 】

※ 자료 : 국내 Y군 하수처리사업소, 2017년 09월

【 사진 7-3. 탈수슬러지 호퍼 저장 모습 】

※ 자료 : 국내 Y군 하수처리사업소, 2017년 08월

심화학습

혐기성 공정이 호기성 공정보다 슬러지 생성이 적은 이유

혐기성 소화는 몇 그룹의 혐기성 미생물을 이용하여 폐수의 유기물질을 단계적으로 분해하여 최종 생성물로 메탄과 이산화탄소 등의 가스를 발생하는 생물학적 폐수처리방법을 말한다. 혐기성 반응 시에는 세포생산계수의 값이 활성슬러지법의 1/10 정도로 작으므로 슬러지 발생량도 비례적으로 적게 된다.

3 하수슬러지의 연료화 기술

1 하수슬러지의 고형연료화

하수슬러지의 고형연료화는 건조 또는 탄화프로세스를 이용하여 하수슬러지를 원료로 하여 고형화 연료(RDF : Refuse Derived Fuel)를 제조하는 기술이다. 제조된 펠렛형, 조개탄형, 번개탄형 등의 고형연료는 석탄화력발전소 등에서 석탄 등의 대체연료로써 이용되므로 화석연료 유래의 온실가스효과 배출량 삭감에 기여한다.

고형연료와 기술은 하수슬러지를 원료로 하는 열화학적 변환기술이다. 하수슬러지의 유효이용을 추진함과 동시에 환경부하의 저감, 순환형 사회의 형성, 슬러지 연료화물이 유가물이 되는 것으로 슬러지 처리 비용 저감이 예상된다.

하수슬러지 고형연료의 특성을 나타내면 〈표 7-3〉과 같다.

〈표 7-3〉 하수슬러지 고형연료의 특성

구 분	탄화물	건조입자물	유온건조물	표준석탄
발열량(MJ/kg)	10~15	15~19	23~25	26
수분(%)	5	5	3	2.2
회분(%)	50	30	20	20
부피비중	0.4	0.6	0.6	-
냄새	없음.	많음.	중간	없음.
자연발열성	크다.	중간	크다.	-

※ 자료 : 김남천, 하수슬러지 고형연료화(RDF) 기술, 월간환경기술, 2011년 5월호

[사진 7-4]는 국내 화력발전소에 설치된 하수슬러지 고형연료 혼소용 피더(Feeder)의 모습이다.

[사진 7-4. 국내 화력발전소 하수슬러지 고형연료 혼소용 피더(Feeder)]

※ 자료 : Photo by Prof. S.B.Park

2 하수슬러지의 연료화 기술

2008년 환경부 제4차 자원재활용 기본계획이 발표되면서 폐기물을 매립 또는 소각 등 단순 처리하는 수준에서 벗어나 재활용을 통해 자원 순환하는 방법이 새로이 부각되기 시작하였다.

이처럼 하수슬러지 연료화 기술이 시급한 과제로 대두되기 시작하면서 현재까지 여러 가지 방법, 즉 탄화기술, 건조 및 고화기술, 건조 및 가스화 기술 등이 꾸준히 개발되어 오고 있는데, 이를 간략히 설명하고자 한다.

(1) 탄화기술

무산소 혹은 저산소상태, 즉 환원상태에서 원료를 고온으로 열처리함으로써 산소원자나 수소원자가 휘발되어 유기분은 소멸하며, 탄소분과 회분을 남기는 것으로 유기성 폐기물을 탄화 처리하는 경우, 슬러지의 안정화와 감량화를 이룰 수 있다. 탄화공정은 온도에 따라 건조, 건류가스 형성, 탄화의 순서로 진행된다.

2013년 기준, 환경부의 하수슬러지 처리시설 현황 중 탄화를 이용하는 곳은 16개소가 있는 것으로 조사되었으며, 전국 하수슬러지 탄화물 생산량은 약 67톤/일, 그리고 각 시설별 탄화물 생산량은 각 시설의 반입 하수슬러지 용량 대비 약 8~10% 정도인 것으로 알려져 있다. (※ 자료 : 수도권매립지관리공사, 탄화물 에너지 활용방안 마련을 위한 연구, 2013년)

참고로 탄화물의 이용 용도로는 보조연료, 토양개량재, 보온단열재, 흡음 및 방음재, 퇴비부자재, 제습재, 폐수처리제, 제설제, 매립장의 복토재, 건축자재, 흡착 탈취제, 적조 구제용 살포제, 융설제, 여과 흡착제, 전자파 방지제, 하천 정화제 등으로서 활용도가 높은 편이다. (※ 자료 : 오세천, 반탄화 기술의 개발 및 산업현황, 월간환경기술, 2017년 12월)

(2) 건조 및 고화기술

슬러지에 첨가물을 혼합한 후 건조, 성형장치에서 1차로 수분을 제거하여 펠렛(Pellet)을 형성시키고 성형된 슬러지를 양생하여 고형화시키는 기술이다.

(3) 건조 및 가스화 기술

일차적으로 슬러지를 건조시킨 후 건조된 슬러지를 적정 온도에서 가스화하여 이를 중간처리 과정을 거쳐 에너지원으로 사용하는 기술이다.

[그림 7-3]은 하수슬러지 건조 및 고형연료화 시설의 조감도이다.

[그림 7-3. 하수슬러지 건조 및 고형연료화 시설 조감도]

※ 자료 : 포스코건설(POSCO E&C)

4 하수슬러지 연료화 관련 향후 과제

국내 방류수 수질규제가 강화됨에 따라 슬러지의 발생량은 매년 증가하고 있으며, 38% 규모의 탈수슬러지 최종처분방식이던 해양투기 금지로 2012년 슬러지 대란을 우려하기도 하였다.

따라서 유기성 폐기물의 대표적인 한 형태인 하수슬러지는 런던협약 '96의정서의 발효로 해양투기가 2012년 1월부터 제한되어 육상처리가 불가피해진 것이다. 그 대안으로서 하수슬러지를 고형연료화 함으로써 기후변화와 국제적 대응 노력에 동참할 기회가 생긴다. 에너지 자립도가 매우 낮은 우리에게는 에너지 자원의 안정적 확보에 일조하는 한편, 잠재 에너지원으로서의 가치가 높은 국가부존 신재생에너지원의 효율적 활용대책에 크게 이바지하게 된다고 하겠다.

하지만 하수슬러지 고형연료화로서의 성공 여부는 높은 함수율을 지닌 슬러지를 낮은 함수율, 즉 최소 10% 이하로 건조시키는데 소요되는 비용을 낮추고, 악취 및 냄새가 없는 환경친화적인 공법이 전제되어야 한다.

또한 연료로서의 부족한 발열량은 향후 가격이 저렴한 발열량 보조제를 발굴, 첨가 후 성형하면 훌륭한 대체에너지원으로 각광받을 것으로 판단된다.

NCS 실무 Q&A

Q 슬러지에 열을 가해 탈수효율을 증대시켜 최종 슬러지 케익을 감소하는 방법인 '열적처리공정'에 대해서 좀 더 구체적으로 설명해 주시기 바랍니다.

A 열적처리공정이란 슬러지에 열을 가하고 무기약품으로 탈수하는 방법을 말하는 것으로, 슬러지에 열을 가하게 되면 세포가 파괴되어 세포 내의 수분이 흘러나와 탈수효율이 증대됨으로써 최종 슬러지 케익이 감소되는 방법을 말합니다.
다시 말해 단백질, 탄수화물, 유지, 섬유류 등을 포함한 친수성 콜로이드 상태로 형성되어 있는 하수슬러지를 130~210℃에서 체류시간 30~60분간 가온 열처리해 세포막의 파괴 및 유기물의 구조변경을 일으켜 탈수효율을 증대시키는 방법입니다.
열적처리공정은 특성상 초기시설 투자비가 높은 편이며, 슬러지 내의 단백질이 용해되어 BOD가 높아져 여액 반송 시 BOD 부하가 커지게 됩니다. 또한 슬러지를 고온처리하게 되면 상등수 수질이 나빠지고, 가열 중에 악취가 발생할 수 있으니 유의해야 합니다.
따라서 열적처리장치는 상등액의 처리, 냄새 발생, 장치 내 스케일 발생, 슬러지 성상 및 고형물 농도, 그리트(Grit) 및 협잡물, 그리고 부식문제 등을 충분히 고려한 후 장치설계에 임해야 합니다.

CHAPTER 8

음식물쓰레기 자원화

학습목표

1. 음식물쓰레기 자원화 일반에 대하여 이해할 수 있다.
2. 음식물쓰레기 자원화 기술을 이해할 수 있다.
3. 음식물류폐기물 발생 폐수의 육상처리 및 에너지화에 대해 이해할 수 있다.

학습내용

1. 음식물쓰레기 자원화 일반
2. 음식물쓰레기 자원화 기술
3. 음식물류폐기물 발생 폐수의 육상처리 및 에너지화

1 음식물쓰레기 자원화 일반

우리나라는 다른 선진국과 달리 발생하는 전체 쓰레기 중에 음식물쓰레기가 차지하는 비율이 큰 편이며, 또한 이들 음식물이 수분을 많이 포함하고 있는 것이 특징이다. 이러한 특징의 음식물쓰레기를 선진국에서 검토된 각종 처리방법을 도입하여 처리하는 가운데 예견하지 못한 시행착오 또한 겪고 있는 것이 현실이다.

음식물쓰레기는 일반적으로 수분함량이 80~85%로서, 쉽게 부패되어 악취와 오수가 발생한다. 분리수거와 운반이 어렵고, 매립 시에는 다량의 침출수가 흘러나와 지하수 오염 등 2차 환경오염을 유발시키며, 발생된 침출수를 처리하는데 많은 비용이 소요된다.

음식물쓰레기는 특성상 발열량이 낮고, 수분함유량이 높아 소각 시 내부온도 저하에 따른 보조연료 추가 사용의 문제점이 있다.

국내 폐기물정책이 종량제로 변화하면서 폐기물의 분리수거에 의하여 폐기물의 전체 발생량이 감소하는 경향이 있으나, 상대적으로 음식물폐기물이 차지하는 비중은 증가하게 되었다.

현재 음식물쓰레기의 감량화 및 재활용을 위한 방법은 건조에 의한 사료화, 미생물 분해에 의한 퇴비화, 혐기성 처리에 의한 메탄화 등에 초점이 맞추어져 있으며, 관련 전문업체를 통해 지속적으로 기술개발이 진행되고 있다.

[그림 8-1]은 최근의 음식물쓰레기 자원화로, 입주민 주거비 경감 및 쾌적한 주거환경을 조성하고자 행복주택에 시범 도입된 음식물쓰레기 처리시스템 계통도이다.

[그림 8-1. 음식물쓰레기 처리시스템 계통도]

※ 자료 : 한국토지주택공사 보도자료, 2017년 1월 10일

본 자료에 의하면 개선된 음식물쓰레기 처리시스템은 각 세대 싱크대에 설치된 음식물분쇄기로 음식물쓰레기를 분쇄하여 배출하고, 배관을 통해 지하의 별도 저장탱크에 저장된 후 고액분리기를 통하여 고형물과 액상을 분리(고형물 80% 이상 회수)하는 방식이다.

이때 분리된 액상은 기존 오수관에 연결하여 하수처리장에서 처리하고, 고형물은 발효·소멸장치로 옮겨져 24시간의 발효과정을 거쳐 90% 이상 무게가 감량되고 퇴비로 바뀐다.

입주민은 음식물쓰레기를 직접 들고 나가서 처리해야 하는 불편함이 없으며, 음식물쓰레기 수거차량 운행이 불필요해 주거환경이 더 안전해지고, 악취가 발생하지 않아 쾌적한 주거환경 조성이 가능하다고 한다. 또한, 최종 부산물인 퇴비를 이용한 단지 내 조경이나 텃밭 가꾸기 등 커뮤니티 활동도 가능해져 입주민간 공동체 의식 형성에도 도움이 될 것으로 기대하고 있다.

2 음식물쓰레기 자원화 기술

음식물쓰레기는 수분이 많고 부패와 악취가 수반되기 때문에 매립 및 소각처분에 따른 주변 환경오염, 민원발생, 매립지 확보난 등 많은 문제점을 초래함에 따라 다각적인 처리대안이 논의되어 오고 있다.

음식물쓰레기는 건조중량기준으로 발열량이 높고, 수분이 풍부한 유기성 물질로서, 영양소가 충분하여 퇴비화, 사료화 및 연료화로서의 재활용 기술 또한 지속적으로 연구・개발 중에 있다.

1 퇴비화

퇴비화는 다양한 미생물의 분해, 변환, 전환, 농축 등의 능력을 이용하여 유기물질을 생물학적으로 안정화시키는 방법으로, 생산・시비된 유기비료는 작물에의 영양공급으로 인한 수량 향상과 토양의 물리화학적 성질 개선으로 지력(地力) 회복에도 도움을 준다.

퇴비화는 유기물질이 분해되는 조건에 따라 호기성 퇴비화(Aerobic Composting)와 혐기성 퇴비화(Anaerobic Composting), 그리고 건조에 의한 퇴비화, 소멸방식에 의한 퇴비화 등으로 구분할 수 있는데, 각 방법별 구체적인 내용은 다음과 같다.

(1) 호기성 미생물을 이용한 퇴비화

호기성 미생물에 의해 유기물질을 분해하여 무기물질과 같은 부산물과 CO_2, NH_3 등으로 변환시켜 안정화시키는 방법이다.

즉 미생물발효제를 호기성 상태의 발효기 내에 투입하여 음식물쓰레기 내의 유기물질을 안정된 부식토(Humus)로 전환시키고, 병원균은 지속적인 발효열(60~70℃)에 의해 사멸되어 최종적으로 흙냄새가 나는 짙은 갈색의 퇴비가 만들어진다.

$$\text{유기물질} \xrightarrow[O_2]{\text{미생물}} \text{부식토} + CO_2 + H_2O + NH_3 + \text{발효열}$$

호기성 퇴비화는 전처리공정, 초기단계, 고온단계, 숙성단계를 거쳐 최종 퇴비로 생산하게 되는데, 단계별 특징을 간략히 살펴보면 다음과 같다.

① **전처리공정** : 선별, 파쇄, 원료개량, 미생물 접종, 혼합 등과 같이 주퇴비화 공정에 들어가기 전에 효과적인 퇴비화가 진행될 수 있도록 하는 준비단계이다.

② **초기단계** : 폐기물 중에서 분해가 쉬운 물질, 즉 당류, 아미노산 등이 이용되는 1~2일간으로, 퇴비더미의 온도가 상승하기 시작하는 단계를 말한다.

③ **고온단계** : 고온성 분해과정으로 유기성 폐기물의 부피를 차지하는 셀룰로오스, 펙틴질, 단백질, 지질 등의 분해가 이루어지는 단계로서, 폐기물의 부피 감소와 유기물의 부식질화가 진행된다.

④ **숙성단계** : 온도가 떨어지고 부식함량의 증가로 분해속도가 느려지며, 다시 중온성 미생물들이 정착하는 단계이다.

이러한 4단계를 거쳐 퇴비가 완성되기 위해서는 보통 2~3개월이 소요되며, 통상 음식물쓰레기 퇴비화 시설의 주요 공정은 선별시설, 혼합 및 발효시설, 불순물제거시설, 숙성시설, 악취제거시설 등으로 구성된다.

혼합발효조에서는 수분조절제와 발효제를 투입, 24시간 교반시켜 함수율을 52% 이하로 만들고, 트롬멜스크린 등의 선별시설에서 금속류와 같은 이물질을 제거한다.

퇴비단(퇴비발효장)에서는 28~30일간 체류시키면서 공기송풍과 온도를 55~60℃로 유지시키며, 퇴비이송로더로 일일 20회 정도 교반시킨다. 퇴비 숙성단에서는 공기 투입과 교반으로 함수율 42% 이하의 퇴비를 생산한다.

퇴비화 시설에서의 혼합, 이송, 스크린, 숙성공정에서 발생하는 악취물질은 포집하여 주퇴비화 시설로 이송하고, 이송된 악취물질은 압출방식으로 퇴비층을 통과시킨 후 악취제거시설인 바이오필터(미생물탈취상) 등을 통과시켜 제거한다.

호기성 퇴비화 공법에는 퇴비단법, 수동식 송풍형 퇴비화, 송풍형 정치 퇴비화, 기계적 공법 등이 있다.

이 공법은 보편화된 방법으로 설치비가 저렴한 편이다. 시설 설치가 간편하고 퇴비화 기간이 짧은 반면, 넓은 부지가 요구되고 수분과 염분조절을 위한 첨가제가 필요하며, 동력소모가 큰 것이 단점이다.

[그림 8-2]는 호기성 미생물을 이용한 퇴비화 과정을 도식화한 것이다.

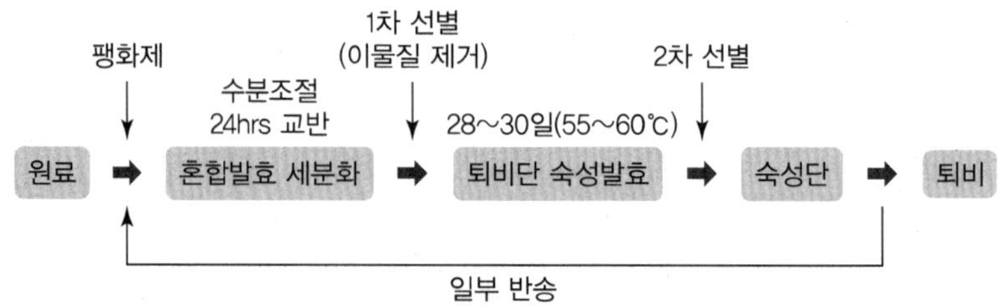

[그림 8-2. 호기성 미생물을 이용한 퇴비화]

(2) 혐기성 미생물을 이용한 퇴비화

음식물쓰레기를 혐기성 미생물의 분해기전인 소화에 의해 유기물질을 유기산이나 알코올류로 전환시키고, 이것을 다시 메탄 형성 미생물에 의해서 메탄가스로 전환, 발효 후 슬러지를 부숙하여 퇴비화하는 공정이다.

1차적으로 드럼스크린과 같은 회전선별기에서 비닐봉지 등 이물질을 제거한 후 산발효조에 이송시켜 30~38℃ 중온에서 약 5일 동안 산발효 과정을 거친다.

2차적으로 메탄발효조로 이동되어 36~38℃의 중온상태에서 15일간 체류시키면서 메탄발효 과정을 거치며, 이때 생성된 가스는 별도로 포집하고 발효가 끝난 슬러지는 탈수한 후 호기성 미생물 발효제를 혼합 부숙시켜 퇴비로 만들게 된다.

그 외에도 혐기성 소화처리공정을 분뇨정화조와 같이 하나의 탱크 안에 산발효실, 메탄발효실, 알칼리발효실로 구분하여 지하에 매설하는 장치가 다수 개발·시판되고 있는데, 이 시설은 소규모 처리에 적합하다.

이 공법은 메탄가스가 생산되고 소화 후 슬러지 생산량이 적으며, 장기간의 체류시간으로 슬러지나 폐수 내의 병원균을 죽일 수 있지만, 시설투자비가 크고, 분해 중에 생산되는 유기산 등이 악취의 원인이 될 수 있어 별도의 악취대책이 요구되기도 한다.

[그림 8-3]은 혐기성 미생물을 이용한 퇴비화 과정을 도식화한 것이다.

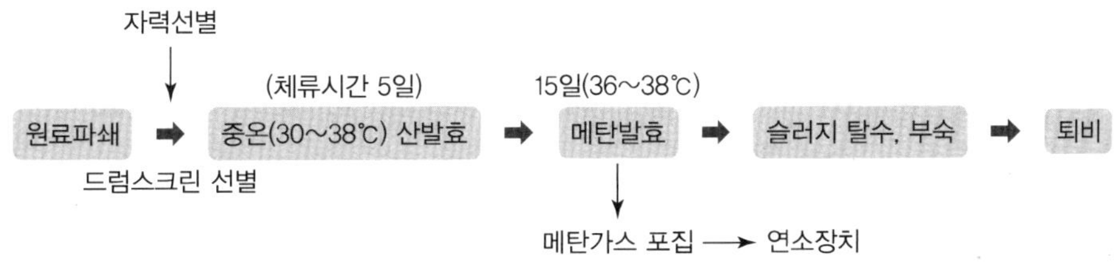

[그림 8-3. 혐기성 미생물을 이용한 퇴비화]

(3) 건조에 의한 퇴비화

건조에 의한 퇴비화는 음식물쓰레기를 탈수, 건조시킨 후 발효를 위한 수분공급과 미생물 발효제를 첨가하는 후숙발효 과정을 거친다.

우선 기계식 압착으로 탈수한 후 열풍식 건조실로 이송하여 180~250℃ 열풍으로 수분을 80% 이상 건조시킨다. 건조된 음식물쓰레기는 분쇄기로 이송하여 잘게 파쇄한 후 교반기에서 후숙에 필요한 수분살수 및 미생물발효제를 첨가하며, 이때 발생한 악취는 밀폐구조를 통해 악취처리기로 흡입시켜 제거한다.

이 공법은 퇴비화 기간이 짧고, 그다지 시설설치를 위한 부지를 많이 필요로 하지 않으나, 수분함량이 낮게 유지되는 경우가 많아 적절한 호기성 상태가 유지되기 어렵고, 미생물 증식이 충분하지 못해 유기물 분해가 완벽하지 못한 발효 중간단계에 머물 수 있다. 충분한 발효시간이나 2차 발효를 통한 유기물의 완전분해와 부숙과정이 요구된다.

[그림 8-4]는 건조에 의한 퇴비화 과정을 도식화한 것이다.

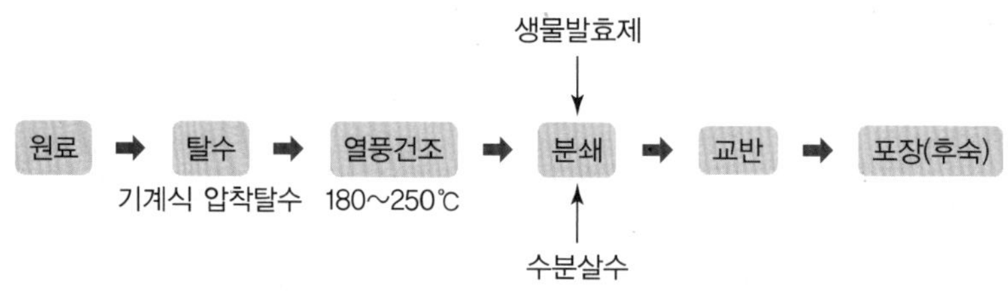

[그림 8-4. 건조에 의한 퇴비화]

(4) 소멸방식에 의한 퇴비화

기본적으로 발효방식의 원리는 같으나, 발효분해를 개량화하여 분해효율을 높인 것이다.

즉 퇴비화 설비 내에 수분조절제를 넣어 두고 미생물에 의해 유기물 분해를 진행시키면서 음식물쓰레기의 투입량과 배출주기를 고려하여 부피증가가 거의 없이 음식물쓰레기를 분해하는 방법이다. 4~6개월에 1회 정도 배출하는 장기간 발효로, 감량률을 75% 이상 높이는 소멸화 개념을 도입한 것이다.

장기간 체류로 거의 모든 유기물이 분해되어 양질의 퇴비를 얻을 수 있고, 에너지 절감이나 관리의 용이성이 있지만, 긴 반응기간 동안 적절한 수분함량 조절을 어떻게 하느냐가 주요 관건이다.

(5) 지렁이 사육에 의한 퇴비화

1차적으로 음식물쓰레기를 탈수한 다음 톱밥, 왕겨 등과 혼합하고 발효제를 첨가하여 1개월간 발효・부숙시키며, 부숙된 퇴비와 다른 슬러지 등을 혼합하여 지렁이 먹이로 한다.

이러한 먹이는 지렁이 사육장에 1회에 10cm 높이로 주 1~2회 살포하고, 수분살수를 통한 적정 습도(65~70%) 및 온도(15~25℃) 유지로 지렁이 성장에 적합한 조건을 만든다. 살포된 누적량이 약 30~60cm로, 최대 1m 높이가 되는 2년 정도가 되면 지렁이와 분변토를 분리하여 지렁이는 약품원료 등으로 판매하고, 분변토는 발아용 고품질의 퇴비 등으로 이용한다.

이 공법은 생물을 이용한 환경친화적 자원재순환방법으로 인식되어 널리 보급되고 있지만, 지렁이가 서식할 수 있는 적정한 온도, 습도, 산도 등과 같은 생육조건에 유의해야 하며, 악취제거를 위한 시설도 별도 요구된다.

[그림 8-5]는 지렁이 사육에 의한 퇴비화 과정을 도식화한 것이다.

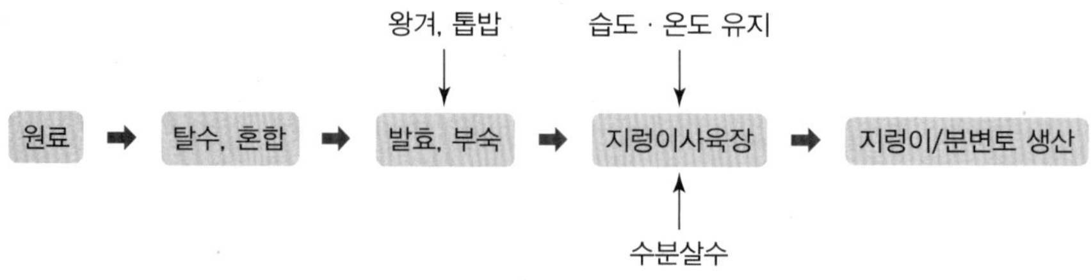

[그림 8-5. 지렁이 사육에 의한 퇴비화]

2 사료화

음식물쓰레기를 통해 생산되는 사료의 이용효율을 높이기 위해서는 가축의 생산성, 사료자원으로서의 안정적 수급, 위생적인 안정성 유지, 영양소의 균형 공급과 축산물의 품질측면 등에서의 기술개선 등이 필요하다.

사료화를 건조에 의한 사료화, 습식분쇄 사료화, 증자(Cooking)에 의한 사료화, 기름튀김(油溫脫水法) 등에 의한 사료화로 구분하여 설명하고자 한다.

(1) 건조에 의한 사료화

부패되지 않은 음식물쓰레기를 대상으로 탈수기로 수분을 제거하고, 자력선별에 의해 이물질을 제거한 다음, 음식물쓰레기와 탈지강을 적절한 비율(6 : 4 정도)로 혼합, 수분을 흡착제거한 후 롤러밀 등을 이용하여 1차 분쇄시킨다.

분쇄된 혼합물은 건조탑 내부에서 뜨거운 공기와 교반되면서 순간 건조되며, 햄머밀 등을 이용한 2차 분쇄과정과 최종 선별과정을 거친 후 포장되어 배합사료 원료로 공급된다.

이 방법은 고온살균처리를 통하므로 위생적이고 함수율이 낮아 장기보관 및 운송이 용이하다. 그러나 건조에 소요되는 비용으로 생산비가 증가하고, 염분농도가 최고 15%까지 상승하는 경우도 있으며, 혼합 사료에 건조 사료를 5% 첨가 시 모든 젖 생산이 1/2 정도 감소하고, 자돈의 폐사율도 증가했다는 연구결과도 있어 주의가 요구된다.

[그림 8-6]은 건조에 의한 사료화 과정을 도식화한 것이다.

[그림 8-6. 건조에 의한 사료화]

(2) 습식분쇄 사료화

음식물쓰레기를 대상으로 이물질을 선별, 제거한 후 수분이 있는 상태에서 파쇄하여 가온멸균하거나, 유기산 등을 첨가하여 부패균 등을 사멸시킨 후 기존 배합사료와 혼합하여 가축먹이로 바로 공급하는 기술로, 축산농가(오리, 돼지)에서 직접 실용화하고 있는 기술이다.

습식분쇄 사료화는 단시간에 다량의 음식물을 처리할 수 있고, 양돈장에 자동 급이도 가능하며, 가공단가가 저렴할 뿐 아니라 세균성 미생물도 제거된다.

그러나 이물질 선별과 부패된 음식물의 투입금지가 반드시 선행되어야 하며, 영양성분 불균일로 성장단계별 급이방식의 개발이 필요하고, 자동급이시설 개선 및 급이 후육질 연구도 요구된다.

가온멸균방식의 처리공정을 나타내면 [그림 8-7]과 같고, 알코올, 유기산 첨가방식에 의한 처리공정은 [그림 8-8]과 같다.

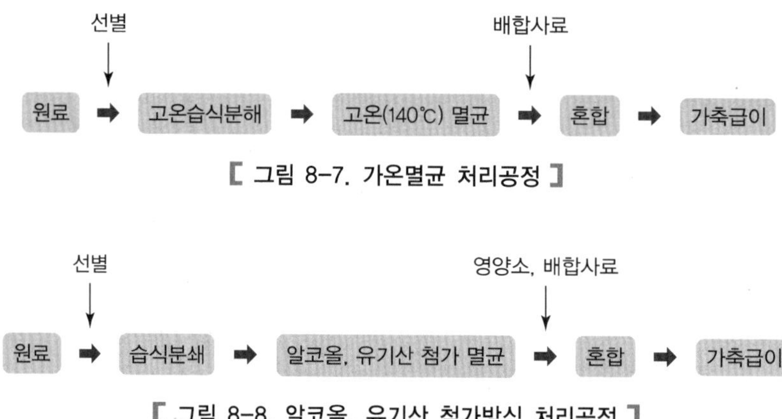

【 그림 8-7. 가온멸균 처리공정 】

【 그림 8-8. 알코올, 유기산 첨가방식 처리공정 】

(3) 증자(Cooking)에 의한 사료화

세척·탈수공정을 거친 후 증자시설에서 90~110℃ 온도로 30분간 증자(Cooking)하여 가공한 다음, 90℃에서 1시간 동안 건조시켜 수분함량을 10% 이하로 낮춰 로타리 방식으로 냉각시켜 수분함량을 6% 정도로 조정한다. 분쇄 후 이물질을 제거하여 배합사료의 원료로 이용하거나 축산농가에 공급하여 기존 배합사료와 혼합하여 사용한다.

이 공정은 음식물쓰레기 사료의 문제점인 염분도와 매운맛이 제거되고, 영양소 파괴가 최소화되어 양질의 사료를 얻을 수 있으며, 장기보관 또한 가능하다는 것이 주요 특징이다. 반면 세척수 처리나 가온 등으로 생산비가 많이 소요되는 것이 단점이다.

[그림 8-9]는 증자(Cooking)에 의한 사료화 과정을 도식화한 것이다.

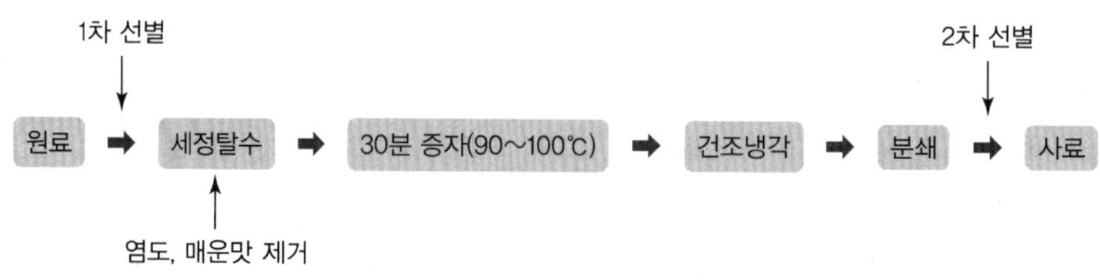

【 그림 8-9. 증자(Cooking)에 의한 사료화 】

(4) 기름튀김(油溫脫水法)에 의한 사료화

기름을 열매체로 이용, 감압하의 고온상태에서 음식물쓰레기 중의 수분을 탈수한 후 다시 유분을 압출 또는 원심분리에 의해 탈유하거나 용제에 의해 제거하는 방식으로, 건조시키는 매체는 열풍이 아닌 기름을 사용한다.

기름이 들어있는 진공유온탈수기에 음식물쓰레기를 투입하여 뜨거운 기름에 의해 다량의 수분을 6% 이하로 빠른 시간 내에 감압·건조시키고, 건조된 원료에 함유된 기름을 제거하기 위하여 원심분리기나 압출프레스를 거쳐 탈유시키며, 이를 분쇄·선별하여 사료로 이용하는 기술이다.

이 공정은 수용성 단백질이 유출되지 않아 고단백·고품질의 사료 생산이 가능한 것이 특징이다.

[그림 8-10]은 기름튀김(油溫脫水法)에 의한 사료화 과정을 도식화한 것이다.

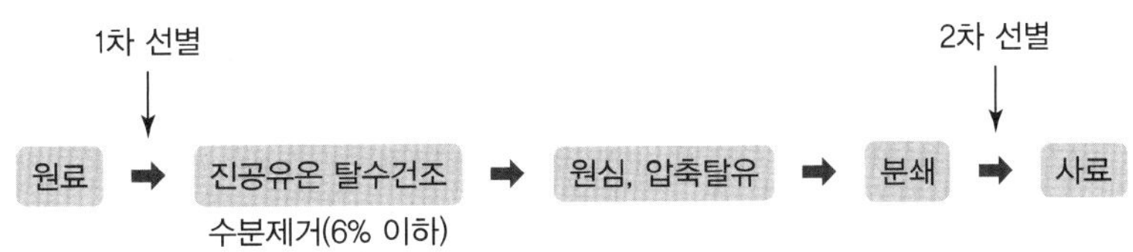

[그림 8-10. 기름튀김(油溫脫水法)에 의한 사료화]

3 혐기성 분해에 의한 연료화(Methanogenesis)

혐기성 분해, 즉 소화에 의한 연료화 기술은 음식물쓰레기를 혐기성 상태에서 혐기성 미생물에 의해 유기산을 거쳐 메탄가스를 생산하는 공정이다.

음식물쓰레기 내의 유기물질을 액화하여 글루코오스와 같은 단당류로 가수분해시켜 초산, 프로피온산, 낙산 등의 저급 유기산으로 전환시킨 다음 초산, 수소, 이산화탄소로 분해되는 초산발효 후 메탄생성 혼합미생물 군집의 상호보완(Synergistic) 또는 공생(Mutualistic)작용에 의해 메탄올로 변환시켜 가스를 생산한다.

각 단계마다 관여하는 미생물 군집은 모두 다르며, 단독 균주보다는 여러 미생물 군집이 공생계를 이루어 일련의 반응이 진행된다.

메탄발효는 온도, 유기물 조성, pH 등 외부 환경조건이 매우 중요하다. 고온발효(Mesophilic Digestion, 53~55℃)가 중온발효(Thermophilic Digestion, 36~38℃)보다 유기물 분해량이나 가스발생량은 좋지만, 실제로는 반응조 가온에너지를 고려하면 중온발효가 더 유리하기 때문에 널리 보급되고 있다.

메탄발효 시 원료 유기물의 C/N비는 10~20이 가장 좋고, C/P비는 100 정도가 적당하며, 최적 pH는 기질의 동류에 따라 다르지만 6.8~7.5의 약알칼리 범위가 가장 좋다.

주요 공정은 1차적으로 선별기에서 이물질을 제거하고 산발효조에 이송시켜 중온(30~38℃)에서 산발효 과정을 거치고, 2차적으로 메탄발효조에 이동되어 메탄발효조에서 중온상태(36~38℃)에서 약 15일간 메탄발효 과정을 거치며, 이때 생성된 가스는 별도로 포집 후 연료로 이용하여 난방 등에 이용한다.

이 공정은 체류시간이 길고, 메탄발효의 최적 환경조건의 유지가 어려우며, 탈수 시 응집제를 사용하는 문제점이 있기는 하지만 폐기물처리와 동시에 회수가스(CH_4 60~70%, CO_2 30~40%)를 연료로 이용할 수 있고, 호기성 처리에 비해 에너지 소비가 적은 장점이 있다.

[그림 8-11]은 혐기성 분해에 의한 연료화(Methanogenesis) 과정을 도식화한 것이다.

[그림 8-11. 혐기성 분해에 의한 연료화(Methanogenesis)]

널리 알려진 혐기성 퇴비화 공정 개념과 처리방식을 소개하면 〈표 8-1〉과 같다. 여기서 말하는 혐기성 퇴비화란 혐기성 소화에 의한 1차 처리공정과 호기성 퇴비화에 의한 부숙공정의 2차 처리단계를 결합한 방법을 말한다.

〈표 8-1〉 혐기성 퇴비화 공정 개념과 처리방식

공정	전처리	혐기성 소화	탈 수	호기성 퇴비화 부숙	최종퇴비 생산
개념	• 음식물쓰레기 내의 이물질 제거공정 • 음식물쓰레기의 균질화 공정	• 전처리된 음식물 쓰레기를 혐기적으로 소화하는 공정 • 부산물인 메탄가스 회수/재활용	• 소화된 슬러지를 탈수기를 거쳐 탈수하는 공정	• 탈수된 고형물질을 호기성 조건 하에서 부숙시키는 공정	• 호기성 부숙과정을 거친 퇴비를 이물질을 선별하여 최종 제품으로 생산하는 공정
처리방식	• 습식 전처리방식 • 건식 전처리방식	• 중온소화 • 고온소화 • 건식소화 • 습식소화 • 이상소화 • 단상소화	• 스크루탈수방식 • 벨트식 탈수방식 • 원심탈수방식 • 복합형 방식	• Box 방식 • Windrow 방식 • 회전차 방식	• 상차 후 수요처 반출 • 이물질 선별기를 거친 후 자동포장

다음은 기본설계 사례로서, [그림 8-12]는 혐기성 퇴비화 공정 물질수지 작성(예)이고, [사진 8-1]은 혐기성 퇴비화 공정 요소장치이다.

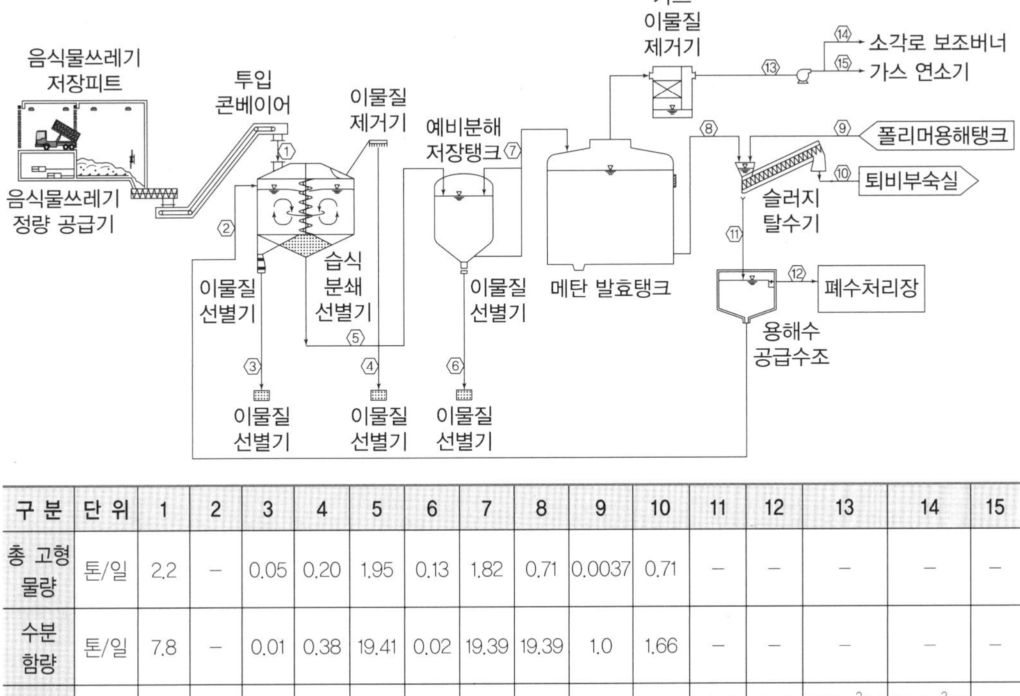

구 분	단 위	1	2	3	4	5	6	7	8	9	10	11	12	13	14	15
총 고형물량	톤/일	2.2	–	0.05	0.20	1.95	0.13	1.82	0.71	0.0037	0.71	–	–	–	–	–
수분 함량	톤/일	7.8	–	0.01	0.38	19.41	0.02	19.39	19.39	1.0	1.66	–	–	–	–	–
총량	톤/일	10.0	12.0	0.06	0.58	21.36	0.15	21.21	20.10	1.0	2.37	18.73	6.73	$868m^2/d$	$868m^2/d$	–

[그림 8-12. 혐기성 퇴비화 공정 물질수지 작성(예)]

(a) 음식물쓰레기 저장피트

(b) 예비분해 저장탱크

(c) 습식 분쇄선별기

(d) 메탄 발효탱크

[사진 8-1. 혐기성 퇴비화 공정 요소장치]

3 음식물류폐기물 발생 폐수의 육상처리 및 에너지화

2013년부터 음식물류폐기물 발생 폐수의 해양배출이 전면 금지됨에 따라 국내에서는 전량 육상처리대책을 추진하고 있다. 이에 따라 음식물류폐기물을 재활용하는 과정에서 발생되는 폐수 중 해양투기되는 물량을 육상처리로 전환, 에너지화함으로써 자원순환사회 구축과 지구 온난화 방지(CDM 사업을 통한 탄소배출권 확보)에 기여하게 되었다.

국내 음식물류폐기물 및 음폐수 에너지화 시설의 확충으로 대체연료인 바이오가스(메탄) 생산에 따른 신재생에너지원 확보와 함께 오염원 저감 효과도 점차 가시화되기 시작하였다.

음식물류폐기물 발생 폐수의 육상처리 및 에너지화를 위해서는 우선적으로 관련 시설에 집중 투자하고, 해양배출 비용의 현실화 및 허용량 지정 등을 통해 해양배출을 근본적으로 억제하는 노력이 필요하다. 음폐수 등의 에너지화를 위한 처리시설 능력을 제고하고, 생산된 에너지의 안정적 공급을 위한 대책이 마련되어야 한다. 그리고 발생된 혐기성 소화액 등 폐수의 안정적인 처리방법과 함께 에너지화 시설을 공공하수처리장 등 환경기초시설과 연계, 운영하는 방안도 고려해야 한다. 뿐만 아니라 음폐수 에너지화 연구개발 및 시범사업을 실시하고, 시범사업 성공을 매개로 지역별 공공 및 민간 음폐수처리시설을 확충하며, 민간 및 정부 프로젝트 등을 통한 자원화 실용기술 개발에 박차를 가해야 한다.

[사진 8-2]는 국내 대형 매립장에 설치된 음식물탈리액과 침출수 병합처리 공정 현황판 모습이다.

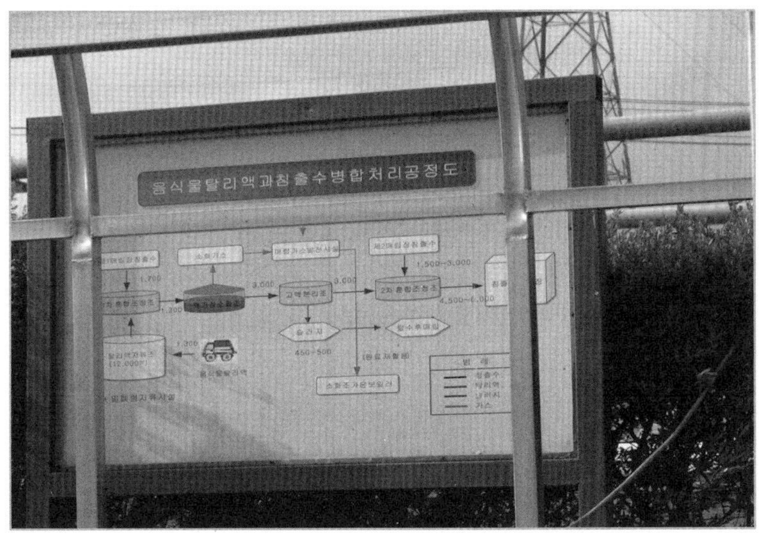

[사진 8-2. 음식물탈리액과 침출수 병합처리 공정도]

※ 자료 : Photo by Prof. S.B.Park

NCS 실무 Q&A

Q 퇴비화에 관여하는 미생물을 퇴비화 과정과 연계하여 설명해 주시기 바랍니다.

A 퇴비화 과정은 크게 3단계, 즉 초기단계, 고온단계, 그리고 숙성단계로 구분할 수 있으며, 이 퇴비화 과정에는 여러 가지 미생물들이 공생 및 기생관계로 다양한 먹이사슬(Food Chain)을 형성하고 있습니다.

우선 퇴비화 과정 초기단계에서는 중온성 세균(Bacteria), 진균(Fungi) 등이 유기물을 분해하며, 퇴비의 온도는 40℃ 정도로 상승합니다.

퇴비화 과정 두번째 단계인 고온단계 전반기에서는 Bacillus가, 후반기에서는 방선균인 Thermoactinomyces 등의 미생물이 유기물을 분해하게 되는데, 이때 퇴비의 온도는 50~60℃ 정도로 유지됩니다.

마지막으로 분해속도가 느려지는 숙성단계에서는 퇴비의 온도가 40℃ 이하로 떨어지게 되고, 유기질은 상당부분 분해가 잘 안 되는 리그닌(Lignin) 함량이 많은 부식질(Humus)로 변하며, 방선균이 많아지게 됩니다.

참고로 퇴비화 과정의 주요 방선균으로는 Streptomyces, Thermoactinomyces 등이 있으며, 균류로는 Aspergillus가 있습니다.

CHAPTER 9

화장장(火葬場) 시설

학습목표

1. 화장(火葬) 일반에 대하여 이해할 수 있다.
2. 화장장 시설 배치계획을 수립할 수 있다.
3. 화장장 시설 설비 계통도를 이해할 수 있다.

학습내용

1. 화장(火葬) 일반
2. 화장장 시설 배치계획
3. 화장장 시설 설비 계통도

1 화장(火葬) 일반

최근 보건복지부 발표에 의하면 국내 화장률이 지속적으로 증가하는 추세를 보이고 있어 앞으로도 화장(火葬) 수요는 계속 늘어날 것으로 예측되므로 중장기적인 관점에서 화장 및 관련 부대시설을 꾸준히 확충할 필요가 있다고 한다.

국내 화장률(火葬率)은 매년 꾸준히 증가하여 2016년도 화장률이 82.7%로 최종 집계되었는데, 이는 1994년도 화장률 20.5%에 비해 약 4배 증가한 수치에 해당한다([그림 9-1] 참조).

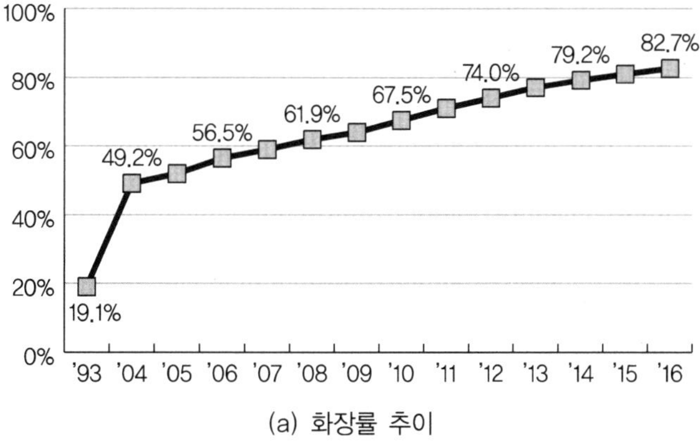

(a) 화장률 추이

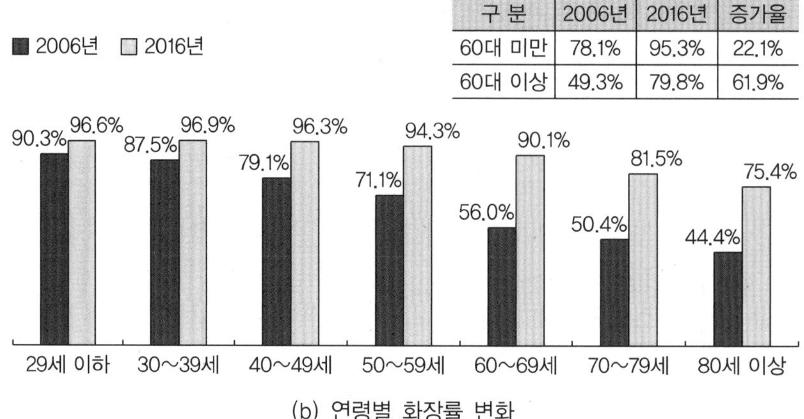

구 분	2006년	2016년	증가율
60대 미만	78.1%	95.3%	22.1%
60대 이상	49.3%	79.8%	61.9%

(b) 연령별 화장률 변화

[그림 9-1. 연도별 국내 화장(火葬) 추세]

※ 자료 : 보건복지부 보도자료, 2017년 12월 7일

점차 늘어나는 화장 수요에 비해 대도시권인 서울, 부산, 경기 등 인구 밀집도가 높은 지역들은 이미 화장장(火葬場) 시설이 부족한 상황이고, 향후 전남북 지역도 부족할 것으로 예상되고 있다.

[사진 9-1]은 현재 운영되고 있는 수원 연화장 전경이며, 이 화장장은 화장시설 뿐만 아니라 장례식장, 추모공간(봉안당)까지 갖춘 국내 최초의 종합장사시설이다.

[사진 9-1. 수원 연화장 전경]

※ 자료 : 수원시 홈페이지, 2019년 3월(검색기준)

특히 전북도의 경우 2016년 사망자 1만4,062명 중 1만950명을 화장해 77.9%의 화장률을 보였는데, 이는 6년 전인 2010년 화장률 57.0%에 비해 20% 포인트 이상 상승한 것으로, 사망자 10명 중 8명이 화장한 셈이다. 전북도 내 화장률이 증가한 이유는 2015년 10월 정읍과 김제, 고창, 부안 등 4개 시・군에서 공동 설치한 서남권추모공원 화장장이 본격 가동되고, 고유 장례문화나 화장에 대한 인식변화가 복합적으로 작용한 것으로 보인다. (※ 자료 : 전라일보, 2017년 12월 21일)

이처럼 화장률이 급속한 증가를 보이고 있는 것은 봉분형태의 매장문화가 국토를 심각하게 잠식하고, 각 문중(門中)[1]에서 추진하고 있는 납골묘도 지나친 석물 이용으로 사회적 위화감 및 자연환경을 크게 훼손한다는 데서 기인하고 있다.

또한 핵가족화가 지속적으로 진행되면서 사후 묘지를 관리할 주체가 없다는 원인이 한몫하고 있어, 급격히 증가하는 화장 수요에 대응해 화장장의 과감한 증설은 물론 신개념 장묘문화 또한 본격적으로 도입해야 할 시점이 아닌가 한다.

[사진 9-2]는 해외사례로서, 전통적 불교국가인 태국의 푸껫(Phuket)에 있는 화장장 시설 모습이다.

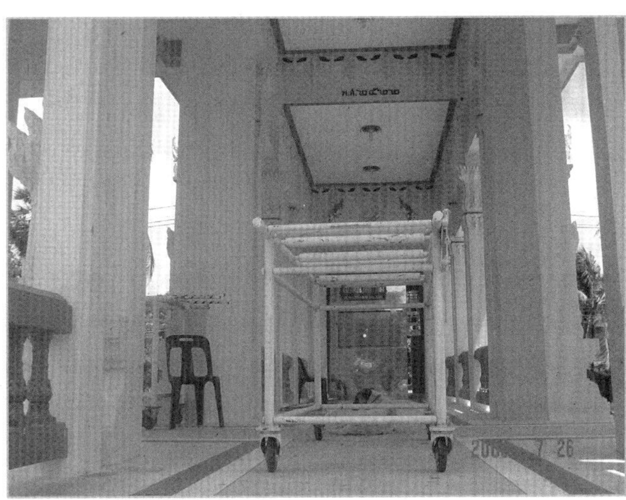

[사진 9-2. 태국 푸껫(Phuket) 화장장 시설 모습]

※ 자료 : Photo by Prof. S.B.Park, 2006년 7월

1) 문중 : 성과 본이 가까운 집안으로서 문내(門內)라고도 함.

심화학습

최근의 장례문화 이모저모

(1) 화장한 유골의 골분을 잔디・수목・화초 등의 자연장 상징물의 밑이나 주변에 묻는 장법으로 자연장(自然葬)이 있는데, 이는 자연적 상징물에 따라 잔디장, 수목장, 화초장 등으로 분류된다.
매장・봉안 등 환경파괴적이고, 국토 잠식의 폐해가 큰 기존의 장법을 대신할 자연장은 환경친화적이고 미래세대와 공유할 수 있는 선진국형 장법으로, 공간 활용성 등 다른 장법에 비해 많은 우수성을 가지고 있다. (※ 자료 : 서울시설관리공단, 2018년 2월(검색기준))

(2) 최근 일본에서 주목받는 합동 묘 형태의 수목장, 이른바 '벚꽃장'을 꿈꾸고 있는 사람들이 있다. 일본은 한자리에 대를 이어서 납골되는 가족묘 형태가 일반적인데, 핵가족과 1인 가구가 급속도로 늘어나면서 더는 가족묘를 유지하기가 어려워졌다.
이런 변화에 맞춰 지난 2005년, 한 단체에서 '벚꽃장'이라는 새로운 장례문화가 등장하게 되었는데, 이 벚꽃장은 도쿄에만 3천 가구가 신청했을 만큼 최근 떠오르고 있다. 이는 단순히 묘지형태를 의미하는 것이 아니라 새로운 관계 형성의 장이 되기도 하며, 회원들은 정기적으로 자원봉사에 참여하거나 정보를 공유하면서 유대감을 키우고 있다. (※ 자료 : YTN, 2017년 6월 11일)

(3) 홍콩에서는 심각한 묘지 부족 때문에 임시 유골보관소가 등장하는가 하면, 동굴을 개발하는 방안까지 논의되고 있다. 유족들은 보통 화장을 끝낸 후에 유골을 몇 개월 정도 유골호텔에 보관하기도 하는데, 이는 납골당 자리가 없어 망자의 분골을 임시 보관하는 곳으로서 유골호텔을 찾고 있는 것이다.
따라서 홍콩은 분골을 바다에 뿌리는 해양장을 적극 권장하고 있으며, 해상을 떠도는 선상묘지 아이디어도 나오고 있다. 최근에는 지하동굴을 묘지로 활용하는 방안도 추진되고 있다. (※ 자료 : KBS 뉴스 보도, 2018년 1월 13일)

(4) 사람의 시신을 액체화해 하수처리하는 새로운 장례법이 소개되었다. 알칼리분해법(Water Cremation)이라 불리는 개념의 이 장례식은 유골부분을 제외한 시신을 모두 액체로 분해하는 시신처리 방법이다.
레조메이터(Resomater)라는 기계에 들어간 시신은 3시간 만에 액체로 용해되는데, 152℃의 알칼리성 용액 속에서 살점과 조직들은 묽은 액체로 변하며 뼈는 유연해진다. 시신 한 구(柩)당 나오는 액체는 약 1,249L라고 알려져 있다.
현재 영국에서는 본 장법의 도입이 불투명한 가운데 찬반논쟁이 한동안 계속될 것으로 예상하고 있다. (※ 자료 : TOPSTAR NEWS.Net, 2017년 12월 19일)

(5) 일본 요코하마 시에 있는 호텔 '라스텔(LASTEL)'. 최근 도쿄나 오사카 같은 대도시를 중심으로 이런 곳이 20여 개 들어섰는데, 일본인들이 '이타이(遺體, 시신)호텔'이라고 부르는 곳이다. 시신호텔들이 생겨나는 이유는 초고령화로 급격히 늘어나는 사망자들을 화장터가 감당하지 못하기 때문이다. 지금은 시신호텔을 찾지 못하면 장례식장에 설치된 냉동창고에 열흘 이상 시신을 넣어두어야 한다. (※ 자료 : Chosun Biz, 2017년 10월 18일자)

2 화장장 시설 배치계획

화장장 시설 배치 시에는 설비별 상호 유기적인 기능의 연계성을 확보하고, 유사기능의 그룹화는 물론 근무자 동선을 단순화하고 최단 거리화하는 등의 기본원칙을 인지하는 것이 중요하다.

화장장 시설을 계획함에 있어 유지관리의 최적화를 위해 화장장 배치계획 사례를 소개하면 〈표 9-1〉과 같고, 화장장 시설 배치측면과 시설 외부전경은 각각 [그림 9-2], [그림 9-3]과 같다.

〈표 9-1〉 화장장 설비 배치계획 사례

배치계획의 원칙	설비계획
설비별 상호 유기적인 기능의 연계성을 확보	• 냉각전실과 화장로는 일렬로 배치해 기능의 연계성을 확보 • 배기가스 냉각시설과 배기가스처리시설을 일렬로 배치하여 기능의 연계성을 확보
유사기능의 그룹화로 유지관리의 최적화	• 비상전기실과 전기실을 인접하게 배치하여 유지관리를 용이하게 함. • LNG 정압실과 LPG Bomb실을 인접 배치하여 유지관리를 용이하게 함.
근무자 동선을 단순화하고 최단 거리화	• 분향실 – 로전실 – 수골실 간의 근무자 동선을 'ㄷ'자로 단순화 및 단거리화 • 화장로(火葬爐)실에서 근무자 동선을 '–'자로 단순화함.
유지보수 편리성을 최우선으로 고려	• 유지보수 및 기자재 반입을 위한 통로, 계단 확보 • 지하 1층부터 지상 2층까지 장비 반입・반출을 위한 호이스트(Hoist) 설치 • 대기오염방지시설 유지보수를 위한 체인 호이스트(Chain Hoist) 설치 및 유지보수 통로 확보
장래 설비 증설을 고려한 배치	• 장래설치 분을 고려하여 후면에 진입도로 확보 • 설비 증설 시 공사가 원활히 진행될 수 있도록 충분한 공간을 사전에 확보

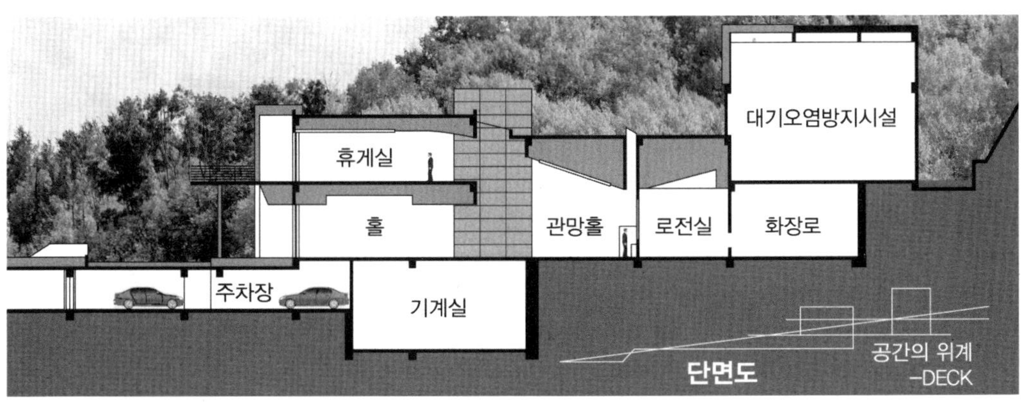

[그림 9-2. 화장장 시설 배치측면(예)]

[그림 9-3. 화장장(火葬場) 시설의 외부전경]

3 화장장 시설 설비 계통도

화장로 관련 설비는 [그림 9-4]와 같이 냉각전실, 화장로, 가스 냉각기, 가스 열교환기, 백필터(혹은 백 하우스) 및 유인송풍기(I.D.Fan) 등으로 구성되어 있다.

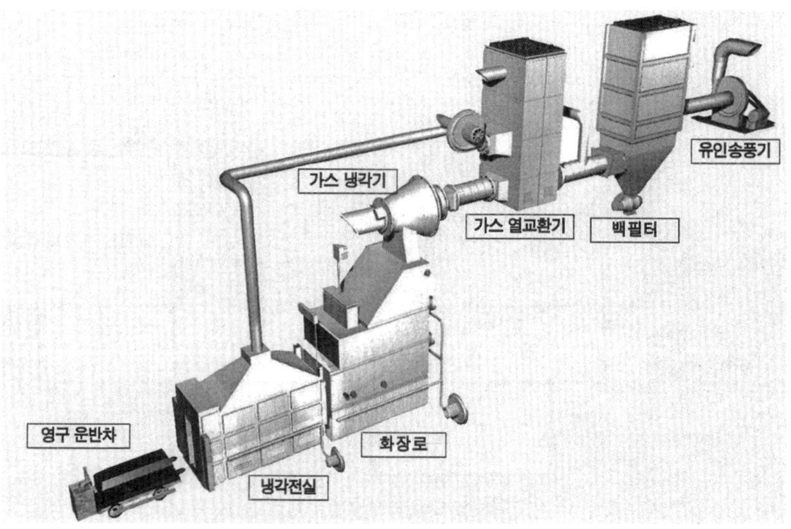

[그림 9-4. 화장로 설비 계통도]

(1) 화장로 설비

화장로 설비는 주연소로, 재연소로 일체형으로 연소성 및 내구성을 고려해 현대화 및 최첨단화된 화장로 설비를 지향하며, 시신이 단시간에 고온연소 과정을 통해 유골화될 수 있도록 구성한다.

화장장(火葬場) 시설에 영구차(靈柩車)가 도착하면 접수, 분향 후 화장과 냉각과정을 거쳐 수골실에서 분골되어 납골당에 안치(安置)되거나 수목장 등의 과정을 거치게 된다. 관련 화장(火葬) 순서를 계통도로 표시하면 [그림 9-5]와 같다.

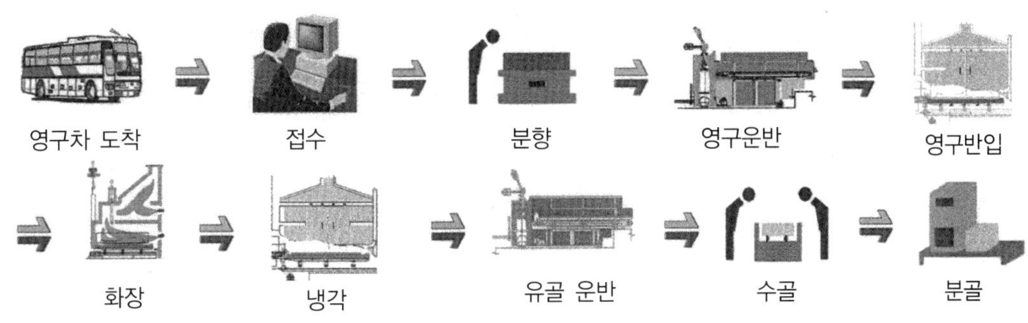

[그림 9-5. 화장(火葬) 계통도]

이해를 돕기 위해 화장로(火葬爐) 설비의 각 설비별 명칭 및 기능을 소개하면 다음과 같다.

① 냉각전실
   ㉠ 영구운반차를 통해 운반되는 영구(靈柩)를 화장(火葬)하기 위해 로(爐) 내 대차로 옮기는 장소로 사용한다.
   ㉡ 화장이 끝난 유골과 로(爐) 내 대차를 단시간에 냉각시키는 장소로 사용한다.

② 화장로(주연소로)
   ㉠ 형식은 재연소로 부착 대차식, 병류식 및 용량가변식 등이 있다.
   ㉡ 주연소로는 내화물로 축로된 본체, 단열문, 로 내 용량변환댐퍼, 로 내 대차, 주연소버너 등으로 구성되어 있다.

③ 화장로(재연소로)
   ㉠ 형식은 1로 1기 전용로, 향류식 및 선회류식이 있다.
   ㉡ 재연소로는 내화물을 내장한 본체, 재연소버너 등으로 구성되어 있다.

④ 연소장치(주연소버너)
   ㉠ 형식은 저압분무식 화장로 전용버너, 출구온도에 의한 자동제어 등이다.
   ㉡ 버너 본체, 직화장치, 각도조절장치, 연료공급설비 등으로 구성되어 있다.

⑤ 연소장치(재연소버너)
   ㉠ 형식은 저압분무식 화장로 전용버너, 출구온도에 의한 자동제어 등이다.
   ㉡ 버너 본체, 직화장치, 각도조절장치, 연료공급설비 등으로 구성되어 있다.

이상의 설명을 바탕으로 화장로 구조를 간략히 도식화하면 [그림 9-6]과 같다.

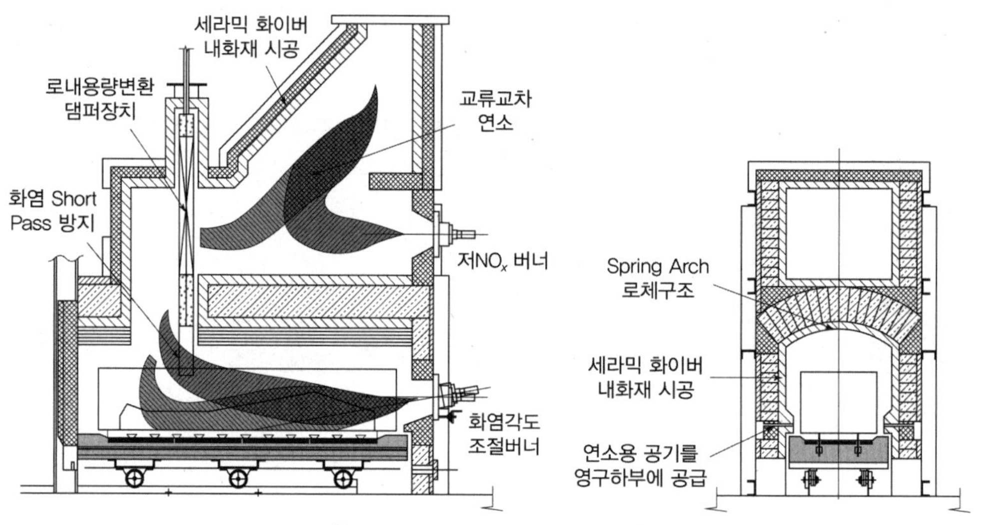

[그림 9-6. 화장로 구조(예)]

참고로 '일본 화장장 시설 기준에 관한 연구'(일본 후생성 감수)에서 발표한 3성분 및 화학적 조성, 그리고 습량기준 발열량을 소개하면 다음 [그림 9-7]과 같다.

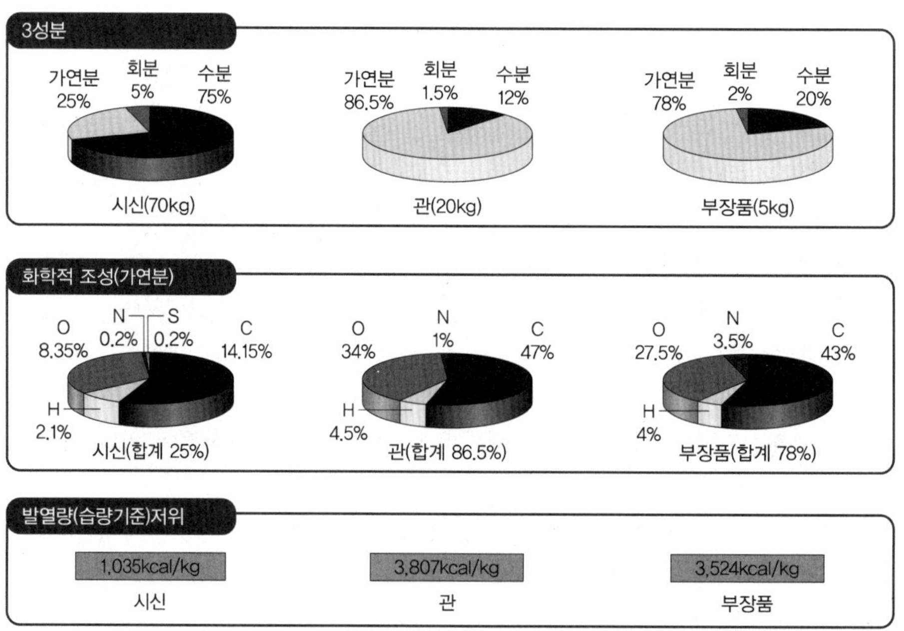

[그림 9-7. 화장장 시설의 설계기준(일본)]

(2) 배기가스 냉각설비

배기가스 냉각설비는 재연소로에서 배출되는 고온의 배기가스를 가스냉각기, 가스 열교환기 등을 통해 200℃까지 급랭시키는 설비이다. 열교환된 고온의 공기는 연소용 공기, 공조용 O.A 공기 예열에 사용하는 등 여열을 최대한 활용하도록 하는 구조로 계획한다([그림 9-8] 참조).

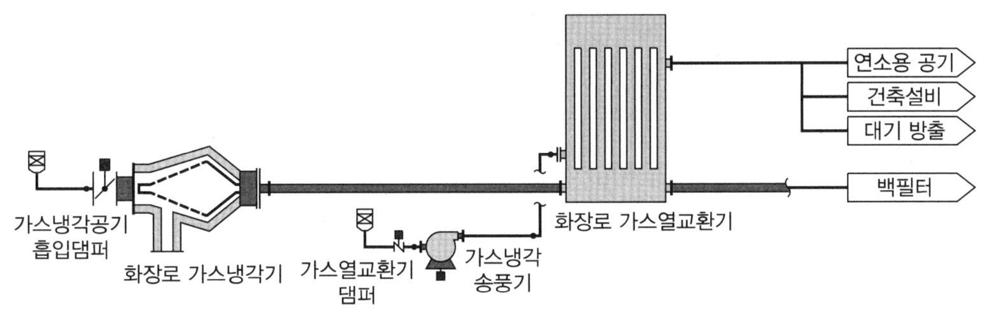

[그림 9-8. 배기가스 냉각설비 계통도]

(3) 배기가스 처리설비

배기가스 처리설비는 배기가스 냉각설비에서 배출되는 가스를 소석회로 전처리된 여과포(Filter Bag)를 통해 유해가스 및 분진을 백필터(혹은 백 하우스)에서 제거하는 설비이다. 백필터(Bag Filter) 운전 전에 소석회를 분사함으로써 여과포 수명을 연장하고, 집진효율이 향상되도록 계획한다([그림 9-9] 참조).

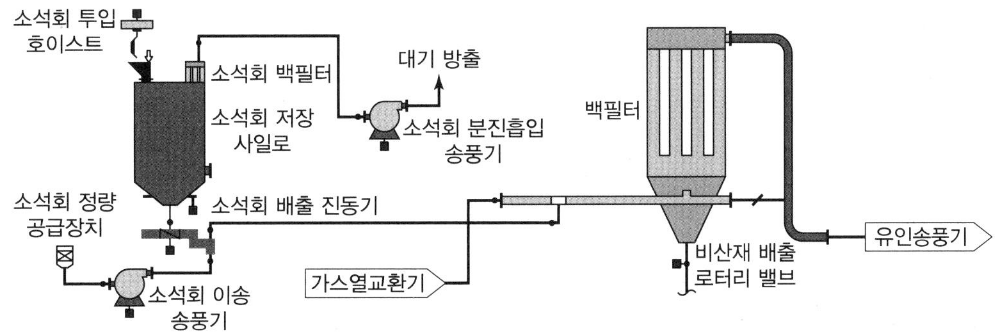

[그림 9-9. 배기가스 처리설비 계통도]

(4) 통풍설비

통풍설비는 백필터(Bag Filter)에서 배출된 가스를 유인 송풍기(I.D.Fan)를 통해 대기로 보내는 설비와 배기가스를 이용해 승온(昇溫)된 연소용 공기를 연소로 측면 노즐 및 버너에 공급하는 설비 등으로 구성한다([그림 9-10] 참조).

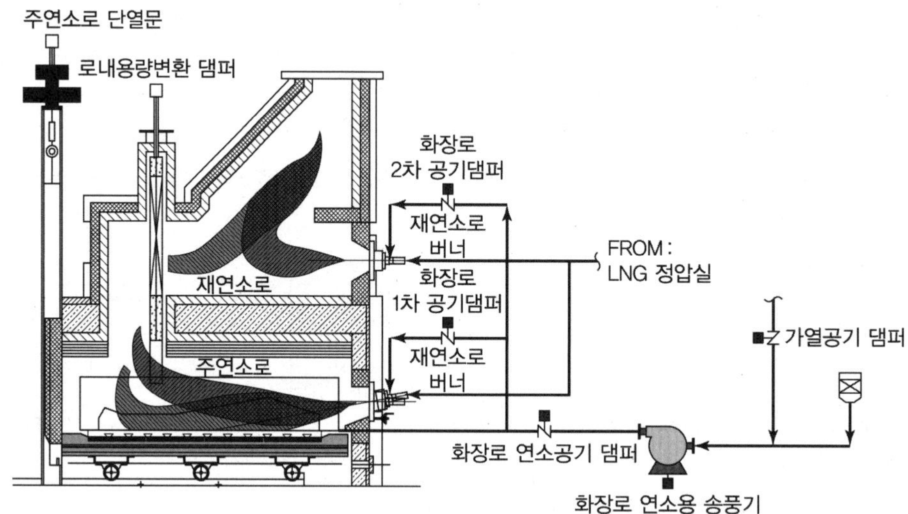

(a) 배기가스를 이용한 측면 노즐 및 버너 공급설비

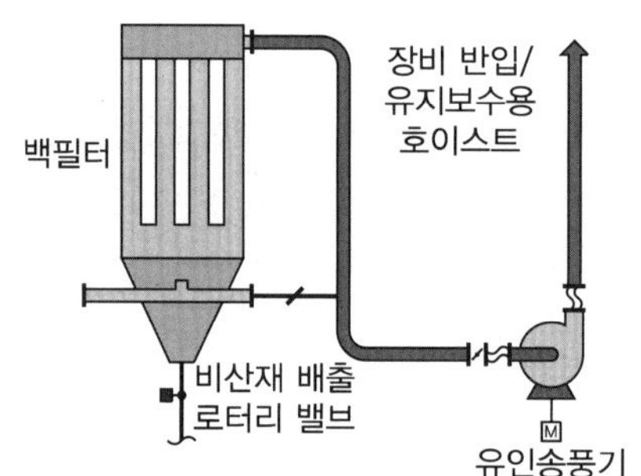

(b) 유인 송풍기를 이용한 배기가스 배출설비

[그림 9-10. 통풍설비 계통도]

(5) 재처리 설비

재처리 설비는 백필터에서 배출되는 분진 및 냉각전실, 수골실 등의 잔재(비산재 포함)를 잔재 백필터를 통해 포집한 후 외부로 반출시키는 설비이다([그림 9-11] 참조).

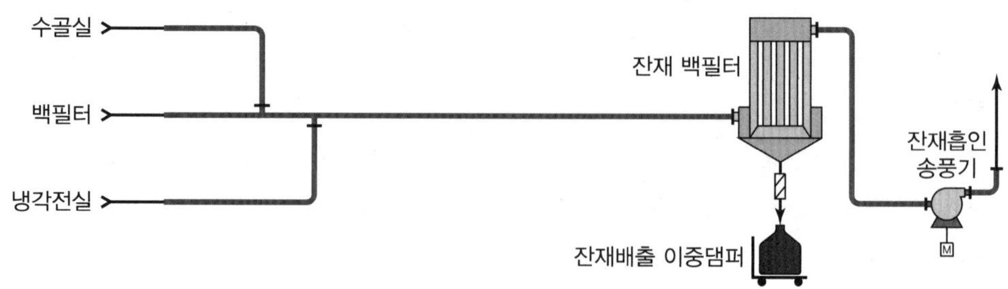

[그림 9-11. 재처리 설비 계통도]

(6) 영구 및 유골 이송설비

분향을 마친 후 로전실까지 이동시키는 설비로서, 영구와 로 내 대차를 전실과 화장로 사이에서 자동적으로 반입 · 반출하는 설비와 수골(受骨) 후 분골(粉骨)하는 설비 등으로 구성되며, 로 내 대차는 센서(Sensor)에 의해 정위치에 자동 장착된다([그림 9-12] 참조).

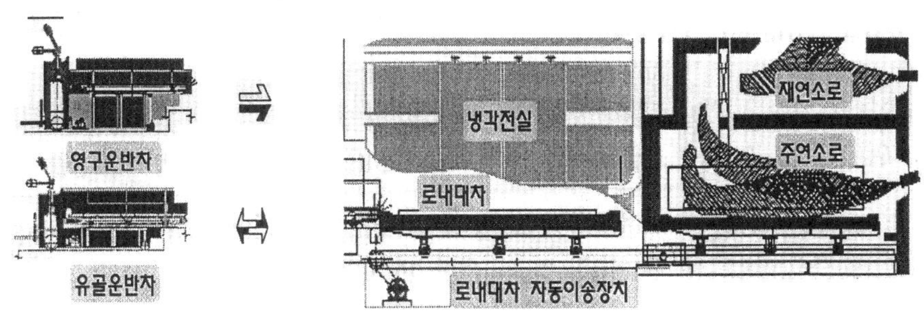

[그림 9-12. 영구 및 유골 이송설비 계통도]

① 영구운반차
운전조작이 용이하고, 장엄한 고별 분위기를 연출할 수 있는 구조와 재질로 제작하며, 1회 충전으로 1일 작업시간대에 통상적인 운전이 가능한 배터리 용량을 확보하는 것이 필요하다. 수동 및 자동조작이 동시에 가능한 것이 좋다.

② 유골운반차
운전조작이 용이하고, 수골 분위기에 어울리는 구조와 재질로 제작한다. 자동뿐만 아니라 수동조작도 가능하도록 한다.

③ 로 내 대차
시신에서 발생하는 오즙이 내화물로 스며들지 않는 특수 탄화규소 내화타일을 사용한다. 버너의 직접 화염의 영향으로 일부 부장품이나 유골의 대차표면 융착(融着)을 방지하여야 한다. 자동이송장치에 의해 정위치에 자동 장착되는 구조로 한다([그림 9-13] 참조).

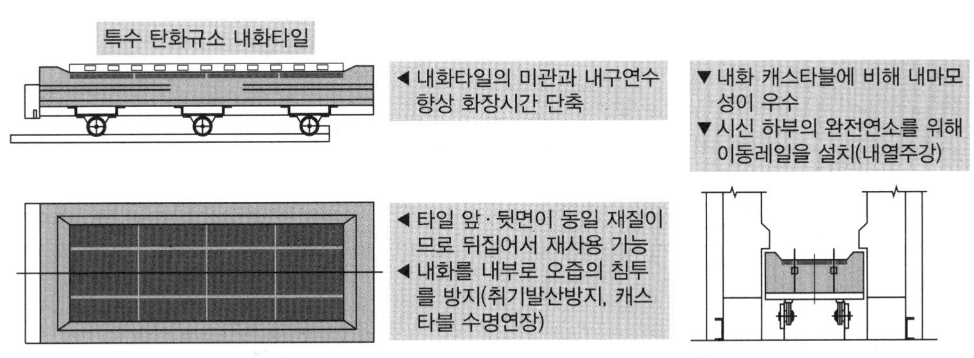

[그림 9-13. 로 내 대차의 구조 및 특징]

④ 분골기

저소음 스팀볼 형식 등으로 고른 입도의 분골(粉骨)이 가능하도록 하며, 유골 투입, 분골 반출 시 분진이 흩날리지 않는 구조로 한다.

(7) 유틸리티(Utility) 설비

백필터 탈진용 공기로 사용되는 계장용 공기의 생산을 위해 공기압축기(Air Compressor)가 설치되며, 도시가스를 버너에서 필요로 하는 시용압력까지 낮추는 LNG 정압실, LNG 공급 차단 시에도 화장로를 가동할 수 있는 비상연료(LPG Bomb) 공급설비 등으로 구성된다([그림 9-14] 참조).

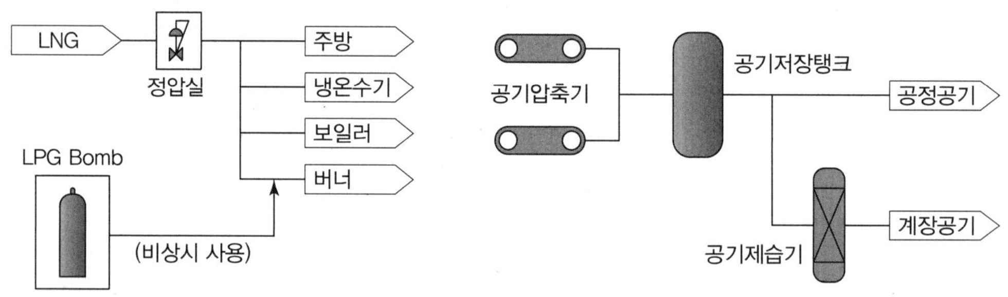

[그림 9-14. 유틸리티 설비 구성도]

(8) 조명설비

조명설비는 의식의 정숙, 기다림의 편안함, 조문객 감정이 변화하는 개별공간에 따라 조화로운 조명의 광색, 색온도, 밝기, 수법의 변화 등을 추구하여야 한다.

[그림 9-15]는 밝은 조명으로 연출한 관망홀과 수골실 전경을, [그림 9-16]은 의식의 흐름과 조명연출 사례를 보여주고 있다.

(a) 관망홀

(b) 수골실

[그림 9-15. 밝은 조명으로 연출한 관망홀과 수골실 전경]

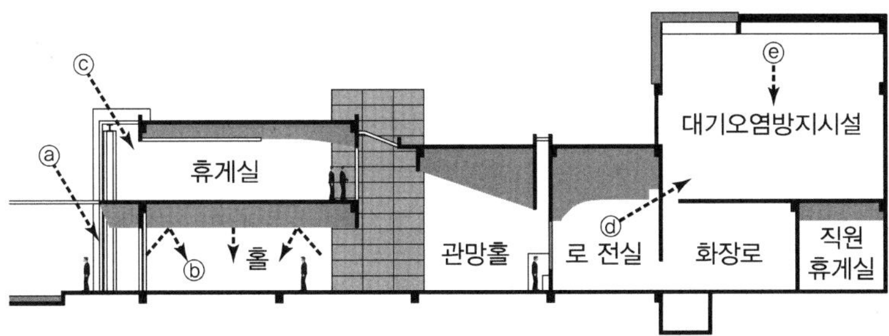

ⓐ 자연광을 베이스 라인(Base Line)으로 하고, 탑 라이트(Top Light)로 광원 보충
ⓑ 의식의 정숙함과 간접조명, 장식조명 및 스포트라이트 설치
ⓒ 의식공간과의 차별화, 일반적인 쾌적한 광원, 자연광 이용
ⓓ 상승감 있는 광원(죽음에서 영원으로 삶의 승화를 강조)
ⓔ 설비실은 충분한 조도 유지 및 유지보수를 고려한 예비등 설치

[그림 9-16. 의식의 흐름과 조명연출]

NCS 실무 Q&A

Q 최근 장례문화로 납골당 대신 수목장(樹木葬)이 하나의 대안으로 떠오르고 있는데요. 수목장에 대해서 간단히 설명해 주시기 바랍니다.

A 수목장은 화장된 분골을 지정된 수목의 뿌리 주위에 묻어줌으로써 그 나무와 함께 상생한다는 자연회귀의 섭리에 근거한 새로운 장묘방법으로서, 1999년 스위스에서 처음 도입되었습니다. 이 장묘방법은 영국이나 프랑스 등의 유럽국가에서는 자연장 또는 녹색장이란 이름으로 오래전부터 널리 행해지고 있습니다.

국내 산림청에서는 수목장림 등 자연장에 관한 규정 신설을 골자로 한 '장사 등에 관한 법률' 개정안이 공포됨에 따라 경기도 양평군 양동면 계정리 일원 국유림 55ha(약 16만5,000평)에 국내 처음으로 수목장림 기반 조성사업을 추진하였습니다. 2004년 9월 경기도 양평군 양동면 고려대학교 연습림에서 치른 고(故) 김장수 교수의 수목장이 산림 내 특정 수목 밑에 화장한 유골을 묻는 형식으로 이루어졌다는 점에서 스위스나 독일의 산림형 수목장과 유사합니다. (※ 자료 : 산림상식, 산림청, 2019년 3월(검색기준))

[깨끗하게 단장된 용인 수목장 모습(예)]

※ 자료 : Photo by Prof. S.B.park, 2019년 5월

CHAPTER 10

토양오염

학습목표

1. 토양오염 일반에 대해 이해할 수 있다.
2. 토양오염의 역사 및 주요 원인을 알 수 있다.
3. 오염토양 주요 복원기술에 대해 알 수 있다.

학습내용

1. 토양오염 일반
2. 토양오염의 역사 및 주요 원인
3. 오염토양 주요 복원기술

1 토양오염 일반

'토양오염'이란 사업활동이나 그 밖의 사람의 활동에 의하여 토양이 오염되는 것으로서 사람의 건강·재산이나 환경에 피해를 주는 상태를 말하며, '토양오염물질'이란 토양오염의 원인이 되는 물질로서 환경부령으로 정하고 있다(토양환경보전법 제2조의 정의).

또한 학술적 의미로는 인간의 활동에 의해 만들어진 여러 가지 물질이 토양에 들어감으로써 그 성분이 변화되어 환경구성요소로서 토양기능에 악영향을 미치는 상태를 말하기도 한다.

토양오염의 원인물질로는 유기물, 무기염류, 중금속류, 합성화합물 등이며, 유기물은 토양 내에 존재하는 미생물에 의해서 분해되고, 무기염류는 식물에 흡수, 용탈 유실되어 감소됨으로써 토양에 남아 있는 것은 그다지 많지 않다.

카드뮴, 구리, 아연, 납, 비소 등의 중금속류는 분해되지 않기 때문에 인위적으로 제거시키지 않는 한 거의 영구적으로 잔존하며, 이들로 오염된 농경지에서 농작물을 재배한다면 사람에게 유해한 물질이 농축되어 있는 농산물을 생산하게 된다.

토양오염은 간접적이고 만성적이며, 시간적·경제적으로 개선(또는 복원)의 어려움 등 세 가지 특성으로 요약할 수 있겠다. 토양은 일단 오염되면 토양생물에의 피해와 지하수 오염 등으로 인간에게 간접적인 피해를 주게 되며, 이는 오랜 기간 누적된 상태로 나타나게 되는 일종의 만성적 피해에 해당한다. 또한 토양오염은 개선이 힘들고, 대기나 수질에 비해 훨씬 많은 시간과 경제적 투자를 필요로 하게 된다.

〈표 10-1〉은 여러 국가에서 정의하고 있는 오염토양에 대한 내용이다.

〈표 10-1〉 각국의 오염토양 정의

국 가	오염토양의 정의
덴마크	지하수를 오염시킬 수 있거나 또는 지역주민의 건강을 위협시킬 수 있는 오염물질이 있는 토양
핀란드	토양 중의 오염물질 농도가 자연함유량을 '기록적으로' 초과하여 그 총량이 유의성 또는 토양 중의 화학물질이 중요한 인간의 건강 및 환경에 위해성을 나타낼 수 있는 토양
독 일	인간의 건강과 복지 및 가축, 작물 또는 지하수 등의 경제적으로 중요한 자연적 재산에 직접적 또는 간접적인 악영향을 미칠 수 있는 토양
네덜란드	토양에 존재하는 물질의 농도가 일반적인 농도보다 높으며, 한 가지 또는 그 이상이 토양의 기능에 비가역적인 영향을 주는 토양
영 국	그 이전의 이용에 의하여 향후 재개발 등의 이용에 위해한 영향을 줄 수 있는 물질을 포함하고 있으며, 이로 인하여 제한된 개발이 진행되거나 어떠한 종류의 복원 또는 위해성 평가가 요구되는 토양
대한민국	사업활동 또는 기타 사람의 활동에 따라 토양이 오염되어 사람의 건강이나 환경에 피해를 주는 상태의 토양

2 토양오염의 역사 및 주요 원인

산업혁명 이후 기계문명의 발달로 인해 토양오염이 대량 발생하고 있다. 최근에는 누적된 오염토양으로 인한 VOCs 배출, 지하수 오염 등으로 인해 토양오염이 광역적으로 확산되는 추세인데, 각국의 사례를 중심으로 토양오염의 역사를 살펴보기로 한다.

영국에서는 1966년 Aberfan 광미댐의 중금속이 유출되어 하천과 토양을 오염시키자 정부에서 오염토양처리 및 토양오염방지를 위한 재정확대를 추진하였다.

미국의 경우, 1970년대 뉴욕의 러브 캐널(Love Cannal) 매립장 주변의 유해화학물질 유출로 인한 인근 주민의 피해를 계기로 토양오염의 심각성을 깊이 인식하게 되었다. 1976년 RCRA(Resource Conservation and Recovery Act), 1980년 CERCLA(Comprehensive

Environmental Response, Compensation and Liability Act) 제정을 통해 슈퍼펀드(Super Fund) 조성의 계기를 마련하였다. 이후 수천 억의 이 기금을 활용해 오염된 토양정화사업은 물론 최신 정화기술 개발에도 박차를 가하고 있다.

일본의 경우, 1960년대 말 후지현의 아시오 금속광산의 중금속(카드뮴) 유출로 인한 오염사고(일명 '이따이이따이병')가 발생하자 1970년에 토양오염방지법을 제정하기에 이르렀다.

우리나라의 경우에는 1996년 1월 6일 토양환경보전법을 제정・시행하면서 본격적인 토양오염 지역조사 및 오염토양 정화사업을 추진할 수 있는 종합적인 토양환경관리의 기본 틀을 마련하게 되었다.

과거 수질환경보전법 및 광산보안법이 토양오염에 관한 규정을 두고 있었으나, 그 대상이 농지 및 폐광산의 토양오염에 국한되어 있었기 때문에 전국토를 대상으로 하는 토양환경보전법이 사실상 토양오염을 규제하는 최초의 법이라고 할 수 있다.

이처럼 중요 사안이 되고 있는 토양오염의 주요 원인을 살펴보면 농약에 의한 오염, 생활하수에 의한 오염, 세균 및 바이러스 등 각종 병원균에 의한 식물성장 피해, 산업폐수에 의한 오염, 비료에 의한 오염, 기타 방사성 물질 및 산성우 등에 의한 오염 등으로서 관련 내용은 〈표 10-2〉와 같다.

〈표 10-2〉 토양오염의 주요 원인

주요 원인	관련 내용
각종 원소 자연함유량	토양에 자연적으로 함유되어 있는 각종 중금속 원소들의 양. 일반적으로 우리나라는 구리, 납의 함량이 높다.
산업화에 의한 토양오염	• 광산폐수(금속광산, 석탄광산)에 의한 중금속 오염 : Cd, Cu, Pb, Zn • 금속공장 및 공단폐수 • 도시하수, 제련소의 분진, 고속 및 산업도로 • 폐기물 및 토양오염 유발시설 등
농업활동에 의한 토양오염	• 비료 및 토양 개량제 사용(주변 하천 및 지하수) • 농약(PCBs, 유기염소계 농약, ABS, 합성수지 등)

심화학습

지하수 오염에 대한 원인과 대책

도시지역 및 농촌지역의 지하수에서는 질산성 질소가 대부분 높게 나타나고 있는데, 이는 쓰레기, 축산폐기물의 불량매립, 정화조, 가정하수의 관리 부실에 의한 것으로 판단되며, 공단지역 지하수는 질산성 질소뿐만 아니라 트리클로로에틸렌 등이 포함되어 있는 것으로 보고되고 있다.

지하수는 오염경로가 무척 다양하고, 유속이 느리므로 오염에 따른 정확한 실태 파악이 어렵고, 지하수의 물리적 특성 및 지하수층과 그 상층에 존재하는 지질학적 특성과 깊은 관련이 있다. 따라서 지하수 오염제거에 따른 기술, 예산, 시간 등이 복구를 더욱 어렵게 만드는 장애요인이 되고 있다.

주요 대책으로는 무절제한 지하수 개발과 부실한 처리를 억제하고, 체계적인 급수문제의 해결을 위해 노력해야 하며, 지하수 개발 시에는 발생 가능한 장애요소인 지하수위 저하, 지하수질 악화, 지반침하, 해수침투 등을 고려해 개발해야 한다. 이와 함께 오염지역 주변에 차수벽(Barrier)을 설치하여 오염물질이 지하수 흐름을 따라 이동하는 것을 막아야 한다.

일단 오염된 지하수는 완전복구가 거의 불가능하므로 주기적인 수질 감시에 의한 지하수 유동과 지하수 오염체의 범위를 확인하고 이들 오염체가 주변에 오염되지 않은 지하수로 유입・확산되는 것을 철저히 봉쇄해야 한다.

3 오염토양 주요 복원기술

오염토양 복원기술에 있어 처리위치별 적용방법은 〈표 10-3〉과 같고, 이와 관련한 주요 복원기술을 구체적으로 설명하면 다음과 같다.

〈표 10-3〉 **처리위치별 적용방법**

구 분		주요 특징
지중처리 (In situ)		• 지중처리기술은 굴착 없이 오염된 매질을 정화시키는 방법이다. • 불필요한 굴착을 방지함으로써 오염물질에 노출될 가능성이 적다. • 부지특성에 따라 적용에 제약이 있을 수 있으며, 정화기간이 상대적으로 길다. • 관련 주요 기술로는 토양증기추출법, 고형화/안정화법, 생물학적 처리방법 등이 있다.
지상처리 (Ex situ)	공 통	• 오염된 매질을 굴착하여 현장 내에서 또는 현장 외로 이동하여 처리하는 방법이다. • 지중처리에 비해 정화기간이 짧으나, 정화공정상 처리가 복잡하며 비용이 많이 든다. • 오염물질 노출로 인체 및 동식물에 해를 끼칠 수 있다. • 주요 기술로는 고형화/안정화법, 생물학적 처리방법, 열탈착공법, 소각, 토양세척법, 양수처리 등이 있다.
	현장 내 처리 (On site)	• 지중처리에 비해 현장 적용 가능성이 크다. • 현장 내 활용 가능한 부지가 있어야 한다. • 정화공사 중 노출된 오염물질로 인한 환경문제로 민원문제가 야기될 수 있다.
	현장 외 처리 (Off site)	• 오염지역을 신속히 정화하여 재이용할 필요가 있을 때 유용하지만, 토양굴착 비용과 토양반출 운반비가 과다 소요된다. • 반출토양을 야적 및 처리할 부지 확보에 어려움이 있다.

(1) 토양증기추출법(Soil Vapor Extraction)

토양증기추출법은 불포화 대수층 위에 추출정(抽出井)을 설치하여 토양을 진공상태로 만드는 기술로서, 토양으로부터 휘발성 및 준휘발성 오염물질을 제거한다.

이 기술은 휘발성이 높은 유류오염에 가장 효율적이며, 대상 매질은 토양이다. 경제적인 방법으로 알려져 있지만, 지하수가 다량 존재할 시에는 복원효율 저하가 우려된다([그림 10-1] 참조).

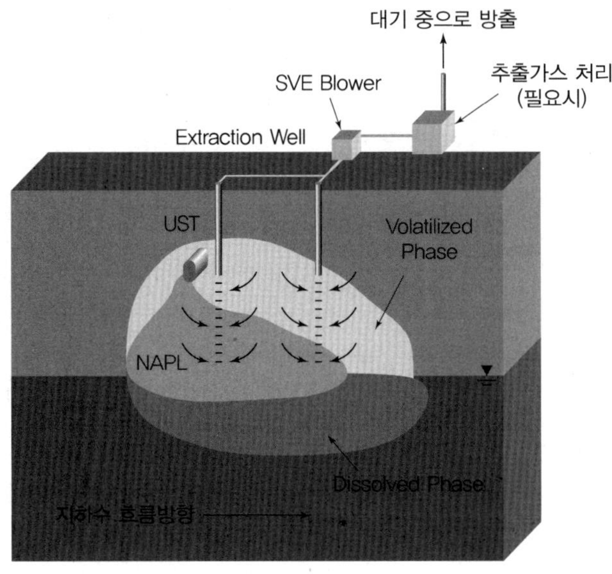

【 그림 10-1. 토양증기추출법(SVE) 개념도 】

(2) 생물학적 복원방법(Bioremediation)

이 기술은 토양 내 자생(自生)하는 미생물을 활성화시켜 오염물질을 제거하는 방법이다. 고농도의 중금속이 존재할 경우에는 이 중금속이 미생물처리법에 사용되는 용액에 강한 억제제로 작용할 우려가 있으며, 특히 중금속은 일반 유류 오염물질에 비해 복원이 까다로우며, 많은 비용이 소요된다.

적용 가능한 오염물질로서는 연료(경유, 등유 등), BTEX, TCE, 폭발성 물질(TNT 등) 등이며, 대상 매질은 토양 및 지하수이다([그림 10-2] 참조).

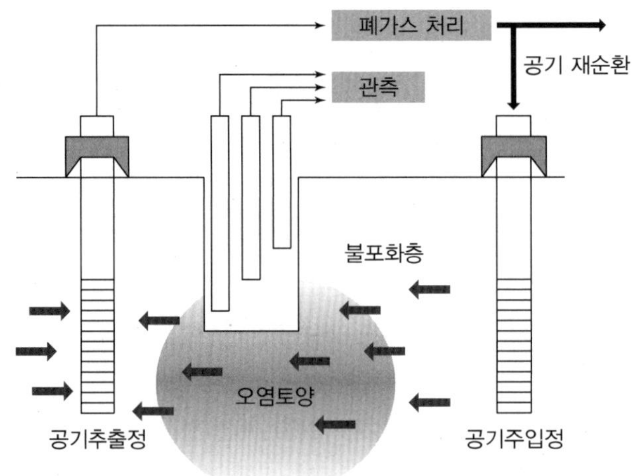

【 그림 10-2. 생물학적 복원방법(Bioremediation) 】

(3) 토양세척법(Soil Washing Flushing)

무독성 비이온계 계면활성제를 사용하여 유류와 물의 계면장력을 감소시켜 유류의 유동성을 증진시키는 방법이다.

고농도의 계면활성제는 유류의 용해를 촉진시켜 오염을 확산시킬 우려가 있으므로 적정농도가 되도록 관리한다. 계면활성제의 주입은 오염지역 상부(부대 내부방향)에 주입정을 설치하고, 자연구배를 이용해 투입한다. 유류회수는 집수정을 통해 회수하고, 적절한 폐수처리를 통해 처리한 후 재주입한다. 적용 가능한 오염물질은 연료(경유, 등유 등), BTEX, 각종 중금속 등이며, 대상 매질은 토양이다([그림 10-3] 참조).

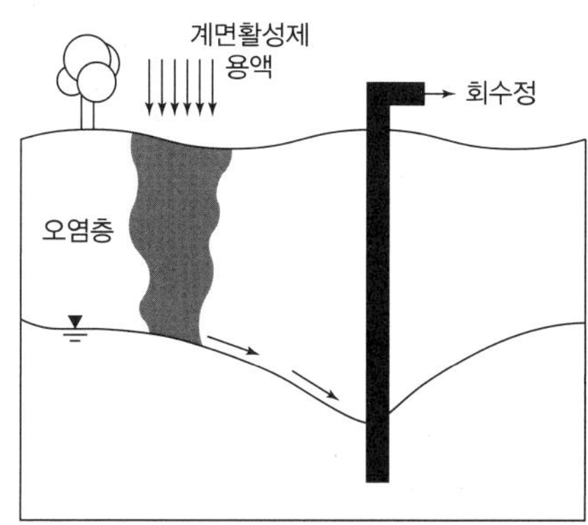

[그림 10-3. 토양세척법의 개념도]

(4) 양수 및 처리법(Pumping & Treat)

오염된 지하수를 양수(Pumping)하여 뽑아내어 지상에서 처리하는 방법으로서, 지하수 오염정화에 가장 많이 사용하는 방법이다.

효율적이며 경제적인 설계를 위해서는 지하수의 흐름을 파악하여야 하며, 적절한 위치에 양수정(揚水井)을 배치하고 양수량(揚水量)을 결정해야 한다. 본 기술로서 적용 가능한 오염물질은 모든 종류의 용존물질(溶存物質)이고, 대상 매질은 지하수이다([그림 10-4] 참조).

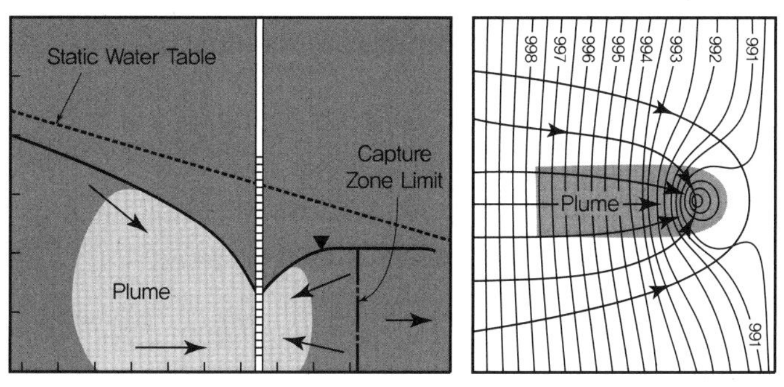

[그림 10-4. 양수정 설치 개념도]

(5) 반응벽체법(Permeable Reactive Barrier)

이 기술은 오염된 지하수가 투수성이 좋은 반응체(Gate)를 통과하도록 유도하는 방법으로서 반응벽 통과 시 오염물질이 정화되게 된다.

공기주입법(Air Sparging)이나 양수 및 처리법(Pumping & Treat)과 병행하여 정화효율을 높이고 있으며, 반응벽체의 종류에 따라 다양한 오염물질의 제거가 가능하다. 적용 가능한 오염물질로는 용존물질(중금속, TCE, 폭발성 물질 등)이며, 대상 매질은 지하수이다([그림 10-5] 참조).

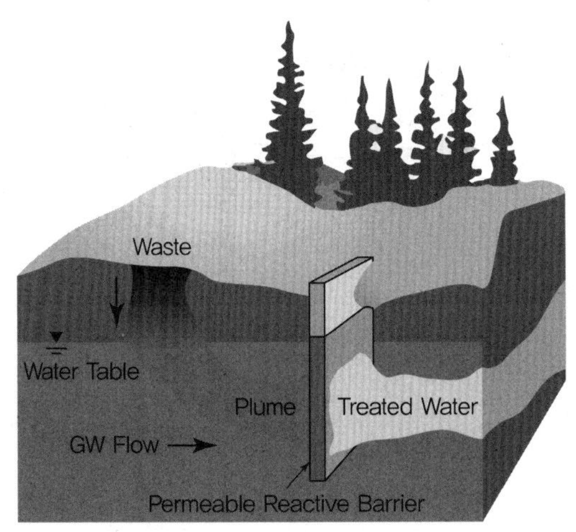

[그림 10-5. 반응벽 설치 개요도]

(6) 고형화/안정화 공법(Solidification/Stabilization)

고형화 공법은 오염물질의 물리적 성질을 바꿔 오염물질을 다루기 쉽게 하면서 이동성을 떨어뜨리는 방법을 말하고, 안정화 공법은 화학적 또는 열적 작용을 통해 오염물질의 이동성을 떨어뜨리는 방법을 말한다.

(7) 동전기 공법(Electrokinetics)

동전기 공법은 낮은 직류전류를 이용하여 토양이나 지하수의 오염물질을 분리 추출하여 처리하는 것을 말한다.

이 기술은 토양에 대한 굴착이 필요 없고, 현장에서 직접 정화가 가능하며, 특히 납(Pb)과 같은 중금속에 대해 적용성은 높지만 현장 적용성에 대한 사전조사 및 실험이 필요하다. 또한 토양 및 지하수의 현장특성에 따라 적용 가능성 및 비용이 상이하다. 적용 가능한 오염물질로서는 중금속, 방사능 물질, 독성 음이온, 유류오염물질, 폭발성 물질 등이며, 대상 매질은 토양 및 지하수이다([그림 10-6] 참조).

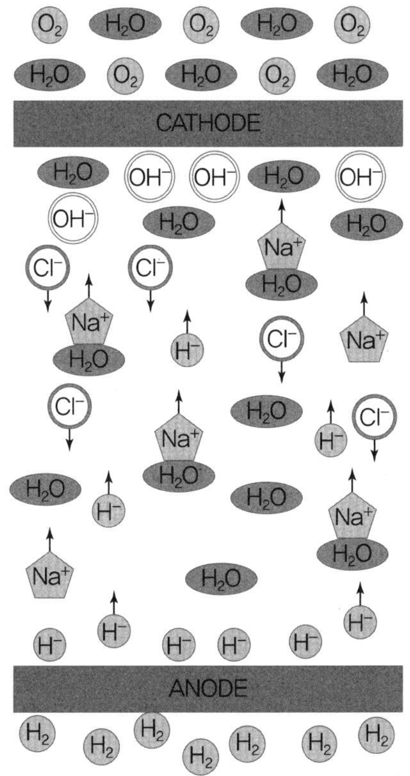

[그림 10-6. 동전기 공법의 반응 개념도]

(8) 식물정화공법(Phytoremediation)

이 기술은 식물을 이용하여 오염물을 정화시키는 방법을 말하며, 식물의 뿌리를 활용하여 토양의 중금속을 흡수 정화하게 된다.

식물추출법(Phytoextraction)의 적용이 가능하고, 오염지역에서 경작한 식물은 일정 시간이 지난 후 소각 또는 재활용하여 토양 내 오염물질 농도를 저감시키며 환경친화적인 방법이다. 납의 정화에는 대표적으로 해바라기, Indian Mustard 등이 좋은 효과를 나타내며, 폭발성 물질에 대한 적용을 위한 연구개발도 진행 중이다. 식물정화공법을 통한 적용 가능 오염물질로는 중금속, 폭발성 물질이며, 대상 매질은 토양, 천부 지하수이다.

NCS 실무 Q&A

Q 오염된 토양복원을 위해서는 먼저 토양오염조사가 선행되어야 하는데요. 일반적인 토양오염 조사범위 및 절차에 대해 설명해 주시기 바랍니다.

A 토양오염 조사 목적에 부합되는 조사를 위해서는 다음과 같이 세부적인 조사범위를 설정하여 수행하게 됩니다.

① 오염지역 현장방문 및 각종 현황 자료조사
② 오염원인 물질 규명 및 오염원에 대한 물리·화학적 분석
③ 오염지역 및 주변지역에 대한 토양·지하수 시료채취 및 잔존 유류에 대한 TPH(Total Petroleum Hydrocarbon, 석유계총탄화수소), BTEX(벤젠, 톨루엔, 에틸벤젠, 자일렌) 항목에 대한 정성·정량분석
④ 오염예상지역의 오염범위 및 오염량 산출
⑤ 토양환경보전법 및 위해성 평가를 통한 복원기준 설정
⑥ 복원 가능성 검토를 통한 복원방법 제시 및 경제성 분석

CHAPTER 11

악취처리기술

학습목표

1. 악취 일반에 대하여 이해할 수 있다.
2. 악취 발생원을 알 수 있다.
3. 악취제어기술을 알 수 있다.
4. 폐기물 소각시설 및 하수처리장 악취제어방법에 대해 알 수 있다.

학습내용

1. 악취 일반
2. 악취 발생원
3. 악취제어기술
4. 폐기물 소각시설 및 하수처리장 악취제어방법

1 악취 일반

1 악취의 정의

국내 악취방지법 제2조에 의하면 악취라 함은 '황화수소, 메르캅탄류, 아민류, 그 밖에 자극성이 있는 물질이 사람의 후각(嗅覺)을 자극하여 불쾌감과 혐오감을 주는 냄새를 말한다'라고 정의되어 있다.

'지정악취물질'이란 악취의 원인이 되는 물질로서 환경부령으로 정하는 것을 말하고(〈표 11-1〉 참조), '악취배출시설'이란 악취를 유발하는 시설, 기계, 기구, 그 밖의 것으로서 환경부장관이 관계 중앙행정기관의 장과 협의하여 환경부령으로 정하는 것을 말한다. 그리고 '복합악취'는 두 가지 이상의 악취물질이 함께 작용하여 사람의 후각을 자극하여 불쾌감과 혐오감을 주는 냄새를 말한다.

환경부는 악취관리 정책방향 설정을 위해 갖가지 정책적 한계를 극복하고, 국민이 체감하는 악취 개선을 위해 사업장 악취관리 강화, 생활악취관리 선진화, 그리고 국민 참여형 악취관리 등을 위한 정책을 지속적으로 추진하고 있다. (※ 자료 : 송태곤, 악취관리 정책방향, 월간환경기술, 2018년 1월호)

심화학습

악취방지계획에 포함하여야 할 사항

배출허용기준 및 엄격한 배출허용기준을 준수하기 위하여 악취방지계획에 다음의 조치 중 악취를 제거할 수 있는 가장 적절한 조치를 포함하여야 한다(시행규칙 제11조 제1항 관련).

① 다음의 악취방지시설 중 적절한 시설의 설치
- 가. 연소에 의한 시설
- 나. 흡수(吸收)에 의한 시설
- 다. 흡착(吸着)에 의한 시설
- 라. 촉매반응을 이용하는 시설
- 마. 응축(凝縮)에 의한 시설
- 바. 산화(酸化)・환원(還元)에 의한 시설
- 사. 미생물을 이용한 시설

② 성능이 확인된 소취제(消臭劑)・탈취제(脫臭劑) 또는 방향제(芳香劑)의 살포를 통한 악취의 제거

③ 그 밖에 보관시설의 밀폐, 부유상(浮游狀) 덮개 또는 상부 덮개의 설치, 물청소 등을 통한 악취 억제 또는 방지 조치

〈표 11-1〉 지정악취물질(시행규칙 제2조 관련)

종 류		적용시기
1. 암모니아 3. 황화수소 5. 다이메틸다이설파이드 7. 아세트알데하이드 9. 프로피온알데하이드 11. n-발레르알데하이드	2. 메틸메르캅탄 4. 다이메틸설파이드 6. 트라이메틸아민 8. 스타이렌 10. 뷰틸알데하이드 12. i-발레르알데하이드	2005년 2월 10일부터
13. 톨루엔 15. 메틸에틸케톤 17. 뷰틸아세테이트	14. 자일렌 16. 메틸아이소뷰틸케톤	2008년 1월 1일부터
18. 프로피온산 20. n-발레르산 22. i-뷰틸알코올	19. n-뷰틸산 21. i-발레르산	2010년 1월 1일부터

2 후각의 특성

(1) 예민성

후각의 첫번째 특성은 예민성이다. 냄새를 느끼게 하기 위해서는 필요한 냄새물질의 최소량이 있어야 하며, 이 양을 후각의 역치라 한다.

냄새물질의 농도가 아주 적은 양일 때에는 냄새를 알 수 없으나, 냄새가 있다는 느낌을 받는다. 이 농도를 검지역치(Detection Threshold Concentration)라 하며, 검지역치농도를 증가시키면 무슨 냄새인지 알 수 있게 된다. 이때의 최소농도를 인지역치농도(Recognition Threshold Concentration)라 한다.

이와 같이 사람의 후각 예민성 때문에 냄새를 측정하는데 기기분석에 비해 그 감도가 사람쪽이 우수하기 때문에 관능법이 널리 사용되고 있다.

(2) 피로순응

냄새를 맡고 있으면 잠시 후에는 감지할 수 없게 되는데 이것을 후각의 순응이라고 한다. 악취가 심한 곳에 갔을 때 처음에는 호흡을 할 수 없을 정도이나 시간이 경과함에 따라 견딜 수 있게 된다.

(3) 개인차

후각이 아주 예민한 사람(후각 과민성)으로부터 예민하지 않은 사람(후각 감퇴증) 또한 완전히 잃어버린 사람(후각 탈실증)에 이르기까지 각양각색으로 개인차가 있다. 이와 같은 개인차는 성별, 연령, 생활습관 등에 기인한다.

(4) 역치의 변동

건강이 정상이지 않을 때는 음식물의 맛을 모른다든지 하는 것은 후각에 영향을 미치는 것으로 알려져 있다. 일반적으로 남자보다 여자쪽이 변동이 큰 것으로 알려져 있다.

3 냄새(Odor)의 표시법

냄새는 다음과 같이 질(Quality), 강도(Intensity), 인용성(Acceptability) 및 전파성(Pervasion) 4개의 특성으로 표시된다.

(1) 냄새의 질(Odor Quality)

꽃향기, 계란이 썩는 냄새와 같이 냄새의 질(Quality)은 보통 언어표현에 의해 이루어진다. 자연계에는 수십만 종에 달하는 유향물질이 존재하고 있으며 각각 특유의 냄새를 가지고 있는 것으로 알려져 있다. 냄새의 질을 표시하기 위해서는 냄새의 질을 분류할 필요가 있다.

(2) 냄새의 강도(Odor Intensity)

냄새의 강도는 냄새의 자극에 대응해서 변화하는 감각의 상태, 즉 후각의 감각성으로 냄새의 검지 난이도의 척도라고 볼 수 있다. 냄새의 강도는 숫자로 표현되기도 하고, 언어에 의해 표현되기도 한다.

냄새의 강도 평가기준은 취기강도 표시법에 의해 취기강도를 몇 단계로 구분하여 표시하고 있다. 냄새의 강도와 농도 사이에는 웨버－페히너(Weber－Fechner)의 법칙이 성립되며, 일반적으로 다음의 식과 함께 [그림 11－1]에서 그래프로 표시하고 있다.

$$Y = k \cdot \log X$$

여기서, Y : 감각강도
k : 상수
X : 자극량

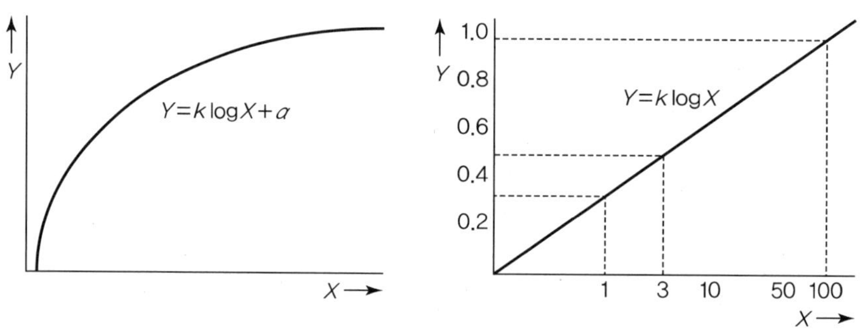

[그림 11-1. 웨버－페히너(Weber－Fechner)의 법칙]

[그림 11－1]을 보면 처음에는 자극량의 증가와 함께 감각강도도 증가하지만, 일정 수준 이상에서는 감각강도가 더 이상 증가하지 않는다. 만일 후각에 이런 특성이 없다면 감각강도의 계속적 증가로 인해 인간은 냄새자극으로 졸도해 버릴 것이며, 호흡을 멈추고 질식사하는 것도 상상할 수 있을 것이다. 따라서 이러한 기관의 특성은 생체를 보호하기 위해 부착되어 있다고 봐도 과언이 아닐 것이다.

일반적으로 악취물질영역에서 웨버－페히너(Weber－Fechner)의 법칙이 잘 응용되며, 악취물질의 농도와 취기강도 상관관계식이 명확하게 제시되고 있다. 단, 이 관계식은 복합물질이 아닌 단일물질일 때에 해당된다. 취기강도와 물질농도의 관계식은 〈표 11－2〉와 같다.

〈표 11-2〉 취기강도와 물질농도 관계식

Compounds	관능악취도(Y)와 물질농도(X)와의 함수관계식($/x$:ppm)	Threshold (ppm)	Order intensity(ppm)				
			1	2	3	4	5
메틸메르캅탄 (CH_3SH−48.11)	$Y=1.25\log X+5.99$	0.000070	1.2×10^{-4}	6.5×10^{-4}	4.1×10^{-4}	2.6×10^{-4}	1.6×10^{-4}
황화메틸 (CH_3SCH_3−62.14)	$Y=0.784\log X+4.06$	0.0030	1.2×10^{-4}	2.3×10^{-3}	4.4×10^{-4}	8.3×10^{-4}	1.6
이황화메틸 (CH_3SSCH_3−94.20)	$Y=0.985\log X++4.51$	0.0022	2.8×10^{-4}	2.9×10^{-3}	3.0×10^{-2}	3.1×10^{-1}	3.2
아세트알데히드 (CH_3CHO−44.05)	$Y=1.01\log X+3.85$	0.0015	1.5×10^{-3}	1.5×10^{-2}	1.5×10^{-1}	1.4	14
포름알데히드 ($HCHO$−30.03)	$Y=1.53\log X+1.59$	0.50	4.1×10^{-1}	1.9	8.4	38	170
뷰티르알데히드 (CH_3H_7CHO−72.11)	$Y=0.90\log X+4.18$	0.00032	2.9×10^{-4}	3.8×10^{-3}	1.4×10^{-2}	6.3×10^{-1}	8.1
발레르알데히드 ($CH_3(CH_2)_3CHO$−86.14)	$Y=1.25\log X+5.99$	0.00071	1.2×10^{-4}	6.5×10^{-4}	4.1×10^{-4}	2.6×10^{-4}	1.6×10^{-4}
이소발레르알데히드 ($(CH_3)_2CHCH_2CHO$−86.14)	$Y=1.35\log X+6.01$	0.00019	1.9×10^{-4}	1.1×10^{-3}	5.9×10^{-3}	3.2×10^{-2}	1.8×10^{-1}
톨루엔 ($C_6H_5CH_3$−92.14)	$Y=1.40\log X+1.05$	0.33	9.2×10^{-1}	4.8	25	130	660
o-자일렌 ($(CH_3)_2C_6H_4$−106.17)	$Y=l1.66\log X+2.24$	0.38	1.8×10^{-1}	7.2×10^{-1}	2.9	11	46
m-자일렌 ($(CH_3)_2C_6H_4$−106.17)	$Y=1.46\log X+2.37$	0.041	1.2×10^{-1}	5.6×10^{-1}	2.7	13	63
p-자일렌 ($(CH_3)_2C_6H_4$−106.17)	$Y=1.57\log X+2.44$	0.058	1.2×10^{-1}	5.2×10^{-1}	2.3	9.8	42
스티렌 ($C_6H_5CH=CH_2$−104.15)	$Y=1.42\log X+3.10$	0.035	3.3×10^{-2}	1.7×10^{-1}	8.4×10^{-1}	4.3	22
악취농도(OU/m^3) (Odor concentration)	$Y=\log X+0$	10	10	100	1,000	10,000	10,000

(3) 냄새의 인용성(Odor Acceptability)

냄새의 인용성은 냄새의 강도나 질을 쾌감이나 불쾌감으로 나타내는 평가법으로, 몇 개의 단계로 분류하여 표시한다. 만일 어떠한 냄새가 어느 지역사회의 사람들에게 불쾌감을 준다면 이것은 당연히 억제대책의 대상이 된다. 냄새의 인용성은 물질의 종류뿐만 아니라 농도에도 존재하여 변화한다. 예를 들면 다음과 같다.

① 대표적 악취라고 볼 수 있는 인돌(Indol)을 매우 낮은 저농도까지 희석시키면 자스민과 같은 향기가 된다.

② 향수도 고농도에서는 불쾌감을 준다.

③ 부틸알코올(Butylalcohol)의 농도가 높으면 악취가 되나, 희석시키면 사이다(Cider)의 향기를 내는데 사용된다.

④ 트리메틸아민(Trimetylamine)도 농도가 높으면 암모니아취가 되고, 희석시키면 부취(腐臭)가 된다.

(4) 냄새의 전파성(Odor Pervasion)

냄새의 전파성이란 냄새가 무취공기 중에서 휘산 또는 희석되어진 후 이를 감지할 수 있는지 여부를 결정하는 척도를 말하며, 냄새 포텐셜(Potential) 또는 역치 희석화(Threshold Dilution Ratio)라고도 한다. 냄새의 전파성은 악취단위(Odor Unit)로 측정된다. 취기단위라고 하는 것은 어떤 냄새가 역치농도까지 희석하는데 필요한 희석배수를 기술하는데 사용하는 단위이다.

악취가 대기 중으로 방출되는 것을 방지하기 위해서는 배출원에서 악취발생을 억제하거나 감소시키는 물질을 사용해야 한다. 또는 이러한 공정을 통한 악취물질의 생성을 억제해야 하는데, 관련 내용을 소개하면 다음과 같다.

① 악취오염물이 대기 중으로 방출되지 않게 밀봉한다. 즉, 압력용기를 사용하거나 저장용기의 접수 및 방출 시 환기시스템을 연결하고, 용기 등의 모든 틈새를 밀폐 가능하도록 변경한다.

② 악취오염물의 배출이 적게 일어나는 원자재 또는 연료를 사용한다.

③ 악취오염물의 축적이나 생성을 방지하거나 억제할 수 있게 생산공정을 변경한다.

④ 악취오염물의 외기배출을 억제하기 위하여 사용한 가스를 재사용하거나 오염물을 순환한다.

⑤ 최소량의 악취오염물이 대기로 배출되게 후드시스템을 고안한다.

심화학습

악취물질의 악취 기여도와 악취 기여율

(1) 악취 기여도

악취는 여러 물질들이 복합적으로 작용하여 발생하는 것으로, 하나의 물질 농도만으로는 악취가 어느 정도인지 알 수 없다. 더욱이 각 물질별로 최소감지농도(Odor Threshold Values, OTVs)가 다르기 때문에 개별적으로 측정된 물질의 농도만으로는 악취의 영향 정도를 파악하거나, 물질별 비교 자체에 어려움이 있다. 따라서 발생된 악취에 대한 악취 물질별 기여도를 평가하여, 악취발생지점에서의 주요 원인물질을 파악하는 것은 중요한 의미를 가진다고 할 수 있다. (※ 자료 : 한국환경과학회지, Vol.25, No.9, 2013년)

악취 기여도 평가(Odor Concentration Analysis : OCA)는 총 악취활성값(Sum Odor Activity Value : SOAV)을 개별 물질별로 나눈 값을 100으로 환산하여 평가한다.

여기서 총 악취활성값은 개별 악취물질의 악취활성값(Odor Activity Value : OAV)의 합이고, 악취활성값은 개별 악취물질의 농도를 개별 악취물질이 가지는 최소감지농도로 나눈 값으로 정의된다.

- 악취활성값(OAV) $= \dfrac{\text{개별 악취물질의 농도(ppb)}}{\text{개별 악취물질이 가지는 최소감지농도(ppb)}}$
- 총 악취활성값(SOAV) $= \Sigma$ 개별 악취물질의 활성값(OAV)

$$\therefore \text{ 악취활성값(OC)} = \frac{\text{악취활성값(OAV)}}{\text{총 악취활성값(SOAV)}} \times 100$$

(2) 악취 기여율

악취 기여율은 역치를 역치 합계로 나눈 값을 백분율로 표시한 것을 말한다.

- 악취 기여율(%) $= \dfrac{\text{역치}}{\text{역치 합계}} \times 100$

  여기서, 역치 $= \dfrac{\text{악취물질농도}}{\text{최소감지값}}$

2 악취 발생원

(1) 자연적 발생원

악취는 자연적으로 박테리아에 의한 단백질 분해, 의약품류의 대사에 관여하여 발생하는 경우가 많다. 로빈슨(Robinson)의 추정에 의하면 황화수소(H_2S)는 육지에서 1년에 6×10^7ton이 생성되고, 바다에서는 연간 3×10^7ton 정도 생성되며, 암모니아(NH_3)의 경우에는 연간 3.7×10^9ton이 생성된다고 한다.

(2) 인위적 발생원

① 화학공장에서 많이 발생되는 악취물질 : 황화수소, 이황화탄소, 방향족탄화수소, 4염화탄소, 파라핀, 아세트알데히드 등

② 정유공장에서 많이 발생되는 악취물질 : 황화수소, 암모니아, 메르캅탄, 페놀, 유기설파이드, 유기아민알데히드, 방향족화합물 등

③ 코크스로, 펄프공장에서 많이 발생되는 악취물질 : 황화수소

④ 폐수, 분뇨처리장에서 많이 발생되는 악취물질 : 암모니아, 황화메틸, 메틸메르캅탄, 아민, 인돌 등

⑤ 석유, 석탄, 목탄, 가스 등 연료의 불완전연소 시 발생되는 악취물질 : 이산화질소, 포름알데히드, 아크로레인 등

⑥ 자동차 디젤엔진에서 많이 나오는 악취물질 : 이산화질소, 포름알데히드, 아크로레인 등

⑦ 가축사육장에서 많이 나오는 악취물질 : 암모니아, 황화수소, 유기아민 등

⑧ 식육이나 어육 가공처리 시 많이 나오는 악취물질 : 황화수소, 아민류, 스캐톨(Skatol), 메틸메르캅탄, 황화물, 알데히드 유기산(Trimethylamine)

다음 〈표 11-3〉은 악취물질과 주요 발생 업종을 요약한 것이다.

〈표 11-3〉 악취물질 및 주요 발생 업종

악취물질	주요 발생 업종
황화수소	그라프트펄프 제조, 전분 제조업, 셀로판 제조업, 이온 제조업, 화장터, 단미 사료공장, 폐차처리장, 먼지처리장, 분뇨처리장, 축산업 등
황화메틸	그라프트펄프 제조, 화장터, 단미 사료공장, 먼지처리장, 분뇨처리장 등
이황화메틸	그라프트펄프 제조, 단미 사료공장, 먼지처리장, 분뇨처리장 등

악취물질	주요 발생 업종
암모니아	복합비료 제조업, 전분 제조업, 단미 사료공장, 먼지처리장, 폐차처리장, 분뇨처리장, 가축사육장
메틸메르캅탄	그라프트펄프 제조, 화장터, 단미 사료공장, 분뇨처리장 등
트리메틸아민	복합비료 제조업, 화장터, 단미 사료공장, 수산 통조림제조업, 축산업 등
아세트알데히드	아세트알데히드 제조공장, 초산비닐 제조공장, 담배 제조공장, 복합비료 제조업, 단미 사료공장 등
스티렌	스티렌 제조공장, 폴리스티렌 제조 및 가공공장, SBR 제조공장, FRP 제품 제조공장, 합판 제조공장, 화장터 등

3 악취제어기술

(1) 세정법

세정법에는 수(물)세정법, 약액세정법 그리고 약액산화법 등이 있으며, 그 원리 및 처리대상 가스를 요약하면 〈표 11-4〉와 같다.

〈표 11-4〉 세정법의 종류

세정법	원 리	처리대상가스
수(물)세정법	기·액 접촉에 의해 물로 녹여 물리적으로 악취물질을 흡수한다.	암모니아, 저급아민, 저급지방산, 황화수소 등
약액세정법	기·액 접촉에 의해 악취물질을 약액으로 흡수시켜 화학적으로 중화시킨다.	산 세정 : 암모니아, 트리메틸아민 알칼리 세정 : 황화수소, 메틸메르캅탄 등
약액산화법	차아염소산소다(NaClO) 등 산화제가 든 수용액과 악취물질을 기·액 접촉시켜 산화 분해시킨다.	암모니아, 황화수소, 메틸메르캅탄 등

심화학습

약액세정법 악취제거 반응식

(1) **산 세정** : 암모니아, 트리메틸아민
① 암모니아 : $2NH_3 + H_2SO_4 \rightarrow (NH_4)_2SO_4$
② 트리메틸아민 : $(CH_3)N + H_2SO_4 \rightarrow (CH_3)_3N \cdot H_2SO_4$

(2) **알칼리 세정** : 황화수소, 메틸메르캅탄 등
① 황화수소 : $H_2S + 2NaOH \rightarrow Na_2S + H_2O$
② 메틸메르캅탄 : $CH_3SH + NaOH \rightarrow CH_3SNa + H_2O$

(2) 흡착법

흡착법에는 활성탄, 실리카겔 등을 사용하는 흡착제법과 이온교환수지를 사용하는 이온교환수지법이 있다. 〈표 11-5〉는 흡착법과 이온교환수지법의 원리를, 〈표 11-6〉은 흡착제의 종류를 나타내었다.

〈표 11-5〉 **흡착법과 이온교환수지법의 원리**

구 분	방 법	처리대상물질
흡착법	활성탄, 실리카겔, 제올라이트, 활성백토 등의 흡착제에 흡착시킨다.	흡착제의 구성에 따라서는 거의 모든 악취물질에 효과가 있다.
이온교환수지법	악취물질의 이온성을 이용하여 이온교환수지로 이를 흡착한다.	암모니아, 황화수소 등

〈표 11-6〉 **흡착제의 종류**

구 분	종 류
물리흡착제	활성탄(소수성)
	실리카겔(친수성)
	알루미나겔(친수성)
	분자체(Molecular Sieve)(친수성)
	활성백토(친수성)
	제올라이트(친수성)

구 분	종 류
화학흡착제	이온교환수지
	산성가스 흡착제
	알칼리성가스 흡착제
	중성가스 흡착제

(3) 오존산화법

오존에 의하여 악취물질을 산화・분해하여 탈취하는 방법이다. 오존은 불소 다음으로 강력한 산화제로서 황화수소, 메틸메르캅탄 등의 무기계 외에 알데히드 및 페놀 등의 유기계 가스도 분해할 수 있는 것이 큰 특징이다.

경험적으로 하수처리장 악취제거 시 필요한 오존량은 최소 1~2ppm 정도이며, 접촉시간은 최소 5초 이상이다. 오존산화법으로 제거되지 않는 악취물질이 있으므로 수용성 취기는 수세탑에서 제거 후 오존반응탑에서 처리하기도 하고, 산화제의 영향을 받지 않는 물질의 제거는 활성탄 흡착탑(A/C Tower)과 병행하여 처리한다.

(4) 생물탈취법

생물탈취법은 수세정, 흡착법 및 생물화학적 분해법이 종합적으로 연관된 방법으로, 악취물질은 물에 흡수 또는 고체에 흡착되고 그 후 분해된다. 생물탈취법을 분류하면 [그림 11-2]와 같고, 생물탈취법의 산화 분해반응 예를 나타내면 〈표 11-7〉과 같다.

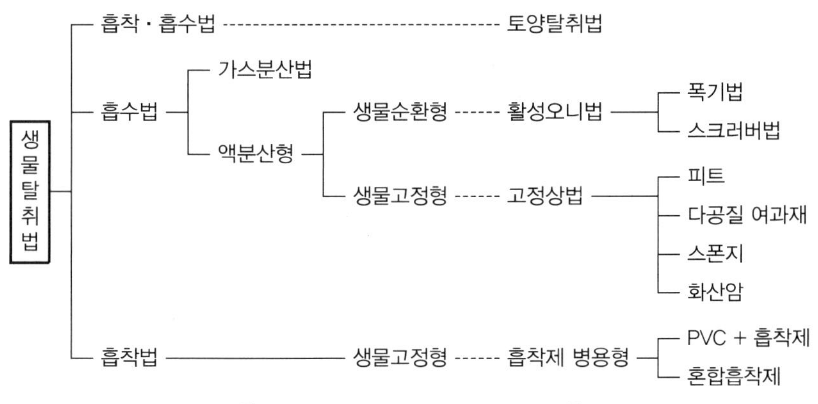

[그림 11-2. 생물탈취법의 분류]

〈표 11-7〉 생물 분해반응(예)

악취물질	반응(예)
암모니아	NH_3 → HNO_3, H_2O
트리메틸아민	$(CH_3)_3N$ → HNO_3, CO_2, H_2O
황화수소	H_2S → H_2SO_4, H_2O
메틸메르캅탄	CH_3SH → H_2SO_4, CO_2, H_2O
황화메틸	$(CH_3)_2S$ → H_2SO_4, CO_2, H_2O

(5) 연소법

연소법은 악취물질을 고온으로 산화분해시키는 것으로, 직접연소법과 촉매산화법, 축열식 연소법 등이 있다.

① 직접연소법

가연성분을 함유하는 가스를 연소로에 보내어 직접연소하는 방법으로, 일종의 산화법이다. 연소에 의해 완전히 H_2O, CO_2 등의 무해·무취의 화합물로 변화시키기 위해서는 650~800℃의 고온에서 0.3초 이상 가열하여 완전연소시켜야 한다.

② 촉매산화법

코발트, 니켈 등의 촉매를 사용하여 저온도에서 완전연소를 시켜 보조연료의 경비를 절감하는 방법이다. 최적조건을 설정하면 배출가스 중 탄화수소의 제거에 제일 유효한 방법이다.

③ 축열식 연소법

축열식 연소법은 분리되어 있는 몇 개의 층에 세라믹 물질을 충전하고 여기에 열을 축적(蓄積)함으로써 다음에 도입되는 가스를 예열하는 원리이다.

즉, 배기가스는 축열체를 통과하여 예열되고 고온에서 산화되어 다시 축열체에 열전달 후 배출되며, 나머지 한 개의 세라믹층은 인입 세라믹층이 바뀌면서 생긴 일부 미처리된 가스를 깨끗한 가스로 퍼지(Purge)하여 연소실에서 산화된 후 바뀐 배출 세라믹층을 통하여 배출되게 된다.

[사진 11-1]은 정상가동 중인 축열식 연소장치(Rotary 1-Can RTO) 모습이다.

(a) Rotary 1-Can RTO

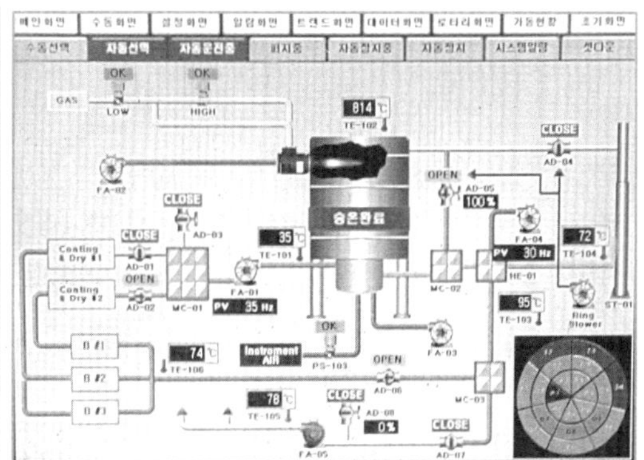

(b) 메인 운전화면(터치스크린 방식)

[사진 11-1. 축열식 연소장치(RTO) 모습]

※ 자료 : Photo by Prof. S.B.Park, 2017년 12월

(6) 탈취제 분무법

① 소취제법

소취제는 여러 종류가 시판되고 있으며, 비교적 저농도의 악취, 예를 들어 하수처리장의 폭기조 배기 등에 적합하다. 또 발생원이 광범위하여 악취의 포집이 곤란한 장소에도 이용되고 있다.

② 중화법

악취물질과 화학적으로 반응(중화)하는 약품을 사용하여 분해하는 방법으로서, 옛날부터 식물 정유에 냄새 제거력이 있어 이용되고 있다.

(7) 플라즈마(Plasma) 탈취법

방전에 의해 발생되는 플라즈마(Plasma)를 이용한 탈취법을 말하며, 관련 악취분해 흐름도는 [그림 11-3]과 같다.

처리가스 중에서의 방전

⇩

활성분자, 라디칼(Radical), 오존의 발생

⇩

기상 중에서의 악취물질의 산화

⇩

촉매상에서의 악취물질의 산화 및 오존분해

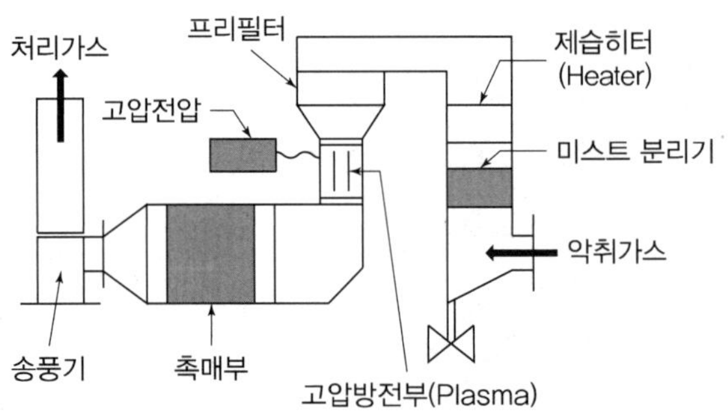

[그림 11-3. 플라즈마(Plasma) 탈취장치]

(8) 광촉매 탈취법

산화티타늄에 빛을 비추면 과산화수소(H_2O_2)와 수산기 라디칼(Radical) OH가 발생된다. 이 두 물질은 강력한 산화력을 가지므로 아세트알데히드와 같은 악취물질도 탄산가스와 물로 분해시킬 수 있으며, 탈취원리는 [그림 11-4]와 같다.

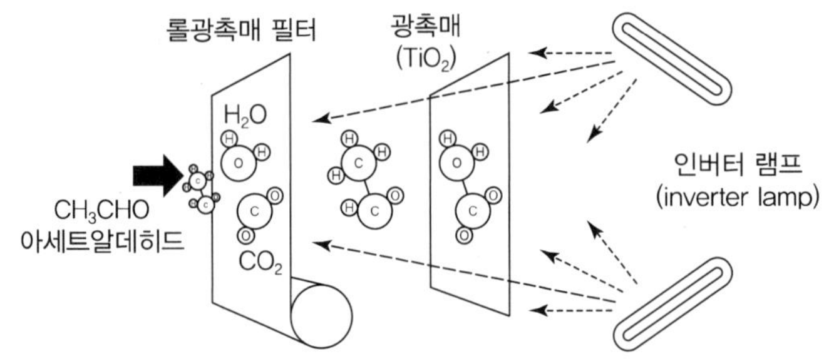

[그림 11-4. 광촉매에 의한 탈취원리]

〈표 11-8〉은 악취물질별로 적정공법 여부를 판단할 수 있는 비교표인데, 각 공법마다의 특징과 장·단점이 있으므로 VOCs 처리계획 시 참조 가능하다.

〈표 11-8〉 악취물질별 공법 선정기준

(○는 양호, △는 보통, ×는 부적합)

악취물질	분자식	흡착법	세정법	미생물법	연소법	오존/플라즈마 산화법
암모니아	NH_3	○	○	○	△	△
메틸머캅탄	CH_4S	○	○	△	○	○
황화수소	H_2S	○	○	○	○	○
황화메틸	C_2H_6S	○	○	○	○	○

악취물질	분자식	흡착법	세정법	미생물법	연소법	오존/플라즈마 산화법
암모니아	NH_3	○	○	○	△	△
이황화메틸	$C_2H_6S_2$	○	○	○	○	○
트리메틸아민	C_3H_9N	○	○	○	○	△
아세트알데하이드	C_2H_4O	○	○	○	○	△
스타이렌	C_8H_8	○	×	○	○	△
프로피온알데하이드	C_3H_6O	○	×	○	○	△
뷰티르알데하이드	C_4H_8O	○	×	○	○	△
n-발레르알데하이드	$C_5H_{10}O$	○	×	○	○	△
i-발레르알데하이드	$C_5H_{10}O$	○	×	○	○	△
톨루엔	C_7H_8	○	×	○	○	△
자일렌	C_8H_{10}	○	×	○	○	△
메틸에틸케톤	C_4H_9O	○	×	△	○	△
메틸아이소뷰틸케톤	$C_6H_{12}O$	○	×	△	○	△
뷰틸아세테이트	$C_4H_8O_2$	○	×	△	○	△
프로피온산	$C_3H_5O_2$	○	○	○	○	○
n-뷰티르산	$C_4H_6O_2$	○	○	○	○	○
n-발레르산	$C_5H_{10}O_2$	○	○	○	○	○
i-발레르산	$C_5H_{10}O_2$	○	○	○	○	○
i-뷰틸알코올	$C_4H_{10}O$	○	○	○	○	○

※ 자료 : 차명호, 악취처리 최적화 방안(악취 및 VOC_S 처리), (재)건설산업교육원, 2017년 12월

4 폐기물 소각시설 및 하수처리장 악취제어방법

1 폐기물 소각시설 악취제어

(1) 폐기물 소각시설 악취 일반

폐기물 소각시설 운영 시 발생되는 악취의 확산을 방지하기 위해서 폐기물 반입장 출입구에

푸시-풀(Push-Pull)형 에어커튼을 설치하거나 살충 및 탈취용 분무설비, 그리고 악취 발생공기의 소각로 연소공기로의 공급 등을 적용한다. [그림 11-5]는 폐기물 소각설비 악취 방지 개요도이다.

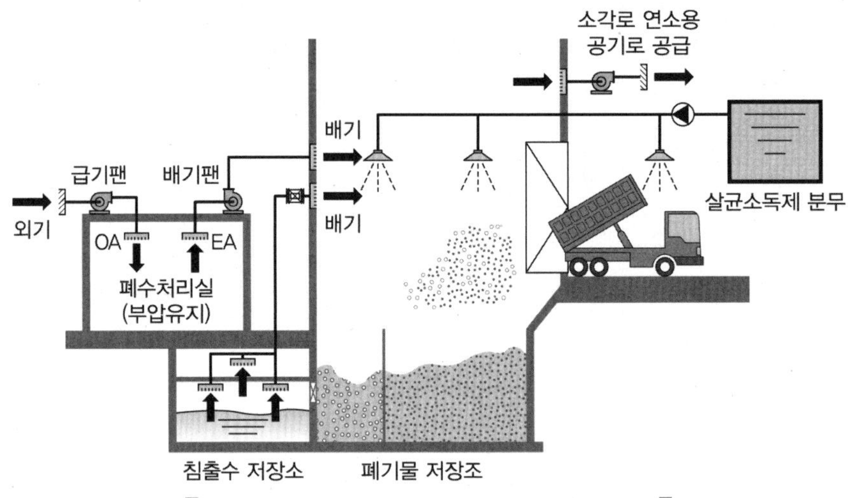

[그림 11-5. 폐기물 소각설비 악취방지 개요도]

또한 소각시설에서는 환기설비를 통하여 소각동 내부의 공기를 외부의 신선한 공기(Fresh Air)로 치환·정화하고 있는데, 개요도는 [그림 11-6]과 같다.

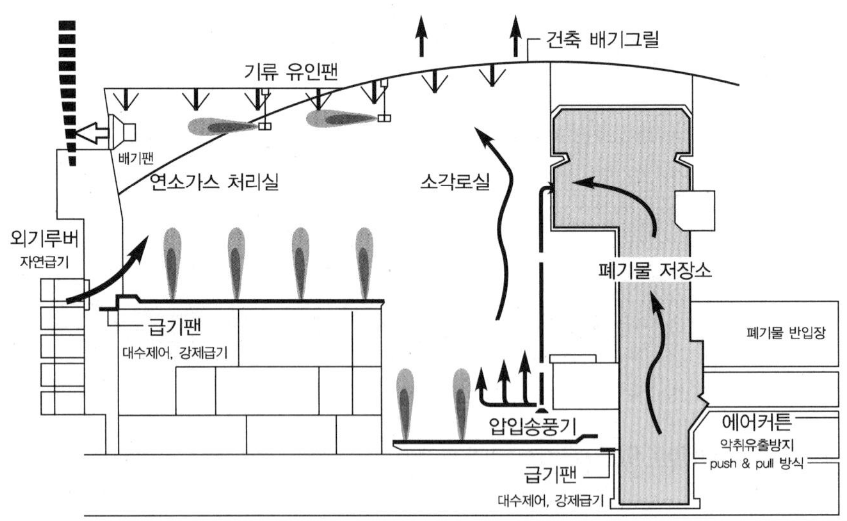

[그림 11-6. 소각동 내부 환기설비 개요도]

(2) 폐기물 소각장 악취 발생원의 시설 공정별 평가사례

① 폐기물 반입장

㉠ 악취의 외부 누출을 막기 위하여 건물을 밀폐시키고, 차량 출입구에는 에어커튼 및 전동셔터를 설치한다.

㉡ 폐기물 및 침출수로 인한 악취누출 방지를 위해 폐기물 반입장을 수시로 세척할 수 있는 급수설비를 갖춘다.

㉢ 반입장 공기는 폐기물 저장조를 통하여 압입송풍기(F.D.Fan)로 흡입하여 연소용 공기 등으로 이용한다.

㉣ 정기점검 및 설비고장 등으로 인해 소각시설의 휴지(休止)기간 동안에는 별도의 적정한 방법으로 처리한다.

② 폐기물 수거차량

㉠ 소각시설 내로 폐기물이 반입될 때 도로상이나 반입장 내에 흩날리지 않도록 덮개 있는 차(유개차)를 운용한다.

㉡ 폐기물을 하역(下役)한 후에는 세차장에서 세차시켜 항상 청결한 상태를 유지하도록 하며 악취가 발생하지 않도록 한다.

③ 폐기물 저장조

㉠ 폐기물 크레인을 이용하여 저장조 내 폐기물을 혼합하고, 오래된 폐기물을 먼저 소각시켜 부패에 의해 발생되는 악취를 저감시킨다.

㉡ 소각로 운전 중에는 저장조 내 공기를 소각로 연소용 공기로 이용, 저장조 내 부압을 유지시켜 악취의 외부 누출을 방지한다. 동시에 신선한 외부공기 유입에 따른 희석작용으로 실내 악취농도를 낮게 한다.

㉢ 만약 소각로가 1기인 경우, 소각로의 정지 시를 대비하여 저장조 상부에 탈취기를 설치하는 등 악취제거 및 악취 외부누출 방지대책을 강구하여야 한다. 폐기물 저장조를 공유하는 2기 이상의 소각시설의 경우에는 정지시기를 조정함으로써 악취의 외부누출을 방지한다.

④ 재(Ash) 저장조

재(Ash) 저장조의 경우는 악취가 심하지 않으나, 소각로 운전 중에는 공기덕트로 흡입하여 악취의 외부누출을 방지하도록 한다. 아울러 가능한 한 외부와 차단시킬 수 있는 밀폐구조를 함으로써 만약의 소각로 정지 시에 대비하여야 한다.

⑤ 소각시설

폐기물 저장조, 반입장 등에서 흡입한 공기는 소각로 1차 연소용 공기로 사용하고, 고온영역에서 완전 분해되어 악취가 더 이상 발생하지 않도록 하여야 하며, 소각로 운전은 부압으로 유지하여야 한다.

⑥ 기타 공장동 및 관리동의 제실(諸室)

㉠ 급기구와 배기구는 오염공기(악취, 먼지)가 재순환되지 않도록 이격시키며, 폐기물 반입실의 출입구 상부에는 공기차단기를 설치한다.

㉡ 폐기물 크레인 조정실에는 공조기 정지 시 취기(臭氣)의 침입을 방지하기 위한 송풍기를 설치한다.

이상의 폐기물 소각시설 악취발생원과 제어대책에 대한 설명을 요약하면 〈표 11-9〉와 같다.

〈표 11-9〉 폐기물 소각시설 악취발생원과 제어대책

발생원	악취제어대책
폐기물 반입장	• 악취의 외부확산을 방지하기 위해 건물을 밀폐함. • 악취확산을 방지하는 3중 구조화 즉, 폐기물 벙커 → 투입문 → 진동셔터 → 에어커튼(Air Curtain) • 폐기물 침출수로 인한 악취확산의 방지 폐기물을 수시로 세척할 수 있도록 급수설비를 갖춤. • 폐기물 반입장 내 공기는 폐기물 벙커를 통하여 압입송풍기로 흡입하여 연소용 공기로 이용
폐기물 벙커	• 폐기물의 부패에 의한 악취확산 방지 크레인을 이용, 벙커 내 폐기물을 잘 혼합하고, 오래된 폐기물은 먼저 소각함. 벙커 내 공기는 연소용 공기로 이용하고, 벙커 내는 부압을 유지함. • 소각시설의 정기점검(Overhaul)이나 유지보수를 위해 조업정지(Shut Down)가 필요할 경우를 대비해 탈취탑을 설치함.
연소가스	• 폐기물 벙커 내 공기를 연소용으로 사용 시 발생되는 악취 방지 • 소각로 내 연소가스의 온도를 850℃ 이상의 고온으로 유지(고온산화, 열분해) → 암모니아와 알데히드의 농도를 배출허용기준 이하로 유지함으로써 악취 방지
폐기물 수거차	• 소각장 내 폐기물 반입 시 폐기물의 도로상이나 반입장 내 흩날림을 방지하기 위하여 유개차(有蓋車) 사용 • 폐기물이 하역한 후에도 세차장에서 세차시켜 항상 청결한 상태 유지
공장동 및 관리동의 제실(諸室)	• 소각시설 가동 시 일부 잔류되는 악취성분은 적절한 환기설비에 의해 악취의 실내 잔류를 방지
탈취설비	• 소각설비의 가동정지 시 벙커 내 악취확산 방지 벙커 상부에 탈취설비를 설치함(약한 부압으로 유지). • 흡입한 벙커 내 공기는 활성탄 흡착탑(A/Carbon Tower)에서 악취제거

2 하수처리장 악취제어

(1) 하수처리장 악취 일반

하수처리장 악취성분을 제거하기 시작한 것은 1923년 Bach 하수처리장에서 생물학적 처리법으로 처음 연구가 시작되고부터이다. 1950년에는 독일의 뉘른베르크(Nurnberg)에 위치하고 있는 하수처리장에서 Soil Bed를 설치하여 악취를 제거하기 시작했고, 1960년대 미국에서는 Soil Filter를 사용하는 등의 토양을 이용한 악취처리 연구가 보고되고 있다. [사진 11-2]는 국내 및 해외 하수처리장 전경이다.

(a) 국내

(b) 해외

[사진 11-2. 국내 및 해외 하수처리장 전경]

(2) 하수처리장 탈취방식 선정 시 고려사항

① 하수처리장 위치 선정 시 지역적 특성, 기후, 풍향, 인구밀집지역과의 인접 여부를 고려하여 발생되는 악취가 최대한 분산되는 곳을 선정한다.

② 처리장 내의 주 악취원(惡臭源)인 펌프장, 일차침전지, 슬러지 농축조, 소화조 및 탈수기 등을 배치할 때에는 처리장 경계선으로부터 일정 거리 이상 떨어져 내부로 배치하여 발생된 취기가 경계선 이내에서 희석되어 주변지역에 영향을 주지 말아야 한다.

③ 모든 처리시설에 대하여 최소유량으로 유입되는 경우에도 최소유속 이상을 확보하여 고형물의 침전, 부패를 방지하고 침전지, 포기조 등에는 사각지역(Dead Space)을 최소화해야 한다.

④ 악취 발생 가능성이 큰 농축조, 침전지, 탈수시설, 슬러지 저류조 등을 가능한 한 복개(覆蓋)하여 악취의 발산을 막고, 배기가스를 포집하여 별도로 처리한다.

⑤ 수로 스컴 수집구(Scum Pit), 저류조 스크린, 그릿(Grit) 컨베이어 같은 시설에 대해 주기적인 청소가 가능하도록 압력수를 제공할 수 있는 수도전과 호스 등을 비치하고, 바닥은 배수가 용이한 구조로 계획한다.

(3) 지하화 시설 악취 최소화 방안

최근 국내에서는 하수처리장 지하화를 통해 악취를 저감시키고, 이를 통해 혐오시설이라는 이미지를 개선하기 위해 노력하고 있다. 이에 하수처리장 지하화 시설 내 주요 악취발생시설을 중심으로 취기농도를 고농도, 중농도, 저농도, 극저농도 등으로 구분함으로써 하수처리장 악취제어를 위한 기초자료로 활용할 수 있다(〈표 11-10〉 참조).

〈표 11-10〉 **하수처리장 지하화 시설 내 주요 악취발생지점**

구 분	발생시설	비 고
고농도	찌꺼기저류조, 분뇨전처리실, 건조기 등	
중농도	침사지, 찌꺼기반출실, 침전지, 탈수기실, 건조기실 등	
저농도	분뇨 작업차량실, 침사지실	
극저농도	유지관리층, 공동구, 총인처리시설, 소독시설 등	

① 악취포집방법

기기 악취포집 계획

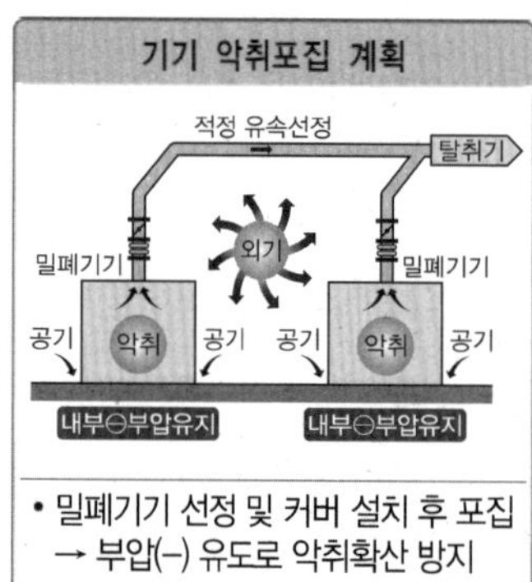

• 밀폐기기 선정 및 커버 설치 후 포집
→ 부압(−) 유도로 악취확산 방지

수조 악취포집

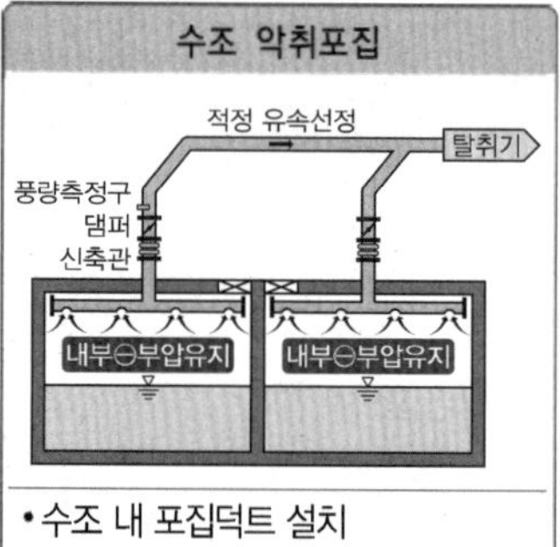

• 수조 내 포집덕트 설치
→ 악취 사공간 최소화로 효율 향상

실내 악취포집

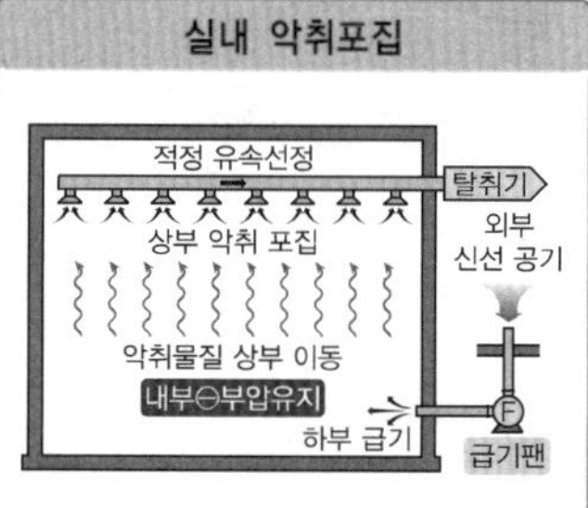

• 악취 비중을 고려한 하부 급기
→ 실내 하부의 악취 정체현상 해소

② 악취처리 공정도

고농도 및 중농도

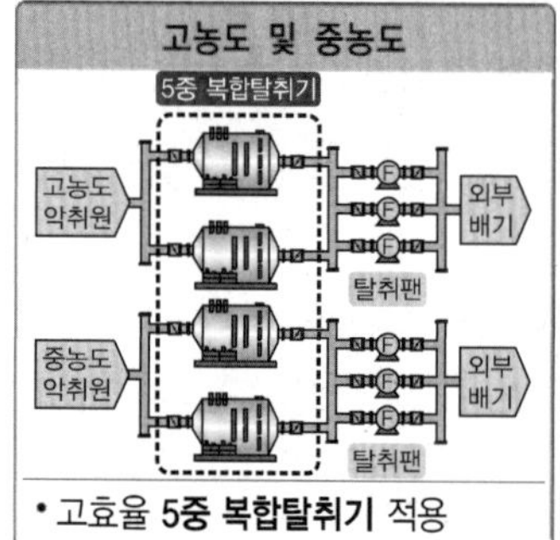

• 고효율 **5중 복합탈취기** 적용

저농도

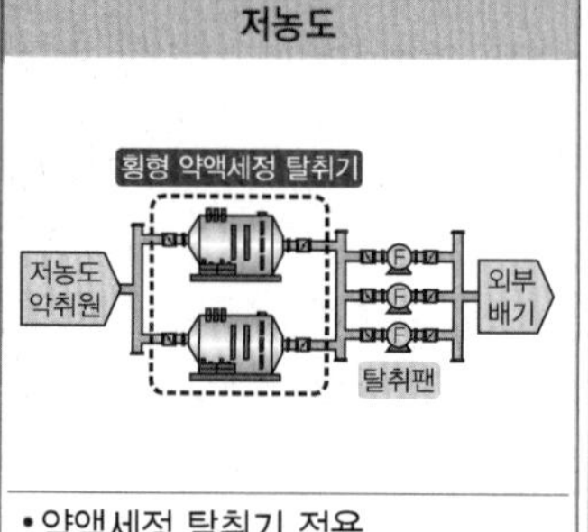

• 약액세정 탈취기 적용

극저농도(환기)

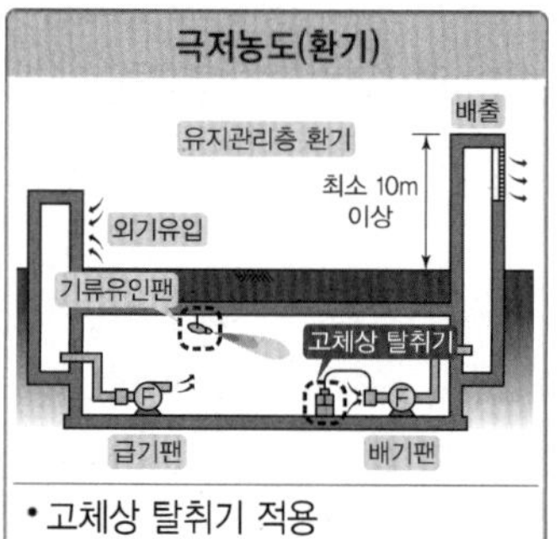

• 고체상 탈취기 적용

[사진 11-3]은 국내 하수처리장 전경으로서 지하화 전·후 모습이다.

(a) 지하화(前)

(b) 지하화(後)

[사진 11-3. 국내 하수처리장 전경]

※ 자료 : 한국환경공단 보도자료, 2017년 3월 3일

심화학습

악취의 측정, 포집 및 분석

(1) 악취의 측정

검지관 측정법은 검지관과 흡입펌프를 이용하는 것으로, 정확도는 다소 떨어지지만 손쉽게 측정할 수 있으며, 현장에서 즉시 측정 가능한 장점이 있다.

(2) 악취의 포집

악취 발생원에서 악취를 포집할 때는 테들러백(Tedler Bag)이나 전용 캐니스터(Canister)를 사용한다. 테들러백은 PE, 알루미늄 등 다양한 재질을 사용하고, 악취시료 포집 후에는 기밀유지를 위해 잠금 코크나 백의 상태를 점검해야 하며, 청결한 백을 사용하거나 사전에 충분히 세척해서 사용해야 한다. VOCs 등 흡착성이 강한 물질은 전용 캐니스터를 사용하여 내부흡착을 사전에 방지, 측정오차가 발생하지 않도록 한다.

(3) 악취의 분석

악취공정시험법에 의거 정밀한 분석은 GC-MS 장비를 활용하고, 휴대용으로 측정이 가능한 VOC-meter, 그리고 THC 측정을 위한 휴대용 분석장치 등이 많이 사용된다. 최근에는 연속적인 악취물질 측정 및 데이터 기록을 위해 연속악취측정기기가 사용되고 있다.

NCS 실무 Q&A

Q 악취제어기술의 하나인 생물막법에 사용하는 바이오필터 담체의 종류와 관련 내용에 대해 구체적으로 설명해 주시기 바랍니다.

A 생물막법에 사용하는 바이오필터 담체의 종류는 일반적으로 세 가지로 구분할 수 있으며, 세부적인 내용을 소개하면 다음과 같습니다(※ 자료 : 한국과학기술정보연구원).

① 점토성 담체
점토성 물질 및 활성탄의 혼합물을 접착제를 이용하여 다공성(多孔性) 지지체의 표면에 코팅시킨 것을 말합니다. 점토성 물질은 제올라이트, 옹기토, 차지토, 고령토, 규조토, 활석, 화산재, 제철소의 폐슬래그 또는 연소 및 소각재인 것을 사용하며, 점토성 물질과 활성탄의 혼합 중량비는 1 : 1~1.5인 것으로 합니다. 그리고 다공성 지지체는 고분자 수지로 이루어진 스펀지(Sponge) 또는 폼(Foam)인 것을 사용하며, 접착제는 합성수지 접착제, 무기성 접착제 또는 이들의 혼합물을 사용합니다.

② 다공성 세라믹 담체
플라이 애시 및 규조토를 포함하는 생물친화성 재료와 결합체 및 발포제를 적절히 조절하여 혼합하고, 발포량과 발포속도를 조절하여 미세하면서도 균일한 기공을 가진 비표면적이 큰 담체를 제조합니다.
발포법(Foaming)을 이용하여 플라이 애시, 규조토, 유기 발포제 및 물을 일정 조성으로 혼합하여 반습식 혼합하여 슬러리를 만들고 유기 발포제의 발포반응에 의한 기공의 형성을 유도하여 건조한 후 950~1,100℃의 온도범위에서 소성한 소결체를 일정 크기로 절단 및 연마하여 다공성 미생물 세라믹 담체를 제조합니다. 또한 유리분말(Cullet)과 플라이 애시, 규조토 및 여러 첨가제와 소량의 물을 혼합하여 850~900℃까지 가열한 후 무기 발포제로 기공을 형성하고 냉각하여 다공성 유기담체를 일정한 크기로 절단 및 연마하여 다공성 미생물 담체로 제조합니다.

③ 대나무 및 미생물 여재
오수처리용 다공성 플라스틱 미생물 여재에 미생물 담체로서 일정한 크기로 가공된 대나무숯을 불규칙하게 충진하여 비표면적을 높여서 현탁 부유물을 포함하는 오염물질의 수치를 낮출 수 있도록 하는 오수처리 시설용 대나무숯 미생물 여재입니다. 대나무숯 여재는 공극률이 90% 이상이고, 표면적이 260~300cm^2/개입니다. 비표면적이 130~150m^2/m^3인 플라스틱 여재 내에 소정의 규격화된 대나무숯을 불규칙하게 충전하며, 상기 플라스틱 미생물 여재는 대나무숯을 수용하는 내장실을 보유하는 본체와 이 본체에 탈착 가능한 덮개를 포함합니다.

CHAPTER 12

환경오염방지시설

학습목표

1. 환경오염방지시설 유지관리 일반에 대하여 이해할 수 있다.
2. 환경오염방지시설의 선정방법을 알 수 있다.
3. 환경오염방지시설의 운영 및 유지관리에 대하여 알 수 있다.

학습내용

1. 환경오염방지시설 유지관리 일반
2. 환경오염방지시설의 선정방법
3. 환경오염방지시설의 운영 및 유지관리

1 환경오염방지시설 유지관리 일반

1 시운전 시

(1) 유체기계인 송풍기, 전동기, 그리고 대기오염방지시설 등의 구동부 주유상태와 기밀유지 여부를 검토하고, 냉각시설 및 안전장치 등의 성능을 확인한다.

(2) 전동기의 과부하를 방지하기 위해 댐퍼(Damper) 개도를 적절히 조정하면서 풍량을 맞추며 시운전에 임해야 한다.

2 상업운전 시

(1) 시설 각 부분의 정압, 온도, 풍압, 송풍기 전류치, 소음・진동, 배출가스 색깔, 포집분진 상태 등을 정기적으로 체크하여야 하며, 사업장에서는 이를 점검기록지(Check Sheet) 양식에 일일이 기록하여 보관하는 것이 중요하다.

(2) 정기적인 운전기록을 위해 발생원(설비출력, 처리능력 등), 원료(종류, 사용량, 성분, 혼합도 등), 연료(종류, 사용량, 성분, 연소율, 공기 사용량 등), 가스성상(성분, 농도, 온도, 습도, 노점, 압력 등), 먼지(농도, 성분, 입경분포, 비중, 전기저항, 폭발성 여부 등), 하전특성(1차 전압 및 전류, 2차 전압 및 전류), 용수와 증기량(사용량, 압력, 온도, pH 등) 등을 파악해야 한다.

(3) 일상 운전기록 항목에는 발생원 설비의 출력 또는 처리능력, 원료 및 연료, 배기량, 온도, 압력, 차압(Differential Pressure), 하전특성, 용수 및 증기의 사용량 등이 있다.

3 정지 시

(1) 송풍기, 전동기 정지, 냉각장치 및 안전장치 등을 확인하고 송풍기 및 분진배출시설에서의 먼지 퇴적 여부를 확인한다.

(2) 대기오염방지시설에 부착된 계측기(압력계, 온도계, 차압계, Thermometer기, pH미터기 등)의 정상 작동상태 확인과 정기 정밀검사를 실시한다.

(3) 조업을 정지할 경우에는 밀폐된 작업장 내부와 이송관(덕트)에 유해가스, 폭발성 가스 및 분진, 부식성 가스 등이 상존할 수 있으므로 자연환기나 기계식 환기를 통해 신선한 공기로 치환한다.

2 환경오염방지시설의 선정방법

집진장치 설계 시는 현장의 여건 및 제한적 요소를 극복하면서 검증된 기술(As Proven Technology)과 최상가용기법(BAT)[1]을 기반으로 충실하게 해야 하며, 이는 집진장치를 선정할 경우에도 마찬가지이다.

---

1) 최상가용기법(BAT : Best Available Techniques economically achievable)이란 경제성을 담보하면서 환경성이 우수한 환경기술 및 운영기법을 말한다.
다시 말해, 사업장 배출시설에서 발생 및 배출되는 오염물질을 최소화하고 동시에 공정의 운전효율을 최적화하여 경제적으로 환경오염을 최소화할 수 있는 포괄적인 개념의 기술을 의미한다.

3 환경오염방지시설 운영 및 유지관리

1 중력집진시설

(1) 집진 침강실 내의 처리가스 속도가 작을수록 미세한 입자가 제거된다.
(2) 장치는 크지만 초기 투자비와 유지비는 적다.
(3) 일정한 유속 하에서 집진 침강실의 높이가 낮을수록, 길이가 길수록 처리효율이 높아진다.
(4) 정류판(整流板) 등을 활용하면 집진 침강실 내 유속이 균일화되어 집진효율을 향상시킬 수 있다.
(5) 50~100μm 이상의 분진에 대해서 40~60% 정도의 집진효과를 기대할 수 있다.

2 관성력집진시설

(1) 집진실 내 충돌판(방해판)을 많이 설치할수록 압력손실(Pressure Loss)은 커지지만 분진의 처리효율은 높아진다.
(2) 분진을 함유한 가스의 충돌, 기류의 방향전환속도가 빠르고, 방향전환 시 곡률반경이 작을수록 작은 입자의 포집에 유리하다.
(3) 유입되는 분진입자의 특성을 충분히 감안하여 유속을 선정하고, 처리 후의 출구가스속도를 늦출수록 작은 입자가 잘 제거된다.

3 원심력집진시설

(1) 원심력집진시설의 집진효율이 저하되는 경우는 외기의 유입으로 재비산되는 경우가 대부분이므로 외부와의 기밀성이 철저히 유지되도록 정비하여야 한다.
(2) 원심력집진시설 하부 원추부에서의 포집분진 배출이 불량인 경우는 즉시 청소를 실시하여야 하며, 만약 외기의 유입이 확인될 경우에는 기밀성이 유지되도록 수리해야 한다.
(3) 원심력집진시설 원추부위 로터리 밸브(Rotary Valve)의 주유(注油) 및 정비(整備)를 실시하여야 한다.
(4) 사이클론(Cyclone) 운영 시 성능장애 원인으로는 분진폐색(Dust Plugging), 백 플로(Back Flow), 마모성 먼지, 압력손실 감소와 효율 저하, 재비산 등이 있다. 관련 원인과 대책을 구체적으로 설명하면 다음과 같다.

① 분진폐색(Dust Plugging)

분진폐색의 원인으로는 분진입자의 원심력이 아주 크거나 너무 미세하여 부착력이 증가되는 경우 또는 점착성이 있는 분진에 의해 발생되며, 단위 사이클론이 소형일수록 분진폐색이 생기기 쉽다. 관련 대책으로는 집진효율에 영향을 주지 않는 범위 내에서 가능한 한 규격(치수)이 큰 사이클론을 사용한다.

② 백 플로(Back Flow)

백 플로의 원인으로는 각 사이클론 내부 유량이나 분진의 농도가 서로 다른 경우, 그리고 각 사이클론 하부에서 압력이 다르거나 유량이 서로 다른 경우에 백 플로(Back Flow)가 발생할 수 있다. 관련 대책으로는 멀티클론(Multi-clone)의 입구실 및 출구실의 크기 또는 호퍼(Hopper)의 크기를 충분히 크게 하고, 각 실(室)의 정압이 균일하게 유지되도록 한다.

③ 마모성 먼지의 영향 및 대책

마모로 인한 구멍뚫림으로 외부공기의 누입(漏入)에 의한 재비산을 초래하여 집진효율이 저하된다. 관련 대책으로는 내면에 내마모성 라이닝(Lining)을 설치하고, 비교적 두껍고 내마모성인 재료를 선택한다. 또한 효율에 크게 영향을 미치지 않는 범위 내에서 유속을 느리게 하는 것이 유리하다.

④ 압력손실 감소와 효율 저하

압력손실 감소와 효율 저하의 원인은 내통 마모로 인해 구멍이 뚫려 분진을 함유한 배기가스가 바이패스(By-pass)될 때, 외통의 접합부 불량 및 마모로 인하여 분진이 누출될 때, 내통의 접합부 기밀 불량으로 분진이 누출될 때, 분진에 의한 마모로 처리가스의 선회운동이 되지 않을 때, 호퍼 하단의 기밀이 불안전하여 그 부위에서 외기가 누입(漏入)될 경우 등이다. 관련 대책으로는 설계 시 마모성 먼지에 대하여 충분히 고려하여야 하고, 분진처리 및 호퍼관리 시 외부공기 유입을 억제하여야 함은 물론 설비부식 여부를 수시로 점검하여 적절한 대책을 강구한다.

⑤ 효율 저하와 압력손실 증가

효율 저하와 압력손실 증가의 원인은 매연의 성상 변화, 가스의 온도 저하, 정지 시 배기가스의 치환이 충분히 이루어지지 않은 경우와 외통 하부에 분진의 퇴적으로 선회류에 영향을 미쳐 난류가 심하게 발생하여 재비산하는 경우 등이다. 관련 대책으로는 분진부하를 일정하게 유지할 수 있도록 연소조절 등의 조치를 강구하고, 외통 하부에 분진이 퇴적하지 않도록 한다.

⑥ 재비산

㉠ 원인

- 원추부의 직경이 몸체직경의 1/4을 초과할 때 : 원추부를 통과하는 선회류(旋回流)가 원추 벽을 스치면서 침강하므로 원추 하부로 침강해 내려온 포집분진이 분진함(Dust Box)으로 이동하지 못하고 재비산된다.

- 선회류(旋回流)의 속도가 너무 빠른 경우 : 분진입자의 원심력이 너무 커져서 몸체 벽에 충돌한 후 다시 튀어나와 내부 선회류에 실려 재비산하게 된다.
- 입구와 출구부의 환상공간에 와류(Eddy)가 발생하는 경우 : 발생된 와류는 국부순환을 하기 때문에 유입처리가스 내의 미세분진이 내부 선회류와 이동하여 재비산된다.
- 내부 선회류와 외부 선회류의 정압 불균형 : 일반적으로 내부 선회류가 외부 선회류에 비하여 그 속도가 빠르지만, 내부 선회류를 너무 크게 유지하면 외부 선회류보다 정압을 감소시키게 되어 외부 선회류로부터 내부 선회류로 분진이 이동하는 재비산이 발생한다.
- 원추 하부의 과도한 음압 형성 : 원추 하부에 과도한 음압이 형성될 경우 퇴적된 분진입자가 원추부의 내부 선회류에 빨려 들어가 대기 중으로 재비산하게 된다.
- 외통의 마모로 인해 구멍뚫림이 발생할 경우 : 분진을 함유한 가스가 바이패스(By-pass)하거나 접합부의 마모 또는 기밀불량으로 재비산 현상을 초래하게 된다.

㉡ 대책

- 유입구 측에서의 난류 억제대책 : 입구와 출구 돌출부 사이에 반사깃을 설치하여 유입가스를 집진장치 몸체 벽에 접선이 유지되도록 한다.
- 벽면의 마찰이나 와류 억제대책 : 축류식 집진장치 사용, 입구에 선회류 약화기(Vortex Finder) 부착, 돌출핀(Eductor) 설치, 스키머(Skimmer) 등을 부착한다.
- 분진충돌이 강한 경우 : 몸체 벽을 살수(撒水)하여 충돌탄성계수를 감소시킨다.
- 원추 하부에 음압이 강한 경우 : 호퍼로부터 처리가스량의 5~10%를 흡입하는 블로우 다운(Blow-down) 방식을 채택하거나 분진함(Dust Box) 외부에서 양(+)압의 공기를 공급하여 진공에 의한 재비산을 방지한다.
- 원추 하부의 가교현상 발생 또는 퇴적된 분진이 재비산하는 경우 : 회전밸브(Rotary Valve), 슬라이드 게이트(Slide Gate), 자동플랩밸브(Automatic Flap Valve), 배출 스크류 피더(Discharge Screw Feeder) 등을 설치하여 선회류가 퇴적된 분진에 영향을 미치지 않도록 한다.

원심력집진시설 운영 시 필요한 주요 점검항목은 〈표 12-1〉과 같으며, 이는 현장에서 일상점검 시 활용 가능하다.

〈표 12-1〉 원심력집진장치 주요 점검항목(Check List)

구 분	점검부위	점검내용	결 과	비 고
가동중	전기	• 전기 판넬(Panel) 표면은 이상이 없는가?		
		• "ON" "OFF" 스위치의 램프는 점등되어 있는가?		
	송풍기	• V-Belt의 상태는 양호한가?		
		• 구동부위의 소음은 없는가?		
		• 베어링(Bearing) 부분의 소음은 없는가?		
		• 베어링(Bearing) 부분의 과열현상은 없는가?		
		• 샤프트(Shaft)의 비틀림 및 흔들림은 없는가?		
	덕트	• 덕트(Duct)의 변형은 이루어지지 않았는가?		
		• 개스킷(Gasket) 부분의 누출현상은 없는가?		
		• 댐퍼 조절용 핸들은 고정되어 있는가?		
		• 덕트(Duct)에서 소음은 없는가?		
		• 플랜지(Flange) 및 이음부분의 누출은 없는가?		
		• 캔버스(Canvas)의 상태는 양호한가?		
	몸체	• 상부의 비산되는 분진은 없는가?		
		• 집진기 내부의 이상소음은 없는가?		
		• 몸체의 변형이 이루어진 부분은 없는가?		
가동후	전 부분	• 원심력집진장치 주변에 정리정돈은 되어 있는가?		
		• 송풍기(Fan)는 가동을 멈추었는가?		
		• 전원은 차단되었고, 전기판넬(Panel)은 닫혀 있는가?		
		• 베어링(Bearing) 주유기의 오일(Oil)은 충분한가?		
		• 생산라인의 작업은 완료되었는가?		

4 세정집진시설

세정집진시설 내의 배관라인, 데미스터(Demister)의 손상원인은 주로 고온가스에 의한 수분 동반현상이 대부분이므로 충전탑 출구가스 온도를 상시점검하여야 한다. 참고로 세정집진시설 정상운영을 위한 운전방법 및 절차는 다음과 같다.

① 먼저 흡수에 의한 시설 저장조 탱크에 흡수액이 적정량 있는지를 확인한다.

② 송풍기 댐퍼가 닫혀 있는지, 스프레이 펌프용 밸브가 열려 있는지를 확인한 후에 주전원 스위치를 올린다.

③ 스프레이 펌프는 주전원 스위치를 올린 후 약 10분 정도 가동한다.
④ 송풍기의 On 스위치를 가동한다. 단, 송풍기 스위치를 가동할 때 모터와 전압이 일치하는가를 반드시 확인한 후 송풍기를 가동해야 한다.
⑤ 송풍기가 정상적으로 가동되는 것을 확인한 다음, 송풍기 댐퍼를 천천히 열어준 다음 고정 핀(Pin)으로 고정시킨다.
⑥ 전체적으로 관련 설비가 정상적으로 운전되는지 다시 한 번 확인한다.
⑦ 세정집진시설 정지 시는 앞 방법의 역순(逆順)으로 하면 된다.

세정집진시설에서의 처리효율 저하의 원인은 흡수액의 공급 저하와 배관계통, 데미스터(Demister)의 손상, 그리고 분사노즐(Water Spray Nozzle)에서 원활한 분사가 이루어지지 않는 경우 등이 대부분이다. 흡수액의 공급 저하와 배관계통 및 분사노즐에서의 막힘현상을 해결하기 위해서는 흡수액 탱크의 적정 수위 유지, 사용 순환수의 주기적 교체와 함께 배관계통 및 분사노즐을 점검해야 하는데, 관련 사항을 구체적으로 설명하면 다음과 같다.
① SO_2나 HCl과 같은 산성 가스는 물에 용해되어 강산성을 나타내므로 이들 산성 수용액을 중화하기 위해 주로 가성소다(NaOH)를 사용하게 되는데, 현장관리자는 흡수액 탱크 수위의 상시점검을 통해 충분한 NaOH량을 확인해야 한다.
② 겨울철 NaOH용액의 온도가 낮아지면 동결될 수 있으므로 보통 스팀코일(Steam Coil)이나 전기히터(Electric Heater)로 가온(加溫)하는 것이 유리하다.
③ 충전탑 내의 분사노즐은 적정 압력을 유지하여 골고루 분사되도록 해야 한다. 특히 배기가스 중의 비산재(Fly Ash)가 흡수액 중에 혼입되어 배관계통과 분사노즐 등에서 막힐 우려가 있는 경우는 흡수액 순환펌프의 전류치나 차압계를 점검하여 막힘현상을 조기에 발견하여 즉시 뚫어주거나 교체해 주어야 한다.
④ 세정집진시설 하부 부식은 유해가스가 충전탑 표면에 직접 접촉하여 발생하는 경우에 해당한다. 충전탑 하부를 통해 인입되는 가스는 부식성이 강한 유해가스가 대부분이고, 이들이 충전탑 하부 벽면에 직접 접촉하기 때문에 항시 세정 순환수를 흘려줌으로써 부식을 방지할 수 있으므로 현장관리자는 이 세정수가 충분히 흐르고 있는지 확인해야 한다.

세정집진시설 관련 주요 점검항목은 〈표 12-2〉와 같고, 이는 현장에서 일상점검 시 활용 가능하다.

〈표 12-2〉 세정집진시설 주요 점검항목(Check List)

세정집진시설(SC-)	설치위치	

년 월 일 점검자 : 팀장 확인 :

점검내용	점검결과
• 배출구의 냄새 및 배출상태	
• 세정집진시설 내부의 세정수 혼탁상태	
• 전원공급 상태 : 정격(V A)	지시치(V A)
• 본체, 덕트의 공기가 새는 곳은 없는가?	
• pH Meter 적정 여부(6.5~7.5)	pH :
• 각 펌프(Pump)의 정상가동 및 압력상태	mmAq mmAq
• 충전흡수재의 청결 여부 및 교체 여부	
• 세정수 노즐(Nozzle)의 막힘 및 이상 여부	
• 각 부위의 윤활유 주입상태	
• 약품탱크 내의 약품보관, 공급 여부	pH :
• 각 배관의 누수는 없는가?	
• 동파에 대비한 보온대책은 적정한가?	
• 벨트(Belt)의 장력, 마모, 교체 여부	
• 이상소음 발생 여부	
• 송풍기(Fan)의 가동상태	A B
• 유량조절용 댐퍼의 적정개폐 여부	
• 각 밸브(Valve)의 적정개폐 여부	
• 자동세정수 공급장치(볼탑)의 정상 여부	
• 전원공급장치 및 전기 판넬(Panel)의 정상 여부	
• 경보장치(Alarm System)의 정상 여부	
의 견	

5 여과집진시설

여과집진시설(Bag House)의 효율적인 유지관리를 위해서는 기술시방서(技術示方書) 작성이 중요한데, 이는 기술시방서가 시공뿐 아니라 설계 및 설치, 그리고 운영 시까지 주요 지침서 역할을 하기 때문이다.

> **기술시방서(Technology Specification, 技術示方書)**
>
> 기술시방서란 기계, 토목, 전기설비 등의 작업을 수행하는데 필요한 시공기준을 명시한 문서를 말하며, 여기에는 적용 규격 등을 비롯하여 작업의 절차 및 방법 등을 상세하게 명시해야 한다.

(1) 여과집진시설(Bag House)의 기술시방서 작성 요령(예)

① 여과집진시설은 발생원으로부터 배출된 분진을 함유한 가스를 처리하기 위한 대기오염방지시설이다.

② 여과집진시설은 통상 한계입자경 $10\mu m$ 이상에서 집진효율이 90% 이상이다.

③ 여과집진시설 하부에는 탈진 시 발생하는 분진을 모을 수 있는 호퍼(Hopper)를 설치하여야 한다.

④ 호퍼의 수직각도는 포집된 분진의 안식각(Repose Angle)보다 크게 설계함으로써 분진이 호퍼 벽면 내부에 부착되지 않도록 해야 한다.

⑤ 여과포(Filter Bag)는 원통형 구조로, 백 케이지(Bag Cage), 벤투리(Venturi) 등과 효율적인 유기적 관계를 유지하면서 설치되어야 한다.

⑥ 여과포는 처리용량 대비 충분한 효율을 유지하여야 하고, 처리가스에 포함된 수분에 대응하여 발수처리가 되어야 하며, 전기적 스파크(Spark)에도 견딜 수 있게 방전가공처리되어야 한다.

⑦ 여과포는 우수한 양질의 원포로 제작되어야 하며, 미싱에 의한 박음질 가공 등이 견고하게 실시되어야 한다.

⑧ 여과포는 구조특성(상부 혹은 측면)을 감안하여 조립·설치할 수 있는 구조로 되어야 한다.

⑨ 탈진을 위해 설치하는 에어 헤드(Air Header), 다이아프램 및 솔레노이드 밸브(Diaphragm & Solenoid Valve), 펄스 타이머 키트(Pulse Timer Kit) 등은 정비 및 유지보수가 손쉬운 구조로 설치되어야 한다.

⑩ 펄스 타이머 키트(Pulse Timer Kit)가 오염이 심한 옥외에 설치될 경우는 방진(防塵) 및 방수(防水)구조로 제작되어야 한다.

⑪ 탈진을 위한 압축공기 저장용 에어 헤드(Air Header)는 압력계측이 가능한 압력계(Pressure Gauge)와 함께 장치 하부에 응축수를 제거할 수 있는 드레인 코크(Drain Cock)를 설치하여야 한다.

⑫ 안전사다리(Safety Ladder)와 핸드레일(Hand Rail)을 제작한다. 지상으로부터 사다리의 높이가 2.2m 되는 지점부터는 국내 산업안전보건법에 의거해 추락방지구조물(등받이망)을 설치하며, 핸드레일은 작업자의 추락을 방지할 수 있는 구조이어야 한다([사진 12-1] 참조).

[사진 12-1. 안전사다리(Safety Ladder)와 핸드레일(Hand Rail)의 설치(예)]

※ 자료 : 한국환경기술단(KETEG), 대기오염방지시설 설계 자료집, 2016년

(2) 여과집진시설(Bag House)의 운영관리를 위한 운전절차 및 방법

① 공기압축기(Air Compressor)를 작동시켜 정격 공기압(5~7kg/cm^2)에 도달하는지 확인한다.

② 송풍기용 댐퍼가 닫혔는지 확인한 다음 주판넬(Main Panel)을 개방하고 주전원스위치를 올린다. 이때 전압은 송풍기용 전동기(Motor) 전압과 같은 지를 확인하고, 각 라인에 연결된 스위치를 올린다.

③ 송풍기를 가동시킨다.

④ 송풍기가 정상적으로 가동되는 것을 확인한 다음, 송풍기용 댐퍼를 서서히 열어주며, 필요 개도(開度)에 맞추어 고정 핀(Pin)으로 고정시킨다.

⑤ 여과집진장치 내부에서 포집되는 분진을 배출할 목적으로 설치된 로터리 밸브(Rotary Valve)나 스크루 컨베이어(Screw Conveyor) 등이 설치되어 있는 경우는 이를 동작시키되, 현장여건에 따라 주기적으로 운전하여도 무방하다.

⑥ 타이머(Timer) 스위치를 넣는다.

⑦ 모든 기계가 정상 작동하는지 다시 한 번 확인한다.

⑧ 정지 시는 앞 방법의 역순(逆順)으로 한다.

(3) 여과집진시설(Bag House)의 정상적 운영관리를 위한 유지관리 절차와 방법

① 여과포 손상과 연결부위의 결함, 그리고 여과포에 액적(液滴)이 부착되었는지를 확인한다.

② 압력손실(차압)을 점검한다.

③ 장치의 파손 및 공기누출 여부를 점검한다.

④ 진동형의 경우는 베어링 파손과 회전축 주유의 결함 유무를 확인하고, 펄스 제트(Pulse Jet)형의 경우는 압축공기의 비정상적 소음과 회전축 주유의 결함 여부를 확인한다.
⑤ 송풍기 지지대 및 주유상태의 점검, 그리고 설비에서 비정상적인 소음 및 진동이 발생하는지를 점검한다.
⑥ 댐퍼밸브의 작동상태와 손상 여부를 확인한다.
⑦ 배플 플레이트(Baffle Plate)의 부식 및 마모를 확인한다.
⑧ 최초 가동 시 처리가스의 온도가 높아 여과집진시설 전단에 냉각시설이 설치되어 있는 경우는 시설 정상가동 여부를 확인하고, 부착된 계기류도 가동 전에 정상작동 여부를 일일이 확인한다.
⑨ 운전 중에는 배기가스 온도변화에 유의하고, 여과포(Filter Bag)의 보호를 위해 비상변의 개방, 배출기 정지 등의 조작을 한다.
⑩ 설비 정지 후 약 5~10분간 공회전을 유지하고, 배기가스가 설비 내에서 응고되지 않도록 외부공기와 충분히 치환되도록 한다. 또한 설비 정지 후에는 일정 시간 여과포를 털어줌으로써 여과포의 눈막힘 현상을 일부 해소하도록 한다.
⑪ 여과포의 교체주기는 배출원 및 공정특성에 따라 다르므로 개별 사업장 특성에 맞게 교체주기를 결정해야 한다.
⑫ 여과집진시설에서의 여과저항치(압력손실)가 낮은 원인은 대개 여과포의 파손 또는 설치 불량, 본체 덮개나 집진실 칸막이의 손상, 과다 탈진, 처리풍량의 감소, 배관의 막힘 또는 누출 등에 기인한다.
⑬ 반대로 여과저항치(압력손실)가 높은 원인은 여과포의 막힘, 포집먼지의 재비산, 탈진불량, 처리풍량의 증가, 배관의 막힘 또는 누출 등에 기인한다.

여과집진시설 관련 주요 점검항목은 〈표 12-3〉과 같다.

〈표 12-3〉 여과집진시설 주요 점검항목(Check List)

○ 시운전 / 정상운전 / 정기점검 시의 Check List

장 비	Check Point	점검시기		
		시운전 시	정상운전 시	정기점검 시
펄싱 시스템	펄싱(Pulsing) 강도의 이상 유무	○	○	
	솔레노이드 밸브의 이상음 발생 유무	○	○	
	펄싱(Pulsing) 주기는 세팅치 기준으로 정확히 작동되고 있는지 여부	○	○	
	ΔP(High → High) 상승시간	○	○	

(계속)

장 비	Check Point	점검시기		
		시운전 시	정상운전 시	정기점검 시
본체	본체의 공기누설 개소	○	○	○
	맨홀 측 공기누설 및 닫힘상태	○	○	○
	본체 보온상태		○	○
	본체 내면 부식상태			○
	압축공기라인의 상태		○	○
	에어 유닛(Air Unit)의 상태(압력세팅치 포함)		○	○
	호퍼 내부의 먼지 고착상태			○
	손잡이 및 계단상태		○	○
여과포 및 백 케이지	설치상태	○		○
	여과포 조립부의 누설(Leak) 현상	○		○
	여과포의 파손 여부	○		○
	백 케이지(Bag Cage)의 변형 및 부식 여부	○		○
	여과포와 백 케이지의 들러붙음 여부			○
	여과포에 먼지의 고착 여부			○
덕트	마모상태			○
	외기누설 여부	○	○	○
	보온상태		○	○
	분진 퇴적현상			○
	이상소음	○	○	
	부식 여부			○
슬라이드 게이트	Open/Close 시의 조작이 원활한지 여부	○		○
	윤활 및 보온상태	○	○	○
로터리 밸브 및 체인 컨베이어	이상음 유무	○	○	
	보온상태		○	○
	윤활상태	○	○	○
	부식 여부			○
	분진배출의 정상 유무	○	○	
	체인, 레일 및 로터(Rotor)의 마모 여부			○
	플랜지(Flange) 부위의 외기누출 유무	○	○	
	로터(Rotor)의 분진고착 유무	○		○

(계속)

장 비	Check Point	점검시기		
		시운전 시	정상운전 시	정기점검 시
댐퍼	실린더(Cylinder)의 작동상태	○	○	○
	솔레노이드 밸브(Solenoid V/V) 작동상태	○	○	○
	기밀상태	○	○	○
	공기누설	○	○	
	샤프트(Shaft) 베어링의 윤활상태	○	○	○
	이상소음 유무	○	○	
	보온상태		○	○
	정확한 개도(열림/닫힘)의 유지 유무	○	○	○
	분진고착 및 부식 유무			○
에어 노커	노킹(Knocking) 강도 이상 유무	○	○	
	솔레노이드 밸브(Solenoid V/V) 이상 유무	○	○	
	공기의 세팅치 압력유지 여부(3.5~5kg/cm^2)	○	○	
	베이스 플레이트(Base Plate)와 노커(Knocker)의 이완 여부	○	○	
가열설비	세팅 온도치의 범위에 의거하여 정확히 조정되고 있는지 여부	○	○	
	가열선의 절연저항 테스트	○		○
전기 및 계장	각종 계기류의 세팅치의 이상 유무		○	○
	계기류 설치상태		○	○
	판넬(Panel) 내부로 빗물유입 여부		○	
	전기 판넬(Panel)의 각종 선택스위치는 운전모드에 맞게 세팅되어 있는지 여부		○	
에어 유닛	• 세팅 압력치가 정상적으로 유지되고 있는지 유무 • 응축된 물의 배수 여부 • 공기누설 유무		○	
기 타	주위 청소상태		○	
	보온재 내부로 빗물유입 여부	○	○	

6 전기집진시설

(1) 시설 개요

전기집진시설(電氣集塵施設, Electrostatic Precipitator)이란 처리대상 분진을 코로나(Corona) 방전에 의해 하전(荷電)시킨 후 쿨롱(Coulomb)의 법칙을 이용하여 집진하는 장치를 말한다.

> **쿨롱(Coulomb)의 법칙**
>
> 대전된 두 전하 또는 두 자극 사이에 작용하는 전기력은 두 전하량 또는 두 자극 세기의 곱에 비례하고, 둘 사이 거리의 제곱에 반비례하는 전기력에 관한 법칙으로서, 1785년에 프랑스 물리학자 쿨롱이 발견하였다.

(2) 정기점검 항목 및 주기

전기집진시설(ESP)의 항목별 점검주기는 사업장의 여건 및 현장여건에 따라 다소 차이가 날 수 있지만, 통상적으로 적용되는 정기점검 항목 및 주기를 열거하면 다음과 같다.

① 회전부(구동부)의 마모상태를 관찰하기 위해 1년에 1회 이상 점검한다.
② 방전극과 집진판의 부식상태를 확인하기 위해 1년에 1회 이상 점검한다.
③ 애자표면의 오탁도(汚濁度) 및 틈 유무는 6개월에 1회 이상 점검한다.
④ 방전극과 집진판의 간극은 1년에 1회 이상 점검한다.
⑤ 점검문(Inspection Door)의 패킹상태는 6개월에 1회 이상 점검한다.

(3) 기술시방서 작성 요령

① 전기집진시설이 정지될 경우에는 점검문(Inspection Door)을 열어 전기집진시설 내부를 먼저 냉각시킨다.
② 작업자는 가스정류장치에 분진의 퇴적상태를 확인하고 정류판의 위치가 정확한지 점검한다.
③ 혹시 방전극(Discharge Electrode)이 단전된 것은 없는지를 우선 확인하고, 만약 단전된 방전극이 있어 교체가 필요한 경우에는 다른 전극에 손상이 가지 않도록 주의해야 한다.
④ 전극간의 간격은 당초 설계 및 초기 설치 시와 비교하여 정상적인지 확인한다.
⑤ 운전 중 외부요인에 의해 방전극을 지지하고 있는 프레임(Frame)의 변형이 발생하지 않았는지 확인한다.

⑥ 방전극과 집진극에 분진이 퇴적되어 있는지를 우선 육안점검한다. 만약 분진이 심하게 퇴적되어 있다면 건식(Dry Type)의 경우는 추타장치를 연속 가동해 털어주고, 습식(Wet Type)의 경우는 물로써 씻어낸다.

⑦ 극간 사이에 분진이 많이 퇴적되어 있으면 이를 제거해야 한다.

⑧ 히터(Heater)가 정상적으로 가동하는지, 그리고 애자(Insulator)류가 흠이나 틈(Crack)이 생기지 않았는지를 확인한다.

⑨ 연결 애자류(Insulators)에 응축수나 분진의 퇴적이 없는지를 확인한다.

⑩ 1년에 1회 이상 대점검(Overhaul) 및 보수(Repair)를 반드시 실시하여야 하며, 이때 고압 정류변압기(High Voltage Transformer/Rectifier)의 오일을 점검하여 교체한다.

(4) 유지 및 운영관리 시 고려사항

① 2차 전류치가 주기적으로 헌팅(Hunting)하는 것은 방전극에서의 스윙(Swing)현상이 주원인이므로 전기집진시설 내부를 점검한 후 방전극을 재배치하거나 스윙부분을 고정한다.

② 전압 및 전류치가 높은 상태에서 스파크(Spark)가 발생하는 것은 전기집진시설 내부 하전전압이 너무 높은 것이 원인이므로 전압을 하향조정한다.

③ 1실(室)에서 전류치가 가끔 헌팅(Hunting)을 반복하는 현상이 일어나면 추타 시에 본 현상이 발생하는지를 우선 확인하고, 집진판 및 방전극에 고착된 분진이 일시적으로 탈진되는 현상일 가능성이 높으므로 탈진주기를 재조정한다.

④ 최종배출구인 연돌(Stack)에서 주기적으로 분진이 기대치보다 높게 배출되면 분진의 재비산 현상에 기인하는 경우가 대부분이므로 내부유속을 재점검하거나 추타시간을 재조정한다.

⑤ 장시간 운전 시 전압, 전류치가 점점 낮아지는 원인은 집진판 및 방전극에 분진이 퇴적되고 있다는 신호이므로 추타장치를 점검한 후 추타시간을 조정하고, 전기집진시설로 유입되는 가스의 온도변화를 함께 확인한다.

⑥ 정류변압기(T/R)의 전원을 켜도 동작이 안 되는 원인은 정류변압기 패널(Panel) 내부의 주전원 퓨즈(Fuse)가 단선되었거나, 패널 전원공급용 주전원이 공급 안 되고 있는 경우이므로 즉시 정류변압기 패널 차단 후 인입전원을 확인하고, 내부의 퓨즈를 점검한 후에 교체한다.

⑦ 2차 전압과 2차 전류가 거의 0인 상태에서 스파크와 아크(Arc) 현상이 지속되는 이유는 방전극이 접지상태에 가깝거나 접지상태인 경우이므로 전기집진장치 호퍼 내부의 분진 퇴적상태를 점검하고, 이물질 걸림이 없는지를 확인하면서 집진판과 방전극의 극간거리를 점검한다. 아울러 정류변압기 접지박스(Ground Box) 내 접지 바(Ground Bar) 위치를 확인하고, 전기집진시설 상부 펜트 하우스(Pent-House) 내부 애자(Insulator) 절연파괴 또는 파손 여부를 확인한다.

⑧ 추타장치가 동작되지 않고 LED 화면이 디스플레이되지 않는 경우는 퓨즈 단선 여부와 함께 전원이 들어와 있는지를 확인한다.

⑨ 애자류 파손의 원인은 오손(汚損)이나 가열장치의 고장, 습분흡입 및 하중(荷重) 이상 등이므로 에어 퍼지(Air Purge)를 통해 청소하거나 불량품 교체, 온풍(溫風) 공급, 애자 증설, 애자에 걸리는 지지하중을 균등하게 배분하는 등의 대책을 통해 파손을 방지한다.

⑩ 전기집진시설은 전원을 끊은 후에도 잔류전하가 존재할 우려가 있으므로 작업자 안전을 위해 어스 봉(Earth Rod)을 방전극에 닿게 하여 접지(接地)시켜 대전 여부를 확인한다. 접지는 안전을 위해 작업이 끝날 때까지 유지시킨다.

⑪ 전기집진기 작동 시는 내부에 작업자나 남은 공구가 없는지 확인하며, 어스 봉을 방전극에서 분리하고 점검구가 완전히 닫혔는지 최종 확인한다.

전기집진시설 관련 주요 점검항목은 〈표 12-4〉와 같고, 이는 현장에서 일상점검 시 활용 가능하다.

〈표 12-4〉 전기집진시설 주요 점검항목(Check List)

전기집진시설(ESP-)	설치위치	

년 월 일 점검자 : 팀장 확인 :

점검내용	결 과
• 배출구의 냄새 및 배출상태	
• 이온화 램프의 "ON" 상태	
• 전원공급 상태 : 정격(V A)	지시치(V A)
• 본체에서 공기가 새는 곳은 없는가?	
• 덕트에 공기가 새거나 유입되는 곳은 없는가?	
• 나사의 풀림이나 조임상태	
• 나사의 부식 및 마모 여부	
• 부식, 마모, 훼손된 곳은 없는가?	
• 각 부위의 윤활유 주입상태	
• 전기적인 안전성 및 접지상태	
• 조작 판넬(Panel) 전선 및 안전성	
• 전동기(Motor)의 동력 전달상태	
• 벨트장력, 마모, 교체 여부	
• 이상소음 발생 여부	
• 송풍기(Fan)의 가동상태	
• 유량조절용 댐퍼의 적정개폐	
• 덕트 내 먼지퇴적 여부	
• 스위치의 정상작동 상태	
• 고압발생장치(T/R)의 정상 여부	
• 과전류 통전 여부	
의 견	

(계속)

구 분	점검부위	점검내용	결 과	비 고
가동중	전기	• 판넬(Panel)의 표면은 이상이 없는가?		
		• "ON" "OFF" 스위치의 램프는 점등되어 있는가?		
	송풍기	• V-Belt의 상태는 양호한가?		
		• 구동부위의 소음은 없는가?		
		• 베어링 부분의 소음은 없는가?		
		• 베어링 부분의 과열현상은 없는가?		
		• 샤프트(Shaft)의 비틀림 및 흔들림은 없는가?		
	덕트	• 덕트의 변형은 이루어지지 않았는가?		
		• 개스킷(Gasket) 부분의 누출현상은 없는가?		
		• 댐퍼 조절용 핸들은 고정되어 있는가?		
		• 덕트에서 소음은 없는가?		
		• 플랜지(Flange) 및 이음부분의 누출은 없는가?		
		• 캔버스(Canvas) 상태는 양호한가?		
	몸체	• 상부 커버(Cover) 부분의 소음은 없는가?		
		• 전기집진시설 내부의 마찰소음은 없는가?		
		• 전기집진시설 내부의 이온화는 이상이 없는가?		
		• 전기집진시설 내부의 셀(Cell)은 이상이 없는가?		
		• 몸체의 변형이 이루어진 부분은 없는가?		
		• 파워 팩(Power Pack) 램프는 정상가동 중인가?		
가동후	전 부분	• 전기집진시설 주변에 정리정돈은 되어 있는가?		
		• 송풍기(Fan)는 가동을 멈추었는가?		
		• 전원은 차단되었고 판넬(Panel)은 닫혀 있는가?		
		• 베어링 주유기의 오일(Oil)은 충분한가?		
		• 생산라인 작업은 완료되었는가?		

7 음파집진시설

(1) 시설 개요

음파집진시설(音波集塵施設, Sonic Dust Collector)이란 함진기류(含塵氣流)에 음파를 발사하면 입자는 그 크기에 대응하여 진동한다는 이론에 근거하여 개발한 집진시설을 말한다. 그 진폭(振幅) 및 위상(位相)의 차는 입자를 충돌시켜 응집(凝集)시킴으로서 어림 비중이 커지며 이것을 멀티클론(Multi-clone) 등으로 보내 포집(捕集)할 수 있다. 일반적으로 10μm 이하의 입자도 포집 가능하다고 보고되고 있으며, 집진대상 분진입자의 크기는 100~0.5μm 정도이다. 개략 외형은 [그림 12-1]과 같다.

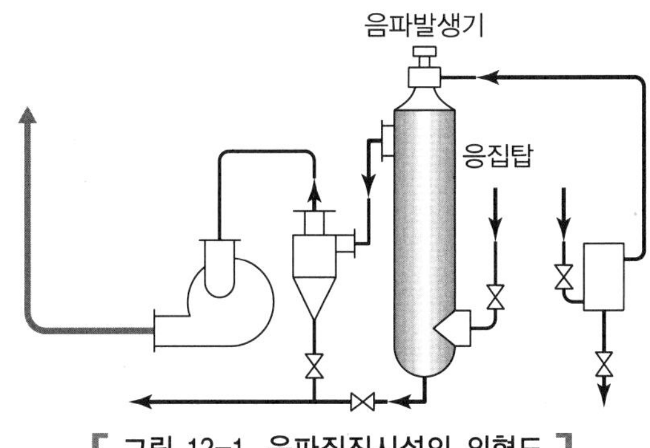

[그림 12-1. 음파집진시설의 외형도]

※ 자료 : 서광석 외 7인, 대기오염방지기술, 화수목

(2) 요소장치별 특징

음파집진시설은 크게 음파발생기(音波發生機), 응집탑(凝集塔), 분리기(分離機) 등 3요소로 구성되어 있으며, 요소장치별 특징은 다음과 같다.

① 음파발생기(音波發生機)

사이렌식과 전기식이 있으며, 1μm 전후의 미립자에는 수kHz 이상의 진동수를 필요로 한다. 통상 0.1W/cm^2 정도의 음파강도가 필요하다.

② 응집탑(凝集塔)

응집탑에서의 체류시간 범위는 약 3~5초이며, 처리가스의 온도가 높을수록 응집효과는 커진다. 처리가스 내 분진 함유량이 많을 경우는 전처리가 별도 요구되며, 적은 경우는 응집보조액을 주입한다.

③ 분리기(分離機)

사이클론(Cyclone)을 주로 사용하며, 음파 집진효율을 높이려면 분리기능을 향상시켜야 한다.

(3) 유지 및 운영관리 시 고려사항

음파(音波) 주파수 및 용량은 처리대상 물질의 성상을 정확하게 파악하여 산정하는 것이 무엇보다 중요하다. 효율적인 운전을 위해 응집탑(凝集塔) 내부에서의 가스속도와 체류시간을 적정하게 산정하고, 분리기능을 높여 집진효율을 향상시킨다.

8 흡수에 의한 시설

(1) 시설 개요

흡수(吸收, Absorption)에 의한 시설이란 오염물을 함유한 가스로부터 액상 흡수제로의 물질이 전달되는 현상을 응용해 만든 시설을 말한다. 이 물질 전달의 구동력은 가스상과 액상 내에 함유되어 있는 처리대상물의 고유특성에 대부분 좌우된다.

(2) 흡수장치의 구분

① 충전탑(Packed Tower)

충전탑은 세라믹이나 플라스틱제인 충전제(Packing Material)를 채워 이 표면에서 흡수가 일어나게 하는 구조이다. 액상흡수제는 탑 상부에서 하부로 흘러내리게 하여 충전물질의 표면에 박막(薄膜, Thin Film)을 형성시키고, 대기오염물질을 함유한 가스는 탑 하부에서 상부로 올라가게 해 충전제의 액상박막(液狀薄膜)에 흡수시킨다. 다음 [사진 12-2]에서는 충전탑 흡수장치의 실제 모습을 보여주고 있다.

(a) 충전탑 본체

(b) 순환수조

[사진 12-2. 충전탑 흡수장치의 실제 모습]

※ 자료 : Photo by Prof. S.B.Park, 2017년

② 분사실(Spray Chamber)

분사실은 충전제를 사용하지 않는 구조이며, 액상흡수제를 가능한 한 미세한 액적형태로 분사하여 대기오염물질이 충분히 흡수될 수 있도록 접촉면적을 극대화한다.

③ 벤투리 세정기(Venturi Scrubber)

벤투리 세정기는 대기오염물질을 함유한 가스와 액상흡수제가 벤투리 노즐의 목(Throat) 부위에서 접촉하여 대기오염물질을 제거하는 방법이다.

④ 단(Plate) 혹은 트레이 탑(Tray Tower)

단 혹은 트레이 탑은 각 단(段) 위에 존재하는 액상흡수제에 대기오염물질을 함유한 가스를 접촉시켜 제거하는 구조이다. 다소 장치가 복잡하더라도 흡수계에서는 대기오염물질의 분리와 함께 회수도 가능하다. 또한 대기오염물질을 함유한 가스와 액상흡수제의 반응 가능성에 따라 물리적인 흡수계가 될 수도 있고, 동시에 화학적인 흡수계가 될 수도 있다.

(3) 유지 및 운영관리 시 고려사항

① 충전탑(Packed Tower)

충전탑에 사용되는 충전제는 액상박막(液狀薄膜)을 넓게 형성할 수 있도록 흡수면적을 충분히 크게 하고, 플러깅(Plugging)이나 파울링(Fouling)이 형성되지 않도록 해야 한다. 아울러 흡수제 분배장치에서는 흡수제가 충전제에 고루 퍼질 수 있도록 한다.

② 분사실(Spray Chamber)

분사실은 액적의 정상적인 분배와 완전하고 연속적인 흐름을 위해서 액상분사기에 플러깅이 생기지 않도록 유의해 운전해야 한다. 분사실은 액상과 기상의 접촉시간이 매우 짧기 때문에 대기오염물질 중 휘발성유기화합물(VOCs) 등의 제거에는 다소 적당하지 않으나 SO_2, NH_3, HF와 같이 용해도가 높은 가스상 오염물질에 한정해 적용한다.

③ 벤투리 세정기(Venturi Scrubber)

벤투리 세정기도 분사실과 마찬가지로 액상과 기상의 접촉시간이 매우 짧기 때문에 SO_2, NH_3, HF와 같이 용해도가 높은 가스에 한정해 적용한다.

④ 단(Plate) 혹은 트레이 탑(Tray Tower)

단 혹은 트레이 탑은 슬러리 흡수액을 탑 상부에서 공급하고, 탑의 중간 또는 하부에서 배기가스를 불어넣어 여러 단의 기·액 접촉 분사판을 거치게 되므로 특성상 장치의 압력손실이 커진다. 아울러 탑 상부로 흡수액을 이송해야 하기 때문에 펌핑(Pumping)을 위한 동력소모 또한 커지게 된다. 특히 장치운전 중 플로딩(Flooding)이나 위핑(Weeping) 현상을 방지하기 위해서는 가스 처리량의 범위를 제한할 수도 있다.

심화학습

물에 대한 용해도가 큰 물질과 용해 시 발열물질

물에 대한 용해도가 큰 물질인 HF, HCl, H_2SO_4, NH_3, Phenol 등은 수세(水洗)가 효과적이고, 용해 시 발열(發熱)이 큰 물질인 HF, HCl, H_2SO_4 등은 대량의 물을 사용하되, 배수에 의한 수질오염도 고려해야 한다.

9 흡착에 의한 시설

(1) 시설 개요

흡착(吸着, Adsorption)에 의한 시설이란 가스 중의 오염분자가 고체 흡착제와 접촉하여 분자간의 약한 힘으로 결합하는 과정을 응용한 시설을 말한다. 흡착제의 수명을 연장하기 위해서는 처리대상 물질을 회수하거나 폐기하여야만 하는데, 특히 휘발성유기화합물(VOCs)의 경우가 그렇다. 흡착제로 사용되는 것으로 실리카겔, 알루미나, 제올라이트 등도 있지만, 처리대상 가스의 흡착 제거용으로 현재 가장 많이 사용되는 흡착제는 활성탄(Activated Carbon)이다.

(2) 탄소흡착제의 종류

탄소는 여러 가지의 목재, 석탄 혹은 코코넛 껍질 같은 다른 탄소성 원재료로부터 만들어진다. 주로 세 가지 형태의 탄소흡착제가 많이 사용되고 있는데, 입자활성탄, 분말활성탄 그리고 탄소섬유가 그것이다. 여기서 활성(Activated)이라 함은 흡착에 사용될 수 있는 표면적을 증가시키기 위해 원재료를 매우 높은 온도에서 가열하여 휘발성 비탄소물질을 제거하는 일련의 과정을 일컫는다.

(3) 유지 및 운영관리 시 고려사항

① 운전 전 점검사항

㉠ 배기용 송풍기에 취부된 조절댐퍼 상태와 흡착시설 내의 전처리장치(Pre-Filter) 부착 여부를 확인한다.

㉡ 활성탄 부위상태를 점검하고, 배기용 송풍기 벨트상태와 작동 여부를 확인한다(벨트 구동용 송풍기의 경우).

㉢ 송풍기 베어링(Bearing)의 주유 여부를 확인한다.

② 운전요령

㉠ 배기용 송풍기에 부착된 메인 댐퍼(Main Damper)의 범위를 50~40%로 세팅한다.

㉡ 배기용 송풍기의 On 스위치(S/W)를 넣는다.

㉢ 흡착에 의한 시설의 상태를 확인한다(Dust, Carbon의 상태 및 진동 여부).

㉣ 배풍용 송풍기의 운전 및 정상가동 여부를 확인한다.

㉤ 설비 정지는 시동의 역순(逆順)으로 진행하되, 만약 운전 시에 이상현상이 발생될 경우에는 가동을 즉시 정지시키고 이상 유무를 확인한 후 재가동해야 한다.

③ 운전 후 점검사항

㉠ 흡착에 의한 시설 내 전처리장치(Pre-Filter)에서의 분진 부착상태를 확인한다. 전처리장치는 자주 청소해야 하는데, 만약 전처리장치에 분진류가 다량 부착되어 저항막을 형성하고 있는 경우에는 그 막을 제거하여야 한다.

㉡ 전처리장치의 청소가 필요한 경우는 흡착에 의한 시설로부터 분리시켜 공기로 블로잉(Blowing)시킨다. 분진을 아무리 제거해도 재사용이 불가능할 정도로 눈막힘 현상이 심한 경우에는 새것으로 교체하도록 한다.

㉢ 송풍기의 이상 유무를 확인하고, 가동 중에 점검이 필요하다고 판단한 부분을 확인한다. 필요할 경우 베어링에 그리스(Grease)를 주유한다.

(4) 고장원인별 조치사항

① 각 후드에서 흡입된 후 배출량이 줄어드는 경우

㉠ 덕트 및 각 연결부위의 이음새가 불량인 경우는 플랜지 상태를 점검한 후에 패킹(Packing)을 새로 교체하여 체결한다.

㉡ 부식 등 파손에 의해 외부공기가 유입되는 경우는 파손부위를 제거한 후 철판 등으로 기밀유지에 만전을 기한다.

㉢ 탄소필터(Carbon Filter)의 기공이 막힌 경우는 압력손실이 증가하여 흡입이 잘 안 되므로 탄소필터를 새것으로 교환한다.

㉣ 비닐 등 이물질이 유입되는 경우는 점검구(Man-Hole)를 열어 이물질을 제거한다.

② 연돌(Stack)에서 오염물질이 배출될 때

㉠ 그레이팅(Grating)이 파손된 경우에는 스테인리스 계통(SUS304, SUS316 등)의 내식성(耐蝕性) 재질로 즉시 교체한다.

㉡ 탄소(炭素)가 다져져서 상부가 비었을 경우에는 이를 즉시 보충한다.

SUS304

SUS304는 스테인리스강 산업계에서 가장 많이 사용하는 재질이며, SUS304나 SUS316은 모두 오스테나이트계 스테인리스강(鋼)이다. SUS3XX는 보통 오스테나이트계 스테인리스강으로 분류되며, 이것은 철에 크롬, 니켈, 망간을 첨가하여 만든다. 원래 오스테나이트는 저탄소강을 고온으로 가열할 때만 나타나는데 니켈, 망간 때문에 상온에서도 그 구조를 유지하게 만든 것이다.

SUS316

SUS316은 SUS304에 몰리브덴을 첨가한 것으로, 비슷한 강도를 가지고 있으면서도 부식에 대한 저항이 상당히 높다. 물론 이보다 더 부식에 강한 스테인리스강도 있는데, 듀플렉스강과 슈퍼듀플렉스강이 그것이다. SUS316은 몰리브덴을 첨가했기 때문에 SUS304보다 해수에 강하다. SUS316이 부식에 강하기 때문에 산업용 재료로 사용할 수 있지만, 용접을 하고 나서 부식이 생기는 문제가 발생하므로 용접을 해야 하는 경우에는 SUS316 대신 SUS316L을 사용해야 한다.

금속재료 기호식 해설

- **SS400(일반구조용 압연강재)**
  가장 널리 사용되고 있는 강재(鋼材)로 용접성도 비교적 양호하다. 일반적으로 강재라고 하면, SS400을 가리킨다. 기호 순서대로 해설하면 S : Steel, S : Structure, 400 : 최저인장강도 41kgf/mm^2, 400MPa이다.
- **S45C(기계구조용 탄소강 강재)**
  S : Steel, 45C : 탄소 함유량이 0.4~0.5%를 나타낸다.

흡착에 의한 시설 관련 주요 점검항목은 〈표 12-5〉와 같고, 이는 현장에서 일상점검 시 활용 가능하다.

〈표 12-5〉 **흡착에 의한 시설 주요 점검항목(Check List)**

구 분	점검부위	점검내용	결 과	비 고
가동중	전기	• 전기 판넬(Panel)의 표면은 이상이 없는가?		
		• “ON”, “OFF” 스위치의 램프는 점등되어 있는가?		
	송풍기	• V-Belt의 상태는 양호한가?		
		• 배기구 외부에 활성탄이 날린 흔적은 없는가?		
		• 구동부위의 소음은 없는가?		
		• 베어링(Bearing) 부분의 소음은 없는가?		

구 분	점검부위	점검내용	결 과	비 고
가동중	송풍기	• 베어링(Bearing) 부분의 과열현상은 없는가?		
		• 샤프트(Shaft)의 비틀림 및 흔들림은 없는가?		
	덕트	• 덕트의 변형은 이루어지지 않았는가?		
		• 개스킷(Gasket) 부분의 누출현상은 없는가?		
		• 댐퍼 조절용 핸들은 고정되어 있는가?		
		• 덕트에서 소음은 없는가?		
		• 플랜지(Flange) 및 이음부분의 누출은 없는가?		
		• 캔버스(Canvas)의 상태는 양호한가?		
	몸체	• 상부커버 부분의 소음은 없는가?		
		• 흡착시설 내부의 마찰소음은 없는가?		
		• 몸체의 변형이 이루어진 부분은 없는가?		
		• 차압계 및 지시치(mmAq)는 정상적인가?		
가동후	전 부분	• 흡착에 의한 시설 주변에 정리정돈은 되어 있는가?		
		• 송풍기(Fan)는 가동을 멈추었는가?		
		• 전원은 차단되었고, 전기 판넬(Panel)은 닫혀 있는가?		
		• 베어링(Bearing) 주유기의 오일(Oil)은 충분한가?		
		• 흡착에 의한 시설 주변의 활성탄은 날리지 않았는가?		
		• 생산라인의 작업은 완료되었는가?		

10 직접연소에 의한 시설

(1) 시설 개요

직접연소에 의한 시설(Direct Combustion)이란 연소과정을 통해 배기가스 중에 함유된 대기오염물질을 직접 제거하는 것을 말한다. 다시 말해 연소공정(Combustion Process)은 직접 소각 혹은 열 소각으로 잘 알려져 있으며, 대기오염물질을 함유한 기체를 공조시스템에서 모아 예열(豫熱)하고, 잘 섞어 고온에서 연소시킨 후 이산화탄소(CO_2)와 수증기(H_2O)로 산화시키는 방법에 해당한다.

(2) 열회수에 따른 장치 구분

직접연소에 의한 시설(Direct Combustion)의 경우, 열회수에 사용되는 장치에 따라 직화형(Direct Flame), 열교환기형(Recuperative), 그리고 축열형(Regenerative)으로 구분할 수 있다.

① 직화형(Direct Flame)

열회수장치가 없으며, 후연소버너(Afterburner)로 더 잘 알려져 있다.

② 열교환기형(Recuperative)

여러 가지 형태(Cross-flow, Counter-flow 혹은 Con-current Flow)의 열회수장치가 장착되어 있는 구조를 말한다.

③ 축열형(Regenerative)

세라믹 재료를 이용해 열을 회수하는 시스템으로, 축열식 열소각설비(RTO : Regenerative Thermal Oxidizer)라고 불린다.

(3) 축열식 열소각설비(RTO)의 운전 및 유지관리

2-Bed RTO에 있어([그림 12-2 (a)]), 운전초기 소각로 내 세라믹의 상층부 온도가 소각로 운전온도가 되게 가열한 후, 처리 전 가스를 B로 투입한다(Phase 1). 가스의 온도는 세라믹 B를 통과한 후 그 온도가 소각로 온도까지 예열되며, 가스에 포함된 유기성 가스는 산화되기 시작하여 적정한 체류시간을 갖는 상부 실(室)을 통과하면서 모든 유기물이 산화처리된다.

처리된 고온의 가스는 세라믹 A에 거의 모든 열을 배출하고, 세라믹 B 입구온도보다 30~40℃ 높은 온도로 배출된다. 이어 가스투입유로를 A로 전환(Switching)하면(Phase 2) 축열(畜熱)된 세라믹 A가 흡입가스 예열로 냉각되고, B 세라믹은 배기가스에 의해 가열된다. 일정시간(1.5~3분) 간격으로 상기한 Phase 1과 Phase 2의 전환(Switching) 운전을 반복함으로써 가스 소각에 필요한 에너지 소비를 최소화하게 되는 것이다.

2-Bed RTO는 경제적인 시스템이나 전환할 때마다 세라믹에 존재하는 미처리 가스와 RTO Furnace를 바이패스한 미처리 가스가 일시에 외부로 배출되므로 전체 유기물 제거효율은 95% 내외 정도이다.

2-Bed RTO 시스템의 평균 처리효율이 95%라 할지라도 이 배출가스가 일시에 배출된다는 점과 배출가스 농도가 높은 경우 평균 배출농도 역시 상당히 높은 수치를 나타낼 수 있으며, 특히 RTO의 경우 세라믹 내의 불완전 산화층이 Switching시 전량 역류하여 배출하게 되므로 고도의 처리가 필요한 경우에는 2-Bed+버퍼(Buffer) 시스템 또는 3-Bed RTO 시스템([그림 12-2 (b)])을 적용하게 된다.

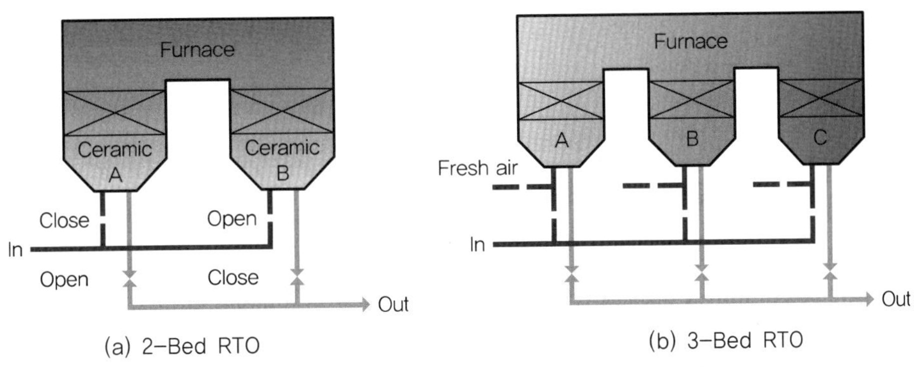

(a) 2-Bed RTO (b) 3-Bed RTO

[그림 12-2. 축열식 열소각설비(RTO)의 개념도]

※ 자료 : 박성복 외 1인, 최신대기제어공학, 성안당

최근 사업장에서는 2-Bed/3-Bed RTO 대신 Rotary 1-Can RTO 방식을 많이 채택하고 있는 추세이므로 이를 간략히 설명하고자 한다.

Rotary 1-Can RTO는 특성상 한 개의 구동부(Rotary Valve)를 갖고 있어 유지보수가 쉬운 편이며, Single Vessel Type의 콤팩트한 설계로 부지가 적게 소요된다. 또한 VOCs 처리효율을 98% 이상, 열에너지 회수율을 95% 이상 유지할 수 있다.

Rotary 1-Can RTO에서의 Ceramic Chamber는 12 Zone의 축열재 층으로 되어 있고, 각 Zone은 Rotary Valve에 의해 순차적으로 급기, Air Purge, 배기, Dead Zone(Stand-by)으로 변환되는 구조이다([그림 12-3] 참조).

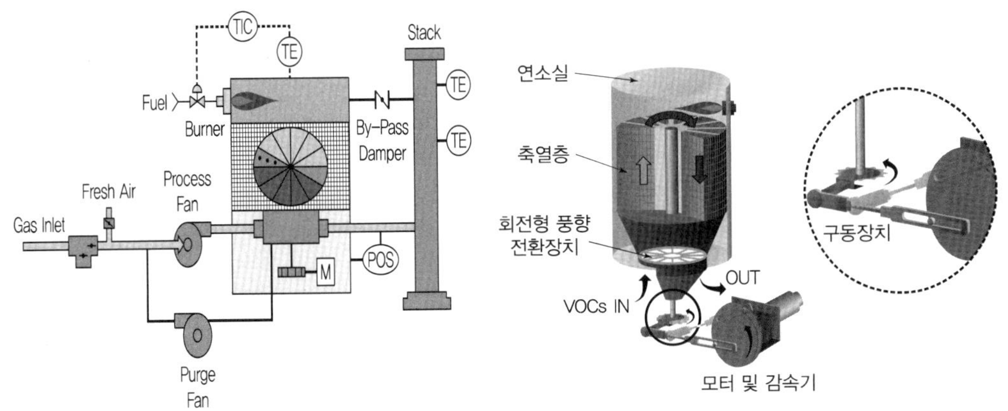

[그림 12-3. Rotary 1-Can RTO 구성도]

※ 자료 : (주)디복스, RTO 전문기업, 2019년 2월(검색기준)

Rotary 1-Can RTO는 Ceramic Media층과 Retention Chamber(가스 연소실), 그리고 가스의 풍향을 변환시켜 주는 Rotary Valve 등으로 구성되어 있다. 공정가스는 Rotary Valve에 의해 각각 분리된 급기부 축열재 층으로 유입되어 연소실에서 연소된 후 각각의 배기부 축열재 등으로 배출된다.

Ceramic Media를 통과한 공정가스가 800℃ 이상의 고온에서 연소 가능하도록 Retention Chamber에서의 체류시간은 약 1초 이상으로 설계하며, 공정가스의 누출이 발생하지 않도록 철판 용접 시 유의해야 한다.

풍량 변환장치인 Rotary Valve는 공정가스를 격실별로 인입하고 청정가스를 배출하는 역할을 하며, 회전속도는 0.3rpm 정도의 저속으로 설계한다. 사용되는 Rotary Valve는 고장이 거의 없고, 회전하면서 각 격실별로 급기, 배기, Flushing을 순차적으로 전환하며, 급배기 Zone과 Rotary Valve 사이에는 Sealing을 유지함으로써 가스의 누설을 최소화해야 한다.

11 촉매반응을 이용하는 시설

(1) 시설 개요

촉매(觸媒)반응을 이용하는 시설이란 반응기 내에 충전되어 있는 촉매가 대기오염물질의 연소에 필요한 활성화 에너지를 충분히 낮추는 기능을 수행함으로써 비교적 저온에서 연소가 가능하도록 하는 방식을 응용한 시설을 말한다.

촉매에서의 반응에너지 분포는 [그림 12-4]와 같다.

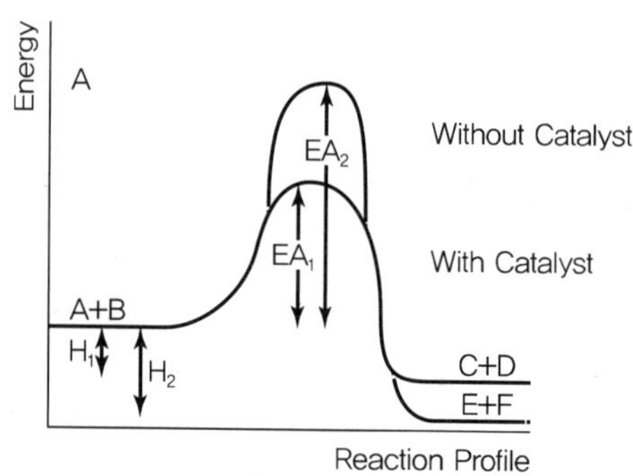

[그림 12-4. 촉매에서의 반응에너지 분포]

※ 자료 : 박성복 외 1인, 최신대기제어공학, 성안당

(2) 유지 및 운영관리 시 고려사항

① 운전 중 촉매는 NO_2, NH_3, H_2O와 결합하여 암모늄 나이트레이트(Ammonium Nitrate)가 생성할 가능성이 있으므로 장치의 예열부를 150℃ 이상 유지할 필요가 있다(주로 150℃ 이하에서 생성).

② 300℃ 이하에서 암모늄 설페이트(Ammonium Sulfate), 암모늄 바이설페이트(Ammonium Bisulfate) 등의 생성으로 촉매표면에 침적 가능성이 있으며, 이는 촉매의 활성 저하, 하부장치의 부식 및 막힘 유발현상으로 연결될 수 있다.

③ SCR에 사용되는 촉매는 반응온도가 증가함에 따라 NO_x의 전환율이 증가하여 최고치를 나타내며, 높은 온도에서는 반응의 환원제로 사용하는 암모니아가 배기가스 중 산소와 반응하여 산화되어 기능 상실의 가능성이 존재한다.

④ SCR 본체 입・출구에 설치되어 있는 열전대(Thermocouple)에서 온도를 감지하여 적정 온도 이하가 될 경우에는 PLC(Programmable Logic Controller)에서 펌프를 자동으로 멈출 수 있는 시퀀스(Sequence)를 구성한다.

⑤ SCR 시스템 요소수 공급라인(Urea Dosing Line)에서 압력이 비이상적으로 상승하여 5~6kg_f/cm^2에 이르러 장시간 운전하게 되면 펌프에 심각한 손상을 초래할 수 있으므로 공급라인 중에 압력계를 장착하여 이상압력을 감지하여 자동으로 펌프를 멈추게 할 수 있도록 시퀀스를 구성한다.

⑥ 촉매층이 분진에 의하여 심하게 오염되었을 경우인데, 통상 반응기 입・출구의 정상적인 압력손실은 40~90mmAq 정도로서, 만약 이를 초과하여 최대 200mmAq 정도에 다다르면 펌프는 자동적으로 멈추게 된다.

12 응축에 의한 시설

(1) 시설 개요

응축(Condensation, 凝縮)에 의한 시설이란 비응축성 가스 흐름에서 오염물질을 제거하는 과정을 응용한 것을 말한다. 응축은 가스 흐름의 온도를 정압상태에서 떨어뜨리거나 정온상태에서 가압하거나 혹은 두 경우를 조합함으로써 일어날 수 있다.

(2) 응축기의 종류

통상 2가지 형태의 일반적인 응축기가 있는데, 즉 하나는 표면형(Surface)이고 다른 하나는 직접 접촉형(Direct Contact)이다. 각 형태별 특성을 간략히 설명하면 다음과 같다.

① 표면형(Surface)

일반적으로 튜브(Tube)형의 열교환기인데, 튜브 내로 응축제가 흐르고 튜브 밖으로는 휘발성유기화합물(VOCs) 등을 함유한 가스가 흘러 전열됨으로써 응축된다.

② 직접 접촉형(Direct Contact)

찬 액체를 가스 흐름 내로 직접 분사함으로써 휘발성유기화합물 등을 냉각시켜 응축시킨다. 이 두 가지 형태 모두 휘발성유기화합물 등을 재생하여 사용 가능한 것이 특징이다. 응축제로는 냉각수, 브라인(Brine) 용액, 프레온 가스(CFCs), 그리고 응축제(Cryogen) 유체 등이 사용된다.

브라인(Brine) 용액

냉동기 냉매의 냉동동력을 냉동물(冷凍物)에 전달하는 역할을 하는 열매체이며, 본래는 염수(鹽水) 또는 해수(海水)를 말한다. 일반적으로는 염화칼슘의 수용액. 염화마그네슘 수용액 그 밖의 부동액도 브라인(Brine)이라 부른다.

프레온 가스(CFCs)

냉매, 발포제, 분사제, 세정제 등으로 산업계에 폭넓게 사용되는 가스로, 화학명이 클로로플로르카본(鹽化弗化炭素)인 CFCs는 1928년 미국의 토머스 미즈리에 의해 발견됐으며, 인체에 독성이 없고 불연성을 가진 이상적인 화합물이어서 한때 '꿈의 물질'이라고 불렸다. 그러나 CFCs는 태양의 자외선에 의해 염소원자로 분해돼 오존층을 뚫는 주범으로 밝혀져 몬트리올 의정서에서 이의 사용을 규제하고 있다.

Cryogen 유체

응축제로서, 주로 액체질소와 액체이산화탄소(드라이아이스)를 말한다.

(3) 유지 및 운영관리 시 고려사항

응축(Condensation, 凝縮)에 의한 시설에서 사용되는 냉각수는 약 45°F 정도로 냉각시키는데 효과적인 응축제이고, 브라인(Brine) 용액은 −30°F, 그리고 프레온 가스(CFCs)는 −90°F로 냉각시키는데 유용하지만 현재에는 CFC의 생산과 사용을 제한받고 있는 실정이다. 그리고 Cryogen 유체는 −320°F 이하로 냉각시키기에 적절하므로 유지 및 운영관리 시 참조 가능하다(온도단위 환산방법 : °F=1.8°C+32).

13 산화 · 환원에 의한 시설

(1) 시설 개요

산화 · 환원에 의한 시설이란 화학의 기본반응 중 하나인 전자밀도가 조금이라도 증가하면 환원, 감소하면 산화에 해당하는 원리를 응용하여 대기오염물질을 처리하는 것을 말한다.

쉽게 말해 산화 · 환원반응은 전자의 이동반응이므로 어느 물질이 전자를 잃는 것을 산화, 전자를 얻는 것을 환원이라 한다. 영어로는 환원(Reduction)과 산화(Oxidation)를 합쳐 Redox Reaction(REDuction+OXidation)이라 부른다.

(2) 시설의 특징

산화제와 환원제는 물질을 각각 산화 · 환원시키는 물질이다. 즉, 자기 자신은 그 반대로 산화제의 경우 환원되고, 환원제의 경우 산화된다. 산소, 과산화수소, 과망간산칼륨($KMnO_4$) 등이 대표적인 산화제이며, 환원제로 자주 쓰이는 물질로는 LAH($LiAlH_4$), 하이드라진, 일산화탄소 등이 있다.

그러나 산화제, 환원제는 어디까지나 상대적 개념으로, 산화제라고 알고 있는 물질이 환원제로 작용할 수도 있고, 그 반대도 가능하다. 대표적으로 산화-환원반응이 연관된 부분은 전지반응이나 전기분해에 관련된 화학양론이다. 이외에도 연소, 금속의 제련 등 다양한 반응들이 산화 · 환원반응에 속한다.

(3) 산화 · 환원에 의한 시설 적용 사례

첫번째로 국내 하수처리장에서 발생한 소화가스 중의 H_2S를 전처리촉매탈황탑, 주촉매탈황탑, 촉매재생탑으로 구성된 습식 산화공정에서 탈황시켜 소화가스를 정제하는 기술이 있다. 이 기술은 액상산화환원반응촉매(Fe/MgO)를 이용하여 하수처리장에서 발생하는 H_2S를 처리하는 공정에 해당한다(신기술인증 제255호).

알칼리 및 알칼리 토금속을 담체로 한 액상산화환원반응촉매(Liquid Redox Mechanism Catalyst)를 제조하여 사용하며, 촉매 재생공정 개발로 액상산화환원반응촉매를 재생한다. 주촉매탈황탑에서 사용되고, 활성이 떨어진 액상산화환원촉매를 촉매재생탑으로 회수처리한 후 전처리 촉매탈황탑에서 재이용하여 소화가스를 전처리하는 기술이다. 본 기술은 액상산화환원촉매를 사용하여 기존의 적용된 탈황시설보다 탈황성능 및 처리효율을 향상시킨 공정이며, 소화가스 조건에 맞춘 안전설계로 구성하고 있다는 것이 주요 특징이다.

두번째로는 산화 · 환원반응을 이용한 CO_2 회수설비이다. 이 설비는 황화수소와 암모니아가 동시에 존재하는 가스와 액상용액의 기 · 액 반응으로 발생하는 가스를 산화 및 환원반응을 통해 정화시키는 설비이다(※ 자료 : (주)해림엔지니어링, 코네틱 설비장터).

반응 메커니즘(CO_2 회수)

- Mercaptans(R−SH) : $CH_3SH + 2O_2 \leftrightarrow 2H_2O + CO_2 + S\downarrow$
- $CH_3(CH_2)_2SH + 5O_2 \leftrightarrow 4H_2O + 3CO_2 + S\downarrow$
- Ammonia(NH_3) : $4NH_3 + 3O_2 \leftrightarrow 6H_2O + 2N_2\uparrow$
- Ammonia($R-NH_2$) : $2CH_3NH_2 + 9/2O_2 \leftrightarrow 5H_2O + 2CO_2 + N_2\uparrow$
- $2(CH_3)_3NH + 11/2O_2 \leftrightarrow 7H_2O + 4CO_2 + N_2\uparrow$

자료에 의하면 산화・환원반응이 반복되어 순환되므로 촉매의 수명은 반영구적이고, 2차 폐수, 폐기물, 대기환경오염을 유발하지 않으며, 제품제조공정에서 발생되는 H_2S, NH_3 및 배기가스의 정화가 가능하다(고효율 탈취효과 및 화학공정 및 위생처리장, 오・폐수처리장 등에 적용 가능). 또한 설비가 간단하여 운전이 용이하고, 유지관리가 쉬운 편이며, 연속운전이 가능하다.

14 미생물을 이용한 처리시설

(1) 시설 개요

미생물을 이용한 처리시설이란 미생물(微生物)을 사용하여 각종 대기오염물질, 특히 악취 및 휘발성유기화합물(VOCs)을 이산화탄소, 물, 광물염(鑛物鹽)으로 전환시키는 일련의 공정을 말한다.

(2) 유지 및 운영관리 시 고려사항

① 바이오 필터(Bio−Filter) 공정은 기본적으로 액상순환이 없기 때문에 반건조상태가 유지된다고 할 수 있으나, 담체와 미생물막이 지나치게 건조되면 미생물의 활성도가 떨어져 처리효율이 감소될 수 있으므로 운영 시 유의해야 한다.

② 바이오 필터 공정은 공기유입구 전단에 조습기(Humidifier)를 설치하거나, 영양염류를 함유한 액상을 담체에 간헐적으로 살포해주어 수분함량을 유지하며 운전하면 효율적이다.

③ 바이오 트리클링 필터(Bio−Trickling Filter) 공정은 습도 유지의 필요성은 없으나, 지속적으로 액상을 순환시키는데 필요한 유지관리비가 높은 편이다.

④ 미생물을 이용한 처리시설에 사용되는 담체는 가볍고(낮은 밀도), 시공이 용이해야 하며, 가격이 저렴해야 함은 물론 물질전달률을 높이기 위해서 비표면적(Specific Surface Area)이 큰 것을 선정해야 한다.

⑤ 미생물을 이용한 처리시설의 운전 시, 미생물 성장에 의한 폐색(Clogging)현상이나 압력손실이 작도록 해야 하고, 특히 장치 내부 기체 흐름의 단극(Channeling)현상을 최소화해야 한다.

⑥ 미생물 성장에 의한 폐색현상은 바이오 필터나 바이오 트리클링 필터의 불안정한 운전효율과 관련 있으므로 운영 시 유의해야 한다. 이 현상은 주로 유기물(VOCs, 유기성 황화합물 등)을 분해 제거하는 충전형 생물여과장치에 주로 나타나는 것으로 유기물을 먹이로 이용하는 미생물이 증식하여 담체 사이의 공극을 막아 정상적인 공기 흐름을 방해하는데 기인한다.

⑦ 운영 시 폐색방지를 위한 방안에는 역세척(Back Washing) 방식이 있는데, 이는 고압의 물이나 공기를 분사하여 담체표면에 과도하게 끼여 있는 미생물을 제거하는 것이다. 그러나 담체의 종류에 따라 본 방식의 적용이 불가능하거나 어려운 경우도 있으며, 유지관리비도 높은 편이다.

⑧ 최근에는 스펀지(Polyurethane) 담체를 이용하여 과도하게 성장한 미생물을 기계적으로 짜내는 방법이 적용되고 있으며, 또 다른 독특한 방법으로는 미생물을 먹이로 사용하는 진드기를 바이오 필터에 인위적으로 첨가하여 과도하게 성장한 미생물을 제거하는 방법도 연구 진행 중이므로 중이다.

NCS 실무 Q & A

Q TiO_2와 Al_2O_3를 원료로 배합하여 생산하는 SCR 촉매 생산공정을 설명해 주시기 바랍니다.

A SCR 촉매 생산공정은 크게 원료제조공정, 혼합공정, 성형공정, 건조공정, 소성공정, 커팅 및 모듈공정 순으로 구분하며, 각 공정별 설명은 다음과 같습니다.

① 원료제조공정
고객의 사이트 조건에 맞게 원하는 성능을 내기 위하여 촉매원료 조성을 설계하고 적정 입도 및 조성을 갖는 분말을 제조하는 공정을 말합니다.

② 혼합공정
건식 및 습식 혼합공정으로 구성되며, 건식공정에서는 기 준비된 촉매분말, 고체상 바인더 등을 혼합하며, 습식공정에서는 액상 첨가물을 혼합합니다.

③ 성형공정
토련(土錬), 압출 및 커팅으로 구성되며, 토련은 습식혼합 후의 혼합물보다 부드럽고 균일하게 하는 기능입니다. 토련 후의 반죽을 다이를 이용하여 하니컴 형태의 성형체로 만드는 공정이 압출이며, 압출 후에 젖은 하니컴(Honeycomb)을 길이에 맞게 절단하는 커팅으로 이어집니다.

④ 건조공정
하니컴 내부의 수분이 제거되며 이때 건조수축이 수반되며, 수분의 제거상태는 이어지는 소성공정에서의 수율과 직결됩니다. 건조공정에서 제품의 불량률을 줄이고, 수율을 제고하기 위해서는 성형 배합특성에 가장 적절한 건조프로그램을 적용해야 합니다.

⑤ 소성공정
하니컴 촉매가 최적의 활성을 내기 위한 내부 기공 형성 및 촉매가 장착된 후 장기간 기계적 강도를 유지하도록 하는 기능을 말합니다.

⑥ 커팅 및 모듈공정
소성이 완료된 촉매는 고객이 요구하는 성능을 충족하기 위해 정밀하게 설계된 치수로 절단하는데, 이 공정이 커팅공정입니다. 커팅이 완료된 촉매는 최종적으로 필요 현장에 설치하기 위하여 모듈의 형태로 제작됩니다.

CHAPTER 13

최상가용기법(BAT) 및 통합환경관리시스템

학습목표

1. 최상가용기법(BAT) 일반에 대해 이해할 수 있다.
2. 최상가용기법(BAT)의 기능을 분류할 수 있다.
3. 통합환경관리시스템을 이해할 수 있다.

학습내용

1. 최상가용기법(BAT) 일반
2. 최상가용기법(BAT)의 기능 분류
3. 통합환경관리시스템의 이해

1 최상가용기법(BAT) 일반

최상가용기법(BAT : Best Available Techniques economically achievable)이란 경제성을 담보하면서 환경성이 우수한 환경기술 및 운영기법을 말한다. 다시 말해, 사업장 배출시설에서 발생 및 배출되는 오염물질을 최소화하고 동시에 공정의 운전효율을 최적화하여 경제적으로 환경오염을 최소화할 수 있는 포괄적인 개념의 기술을 의미한다.

최근 국내 통합환경관리시스템 도입과정에서 소개하고 있는 최상가용기법(BAT)은 환경오염과 관련된 설비나 기술을 활용하게 됨으로써 환경산업을 육성하는 데도 도움이 될 것이라고 기대할 수 있으며, 생산에서 처리(저감)공정 전반에서 발생할 수 있는 오염물질을 최소화할 수 있는 우수 상용화 기술로서 경제적 타당성이 입증된 기술을 의미하기도 한다. 도입 초기 정부에서는 보도 설명자료를 통해 최상가용기법(BAT)이 환경관리 방법론에 해당되는 바, 기술규제에 해당되지 않고 기업이 참여하는 업종별 기술작업반(TWG : Technical Working Group)에서 선정하고 사업장별 상이한 여건에 따라 기업이 적정하게 적용하여 허가신청 시 포함하여 제출한다고 발표하였다(※ 자료 : 환경부 보도 설명자료, 2014년 7월 9일자).

〈표 13-1〉은 BAT 관련하여 미국과 유럽의 적용 기술에 대한 용어를 비교한 것이다.

〈표 13-1〉 미국과 유럽의 적용 기술에 대한 용어 비교

구 분	유 럽	미 국	
		대기오염방지	수질오염방지
Definition	BAT (Best Available Techniques) : Technology + the way	• BACT(Best Availalbe Control Technology) • MACT(Maximum Achievable Control Technology)	• BPT(Best Practicable Control Technology currently Available) • BAT(Best Available Technology Economically Achievable)
Scope	사업장 관리체계, 배출시설별 관리방안, 배출량 저감방안 등	오염물질 제거 효율	
Integration	매체 통합적 접근	각 매체별 적용 기술	
Consideration	경제성, 기술성 동시 고려	여건·물질에 따른 효율	

※ 자료 : 환경부, 환경오염시설의 통합관리에 관한 법률 개요, 2014년 2월

2 최적가용기법(BAT)의 기능 분류

(1) ISO14001, EMAS 등 환경경영을 통한 지속적 점검 및 개선으로 물질·에너지 등 자원 소비의 효율화 및 균형 잡힌 오염배출저감체계를 구현한다. 여기서 EMAS란 Eco-Management and Audit Scheme의 약자로서, ISO 26000 또는 유럽연합에서 운영하는 대표적인 녹색경영 인증제도를 말한다.

(2) 배출시설의 최적운전을 통해 오염물질 발생 자체를 최소화한다.

(3) 폐기물, 폐수, 폐열 등을 회수하여 재이용(활용)하거나 물질 및 에너지 소비를 최소화한다.

(4) 경제성을 감안하여 효율적인 오염배출저감기법을 적용한다.

(5) 지속적 환경관리를 위한 배출시설 운영 및 오염배출 모니터링을 수행한다.

3 통합환경관리시스템의 이해

1 통합환경관리시스템의 도입배경 및 현황

정부(환경부)는 현행 오염물질 배출시설의 허가관리방식을 근본적으로 개선하고자 최상가용기법(BAT) 적용으로 과학적인 관리체계를 도입하는 통합환경관리시스템을 도입하였다. 현행 우리나라의 배출시설 관리체계는 1971년에 도입되어 수질, 대기 등 다양한 환경매체별로 분산·발전되어 왔다. 매체별 획일적인 배출허용기준 강화 등 제도의 기본 틀을 지속적으로 유지해 왔지만, 매체별 영향에 대한 종합적인 고려나 발전되는 환경기술을 산업현장에 적시에 적용하기가 어려웠고, 여러 허가관청에 의한 중복된 규제 등으로 고비용·저효율적 구조로 운영되는 현실이 지속되고 있는 것이 사실이다. 이에 '통합환경관리제도'는 이렇게 분산되어 있는 배출시설 인·허가, 관리·감독제도를 통합하고 간소화하는 것을 말하며, 1개 사업장에 1개 허가로 개선하는 것이다. 다시 말해 7개 법률로 분산·중복된 것을 '환경오염시설의 통합관리에 관한 법률' 1개로 일원화하고자 하는 것이다.

유럽연합(EU)에서는 90년대부터 통합환경오염예방·관리제도(IPPCD, IED)를 도입하여 각 국가에 시행하도록 했고, 독일은 연방임미시온방지법(Federal Immission Control Act), 영국은 환경보호법을 제정하여 80년대부터 통합환경관리제도를 시행·발전해 나가고 있다. EU위원회의 통합환경관리에 따른 행정비용 변화 조사('07년)에 따르면, EU 전체 통합관리 사업장 약 5만2천 개소의 통합허가에 따른 행정비용은 연간 1억500만 유로에서 2억5,500만 유로(약 1,526~3,706억 원)가 절감된 것으로 추정하고 있다. 영국 환경청에서 2001년부터 2006년까지 실시한 통합환경관리 도입효과 조사('07년)에서는 통합환경관리 도입에 따라 대부분의 배출시설에서 대기오염물질이 저감된 것으로 나타났는데, 특히 납과 황산화물은 절반 수준으로 저감되었으며, 폐기물 발생량은 약 25% 감소하고, 재이용량은 약 50% 증가한 것으로 조사되었다.

IPPCD

IPPCD는 Integrated Pollution Prevention and Control Directive의 약자로서, EU의 통합오염예방·관리지침('96)으로 BAT 적용, 허가 재검토 등을 규정하고 있다.

IED

IED는 Industrial Emission Directive의 약자로서, IPPCD에서 EU 회원국이 의무적으로 준수하여야 하는 BATC(BAT Conclusion)를 포함하여 제정된 지침('10년)을 말한다.

2 '환경오염시설의 통합관리에 관한 법률' 주요 내용

(1) '환경오염시설의 통합관리에 관한 법률'의 구성

'환경오염시설의 통합관리에 관한 법률'은 총칙 등 총 6장(章), 47개 조(條) 및 부칙으로 구성되어 있다([그림 13-1] 참조). 우선 '총칙'에서는 목적, 정의, 국가의 책무, 그리고 다른 법률과의 관계를 규정하고 있으며, '통합허가'는 사전협의, 통합허가, 허가기준, 허가배출기준, 허가조건 및 허가배출기준 변경, 적용 특례, 권리·의무 승계 등을 다루고 있다. '통합관리'에서는 가동개시 신고 및 수리, 오염도 측정, 개선명령, 배출부과금, 측정기기, 배출시설 및 방지시설운영관리, 허가취소, 과징금 등의 내용을 담고 있으며, 'BAT'에서는 최적가용기법, 실태조사, 기술개발 지원 등의 내용을 담고 있다. '보칙'에서는 정보공개, 통합환경허가시스템 구축, 전문기술심사원 운영, 보고·검사, 자가측정, 기록보존, 연간보고서, 수수료, 위임·위탁, 공무원 의제, 규제 재검토 등을 다루고 있고, 마지막 장(章)인 '벌칙'에서는 양벌규정과 과태료 등에 대해서 규정하고 있다.

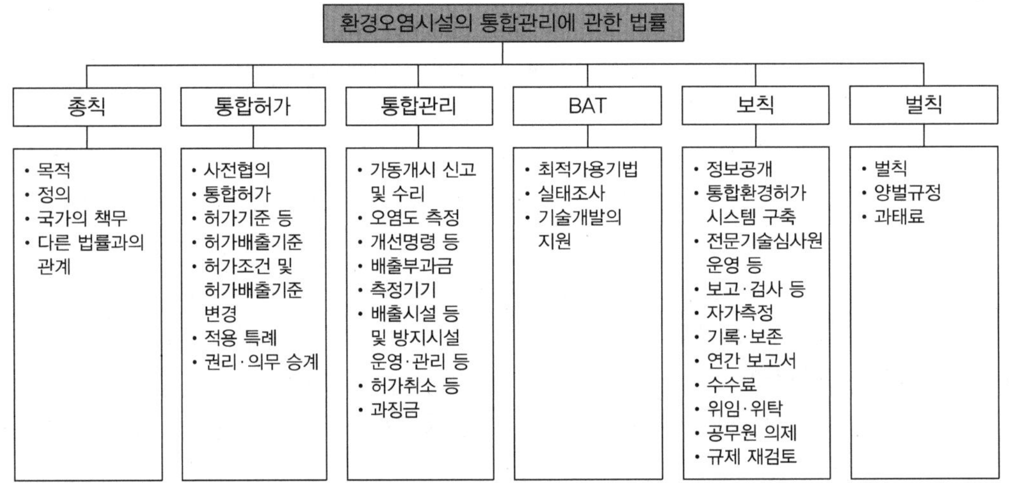

※ 주 : 총칙 등 총 6장(章), 47개 조(條) 및 부칙으로 구성됨. 통합관리사업장은 이 법률을 우선 적용하되, 이 법에 규정되지 아니한 사항은 다음 7개 관계 법률을 적용하고 있다.
① 대기환경보전법 ② 소음·진동관리법 ③ 물환경보전법 ④ 악취방지법
⑤ 잔류성 유기오염물질관리법 ⑥ 토양환경보전법 ⑦ 폐기물관리법

[그림 13-1. 통합환경관리시스템의 법률체계 일반]

※ 자료 : 환경부 보도 설명자료, 2014년 12월

(2) 통합환경관리시스템 도입에 따른 개선

다음 〈표 13-2〉에서는 초기 통합환경관리시스템 도입에 따른 개선내용을 요약하였고, 관련 절차를 사전준비, 허가신청, 검토 및 결정, 설치 및 운영, 사후관리 등으로 각각 구분하여 제도 도입 후의 개선 기대효과를 설명하고 있다.

① 사전준비

당초 일방향・중복・획일적 규제에서 소통・통합・과학적 접근방식으로의 개선이 기대되며, 공식적으로 사전협의와 함께 기술정보자료에 해당하는 최적가용기법(BAT) 기준서인 K-BREF(BAT REFerence Documents) 등을 제공하고 있다.

② 허가신청

9개 허가 복수신청을 1개 통합허가신청으로 개선하였고, 허가서류도 통합환경관리계획서 1종으로 하였다. 아울러 법령별로 다양한 허가권자를 1개 기관(환경부장관)으로 일원화하였고, 인・허가서류 제출방식도 시대상황에 맞게 과거 서면방식에서 온라인(통합환경허가시스템)으로 개선하였다.

③ 검토 및 결정

과거 서류 확인의 위주방식, 즉 주민등록등본 발급방식에서 객관적・전문적 검토(BAT 기준서 기반, 전문기술심사원 운영)가 이루어지게 하였고, 유관 행정기관의 검토과정 비공개 및 일방적 통보방식에서 검토과정의 조회 및 이의신청을 가능하게 하였다.

④ 설치 및 운영

과거 시설특성 및 실제 현장여건을 반영하지 않는 획일적 배출기준방식에서 실제 현장에서 적용되는 기술과 기법을 기반으로 맞춤형 배출기준을 설정하였다.

⑤ 사후관리

허가조건 불변과 매체별 일회성, 적발식 단속에서 주기적(5~8년) 허가조건 등 보완 및 기술지원이 가능하게끔 하였다.

〈표 13-2〉 통합환경관리시스템 도입에 따른 개선 내용

단계	현 행	개 선
	일방향・중복・획일적 규제	소통・통합・과학적 접근
사전준비	▪ 공식절차 없음.	• 공식 사전협의 • 기술정보 사전 제공 – 최적가용기법(BAT) 기준서(K-BREF) 등
▽		
허가신청	9개 허가 복수신청 – (허가서류) 70여 종(유사・중복 다수) – (허가권자) 법령별로 다양 (환경청, 시・도, 시・군・구) – (제출방식) 서면제출	1개 통합허가 신청 – (허가서류) 1종(통합환경관리계획서) – (허가권자) 1개 기관(환경부장관) – (제출방식) 온라인(통합환경허가시스템)
▽		
검토・결정	• 서류 확인 위주 – 주민등록등본 발급식 허가 • 검토과정 비공개, 일방적 결과통보	• 객관적・전문적 검토 – BAT 기준서 기반, 전문기술심사원 운영 – 검토과정 조회 및 이의신청 가능
▽		
설치・운영	획일적 배출기준 – 시설특성 등 실제 현장여건 미반영	맞춤형 배출기준 설정 – 실제 현장에서 적용되는 기술・기법 기반
▽		
사후관리	• 허가조건 불변 • 매체별 일회성・적발식 단속 – 빈번한 단속(여수 A사업장, 연36회)	• 주기적(5~8년) 허가조건 등 보완 및 기술지원 • 통합 지도・점검 및 기술진단 – 규모・관리수준 등에 따라 점검
	⇓	⇓
	불완전한 허가	허가의 완결성 제고

※ 자료 : 환경부 보도자료 설명, 2014년 12월

(3) 법률의 주요 내용(요약)

제도도입 초기 주무부처인 환경부 보도자료 설명에 의하면, 당초 3대 기본원칙을 토대로 법률안을 입안(立案)하였고, 최상가용기법 적용으로 환경개선과 산업 생산성을 제고하고 산업계 등 다양한 이해관계자가 참여하여 합리적인 규제 수준을 설계한다고 하였다. 여기서 말하는 3대 기본원칙이란 기술혁신, 산업협업, 현장맞춤으로서 관련 내용은 다음과 같다.

① **기술혁신**
환경을 개선하고, 생산성을 제고할 수 있도록 최상가용기법을 적용하여 원료・용수・에너지 절감을 유도한다.

② **산업협업**
산업계, 전문가, 정부가 함께 최상가용기법의 범위, 수준 등을 설계한다.

③ **현장맞춤**
업종・시설별 특성에 따른 사업장 여건을 반영하여 맞춤형 관리체계를 구축하여 부담을 균등화한다.

또한, 업종별 특성 등을 반영한 합리적이고 과학적인 관리체계를 구축했으며, 이에 대한 주요 내용은 다음과 같다.

- 현행 대기환경보전법에 따른 대기오염물질배출시설 허가, 물환경보전법에 따른 폐수배출시설 허가 등 6개 법률의 9개 인・허가를 하나로 통합하여 사업자의 환경 인・허가에 대한 부담을 완화하고 오염물질이 매체별로 미치는 영향을 종합적으로 고려한다.
- 업종별로 산업체 등 이해관계자가 참여하는 기술작업반(TWG) 등에서 최상가용기법을 선정, 이에 대한 세부 기준서(K-BREF)를 작성한다. 이를 통해 사업자에게는 우수한 환경관리기술을 공유・적용하도록 하고, 허가담당 공무원에게는 기술에 기반(基盤)한 과학적인 허가 및 관리를 도모하고자 한다.
- 그 동안 배출시설에 획일적으로 적용되었던 배출허용기준을 개선하여 업종별・사업장별 특성과 최상가용기법 적용 등을 감안한 맞춤형 배출기준으로 전환하고자 한다.
- 허가관청이 5년에서 8년 사이에 주기적으로 허가한 사항에 대하여 그 적정성 등을 재검토하도록 하여 사업자의 배출시설 등의 적정한 운영을 지원하고, 비고의적 범법행위를 사전에 바로잡아 선의의 범법자 양산을 방지한다.
- 현행 제도에서의 일부 불합리한 규제를 합리적으로 개선하고 일회성 또는 적발식 단속 위주에서 사업자의 자율적 관리기반을 조성할 수 있는 방향으로 관리방식을 전환한다.

[그림 13-2]에서는 국내 통합환경 인・허가절차 흐름도를 표시하고 있다.

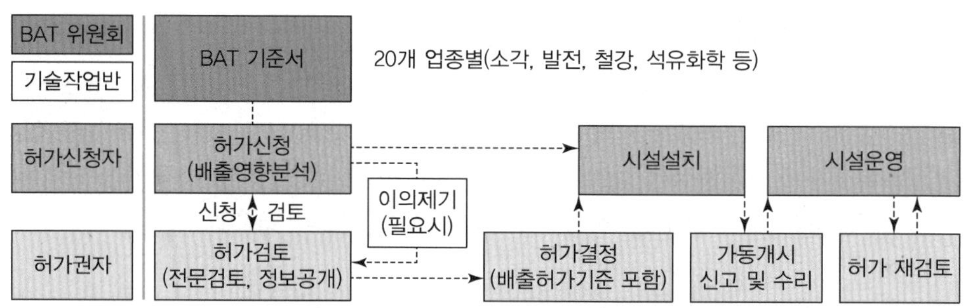

[그림 13-2. 통합환경 인·허가절차 흐름도]

※ 자료 : 환경부, 기술발전을 고려한 통합환경관리 도입방안, 2014년 1월 22일

3 적용대상과 시행일정

통합환경관리제도는 환경영향이 큰 대기·수질 1,2종 사업장을 중심으로 먼저 적용하게 되고, 2017~2021년간 업종별로 단계적으로 시행하되, 기존 사업장은 4년간 유예조건으로 한다. 본 제도는 사업장별로 허가배출기준 설정 및 허가조건을 부여하고, 매 5년마다 허가조건 및 기준의 적정성을 검토하되, 3년 범위에서 연장 가능하다. 참고로 국내 통합환경관리제도 허가절차는 [그림 13-3]과 같다.

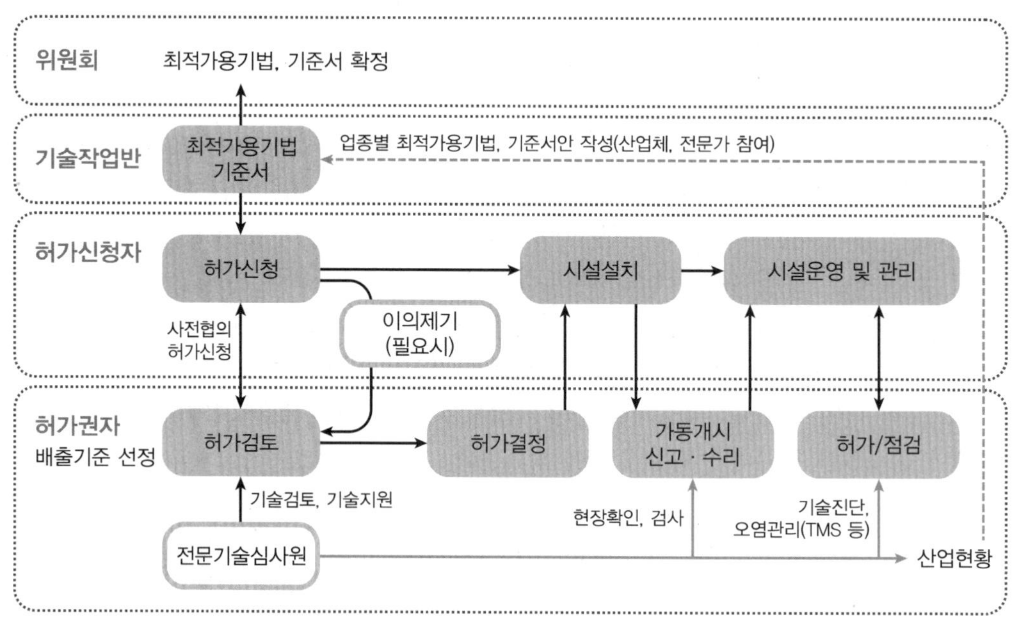

[그림 13-3. 통합환경관리제도 허가절차]

※ 자료 : 환경부 통합환경허가시스템 홈페이지, 국립환경과학원, 2016년 11월

최적가용기법(BAT)의 수준 및 선정에 있어 BAT는 현재 사업장에서 사용하고 있는 환경관리기법 중 환경개선 효과가 크고 경제성 있는 기법을 총칭한다. 이는 산업계 등이 참여하는 기술작업반(TWG)에서 제안하고, 기술발전을 고려하여 개정하게 된다. 참고로 BAT 선정을 위한 일반기준은 다음과 같다.

① 현장적용 가능성
② 오염물질 발생량 및 배출량 저감 효과
③ 경제적 비용
④ 에너지 사용의 효율성
⑤ 폐기물의 감량 및 재활용 촉진

4 시행 후 예상효과

환경부산하 국립환경과학원 자료에 의하면, 통합환경관리제도 시행에 따라 연간 82억 원 비용절감 추정과 함께 3,300억 원 GDP 창출, 그리고 5년간 6천여 개의 일자리 창출이 가능할 것으로 예상하고 있다([그림 13-4] 참조).

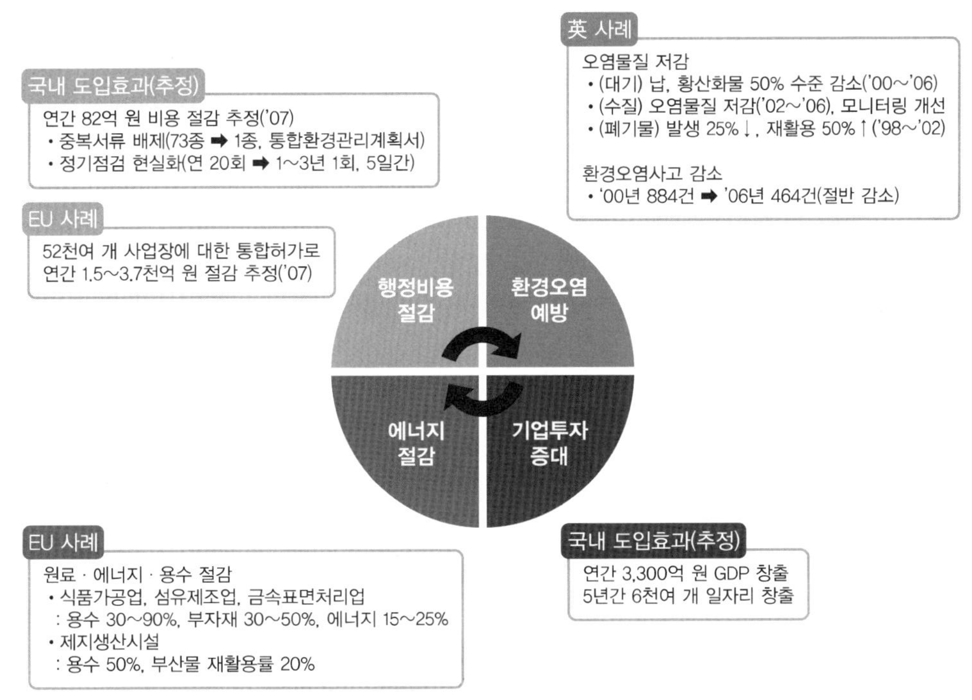

英 사례
오염물질 저감
• (대기) 납, 황산화물 50% 수준 감소('00~'06)
• (수질) 오염물질 저감('02~'06), 모니터링 개선
• (폐기물) 발생 25%↓, 재활용 50%↑('98~'02)
환경오염사고 감소
• '00년 884건 ➡ '06년 464건(절반 감소)
국내 도입효과(추정)
연간 82억 원 비용 절감 추정('07)
• 중복서류 배제(73종 ➡ 1종, 통합환경관리계획서)
• 정기점검 현실화(연 20회 ➡ 1~3년 1회, 5일간)
EU 사례
52천여 개 사업장에 대한 통합허가로
연간 1.5~3.7천억 원 절감 추정('07)
행정비용 절감
환경오염 예방
에너지 절감
기업투자 증대
EU 사례
원료 · 에너지 · 용수 절감
• 식품가공업, 섬유제조업, 금속표면처리업
: 용수 30~90%, 부자재 30~50%, 에너지 15~25%
• 제지생산시설
: 용수 50%, 부산물 재활용률 20%
국내 도입효과(추정)
연간 3,300억 원 GDP 창출
5년간 6천여 개 일자리 창출

[그림 13-4. 통합환경관리제도 시행 효과]

※ 자료 : 환경부 통합환경허가시스템 홈페이지, 국립환경과학원, 2016년 11월

NCS 실무 Q&A

Q 통합환경관리계획서 제출대상에 있어, 통합환경관리계획서에 포함되어야 할 내용과 근거·증빙서류, 그리고 관련 법적 근거에 대하여 설명해 주시기 바랍니다.

A 우선 통합환경관리계획서에 포함되어야 할 내용을 열거하면 다음과 같습니다.

① 배출시설 등 방지시설의 설치 및 운영 계획
② 배출시설 등에서 배출되는 오염물질 등이 주변 환경에 미치는 영향을 환경부령으로 정하는 바에 따라 조사·분석한 배출영향분석 결과(3~5종 사업장 허가신청 시 제외)
③ 사후 모니터링 및 유지관리 계획
④ 환경오염사고 사전예방 및 사후조치 대책
⑤ 사전협의 결과의 반영 내용
⑥ 사업장 일반현황
⑦ 배출구별 허가 배출기준안
⑧ 연료 및 원료 등 사용물질
⑨ 최적가용기법 적용 내역
⑩ 그 밖에 첨부서류 및 법 제10조 제1항 각 호의 구분에 따른 허가 또는 승인을 받거나 신고를 하는 경우의 서류

두 번째, 근거·증빙서류로서 통합환경관리계획서 검토목적(작성항목별 추정근거, 분석자료, 사양서 및 세부설명자료-공신력 있는 기관 작성 또는 객관적 자료) (예 : 배출시설 기능·공정, 사용원료·연료특성 설명자료, 시설설치 명세서 및 도면, 위치도, 발생량·배출량 예측서) 등이 필요합니다.

마지막으로 관련 법적 근거는 환경오염시설통합관리법 제5조(사전협의)와 제6조(통합허가) 시행규칙 제6조(통합허가 등의 신청)입니다.

CHAPTER 14

열유체 유동시뮬레이션(CFD)

학습목표

1. 열유체 유동시뮬레이션 일반에 대해 이해할 수 있다.
2. 전산유체역학 소프트웨어(S/W) 활용 및 실무 적용사례에 대해 알 수 있다.

학습내용

1. 열유체 유동시뮬레이션 일반
2. 전산유체역학 소프트웨어(S/W) 활용 및 실무 적용사례

1 열유체 유동시뮬레이션 일반

1 열유체 유동시뮬레이션의 정의

열유체 유동시뮬레이션은 전산유체역학(CFD : Computational Fluid Dynamics)을 이용하여 컴퓨터에 의해 각종 반응기나 연소실 등과 같이 일정한 형상을 갖는 장치 내부의 유체에 대한 여러 가지 물리화학적 특성값을 예측하는 방법을 말한다.

전산유체역학을 이용한 시뮬레이션의 기본원리는 자연법칙에 의해 지배되는 열유체 유동현상을 미분방정식 형태의 지배방정식으로 표현하고, 이를 수치해석에 적합한 형태로 변환시켜 고성능의 컴퓨터를 이용하여 해를 구하게 된다.

2 주요 특징 및 향후 해결과제 전망

(1) 주요 특징

① 실제적인 조건에 대해 다양하게 모사하는 능력

② 실험으로 곤란한 이상적인 조건에 대한 예측능력

③ 아주 상세하고 광범위한 정보를 제공

④ 실험에 비해 비용이 저렴하고, 소요시간을 고려할 때 효율적임.
⑤ 설계와 개발에 소요되는 시간을 현저하게 감소시켜 줌.

(2) 향후 해결과제 전망

① **전산비용의 저렴성과 계산속도** : 전산기의 성능 및 연산속도
② **전산해의 정확성 향상** : 적절한 해법 선정, 적절한 물리모델의 개발 및 적용, 격자망 구성의 적합성
③ **프로그램의 일반성** : 다양한 문제를 정확하고 편리하게 해석하고, 사용자가 사용하기 편리하도록 구성

3 전산유체역학 소프트웨어(S/W)의 종류 및 적용 분야

(1) 전산유체역학 소프트웨어(S/W)의 종류

현재 상용화되어 사용되고 있는 열유체 해석용 응용 소프트웨어로는 FLUENT, FIDAP, FLOW3D, PHOENICS, ADINA 등이 있으며, 이들 소프트웨어(S/W)는 전처리 프로그램인 Pre-Processor와 계산용 프로그램인 Solver, 그리고 후처리용 프로그램인 Post-Processor가 하나의 패키지로 구성되어 있다.

아울러 전처리 작업을 보다 효율적으로 할 수 있는 PRE 전용 프로그램이 개발되어 있는데, ICEM, IDEAS, PATRAN 등이 비교적 널리 사용되고 있다(〈표 14-1〉 참조).

〈표 14-1〉 **열유체 유동해석용 응용 소프트웨어(S/W) 현황**

용 도	CODE 명칭	주요 이용분야	제작사
열유체 해석 범용 S/W	FLUENT	유동해석(압축성) 전반	美 FLUENT
	FIDAP	유동해석(비압축성)	美 FDI
	FLOW-3D	유동해석 전반	英 AEA / ADI
	PHOENICS	유동해석 전반	英 CHAM
	ADINA[1]	유동해석 전반	美 ADINA R&D Inc.
열유체 해석 단품 S/W	FLOVENT	HVAC 등 공조해석	英 FLOMERICS
	FLAIR	건축 및 공조해석	英 CHAM
	GENTRA	Particle Tracker	英 CHAM
	FLOWTHERM	주로 전자제품 내 유동성	英 FLOMERICS
	MODFLOW	지하수 유동예측	–

※ 주 : [1] ADINA : Automatic Dynamic Incremental Nonlinear Analysis의 약자

※ 자료 : 한국환경기술단(KETEG), 환경에너지 설계 자료집(개정), 2017년

(2) 전산유체역학 소프트웨어(S/W)의 적용 분야

컴퓨터 시뮬레이션을 통한 열유체 유동해석은 전 세계적으로 이미 보편화되어 있는 기술로 여러 분야에 널리 적용되고 있다. 국내에도 산업체를 비롯한 연구소, 관련 기관 등에서 여러 종류의 상용 소프트웨어를 도입하거나 자체 개발하여 설계에 활용하고 있으며, 컴퓨터의 발달과 함께 이용도가 점차적으로 증가되고 있는 추세에 있다.

상기 Fluent 코드를 기준으로 한 전산유체역학 소프트웨어(S/W)의 주요 적용 분야로는 환경, 화학공정 및 장치, 발전, 공조, 자동차 등이 있다.

① 환경 분야(Environmental)
- ㉠ Dispersion of Contaminants and Effluents, Fume Abatement
- ㉡ Flow Arounding Building, NO_x Prediction, Fire Research
- ㉢ Design of Manifold/Flow Distribution Systems
- ㉣ Flow Gas Clean-up Equipments

② 화학공정 및 장치 분야(Chemical Process & Equipments)
- ㉠ Chemical Reactor Modeling, Liquid/Gas Cleaning
- ㉡ Mixing of Components, Heat Exchangers
- ㉢ Flow in Stirred Tank Reactors

③ 발전 분야(Power Generation)
- ㉠ Burner & Furnace Design, Coal/Oil/Gas Combustion
- ㉡ Super Heater & De-super Heater
- ㉢ Cooling Tower Design

④ 공조 분야(HVAC : Heating, Ventilating and Air Conditioning)
- ㉠ Flow in Ducts and Manifolds, Spray Cooling and Humidification
- ㉡ Air to Air & Air to Liquid Heat Exchangers

⑤ 자동차 분야(Automotive)
- ㉠ Vehicle Body External Aerodynamics
- ㉡ Intake and Exhaust Ducts and Manifolds
- ㉢ Engine Cooling System, Air and Oil Filter Flows

⑥ 기타 분야(Others)
- ㉠ Aerospace/Electronic/Computer
- ㉡ Material Processing etc.

산업현장에서의 열유체 유동시뮬레이션(CFD) 적용사례는 [그림 14-1]과 같다.

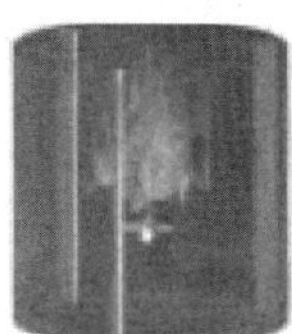
Mixing Tank

Flow around the Building

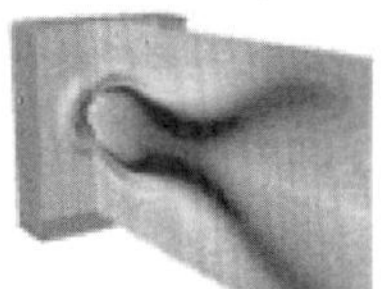
Low NO_x Burner Simulation

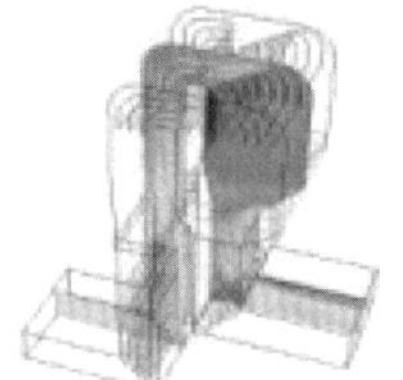
SCR Reactor Design

Room Air Flows

Airflow Around Buildings

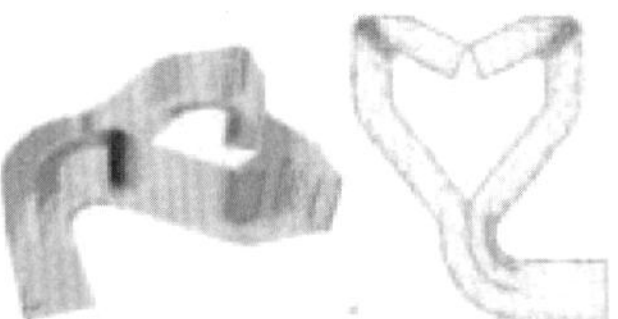
FGD Duct Design

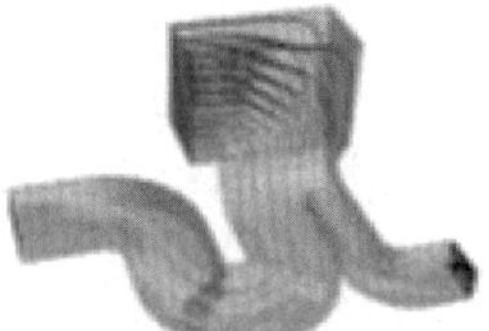
HVAC Ductwork

Incinerator Design

Industrial Ventilation

[그림 14-1. 열유체 유동시뮬레이션(CFD) 적용사례]

※ 자료 : 한국환경기술단(KETEG), 환경에너지 설계 자료집(개정), 2017년

2 전산유체역학 소프트웨어(S/W) 활용 및 실무 적용사례

1 전산유체역학 소프트웨어(S/W) 활용

전산유체역학 소프트웨어(S/W)는 선진국은 물론 국내에서도 여러 종류의 범용 소프트웨어가 개발 시판되어 실무에 적극 활용되고 있다. 적용에 있어 복잡한 형상과 특성을 갖는 일부 대상물의 경우는 해석의 제한을 갖는 문제점이 있으나, 전산유체역학 분야의 발전추세를 볼 때 해석의 제한성은 충분히 극복될 것이다.

앞서 설명한 바와 같이 전산유체역학 소프트웨어(S/W)의 적용 폭 또한 상당히 커지고 있는 추세로 전기집진장치 입구 내 배기가스 유동현상 예측이라든지 폐기물 소각로 연소실 유동해석 및 온도 예측, 그리고 바이오필터(Bio-Filter) 설계 기술개발 등 각 분야에 다양하게 적용되고 있다.

(1) 전기집진장치 입구 내 배기가스 유동현상 예측

① 적용 목적 : 전기집진장치 효율 증대를 위한 유동해석 및 적용기법 개발

② 결과물

㉠ 디퓨저(Diffuser) & 덕트 배열설계 최소화(설비를 위한 소요부지 최소화)

㉡ 설비 내 유동 균일화를 위한 유동장 예측(다공판 유동 균일화에 적용)

(2) 폐기물 소각로 연소실 유동해석 및 온도 예측

① 적용 목적 : 산업폐기물 소각로 성능개선 및 핵심요소 기술개발

② 결과물

㉠ 연소실 형상 최적설계

㉡ 연소가스 체류시간 예측 및 유동현상 파악

㉢ 연소실 내 온도분포 예측(최적제어지점 선정)

(3) 바이오필터 설계 기술개발에 적용

① 적용 목적 : 반응기 내 유동예측을 통한 형상설계 최적화

② 결과물

㉠ 균일한 흐름 유도, 미생물용 담체(Media)의 적절한 배치

㉡ 설비의 콤팩트화 및 반응효율 증대(설비를 위한 소요부지 최소화)

2 실무 적용사례

실무 적용사례로서, 대형 생활폐기물 소각로(Stoker Type) 연소실 내부에 전산유체역학을 적용한 열유체 유동시뮬레이션 결과이다.

본 시뮬레이션은 열유체 유동해석 소프트웨어인 Fluent/UNS 4.2 및 슈퍼컴퓨터(HP Exemplar)를 사용하였으며, 고형쓰레기를 발열량(기준 : 1,600kcal/kg) 및 연료성분이 유사한 가스상 연료($C_xH_yO_z$)로 가정하여 연소현상을 분석하였다.

먼저 로(爐) 내 유동특성을 살펴보면, 1차 연소실 노즈(Nose) 부위에 의한 건조가스의 순환영역에서 연소영역으로의 혼합현상이 활발히 이루어지고 있고, 2차 연소실 입구 노즈 입구 후반부에서는 격렬한 교반이 이루어져 완전연소에 필요한 충분한 체류시간이 유지되고 있다.

내부구조에 대한 이해를 돕기 위해 [그림 14-2]에서는 1차 연소용 공기분배시스템을, [그림 14-3]에서는 2차 연소용 공기노즐 위치를 각각 도식화하였다.

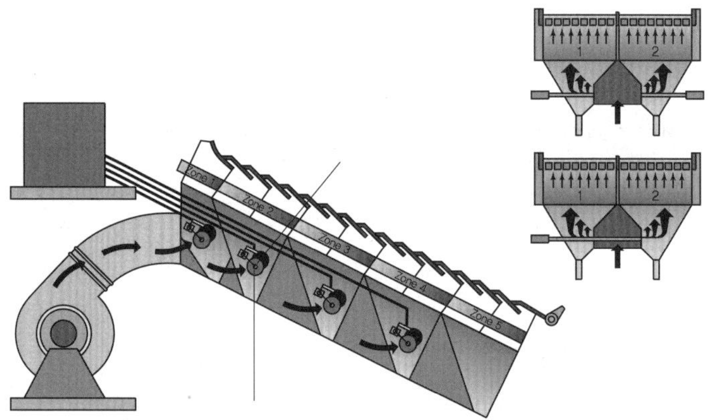

[그림 14-2. 1차 연소용 공기분배시스템]

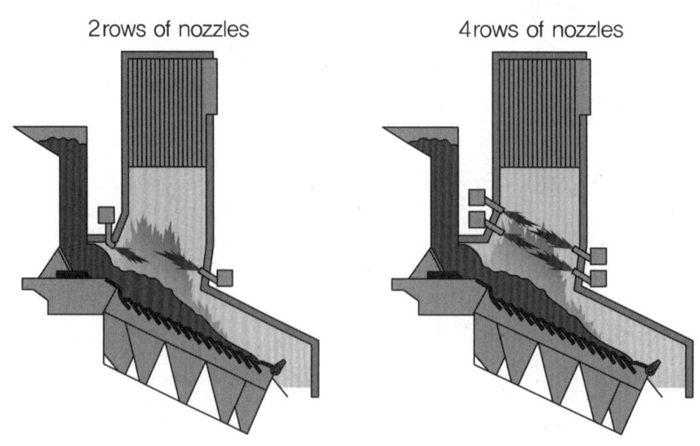

[그림 14-3. 2차 연소용 공기노즐 위치]

※ 자료 : Martin, Germany

로 내 온도분포의 경우는 연소단위에서의 연소가 활발하여 최고연소온도는 1,700K(1,427℃) 정도이고, 2차 연소실 온도는 1,250K(977℃) 범위의 균일한 분포를 유지하고 있음을 알 수 있다(※ 단위환산 : K= ℃+273).

[그림 14-4]는 CFD를 활용한 생활폐기물 소각로(Stoker Type) 내부 열유체 유동시뮬레이션 최종 수행 결과물이다.

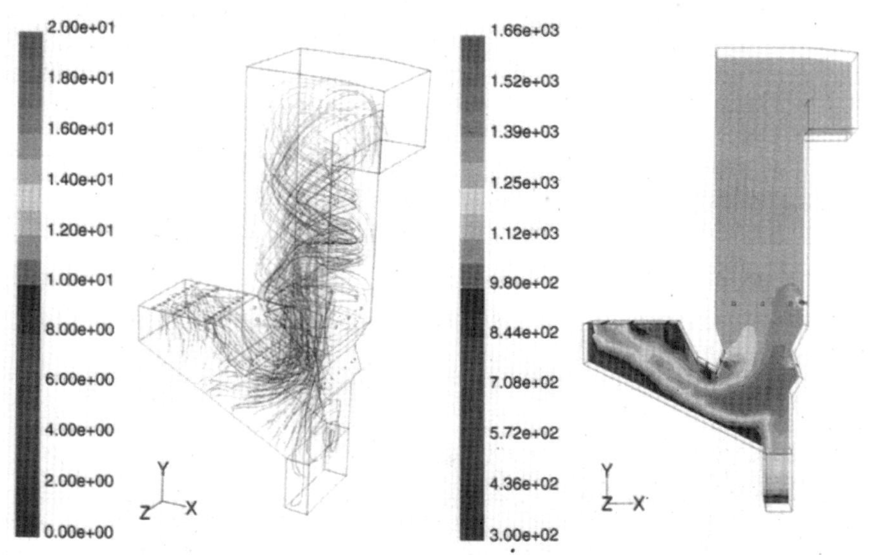

Velocity Vectors Colored by Velocity Magnitude(m/s)

Contours of Static Temperature(K)

(a) 로 내 유동특성(냉간 유동해석)

(b) 로 내 온도분포($\kappa-\varepsilon$ 난류모델 적용)

[그림 14-4. 생활폐기물 소각로(Stoker Type) 내부 열유체 유동시뮬레이션 결과]

※ 자료 : 한국환경기술단(KETEG), 환경에너지 설계 자료집(개정), 2019년

NCS 실무 Q&A

Q 전산유체역학(CFD)을 적용한 열유체 유동시뮬레이션 구현을 위한 범용 프로그램인 'FLUENT'에 대해서 설명해 주시기 바랍니다.

A CFD는 물체를 통과하거나 그 주변으로 지나가는 유체(액체 또는 기체)의 움직임을 시뮬레이션합니다. 이 해석은 대단히 복잡해질 수 있으며, 열전달, 혼합, 불안정한 압축성 흐름 등이 한 가지 계산에 모두 포함되기도 합니다.

이 중 FLUENT는 비압축성(Low Subsonic)에서 압축성(Supersonic and Hypersonic) 및 천음속(Transonic) 유동 등 유동의 전 영역을 해석할 수 있는 CFD 전용 Solver입니다.

FLUENT는 유동해석 수렴 가속화를 위한 Multigrid 방법과 연계된 여러 가지 형태의 Solver Option을 제공하며, 또한 여러 유속영역에서 최적의 해석 효율과 정확도를 보장합니다.

FLUENT는 완벽한 격자 유연성(Mesh Flexibility)과 솔루션에 기반한 적응 격자(Mesh Adaption) 기법과 연계한 다양한 수치해석 모델을 제공함으로써, 층류 및 난류 유동, 여러 형태의 열전달 문제, 화학반응 문제, 다상유동 문제 등 다양한 물리적·화학적 현상들을 사용자가 정확하게 예측할 수 있도록 합니다.

아래 그림은 열유체 유동시뮬레이션을 적용한 환기시스템 시뮬레이션 결과입니다.

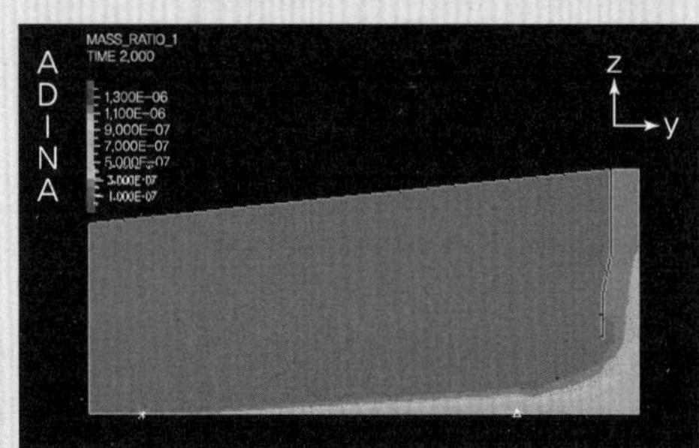

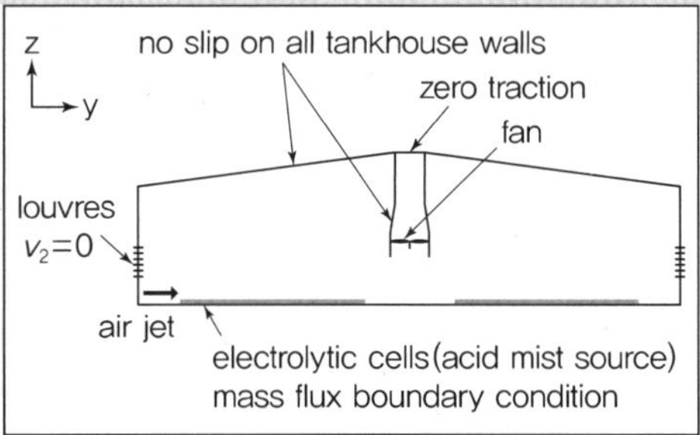

[환기시스템의 시뮬레이션]

※ 자료 : 에이블맥스(주), 엔지니어링 토탈 솔루션기업, 2019년 12월(검색기준)

CHAPTER 15

환경기초시설 시공안전관리

학습목표

1. 환경기초시설 시공안전관리 일반을 이해할 수 있다.
2. 시공과정에서의 안전재해 요소 및 절차를 알 수 있다.
3. 환경기초시설 시공단계에서의 안전관리대책을 파악할 수 있다.
4. 적정 환경안전관리비를 계상할 수 있다.

학습내용

1. 환경기초시설 시공안전관리 일반
2. 시공과정에서의 안전재해 요소 및 절차
3. 환경기초시설 시공단계에서의 안전관리대책
4. 적정 환경안전관리비 계상

1 환경기초시설 시공안전관리 일반

환경기초시설 시공안전관리란 사업시행 전반에 걸친 기상조건, 지반조건, 수리수문조건, 교통현황, 시공현장 주변여건 및 민원발생 등을 충분히 고려하여 환경기초시설 현장에서의 재해 최소화를 위한 방재계획과 환경안전관리계획을 전체적으로 수립하는 일련의 행위를 말한다.

환경기초시설 시공단계에서의 안전관리를 위해 공사수행을 위한 조직구성과 함께 정기적인 시공안전교육을 통해 현장 구성원들로 하여금 안전에 대한 인식을 철저히 고취시켜야 한다. 이를 위해서 우선적으로 전체 공사비에 적정 환경안전관리비를 계상하여 이를 요율에 맞게 집행하여야 하고, 작업장 내 안전시설의 보강작업을 실시해야 한다. 실적공사비 적산제도 등에 기인한 합리적인 공사비와 공사기간이 확보되어야 하며, 원청(발주사)과 하도급 등 건설공사 전반에 걸쳐 공정과 공기의 최적화를 위한 건전한 시공환경이 조성되어야 한다.

다시 말해, 환경기초시설 시공안전관리를 위해서는 사고 예방을 위한 조직과 교육, 적정한 환경안전관리비의 계상 및 집행, 필요한 안전시설의 보강, 적절한 품질관리(Quality Control)

및 품질보증(Quality Assurance), 시설물의 Life Cycle 전 과정에 걸친 환경안전 개념정립 등이 요구된다. 참고로 [그림 15-1]은 폐기물자원화(소각) 시설 관련 설비공사의 예이다.

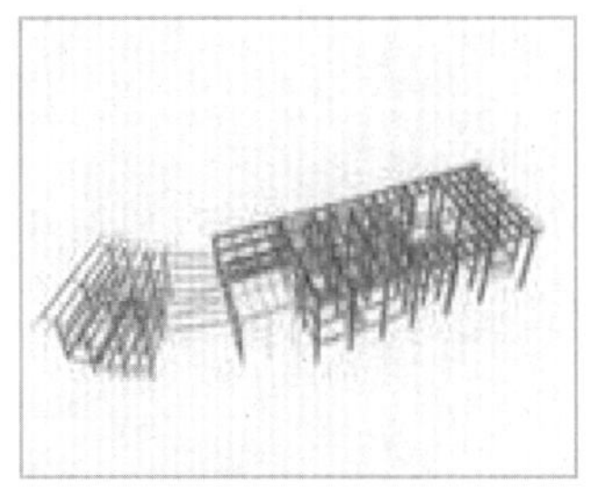
(a) 철골공사

(b) 환경기초시설동 공사

(c) 경비동 공사

(d) 소각로

(e) 폐열보일러(WHB)

(f) 대기오염방지시설

[그림 15-1. 폐기물자원화(소각) 시설 관련 설비공사(예)]

※ 자료 : 박성복, 최신폐기물처리공학, 성안당

2 시공과정에서의 안전재해 요소 및 절차

1 안전재해 요소

일반적으로 시공현장 내 안전재해(安全災害)의 특징은 그 발생형태가 매우 다양하게 나타날 수 있으며, 사소한 재해가 대형재해로 발전한다거나 동시 다발적으로 복합재해로 이어질 수 있다. 재해(災害)의 기본원인 4가지를 소개하면 다음과 같다.

(1) 인적 요인(Man Factor)

인적 재해요인은 심리적 요인과 생리적 요인, 그리고 직장적 요인 등으로 구분할 수 있다.

(2) 설비적 요인(Machine Factor)

설비적 재해요인은 설비 및 공기구의 설계상 결함(안전개념 미흡), 표준화 미흡, 방호장치의 불량(인간공학적 배려 부족), 그리고 정비와 점검 미흡 등이다.

(3) 작업적 요인(Media Factor)

작업적 재해요인은 작업정보의 부적절, 작업공간 부족 및 작업환경 부적합, 그리고 작업자세, 작업동작의 결함, 작업방법의 부적절 등이다.

(4) 관리적 요인(Management Factor)

관리적 재해요인은 관리조직의 결함, 교육훈련의 부족, 규정과 매뉴얼 불비(不備), 부하직원에 대한 지도, 감독 결여, 적성배치 불충분, 건강관리의 불량 등이다.

2 안전시공 절차

안전시공을 위해서는 관련 절차 및 방법 등이 중요하므로 환경기초시설 현장에서는 초기계획 시 수립된 시공절차 및 방법을 충분히 숙지하는 노력이 필요하다. 안전시공을 위한 조사·계획단계부터 시공까지 필요한 개략적 절차를 소개하면 다음과 같다.

① **조사 및 계획** : 사업계획의 결정을 위한 전(前) 단계
② **설계** : 설계도, 설계서, 일반 및 기술시방서
③ **시공** : 시공계획, 시공관리, 검사(Inspection)
④ **공용** : 시설물의 인도

환경기초시설의 철저한 시공을 위해서는 생산수단을 합리적으로 결합하여 신속하고 값이 싸면서도 품질을 좋게, 그리고 안전하게 계획하는 것이 중요하다. 따라서 시공관리에서는 공정관리, 원가관리, 품질관리, 안전관리를 크게 4대 기본원칙이라고 하며, 이들은 항상 독자적이 아닌 상호 연관성을 갖고 있다([그림 15-2] 참조).

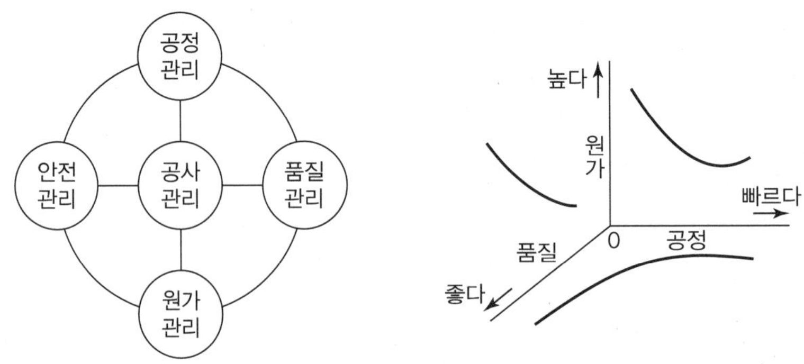

[그림 15-2. 시공계획의 4대 기본원칙]

※ 자료 : 박성복, 최신폐기물처리공학, 성안당

환경기초시설 시공관리 제1단계는 계획수립, 제2단계는 계획에 입각한 실시, 제3단계는 계획과 실적을 비교하여 계획보다 지연 시 수정 조치사항을 수립하는 것이다. 시공현장에서 총책임을 지는 현장소장(CM, Construction Manager)은 일종의 소사장(小社長)으로서 최고경영자(CEO) 역할을 하게 되며, 한시적으로나마 그 현장은 독립채산제적인 회사로 인정을 받게 된다.

소사장인 현장소장(CM)은 공사완료 시까지 주어진 책임을 성실히 수행해야 함은 물론, 당초 실행예산 준수 및 절감에도 신경을 써야 한다. 권한과 책임이 막강한 현장소장은 공기 준수를 목표로 시공 전반을 관리하는 역할 외에 경영, 심리학, 회계, 재무는 물론 철학까지도 어느 정도 감각을 겸비해야 하는 직책이다. 또한 현장의 모든 작업자들이 시공에 필요한 기술, 공법, 관리에 대하여 제도적인 보완과 교육을 통하여 현장용 조직기능을 탄력성 있게 구성해야 한다.

심화학습

중장비 안전관리 절차

중장비는 지게차, 크레인, 스카이 등 현장에 출장되는 모든 장비를 말하는 것으로서, 정해진 절차에 의해 장비 사용 계획을 수립하게 된다. 중장비 작업계획서에는 작업계획서, 산재보험가입증명서, 등록증, 보험증, 면허증 등이 첨부되어야 한다. 이렇게 제출된 작업계획서는 장비점검기록지(Check List)에 근거하여 현장여건에 맞게 장비점검을 실시한다. 허가를 득한 계획서는 장비작업구간(또는 장비 내)에 비치한 후에 작업을 실시하게 되는데, 만약 부적격하다고 판단될 경우는 계획을 수정・보완하여 다시 승인절차를 밟아야 한다. 이후 승인된 계획서를 바탕으로 장비기사 안전교육을 실시한 후 현장에 투입한다.

3 환경기초시설 시공단계에서의 안전관리대책

1 시공현장 안전사고 유형

(1) 폭발(暴發) · 붕괴(崩壞)

시공현장의 굴착 혹은 대형물질의 파쇄를 위해 화약류를 사용하거나 불완전연소가스 물질로 인한 환원성 분위기에 의해 폭발 · 붕괴되는 사고 유형이다.

(2) 낙석(落石)

폐기물처리시설 시공현장 내에서 비탈면이나 대절토 깍기작업 시 발생할 수 있는 바위덩어리나 석재 등이 갑자기 흘러내리는 현상이다.

(3) 감전(感電)

시공현장에서 사용된 전선의 피복이 벗겨지거나 작업자의 안전장구(장갑, 안전화 등) 미착용, 전기 관련 안전교육 미흡 등에 따른 신체에의 불완전 통전현상이 주원인이다.

(4) 화재(火災)

용접작업 시 비산되는 불꽃에 의하거나 전기합선, 낙뢰, 건설현장 내 폐기물 보관장 등에서 가연성 물질의 자연연소 등에 의해 주로 발생할 수 있다.

(5) 추락(墜落)

시공현장에서의 고소작업, 작업발판 설치불량, 안전보호구 미착용(안전모, 안전벨트 등), 검정미필 자재 사용, 비정기적인 현장점검, 안전교육 미흡 등에 의한 사고유형이 여기에 해당한다.

(6) 낙하(落下)

시공현장 보관자재의 불량적재, 현장 작업자의 부주의, 과부하 등의 원인에 의해 물체가 아래로 떨어져 발생하는 안전사고 유형이다.

(7) 낙뢰(落雷)

이는 기상적인 요소로 발생하며, 낙뢰경보기 미설치, 낙뢰 발생 경보 시 발파작업 중지 및 안전한 장소로의 대피 등이 지켜지지 않았을 경우 발생하는 안전사고 유형이다.

(8) 전도(顚倒) · 압착(壓搾)

자재적재 시 받침목의 불안정, 장비후진 시 부주의 및 미경보음, 각종 장비 및 기구 사용 시 안전작업 절차를 준수하지 않음으로 인해 주로 발생하는 사고유형이다.

2 환경안전관리계획 수립

(1) 시공을 위한 환경안전관리계획

시공을 위한 환경안전관리계획으로는 환경안전계획 수립, 환경안전계획의 운영, 대상 현장의 환경안전관리 활동, 환경안전관리 조직 및 업무분장, 국내 법령상 환경안전관리계획(사전안정성 평가), 환경안전관리비 등과 관련된 실행계획(Action Plan)을 수립하는 것 등이다.

그리고 사업장 및 시공현장 등에서의 안전관리 사이클은 계획(PLAN), 실시(DO), 평가(CHECK), 조치(ACTION)와 같이 4단계로 구분하며, 단계별 안전방침 및 절차는 다음과 같다.

① 안전관리를 위한 계획(PLAN) 단계

이 단계에서는 위험요인과 법규 및 기타 요건 등을 파악하며, 목표 수립과 안전보건경영 세부 추진계획을 수립한다.

② 안전관리를 위한 실행 및 운영(DO) 단계

시스템의 구조 및 책임, 안전훈련 인식과 적격성, 안전관리 문서화 및 문서관리, 안전관리를 위한 운영관리, 비상사태 및 대응 등이다.

③ 안전관리 절차에 대한 시정 및 예방조치(CHECK) 단계

안전관리 절차에 대한 모니터링 및 측정, 부적합과 시정 및 예방조치, 안전관리절차 기록, 안전 감사를 실시한다.

④ 조치 혹은 경영검토(ACTION) 단계

이러한 계획, 실행 및 운영, 시공 및 예방조치 단계를 통한 지속적인 개선단계를 반복하여 더 좋은 사업장이나 건설현장을 조성해 안전성이 확보될 수 있도록 한다.

[그림 15-3]은 상기 설명을 바탕으로 작성한 사업장 안전관리 절차와 방법에 대한 모식도이다.

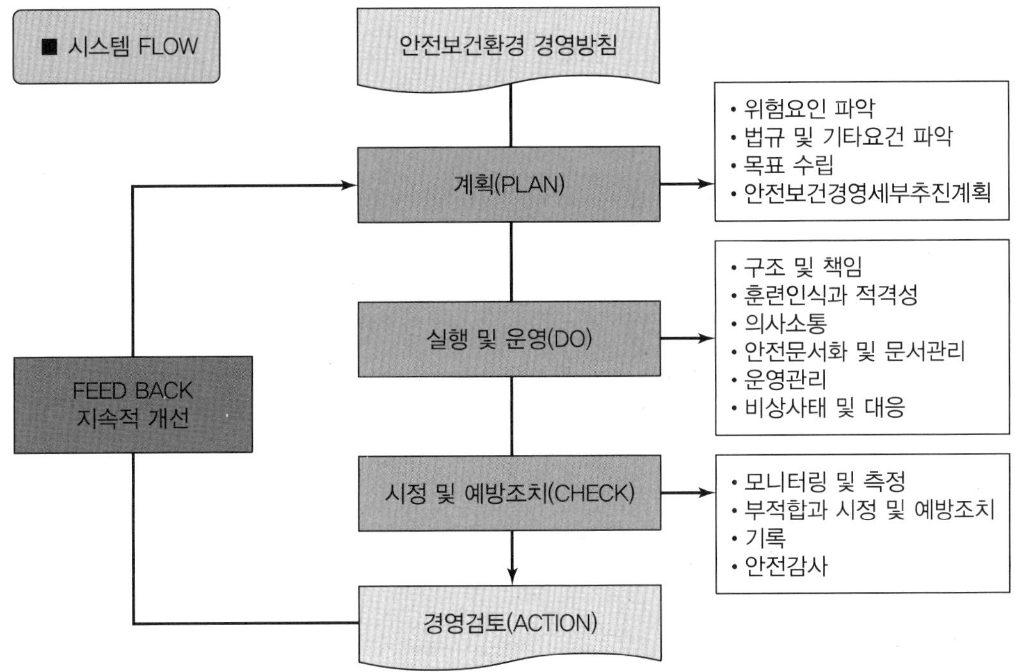

[그림 15-3. 안전관리 절차와 방법 모식도]

다음에서 폐기물처리시설 시공과정 중 발생할 수 있는 환경안전사고 사례(Case) 몇 가지 소개하고자 한다.

(2) 사례연구(Case Study)

① [사례 1] : 폐기물처리시설 시공현장 내 중량물에 협착

폐기물처리시설 시공현장 내 철 구조물의 수평을 맞추기 위해 전동 자키를 이용해 받침대를 들어올리다가 받침대가 넘어지면서 지면과 받침대 사이를 협착(狹窄)한 사례이다. 이는 중량물 받침대 한쪽을 전동 자키로 과도하게 들어올리다가 받침대가 전도된 경우이다. 이와 같은 사고를 방지하기 위해서는 중량물 하부작업 시 보조 안전블럭을 설치하여 불의의 전도에 따른 2차 예방조치를 해야 하며, 중량물을 조금이라도 이동 또는 인양하는 경우에는 수동장비(手動裝備)를 사용하지 못하도록 해야 한다.

② [사례 2] : 폐기물처리시설물 보수 중 협착

회전시설의 지하 피트(Pit)에서 정비작업을 하다가 정비요원이 작업하는 것을 모르던 시설운전요원이 시설물을 가동하여 회전하는 프레임에 협착된 사례이다. 이는 설비의 지하 출입문이 열려 있는데도 내부의 이상 여부를 확인하지 않은 채 설비를 가동시키는 경우와 정비작업자가 설비의 전원을 차단하지 않은 채 작업하는 경우 등이다.

본 사고가 주는 교훈은 설비보수작업이나 점검 시에는 사전에 운전자 등에게 통보하고, 관련 부서간의 사전협의를 통해 안전조치를 철저히 해야 한다는 점이다. 또한 시설물의 정비용 출입문 등에는 리미트 스위치(Limit Switch)를 설치하여 작업자가 무단출입하는 경우, 자동적으로 정지되도록 하여야 한다.

③ [사례 3] : 폐기물소각시설 건설부지에서의 공사용 포크레인 후진 시 충돌

포크레인이 후진하다가 후방의 작업자를 확인하지 못하고 친 사례로서, 포크레인의 접근 위험반경 내에서 작업을 하는 경우와 신호수를 배치하지 않은 경우에 발생할 수 있다. 대책으로는 중장비 작업 시에는 반드시 안전거리를 확보하여 작업자의 접근을 방지하도록 하며, 현장감독자 및 신호수를 배치하여야 한다.

④ [사례 4] : 질소(N_2)가스에 의한 질식

질소가스가 들어있는 호퍼 내부에서 질식하는 사례로서, 안전교육을 형식적으로 시행하는 경우와 생산량 증가에 따른 인력 부족으로 안전교육 없이 연수생을 현장에 투입함으로써 설비의 화학적 특성을 이해하지 못한 경우 등이다. 본 사고가 주는 교훈으로는 안전작업표준서를 공정특성에 맞게 재정비하고, 신규인력에 대해서는 안전교육을 철저히 실시하도록 해야 한다는 점이다. 아울러 생산부서와 안전부서간의 상호점검을 통해 공정안전에 대한 관리감독체계를 확립하도록 해야 한다.

⑤ [사례 5] : 폐기물처리시설 시공현장에서의 용접작업 중 질식

제작 중인 철 구조물 장비의 기둥부분 내부 칸막이 용접작업 중 사고자가 방진마스크를 착용한 채 질식한 사례이다. 밀폐공간에서 용접작업 중 질식하는 경우와 개인 질병으로 인해 발생하는 사고유형에 해당한다.

이를 방지하기 위해서는 실내에서 용접작업을 하는 경우에는 환기를 철저히 하여야 하며, 협력업체 인력을 신규 채용하는 경우에는 건강진단결과표를 반드시 확인하는 습관이 필요하다.

⑥ [사례 6] : 폐기물처리시설 내 세차(洗車)용 폐수 무단유출

사업장 내 세차장에서 발생된 세차폐수가 Overflow 되어 인근 우수관로로 유출된 사례이다. 원인으로는 세차장의 배수로 및 여과필터를 정기적으로 청소하지 않아 폐수가 주변 우수관로로 유출되는 경우와 우수로의 최종배출구에 유수분리시설이 설치되지 않은 경우, 그리고 세차장 관리책임자의 허가없이 시설을 임의로 사용하거나 이용수칙을 위반하는 경우 등이다.

세차물 무단유출을 방지하기 위해서는 폐수가 외부로 유출되지 않도록 배수로에 대한 점검을 강화하고, 우수로의 최종방류구에는 유수분리기(油水分離機)를 설치하여 기름성분의 하천 유출을 방지하여야 한다. 또한 모든 환경안전시설에 대하여 책임자를 선임하고, 우발적인 환경안전사고에 대비한 긴급대응체계를 구축하여 정기적인 방재훈련을 실시하도록 한다.

⑦ [사례 7] : 세정흡수장치에서의 염화수소농도 기준치 초과

대기오염방지를 목적으로 설치된 세정흡수장치의 배출가스 중 염화수소 농도가 높거나, 법적 배출허용기준을 초과한 사례이다. 이는 세정흡수장치를 설치한 후 장기간 가동을 하지 않다가 자체 측정기준으로 재가동 신고를 하는 경우이거나, 세정흡수장치 내부에 설치된 분무노즐의 막힘 현상으로 내부 차압이 올라가는 경우, 그리고 환경법규가 강화되었음에도 불구하고, 재가동 신고 시의 배출허용기준을 과거 최초 설치 시 배출기준으로 적용하는 것으로 착각하는 경우 등에 기인한다.

이를 방지하기 위해서는 장기간 가동정지 후 재가동하는 환경시설에 대해서는 처리효율과 설비의 이상 유무를 정확히 확인하여 정상상태에서 오염도 검사를 받도록 하여야 한다. 또한 환경시설에 대해서 책임자를 선임하고, 시설의 이상 유무를 확인할 수 있는 점검기록지(Check List)를 통해 일상 및 정기점검이 실시되어야 한다.

4 적정 환경안전관리비 계상

1 환경안전관리비 대상

환경안전관리비에 있어 '환경보전비'란 공사를 진행하며 발생하는 환경유해요인들을 방지하기 위해 사용하는 비용을 말한다. 예전에는 비산먼지 발생 전담 노무자(환경요원) 용도로 많이 사용하였으나, 현재는 빗자루, 살수차, 부직포 등의 먼지발생 및 소음발생방지의 용도 등으로 사용되고 있다. 환경보전비 적용대상 여부와 관련하여 최근 국토교통부 질의회신 자료를 소개하면 다음과 같다.

(1) 적용대상 (※환경오염방지시설은 환경 관련 법령에 규정된 시설)

① 환경보전시설 설치 및 운영비용

㉠ 살수용 차량이나 물탱크 구입비 및 임대료

㉡ 비산먼지 방지를 위한 분진막 설치비 및 임대료

㉢ 이동식 간이화장실 설치비 및 임대료

㉣ 집진시설 설치비 및 임대료

㉤ 가설방음벽 설치비 및 임대료

㉥ 세륜(洗輪)시설 및 설치비 및 임대료

㉦ 고압분무기 고압살수시설

ⓞ 가설사무소용 오수정화시설
ⓩ 부직포(방진덮개용)

② 환경계측비용
ⓖ 환경기술개발 및 지원에 관한 법률에 의한 위탁측정비용
ⓛ 환경자료 및 홍보물 구입비용

③ 환경자료 및 홍보물 구입비용
환경법규 및 홍보자료 구입비용, 환경홍보용 게시물 및 플랜카드 설치비용

④ 환경 관련 인건비용
살수용 차량 등 환경보전시설 설치 및 운용에 관한 인건비

⑤ 환경교육에 필요한 비용
환경기술인 교육 및 현장직원들을 대상으로 한 환경교육 관련 비용

(2) 비적용대상(※ 폐기물처리비 및 환경보전비가 엄격히 구분되어 있음)

① 청소도구 구입(빗자루, 쓰레받기, 삽 등)
② 집게
③ 쓰레기봉투
④ 마대(단순 쓰레기 처리용)
⑤ 진공청소기 구입비(단순 청소용)
⑥ 현장청소 인건비
⑦ 순환골재
⑧ 폐기물처리비
⑨ 가설안전펜스(추락방지용)
⑩ 부직포(일반용)
⑪ 가설사무실 청소인건비
⑫ 마스크, 장갑(단순 청소용)

환경보전비 정산을 위한 제출 증빙서류에 있어 각 지출금액의 세금계산서 사본, 무통장입금증 사본, 영수증 사본, 인건비의 경우 지급명세서 사본, 신분증 사본, 교육의 경우 교육사진, 교육훈련비의 경우 교육수료증 사본 등을 첨부해야 한다.

2 환경보전비 계상

환경기초시설에 소요되는 공사비는 산출내역서에 일위대가 형태로 작성되거나(직접공사비), 공사원가계획서에 환경보전비 항목으로 비율 계상(공사종류별) 중에서 선택적으로 적용한다.

보통은 내역서에 일위대가 형태로 넣지 않고, 원가계산서상 비율로 계상하기 때문에 내역에 일위대가(표준품셈에 의한 산출방식)를 작성해서 별도로 넣지 않는다.

여기서 일위대가(Breakdown Cost)란 해당 공사의 공종별 단위당 소요되는 재료비(材料費)와 노무비(勞務費)를 산출하기 위하여 품셈기준에 정해진 재료수량 및 품 수량에 각각의 단가를 곱하여 산출한 단위당 공사비, 즉 단가(單價)를 말하고, 품셈은 공사를 하는 데 있어 기본이 되는 단위(m, m^2, m^3 등)에 소요되는 재료, 인력 및 기계력을 수량으로 표시한 것을 말한다. 이해를 돕기 위하여 표준품셈, 예정가격 산정절차, 비목별 세부내용 등으로 구분하여 설명하면 다음과 같다.

(1) 표준품셈

표준품셈은 1970년부터 시행되었으며, 표준품셈이 시설공사 예정가격을 산정하기 위한 기초자료로 본격적으로 활용되기 시작한 것은 40여 년 전으로 거슬러 올라간다. 지난 1970년 1월 20일, 당시 경제정책을 총괄하던 경제기획원에서 표준품셈을 제정·시행한 게 본격적인 출발점이 됐으며, 특히 국가계약법 및 지방계약법, 관련 회계예규에서 상세히 규정한 '공사원가계산' 방식에 의해 표준품셈은 시설공사 예정가격 작성의 기초자료로 널리 쓰이게 됐다. 이후 표준품셈에 관한 업무는 지난 1976년 경제기획원에서 각 부문별 소관부처로 이관돼 오늘에 이르고 있다. 이에 따라 현재는 각 부문별로 표준품셈의 소관부처와 관리기관이 나뉘어 있다.

우선 정보통신부문의 경우 방송통신위원회를 소관부처로 한국정보통신공사협회에서 관리업무를 위탁·수행하고 있고, 토목·건축·기계설비부문은 국토교통부(舊, 국토해양부)를 소관부처로 한국건설기술연구원이 관리업무를 맡고 있다. 또 전기부문은 산업통상자원부를 주무부처로 대한전기협회에서 관리업무를 수행하고 있다.

(2) 예정가격 산정절차

일반적으로 '공사원가 계산' 방식에 의한 예정가격 작성은 설계도면을 근거로 이루어지는데, 그 세부절차를 보면 우선 공법 및 작업방법 등을 고려해 시공계획을 수립하고 이에 따라 필요한 작업공종을 도출하게 된다.

다음은 작업공종별로 수량을 산출하고 시공에 필요한 노무·자재·기계의 소요량과 각각의 단위당 가격을 산출하는 단계이다. 여기서는 보통 일위대가를 작성하게 된다. 이 단계에서는 표준품셈과 물가정보지(견적 포함), 시중 노임 등을 활용하게 된다.

특히 일위대가와 작업공종별로 산출된 수량과 단가 등을 계산해 재료비와 노무비, 기계경비 등을 산정하게 된다. 아울러 각종 경비와 일반관리비, 이윤 및 부가가치세(VAT : Value Added Tax) 등을 합산하는 등 여러 과정을 거쳐 총 공사원가를 산출해 예정가격을 결정하게 된다.

심화학습

부가가치세(VAT)

부가가치세(附加價値稅, Value Added Tax 혹은 Goods and Services Tax)란 제품이나 용역이 생산·유통되는 모든 단계에서 기업이 새로 만들어내는 가치인 '부가가치'에 대해 부과하는 세금으로서, 국내는 1977년부터 실시하였다.

소비세는 프랑스 재무부 관리인 모리스 로레가 고안한 간접세의 한 종류이다. 재화와 서비스의 거래에서 발생하는 부가가치에 주목하여 과세하는 구조이기 때문에, 서양에서는 VAT(Value Added Tax, VAT) 또는 GST(Goods and Services Tax, 소비세)로 불린다. 1954년 프랑스에서 처음으로 도입되었고, 1971년 벨기에가 이어서 도입을 하였고, 1973년에는 영국에서 도입을 하였다. 영국은 식료품과 어린이 용품은 과세를 하지 않았다. 대한민국은 1977년 7월 1일부터 시행되었다. 일본은 1989년 3%의 소비세를 도입하였다.

회계예규 '예정가격 작성기준'에 명시되어 있는 공사원가 계산방식의 비목은 공사목적물을 시공하는데 소요되는 재료비와 노무비, 경비 등의 순공사원가와 일반관리비, 이윤, 부가가치세 등의 비목으로 구성된다. 여기서 표준품셈은 순공사원가의 노무비 중 직접노무비의 산정에 활용되고 있다.

(3) 비목별 세부내용

국내 회계예규에서 규정하고 있는 '공사원가 계산' 방식의 비목별 세부내용을 살펴보기로 한다.

① 재료비(材料費)

재료비는 직접재료비와 간접재료비로 구성된다. 직접재료비는 공사목적물의 실체를 이루는 물품의 가치를 의미하며, 간접재료비는 공사목적물의 실체를 형성하지는 않으나 공사에 보조적으로 소비되는 물품의 가치를 말한다.

② 노무비(勞務費)

노무비는 직접노무비와 간접노무비로 구성된다. 직접노무비는 계약목적물을 완성하기 위해 직접 작업에 종사하는 노무자에 의해 제공되는 노동력의 대가로서 기본급과 제수당, 상여금, 퇴직급여충당금의 합계액을 의미한다. 간접노무비는 작업현장에서 보조작업에 종사하는 노무자, 현장감독자 등의 기본급과 제수당, 상여금, 퇴직급여충당금의 합계액으로 직접노무비율에 간접노무비율(간접노무비/직접노무비)을 곱해 계산한다.

③ 경비(經費)

경비는 재료비와 노무비를 제외한 공사원가를 의미하는데, 전력비와 수도광열비, 운반비, 기계경비, 각종 보험료, 기타 법정경비 등 24개의 세목으로 구성된다.

④ 일반관리비(一般管理費)

일반관리비는 기업의 유지를 위한 관리활동 부문에서 발생하는 제비용이다.

⑤ 이윤(利潤)

이윤은 기업의 영업이익으로서 노무비, 경비와 일반관리비의 합계액에 일정한 비율을 적용해 산정하게 된다.

NCS 실무 Q & A

Q 시공현장에서의 안전조회(TBM) 목적과 크레인(Crane) 인양작업 수행 시 관리사항에는 어떤 것이 있는지 알려주시기 바랍니다.

A 먼저 안전조회(TBM)란 작업자들에게 작업계획을 철저하게 주지시키는 자리로써, 작업계획을 추진할 때 관계 작업자가 이해하기 쉽도록 흑판, 괘도, 도면 등을 사용해 설명하게 됩니다. 안전조회는 작업자에게 지시사항을 철저하게 전달하고, 사전위험예지를 행하며, 현장 감독자와 관계 작업자 간 충분한 의사소통을 유도하는 자리이기도 합니다.

그리고 크레인(Crane)을 이용한 인양작업 시에는 사전에 작업여건을 확인해야 합니다. 크레인이 놓일 위치의 지질상태와 다른 작업차량들과의 간섭사항, 고압전선이 주변에 있는지, 크레인의 붐대가 운반하는 물질의 무게를 견딜 수 있는지 등을 충분히 고려하여 작업에 임해야 합니다.

CHAPTER 16

폐기물자원화시설 사업추진 절차 및 방법

학습목표

1. 폐기물자원화시설을 위한 사업추진 절차 일반에 대하여 알 수 있다.
2. 폐기물자원화시설을 위한 단계별 사업추진 절차를 수립할 수 있다.

학습내용

1. 폐기물자원화시설을 위한 사업추진 절차 일반
2. 폐기물자원화시설을 위한 단계별 사업추진 절차

1 폐기물자원화시설을 위한 사업추진 절차 일반

폐기물자원화시설을 위한 단계별 사업추진 절차는 건설 및 플랜트엔지니어링 관련 설계 및 선정, 산업설비 공정 등에도 광범위하게 적용할 수 있는 절차 및 방법에 해당한다.

일반적으로 관련 사업추진 절차는 크게 기본계획(Basic Plan), 사업타당성 검토(Feasibility Study), 기본설계(Basic Design), 실시(상세)설계(Detail Design), 시공 및 구매(Construction/Erection & Procurement), 시운전(Commissioning/Test Run), 피드백(Feed Back) 등으로 구분할 수 있다.

2 폐기물자원화시설을 위한 단계별 사업추진 절차

1 기본계획

기본계획(Basic Plan)이란 기본방침을 수립하기 위한 계획으로서 구체적 계획의 전체가 되는 것으로써 부분적 변경에 관하여 융통성을 갖는 계획을 말하며, 일명 마스터 플랜(Master Plan)이라고도 한다.

2 사업타당성 검토

사업타당성 검토(Feasibility Study)란 사업의 추진방향과 추진전략을 계획하고 이행함에 있어 합리적이고 목적 달성이 가능한 개발사업 추진 여부를 결정하는 검토단계를 말한다.

일반적으로 사업타당성 검토는 3가지, 즉 정책적 타당성, 기술적 타당성, 그리고 경제적 타당성 검토로 구분할 수 있으며, 사업수행 시 본 검토결과를 준용해 계획수립단계에서부터 최종 피드백(Feed Back)까지 이어가면서 이를 전체 계획내용에 충실히 반영하여 추진하는 단계를 말하는 것이다.

(1) 정책적 타당성

사업에 대한 필요성에 보다 중점을 두는 검토로서 사업의 시급성, 관계된 사람이 납득할 수 있는 논리성 등이 주(主)가 되는 검토를 말한다. 만약 정책적 타당성 검토에 문제점이 발생할 경우, 문제해소를 위한 별도의 법적·제도적 절차를 검토하여 대안을 제시할 필요가 있다.

(2) 기술적 타당성

계획의 내용에 대해 물리적 여건, 기술상 실현 가능성이 타당한지 여부를 검토하는 것을 말한다. 토목적, 건축적, 구조물적 안전성 확보 가능성과 법규적 실현 가능성 등을 검토해야 하고, 정성적 검토와 정량적 검토를 실시해 보편적인 분석결과를 도출한다.

(3) 경제적 타당성

경제적 효율을 평가하는 과정으로서, 일반적으로 사용되는 비용/편익(Cost-Benefit) 또는 비용/효용(Cost-Effectiveness)으로 사용된 비용에 대해 얻어지는 수익가치에 대한 비교를 말한다. 민간사업의 경우, 투입비용과 수익이 모두 금전적 가치로 표시되는 비용-편익(비용수익 분석)을 사용하지만 공공사업의 경우 초기투자비용에 대하여 직·간접적인 금전적 수익뿐만 아니라 사업의 추진에 의해 기대되는 지역민 만족도 상승, 생활의 질 향상 등의 외부효과와 간접효과까지 고려하게 된다.

심화학습

편익/비용비율(B/C Ratio), 순현재가치(NPV), 내부수익률(IRR)

(1) 편익/비용비율(B/C Ratio)

편익/비용비율(B/C Ratio)은 재무적 타당성 분석을 위해서 투입비용과 산출편익을 사업 분석기간 동안 나타내 분석을 실시하며, 비용은 직・간접투자비, 운영비, 감가상가비 등을 고려해 산출한다.

편익/비용비율(B/C Ratio) 분석의 기본적인 개념은 총편익을 총비용으로 나눈 비율의 결과가 1.0 이상 또는 다수의 사업일 경우, 상대적으로 큰 사업을 선택한다. 다시 말해 B/C Ratio가 1.0 이상일 경우, 수익성이 있는 사업으로, 그리고 B/C Ratio가 1.0보다 작거나 같을 경우는 수익성이 낮은 사업으로 판단하는 것이다. 일반적으로 구체적인 사업의 B/C Ratio 채택기준은 사업 주체의 여건에 따라 기준을 설정하게 된다.

(2) 순현재가치(NPV)

순현재가치법(NPV, Net Present Value)은 투자되는 연차별 비용과 발생되는 연차별 편익을 할인율로 할인하여 산출된 현재가치(PV)로 환산하여 총편익에서 총비용을 차감한 총순현재가치(NPV)를 구한 후 총순현재가치가 0.0보다 큰 사업의 경우 사업은 경제적으로 타당하다고 보며, 다수의 사업일 경우 총순현재가치가 큰 사업을 전체적인 투자수익 면에서 가치가 있는 사업으로 판단하는 것이다. 즉, NPV가 0.0보다 크면 수익성이 있고, NPV가 0.0보다 작거나 같으면 수익성이 없다고 판단하는 것이다.

(3) 내부수익률(IRR)

내부수익률(IRR, Internal Rate of Return)은 투자의 경제적 타당성 검토에서 많이 사용되고 있는 편익효과지수로서, 일련의 편익과 비용이 같아지도록 하는 이자율을 계산하는 방식이다. 초기에 많은 투자비가 집중적으로 소요되고 수익이 단계적으로 발생하는 사업의 경우, 이자율이 증가하면 순현재가치(NPV)는 감소하게 되어 투자비를 회수하기가 어려워진다. 총할인율이 조금씩 증가하여 매 연도의 비용과 수익에 적용하면 총비용과 총편익이 똑같아지는 때가 있는데, 이때의 할인율(I)을 내부수익률(IRR)이라고 한다.

초기투자비가 소요되고 편익이 나중에 발생하는 사업에서 경제적 타당성을 확보하기 위해서는 내부수익률(IRR)이 재원조달의 기준이자율 또는 기회비용에 의한 사업의 이자율보다 커야 투자가치가 있다. 다시 말해 IRR이 최소 요구 수익률보다 크거나 같을 경우 수익성이 있고, IRR이 최소 요구 수익률보다 작으면 수익성이 없다고 판단하는 것이다.

3 기본설계

기본설계(Basic Design)란 실시설계 또는 상세설계를 수행하기 전에 기본이 되는 사항을 명확히 하는 설계로서, 그 목적은 시설계획 과정에서 선택된 공정설계를 보다 더 정밀하게 하는 것이다.

기본설계 단계에서는 설계에 관한 주요 항목들이 제시되고 추천되어 단계적으로 완성 및 확정되며, 시설계획 과정에서 수립된 설계개념들은 기본설계 단계에서 거의 변경할 수 없다. 기본설계 단계에서 작성되는 기술사양서, 관련 일반 및 특기시방서 및 도면 등에는 일반적으로 다음과 같은 내용들이 수록되어야 한다.

① 공정 흐름도(Process Flow Diagram) 및 설계기준(Design Criteria)
② 배관계장도(Piping & Instrument Diagram)
③ 주요시설 현장배치도(Lay-Out)
④ 용량, 등급, 규격 및 요구, 유틸리티를 표시한 주요장비 목록
⑤ 이동동선(차량, 인력 등) 및 유지관리사항
⑥ 공간의 특수성(유해지역, 폭발우려지역, 부식우려지역, 폐쇄성 공간 등)
⑦ 건축 및 시설물의 법적요구에 따른 준수사항
⑧ 환경안전사항
⑨ 전기배선도 및 예비전력 필요 여부
⑩ 전기설비를 위한 중앙제어실(MCC) 및 현장제어실(Local Control Room) 요건
⑪ 소방설비 현황
⑫ 약품저장 및 투입시설
⑬ 철거장비 및 구조물
⑭ 비용 산정
⑮ 기타 사업장에서 추가로 요구되는 설계항목

4 실시(상세)설계

실시(상세)설계(Detail Design)란 기술시방서나 관련 도면을 보고 직접 건설할 수 있도록 항목별로 상세하게 설명해 놓은 설계를 말한다. 다시 말해 실시(상세)설계 단계에서는 앞서 수행한 기본설계 내용을 구체화하여 실제 시공에 필요한 구체적인 사항을 설계도면에 상세하게 표기하는 단계에 해당하는 것이다.

5 시공 및 구매

시공(Construction/Erection)이란 앞서 수행한 기술시방서, 설계내역서 및 설계도 등을 가지고 실제 현장작업에 들어가는 것을 말하며, 현장에서 시공을 계획함에 있어 고려해야 할 요소를 열거하면 다음과 같다.

① 프로젝트 달성계획과 총괄일정표
② 관리감독 계획과 절차, 소속직원들의 역할
③ 필요장비 선정
④ 현재 및 중장기 목표
⑤ 개선 프로젝트에 맞춘 제출문서
⑥ 시공성, 운전성, 유지관리성 검토
⑦ 기타 시공 관련 현장요구사항

그리고 구매(Procurement)란 공사현장에서 필요한 기자재(기성품) 등을 매입하여 현장에 투입시키는 단계를 말한다. 구매단계는 본사 및 현장에서 동시에 수행 가능한 업무절차로서, 구매담당자는 철저한 윤리적 사명감을 바탕으로 공개입찰 등을 통해 공정하게 시공자재 등이 실제 시공현장에 반입될 수 있게 업무 지원해야 한다. 특히 품질확인이 필요한 폐기물자원화 시설의 경우는 반드시 현장검수를 통해 당초 제시한 제작시방서를 충족하는지 여부를 꼼꼼하게 확인한 후 시공현장에 반입될 수 있도록 한다.

6 시운전

시운전(Commissioning/Test Run)이란 설비현장에서 기계적 준공을 마친 완성품의 정상작동 여부를 판단하기 위하여 사전 운전을 행하는 단계를 말한다. 시운전은 무부하운전(Unload Test)과 부하운전(Load Test), 그리고 상업운전(Commercial Test) 등으로 구분할 수 있으며, 시운전 계획의 일반적인 목표는 다음과 같다.

① 프로세스(Process)와 장비를 당초 배치순서에 맞게 안전한 방법으로 처리공정에 투입한다.
② 프로세스(Process)가 설계대로 수행되도록 필요 시험을 수행한다.
③ 허가요건사항을 모두 충족하는지를 체크하며, 반드시 일정을 준수한다.

심화학습

환경기초시설 커미셔닝(Commissioning)

환경기초시설 커미셔닝(Commissioning)이란 환경기초시설 건설, 관련 설비에 대해 기획부터 설계, 시공, 운용까지의 각 단계에 있어서 제3자 · 중립적인 입장에서 발주자에게 조언이나 필요한 확인을 행하고, 인도를 받을 때는 기능성 시험을 실시하여 설비의 적정한 운전 · 보수가 가능한 상태인 것을 검증하는 것을 말한다.

7 피드백

피드백(Feed Back)이란 차기에 진행될 동종 혹은 유사 시설공사에 대하여 시간과 비용을 줄이기 위해 이전 공사 시 발생한 시행착오(Trial & Error) 사항을 기록, 보전하여 이를 활용하고자 하는 목적에서 수행하는 업무절차를 말한다. 시설공사 중에 발생한 중요한 일들을 기록하여 정리한 '시행착오 보고서(Trial & Error Report)'는 공사를 수행하는데 절대적으로 도움이 된다.

NCS 실무 Q & A

Q 폐기물자원화시설 환경설비 계획수립에 있어 일반적으로 검토해야 할 사항 몇 가지만 설명해 주시기 바랍니다.

A 폐기물자원화(소각)시설 환경설비 계획수립을 위한 검토사항 몇 가지를 소개하면 다음과 같습니다.

① 폐기물자원화시설에서 배출되는 다이옥신을 처리하는 방안을 충분히 검토하여 최적의 시스템으로 계획합니다.
② 폐기물처리시설 설치 촉진법 및 지역주민의 지원에 관한 법률에 따라 입지선정위원회의 구성 등을 계획하고, 가급적 인원구성은 지역주민 4인 이상 참여하도록 합니다.
③ 폐기물자원화시설에서 배출되는 폐수는 최소한으로 발생되도록 하며, 가능한 한 무방류방식으로 계획합니다.
④ 연소 후 발생되는 소각재에서 재활용 가능한 가치성 금속을 회수할 수 있는 회수시설 설치 여부를 검토합니다.
⑤ 적정 환경오염방지시설의 검토 및 선정에 따른 계획을 수립합니다(유해가스, 분진, 악취, 폐수, 소음·진동, 비산먼지, 연돌높이 등).

폐기물처리설비 점검 및 운전기록지

양식 1. 폐기물 소각시설 점검항목

소각시설의 점검항목(點檢項目)을 주요 시설별로 열거하면 다음과 같다. 소각시설 운영에 필요한 적정 인력의 확보, 교대근무 상태 등 인력관리 현황을 수시로 확인함으로써 상시 정상 운전이 가능하도록 한다.

번 호	주요시설	점검항목	적합	보완	불량
1	저장 및 투입설비	• 트럭계량대(Truck Scale)의 작동상태, 정밀도 여부 및 전표 관리상태 • 저장피트 내 폐기물 저장상태 및 화재방지설비 관리상태 • 파쇄장치 작동상태 • 투입크레인 작동상태 • 투입장치를 위한 피더(Feeder) 및 컨베이어(Conveyor)류 작동상태			
2	소각설비	• 소각로 내·외부 이상 여부 – 내부 내화물 – 구동장치 – 외부상태 – 버너 및 연소공기 송풍기 • 소각로 보조장치 및 주변장치 작동상태 • 소각로 주변 안전장치(폭발문)의 작동상태			
3	열회수 및 냉각설비	• 보일러 설비의 작동상태 • 안전변의 작동상태 • 냉각설비의 작동상태			
4	배가스 처리설비	• 배가스 설비의 작동상태 • 처리효율 유지상태 • 약품 및 용수 등 유틸리티(Utility) 공급상태			
5	통풍설비	• 연소용 공기를 위한 압입송풍기(F.D.Fan)의 작동상태 • 폐가스 배출을 위한 유인송풍기(I.D.Fan)의 작동상태 및 소음상태			

번 호	주요시설	점검항목	적합	보완	불량
6	회배출설비	• 원활한 회(Ash) 이송장치(컨베이어, 공기이송장치 등) 작동상태 및 이송 중 유출 여부 상태 • 회(Ash) 저장 및 배출장치의 상태 여부			
7	전기설비	• 수전설비 및 M.C.C 상태 • 전력 케이블의 유지관리 상태 • 현장용 판넬(Local Panel) 유지관리 상태			
8	계장류	• 컨트롤 룸(Control room) 내 운전시스템 작동 상태 • 운전을 위한 각종 계장류 작동상태 – 온도계류 – 압력계류 – 차압계류 – 가스농도 분석장치 및 TMS 설비			
9	2차 오염 발생대비	• 반입폐기물의 적정관리 및 보관상태 • 소각재의 적정보관 및 최종처분의 적정성 여부 • 소음 및 진동의 확산 여부 • 배출폐수의 적정처리 여부			
10	서류관리 상태	• 폐기물 처리대장 기록유지 상태 • 시설유지 관리대장 기록유지 상태 • 배가스 농도 측정분석자료 기록유지 상태 • 소각재에 대한 분석자료 기록유지 상태 • 기타 필요한 서류			

양식 2. 원심력집진시설 Check List

구 분	점검부위	점검내용	결 과	비 고
가동중	전 기	• 판넬(Panel)의 표면은 이상이 없는가?		
		• "ON", "OFF" 스위치의 램프는 점등되어 있는가?		
	송풍기	• V-Belt의 상태는 양호한가?		
		• 구동부위의 소음은 없는가?		
		• 베어링 부분의 소음은 없는가?		
		• 베어링 부분의 과열현상은 없는가?		
		• 샤프트(Shaft)의 비틀림 및 흔들림은 없는가?		
	덕 트	• 덕트의 변형은 이루어지지 않았는가?		
		• 개스킷(Gasket) 부분의 누출현상은 없는가?		
		• 댐퍼 조절용 핸들은 고정되어 있는가?		
		• 덕트에서 소음은 없는가?		
		• 플랜지(Flange) 및 이음부분의 누출은 없는가?		
		• 캔버스(Canvas)의 상태는 양호한가?		
	몸 체	• 상부의 비산되는 분진은 없는가?		
		• 원심력집진시설 내부의 이상소음은 없는가?		
		• 몸체의 변형이 이루어진 부분은 없는가?		
가동후	전 부분	• 원심력집진시설 주변에 정리정돈은 되어 있는가?		
		• 송풍기(Fan)는 가동을 멈추었는가?		
		• 전원은 차단되었고 판넬(Panel)은 닫혀 있는가?		
		• 베어링 주유기의 오일(Oil)은 충분한가?		
		• 생산라인의 작업은 완료되었는가?		

양식 3. 원심력집진시설 점검기록지

점 검 자 명

결 재 인

담 당	팀 장	공 장 장

1. 장치명 : 원심력집진시설
2. 설치팀명 :
3. 특기사항 :
   (1) 있음□ (2) 없음□

점검일시 :
기 상 : 맑음□ 흐림□ 눈□ 비□

기온	습도	기압	풍향	속도
℃	%	mb	풍	m/sec

내용 :

4. 연료사용량(전년 최대사용량 kL/일)
   전일 kL/일 금일예정 kL/일
5. 증기사용량(전년 최대사용량 ton/일)
   전일 ton/일 금일예정 ton/일
6. 원심력집진시설 측정현황

항 목	입구측	출구측
온도(℃) 단면적(m^3) 유속(m/sec) 유량(m^3/min) 먼지농도(mg/Sm^3)		
집진효율(%)		

7. 원심력집진시설의 압력손실(시설설치 시 mmH_2O)
   전일 mmH_2O 금일 mmH_2O
8. 먼지포집량
   전일 kg 금일 kg
9. 주유상태 : 댐퍼 회전부위 했음□ 아니오□
   원동기 회전부위 했음□ 아니오□
   송풍기 회전부위 했음□ 아니오□

양식 4. 여과집진시설 점검기록지

여과집진시설(BH-)	설치위치	
년 월 일	점검자 :	팀장 확인 :

점검내용	결 과
차압계의 지시치는 적정한가? (한계치 :)	
탈진주기는 적정한가?	
여과포(Filter Bag)의 상태는 양호한가?	
본체의 공기가 새는 곳은 없는가?	
덕트에 공기가 새거나 유입되는 곳은 없는가?	
로터리 밸브(Rotary Valve)의 가동상태는 양호한가?	
에어 펄스(Air Pulse) 상태는 양호한가?	
압축공기의 압력상태 및 기밀상태?	
솔레노이드 밸브(Solenoid V/V) 상태 및 기밀상태?	
나사의 풀림이나 조임상태는?	
부식(페인팅), 마모, 훼손된 곳은 없는가?	
먼지 퇴적함(Dust Box)의 청소상태는?	
각 부위의 윤활유 주입상태?	
조작 판넬(Panel)의 전선 및 안전성?	
전원 공급상태 : 정격(V A)	지시치(V A)
벨트(Belt)의 장력, 마모, 교체 여부?	
이상소음 발생 여부?	
유량조절용 댐퍼의 적정개폐?	
송풍기의 가동상태?	A B
덕트 내 먼지퇴적 여부?	
의 견	

양식 5. 여과집진시설 정기점검표

내 용	점검항목
진동체(S)	베어링(닳은 것 풀어진 것) 교환 : 했다□ 안했다□ 회전축의 주유 : 했다□ 안했다□
여과포(Filter Bag)	여과포의 파손 : 됐다□ 안됐다□ 응축된 여과포 : 없다□ 있다□ 장력에 걸린 여과포(S)(SF) : 없다□ 있다□ 여과포의 연결 결함점 : 없다□ 있다□
차압계(Manometer)	압력손실 : □□□mmH_2O
탈진장치	베어링 교환 : 했다□ 안했다□ 회전부품 교환 : 했다□ 안했다□ 회전주축 주유 : 했다□ 안했다□
시설구조	볼트의 조임 : 조였다□ 안했다□ 용접부위의 구열 : 됐다□ 안됐다□ 도색 : 벗겨졌다□ 안벗겨졌다□ 부식 : 됐다□ 안됐다□
배 관	부식 : 됐다□ 안됐다□ 외부손상 : 됐다□ 안됐다□ 구멍뚫림 : 뚫렸다□ 안됐다□ 볼트의 풀림 : 풀렸다□ 안됐다□ 용접부위 구열 : 됐다□ 안됐다□
솔레노이드 밸브(PR)	압축공기의 폭발음 : 들린다□ 안들린다□
압축공기시설(RP, PP)	회전부 주유 : 했다□ 안했다□
송풍기(Fan)	고정대 : 양호□ 불량□ 주유 : 했다□ 안했다□
댐퍼 변(S, PP, PF)	원통의 누출 : 됐다□ 안됐다□ 주유 : 했다□ 안했다□ 댐퍼의 고장 : 났다□ 안났다□
맨홀(Man Hole)	부식·마모 : 됐다□ 안됐다□ 고장 : 났다□ 안났다□ 주유 : 했다□ 안했다□

RP : Reverse Pulse(역진동), PP : Plenum Pulse(공간충격)
S : Shaker(진동체), RF : Reverse Flow(역기류)

양식 6. 여과집진시설 Check Sheet 및 운전기록지

○ 시운전 / 정상운전 / 정기점검 시의 Check List

장 비	Check Point	점검시기		
		시운전 시	정상운전 시	정기점검 시
펄싱 시스템	펄싱(Pulsing) 강도의 이상 유무	○	○	
	솔레노이드 밸브의 이상음 발생 유무	○	○	
	펄싱(Pulsing) 주기는 세팅치 기준으로 정확히 작동되고 있는지 여부	○	○	
	ΔP(High → High) 상승시간	○	○	
본 체	본체의 공기누설 개소	○	○	○
	맨홀 측 공기누설 및 닫힘상태	○	○	○
	본체 보온상태		○	○
	본체 내면 부식상태			○
	압축공기라인의 상태		○	○
	에어 유닛(Air Unit)의 상태 (압력세팅치 포함)		○	○
	호퍼 내부의 먼지 고착상태			○
	손잡이 및 계단상태		○	○
여과포 및 백 케이지	설치상태	○		○
	여과포 조립부의 누설(Leak) 현상	○		○
	여과포의 파손 여부	○		○
	백 케이지(Bag Cage)의 변형 및 부식 여부	○		○
	여과포와 백 케이지의 들러붙음 여부			○
	여과포에 먼지의 고착 여부			○

(계속)

장 비	Check Point	점검시기		
		시운전 시	정상운전 시	정기점검 시
덕 트	마모상태			○
	외기누설 여부	○	○	○
	보온상태		○	○
	분진 퇴적현상			○
	이상소음	○	○	
	부식 여부			○
슬라이드 게이트	Open/Close 시의 조작이 원활한지 여부	○		○
	윤활 및 보온상태	○	○	○
로터리 밸브 및 체인 컨베이어	이상음 유무	○	○	
	보온상태		○	○
	윤활상태	○	○	○
	부식 여부			○
	분진배출의 정상 유무	○	○	
	체인, 레일 및 로터(Rotor)의 마모 여부			○
	플랜지(Flange) 부위의 외기누출 유무	○	○	
	로터(Rotor)의 분진고착 유무	○		○
댐 퍼	실린더(Cylinder)의 작동상태	○	○	○
	솔레노이드 밸브(Solenoid V/V) 작동상태	○	○	○
	기밀상태	○	○	○
	공기누설	○	○	
	샤프트(Shaft) 베어링의 윤활상태	○	○	○
	이상소음 유무	○	○	
	보온상태		○	○
	정확한 개도(열림/닫힘)의 유지 유무	○	○	○
	분진고착 및 부식 유무			○

(계속)

장 비	Check Point	점검시기		
		시운전 시	정상운전 시	정기점검 시
에어 노커	노킹(Knocking) 강도 이상 유무	○	○	
	솔레노이드 밸브(Solenoid V/V) 이상 유무	○	○	
	공기의 세팅치 압력유지 여부 (3.5~5kg/cm^2)	○	○	
	베이스 플레이트(Base Plate)와 노커(Knocker)의 이완 여부	○	○	
가열설비	세팅 온도치의 범위에 의거하여 정확히 조정되고 있는지 여부	○	○	
	가열선의 절연저항 테스트	○		○
전기 및 계장	각종 계기류의 세팅치의 이상 유무		○	○
	계기류 설치상태		○	○
	판넬(Panel) 내부로 빗물유입 여부		○	
	판넬(Panel)의 각종 선택스위치는 운전모드에 맞게 세팅되어 있는지 여부		○	
에어 유닛	• 세팅 압력치가 정상적으로 유지되고 있는지 유무 • 응축된 물의 배수 여부 • 공기누설 유무		○	
기 타	주위 청소상태		○	
	보온재 내부로 빗물유입 여부	○	○	

양식 7. 전기집진시설 점검기록지

전기집진시설(ESP-　　　　)	**설치위치**	
년　　월　　일	**점검자 :**	**팀장 확인 :**

점검내용	**결 과**
• 배출구의 냄새 및 배출상태	
• 이온화 램프의 "ON" 상태	
• 전원공급 상태 : 정격(　　　V　　　A)	지시치(　　　V　　　A)
• 본체에서 공기가 새는 곳은 없는가?	
• 덕트에 공기가 새거나 유입되는 곳은 없는가?	
• 나사의 풀림이나 조임상태	
• 조작 판넬(Panel)의 전선 및 안전성	
• 부식, 마모, 훼손된 곳은 없는가?	
• 각 부위의 윤활유 주입상태	
• 전기적인 안전성 및 접지상태	
• 애자표면이 오염되지 않았는가?	
• 전동기(Motor)의 동력 전달상태	
• 벨트장력, 마모, 교체 여부	
• 이상소음 발생 여부	
• 송풍기(Fan)의 가동상태	
• 유량조절용 댐퍼의 적정개폐	
• 덕트 내 먼지퇴적 여부	
• 스위치의 정상작동 상태	
• 고압발생장치(T/R)의 정상 여부	
• 과전류 통전 여부	
의 견	

양식 8. 전기집진시설 Check List

년 월 일 요일 점검자 : 사업팀 : 성명 :

구 분	점검부위	점검내용	결 과	비 고
가동중	전 기	• 판넬(Panel)의 표면은 이상이 없는가?		
		• “ON”, “OFF” 스위치의 램프는 점등되어 있는가?		
	송풍기	• V-Belt의 상태는 양호한가?		
		• 구동부위의 소음은 없는가?		
		• 베어링 부분의 소음은 없는가?		
		• 베어링 부분의 과열현상은 없는가?		
		• 샤프트(Shaft)의 비틀림 및 흔들림은 없는가?		
	덕 트	• 덕트의 변형은 이루어지지 않았는가?		
		• 개스킷(Gasket) 부분의 누출현상은 없는가?		
		• 댐퍼 조절용 핸들은 고정되어 있는가?		
		• 덕트에서 소음은 없는가?		
		• 플랜지(Flange) 및 이음부분의 누출은 없는가?		
		• 캔버스(Canvas) 상태는 양호한가?		
	몸 체	• 상부 커버(Cover) 부분의 소음은 없는가?		
		• 전기집진시설 내부의 마찰소음은 없는가?		
		• 전기집진시설 내부의 이온화는 이상이 없는가?		
		• 전기집진시설 내부의 셀(Cell)은 이상이 없는가?		
		• 몸체의 변형이 이루어진 부분은 없는가?		
		• 파워 팩(Power Pack) 램프는 정상가동 중인가?		
가동후	전 부분	• 전기집진시설 주변에 정리정돈은 되어 있는가?		
		• 송풍기(Fan)는 가동을 멈추었는가?		
		• 전원은 차단되었고, 판넬(Panel)은 닫혀 있는가?		
		• 베어링 주유기의 오일(Oil)은 충분한가?		
		• 생산라인 작업은 완료되었는가?		

양식 9. 세정집진시설 점검기록지

세정집진시설(WS-)	설치위치	
년 월 일	점검자 :	팀장 확인 :

점검내용	결 과
배출구의 냄새 및 배출상태	
세정집진시설 내부의 세정수 혼탁상태	
전원공급 상태 : 정격(V A)	지시치(V A)
본체, 덕트의 공기가 새는 곳은 없는가?	
pH Meter의 적정 여부(범위 : 6.5~7.5)	pH :
각 펌프의 정상가동 및 압력상태	mmAq mmAq
충전물의 청결 여부 및 교체 여부	
세정수 노즐의 막힘 여부 및 이상 여부	
각 부위의 윤활유 주입상태	
약품탱크 내의 약품보관, 공급 여부	pH :
각 배관의 누수는 없는가?	
동파에 대비한 보온대책은 적정한가?	
벨트장력, 마모, 교체 여부	
이상소음 발생 여부	
송풍기(Fan)의 가동상태	A B
유량조절댐퍼의 적정개폐	
각 밸브의 적정개폐 여부	
자동세정수 공급장치(볼탑)의 정상 여부	
전원공급장치 및 조작 판넬(Panel)의 정상 여부	
경보장치의 정상상태	
의 견	

양식 10. 세정집진시설 운전기록지

세정집진시설 운전기록지

제작 회사명 :
형 식 번 호 :
가동 연월일 : 년 월 일
설 계 효 율 : %
세정집진시설 형식 :
Venturi Scrubber Variable Throat Fixed Throat
Turbulent Bed Plate Spray
기 타

운전조건	설정치	실측치
압력손실(mmH_2O)		
처리배기량(m^3/min)		
처리 전 배기온도(℃)		
처리 후 배기온도(℃)		
송풍기(Fan) 모터		
세정수량(L/min)		
재순환 세정수(L/min)		
세정액 종류		
먼지 포집량(kg/day)		
전처리 공기희석량(m^3/min)		

조사 년 월 일 : 년 월 일

조 사 인 : 환경기술인 성 명 : (인)

입 회 인 : 열관리책임자 성 명 : (인)

양식 11. 세정집진시설 Check List

년 월 일 요일 점검자 : 사업팀 : 성명 :

구 분	점검부위	점검내용	결 과	비 고
가동중	전 기	• 판넬(Panel)의 표면은 이상이 없는가?		
		• "ON", "OFF" 스위치의 램프는 점등되어 있는가?		
	송풍기	• V-Belt 상태는 양호한가?		
		• 구동부위의 소음은 없는가?		
		• 베어링 부분의 소음은 없는가?		
		• 베어링 부분의 과열현상은 없는가?		
		• 샤프트(Shaft)의 비틀림 및 흔들림은 없는가?		
	덕 트	• 덕트의 변형은 이루어지지 않았는가?		
		• 개스킷(Gasket) 부분의 누출현상은 없는가?		
		• 댐퍼용 조절핸들은 고정되어 있는가?		
		• 덕트에서 소음은 없는가?		
		• 플랜지(Flange) 및 이음부분의 누출은 없는가?		
		• 캔버스(Canvas)의 상태는 양호한가?		
	몸 체	• 상부의 비산되는 수분은 없는가?		
		• 세정집진시설 내부의 노즐은 양호한가?		
		• 세정집진시설 내부의 충진물 상태는 양호한가?		
		• 세정집진시설 감시창(Sight Glass)은 청결한가?		
		• 몸체의 변형이 이루어진 부분은 없는가?		
		• 노즐 스프레이는 정상적으로 이루어지는가?		
		• 노즐 스프레이 펌프는 정상 작동하는가?		
		• 약품펌프는 정상 작동하고 있는가?		
		• 약품저장조는 적정량을 유지하고 있는가?		
		• pH는 정상적(6.5~7.5)인가?		
가동후	전 부분	• 세정집진시설 주변 정리정돈은 잘 되어 있는가?		
		• 송풍기(Fan)는 가동을 멈추었는가?		
		• 전원은 차단되었고, 판넬(Panel)은 닫혀 있는가?		
		• 베어링 주유기의 오일(Oil)은 충분한가?		
		• 생산라인의 작업은 완료되었는가?		

양식 12. 흡착시설 점검기록지

<table>
<tr><td colspan="2">흡착시설(AT-　　　)</td><td>설치위치</td><td></td></tr>
<tr><td colspan="4">년　　월　　일　　　점검자 :　　　　　　팀장 확인 :</td></tr>
<tr><td colspan="2">점검내용</td><td colspan="2">결 과</td></tr>
<tr><td colspan="2">배출구의 냄새 및 배출상태</td><td colspan="2"></td></tr>
<tr><td colspan="2">압력계 및 차압계의 지시치</td><td colspan="2">(　　　　　　)mmAq</td></tr>
<tr><td colspan="2">전원공급 상태 : 정격(　　　V　　　A)</td><td colspan="2">지시치(　　　V　　　A)</td></tr>
<tr><td colspan="2">본체에서 공기가 새는 곳은 없는가?</td><td colspan="2"></td></tr>
<tr><td colspan="2">덕트에 공기가 새거나 유입되는 곳은 없는가?</td><td colspan="2"></td></tr>
<tr><td colspan="2">나사의 풀림이나 조임상태</td><td colspan="2"></td></tr>
<tr><td colspan="2">조작 판넬(Panel)의 전선 및 안전성</td><td colspan="2"></td></tr>
<tr><td colspan="2">부식, 마모, 훼손된 곳은 없는가?</td><td colspan="2"></td></tr>
<tr><td colspan="2">각 부위의 윤활유 주입상태</td><td colspan="2"></td></tr>
<tr><td colspan="4">활성탄 교체 여부　　　　교체일(　　　　)　차기 교체일(　　　　)</td></tr>
<tr><td colspan="2">애자표면이 오염되지 않았는가?</td><td colspan="2"></td></tr>
<tr><td colspan="2">전동기(Motor) 동력전달 상태</td><td colspan="2"></td></tr>
<tr><td colspan="2">벨트의 장력, 마모, 교체 여부</td><td colspan="2"></td></tr>
<tr><td colspan="2">이상소음 발생 여부</td><td colspan="2"></td></tr>
<tr><td colspan="2">송풍기의 가동상태</td><td colspan="2"></td></tr>
<tr><td colspan="2">유량조절댐퍼의 적정개폐</td><td colspan="2"></td></tr>
<tr><td colspan="2">덕트 내 먼지퇴적 여부</td><td colspan="2"></td></tr>
<tr><td colspan="2">스위치의 정상작동 상태</td><td colspan="2"></td></tr>
<tr><td colspan="2">배출가스 온도</td><td colspan="2"></td></tr>
<tr><td colspan="2">과전류 통전 여부</td><td colspan="2"></td></tr>
<tr><td>의 견</td><td colspan="3"></td></tr>
</table>

양식 13. 흡착시설 Check List

년 월 일 요일 점검자 : 사업팀 : 성명 :

구 분	점검부위	점검내용	결 과	비 고
가동중	전 기	• 판넬(Panel)의 표면은 이상이 없는가?		
		• "ON", "OFF" 스위치의 램프는 점등되어 있는가?		
	송풍기	• V-벨트의 상태는 양호한가?		
		• 배기구 외부에 활성탄이 날린 흔적은 없는가?		
		• 구동부위의 소음은 없는가?		
		• 베어링 부분의 소음은 없는가?		
		• 베어링 부분의 과열현상은 없는가?		
		• 샤프트(Shaft)의 비틀림 및 흔들림은 없는가?		
	덕 트	• 덕트의 변형은 이루어지지 않았는가?		
		• 개스킷(Gasket) 부분의 누출은 없는가?		
		• 댐퍼용 조절핸들은 고정되어 있는가?		
		• 덕트에서 소음은 없는가?		
		• 플랜지 및 이음부분의 누출은 없는가?		
		• 캔버스(Canvas)의 상태는 양호한가?		
	몸 체	• 상부 커버 부분의 소음은 없는가?		
		• 흡착시설 내부의 마찰소음은 없는가?		
		• 몸체의 변형이 이루어진 부분은 없는가?		
		• 차압계는 정상(10~20mmAq 이하)인가?		
가동후	전 부분	• 흡착탑 주변에 정리정돈은 되어 있는가?		
		• 송풍기(Fan)는 가동을 멈추었는가?		
		• 전원은 차단되었고, 판넬(Panel)은 닫혀 있는가?		
		• 베어링 주유기의 오일(Oil)은 충분한가?		
		• 흡착탑 주변의 활성탄은 날리지 않았는가?		
		• 생산라인의 작업은 완료되었는가?		

양식 14. 환경안전점검 Check List

결재	담당	팀장	공장장

점검 장소 : **점검 일자 :** **점검자 :**

구 분		점검 Point	확인 내역	문제 대책
대기부문	본 체	• 탑(Tower) 내 세정수의 Spray 상태 확인 • 충진물의 상태 확인 • 측정구 사다리의 안전상태 확인 (사다리의 노후화, 부식 등)		
	덕트 및 배관	• 세정수 공급라인 확인 • 각종 배관 누수 확인 • 덕트와 장비의 이음쇠 부위 확인 (누수, 파손 등) • 배기덕트의 누수 확인 • 배기덕트 연결부위의 누수 확인		
	전기 계통	• 송풍기 부하량 AMP Meter 확인 (규정 AMP 유지) • 적산전력계 확인 • 작동 판넬(Panel)의 정상가동 확인		
	부대 시설	• 송풍기 팬 벨트 상태 확인 • 송풍기 가동상태 확인 • 댐퍼가 잘 열리는지 확인 (커버, 보호철망 등) • 각종 이음쇠 부분의 결속 확인 (나사풀림, 빠짐 등) • 중화약품 탱크의 상태 확인(pH 및 양) • 세정수 공급펌프의 가동상태 확인		
	기 타	• 최종 배출구의 배출상태 확인(색도, 냄새 등) • 배출가스량과 송풍량(허가량)과 일치 여부 • 기계류 고장 대비한 부품 확인 • 비상전원 공급 가능 여부 확인 • 대기오염방지시설 운영일지 확인		

부록 2 폐기물관리 핵심용어 해설

ㄱ

고발열량(HHV : Higher Heating Value)

연소할 때 연료에 수소와 수분이 포함되어 있으면 공중의 산소와 결합해 연소가스에도 물이 생긴다. 이것을 증발시키기 위한 증발열은 열량으로는 이용할 수 없지만, 이 물의 증발열을 포함해서 생각한 발열량을 말한다. 고발열량을 총발열량이라고도 한다.

고온부식(High Temperature Corrosion)

고온부식은 고온의 배기가스에 함유된 황산화물(SO_x), 염화수소(HCl) 등의 산성가스가 금속성분과 화학적으로 반응하여 금속산화물 또는 스케일(Scale)을 형성하는 현상을 말한다. 금속 벽의 온도가 약 300~600℃의 범위 내에서 금속 표면상에 점착성 비산화 퇴적층이 있는 경우, 염화수소 등의 산성가스와 관계없이 부식이 일어나며, 만약 염화수소 등이 있을 경우에는 부식은 더욱 심화된다.

ㄴ

난류확산화염

확산연소버너는 연료를 버너 노즐로부터 분출시켜 외부공기와 혼합해서 연소를 행한다. 가스의 유속이 적으면 불꽃이 층류화염이 되고, 유속이 커지면 점차 화염의 길이가 커진다. 그러나 유속이 더욱 커져서 난류상태가 되면 난류혼합이 생기고 가스와 공기의 혼합이 커져서 화염이 흐트러지면 짧아지지만 난류화염의 화염길이는 가스의 유속이 증가해도 별로 변하지 않는다. 이것은 연료가스와 주위공기의 혼합속도가 분출속도에 거의 비례해서 커지는데 비하여 분출가스량도 비례적으로 커지기 때문이다.

난류확산화염의 형상은 연료가 일정할 경우 상사형이 되고, 화염길이와 노즐의 비는 거의 일정하다. 즉 그 비율은 일산화탄소가 80, 수소가 140, 도시가스 130, 아세틸렌 175, 프로판이 300 정도이다.

냄새단위(Odor unit)

아무리 강한 냄새라도 무취 공기로 희석해 나가면 언젠가는 무취가 된다. 그 냄새를 몇 배로 희석하면 무취가 되는가를 나타내는 것이 냄새의 단위이다. 가령 냄새단위 1만의 배기가스가 200㎥/min의 속도로 배출되고 있다고 하면, 이것을 희석해서 무취화하는데 필요한 공기량은 1만×200㎥/min=200만㎥/min로 된다. 물고기 내장과 뼈를 가공하는 공장의 드라이어 배기가스의 냄새단위는 1만~10만 단위이고, 계분(鷄糞) 건조장의 배기가스의 냄새단위는 4만 정도이다. 그리고 물의 냄새에 대하여는 따로 냄새의 희석배수값이 있다(KS M0111).

당량(Equivalent)

어떤 물질량에 대해 상당하는 다른 양을 말하며, 화학당량, 전기화학당량, 열의 일당량 등이 있다. 보통은 화학당량을 나타낸다.

대규모 여열이용방식

소각 시 발생하는 열을 최대한 이용하는 경우로 배기가스의 보유열량을 전량 보일러로 회수하는 방식으로, 여열 이용의 주목적에 따라 온수나 증기로의 열 공급, 발전, 발전과 열 공급의 병행 등으로 구분할 수 있다.

대류(Convection)

액체와 기체는 온도가 높아지면 팽창해서 상승하고, 온도가 낮아지지만 하강해서 순환운동을 한다. 이 운동을 대류라고 하며, 열의 이동도 함께 발생한다.

도시광산

도시광산(都市鑛山)은 1986년 일본 도호쿠대학 선광제련연구소의 난조 미치오 교수가 개념적으로 만든 용어로서, 석탄이나 석유는 쓰면 사라지지만 금속은 쓰고 난 뒤에도 폐기물 속에 그대로 남아 있어 언제든지 재활용할 수 있다는 점에 착안한 것이다.

동압(Dynamic Pressure)

관이나 덕트 내의 유체는 정압 외에 흐름의 방향에 직각인 면에 작용하며 유속에 의하여 생기는 압력을 갖는다. 이것을 동압 또는 속도압이라 한다.

라디칼(Radical)

화학반응에서 다른 화합물로 변화할 때 분해되지 않고 마치 한 원자처럼 작용하는 원자의 집단을 말한다.

레이놀즈수(Reynolds Number)

유체역학에서 레이놀즈수(Reynolds Number)는 '관성에 의한 힘'과 '점성에 의한 힘(Viscouse Force)'의 비(比)로서, 주어진 유동조건에서 이 두 종류의 힘의 상대적인 중요도를 정량적으로 나타낸다. 레이놀즈수는 유체 동역학에서 가장 중요한 무차원수 중 하나이며, 다른 무차원수들과 함께 사용되어 동적 상사성(Dynamic Similitude)을 판별하는 기준이 된다.

레이놀즈수는 또한 유동이 층류인지 난류인지를 예측하는 데에도 사용된다. 층류는 점성력이 지배적인 유동으로서 레이놀즈수가 낮고, 평탄하면서도 일정한 유동이 특징이다. 반면 난류는 관성력이 지배적인 유동으로서 레이놀즈수가 높고, 임의적인 에디(Eddy)나 와류(渦流), 기타 유동의 변동(Perturbation)이 특징이다.

레이놀즈수는 1883년에 이를 제안한 영국의 대학교수 Osborne Reynolds(1842~1912)의 이름을 따서 명명되었다.

$$N_{Re} = \frac{관성력}{점성력} = \rho V \frac{D}{\mu} = \frac{VD}{\upsilon}$$

$$\upsilon = \frac{\mu}{\rho}$$

여기서, D : 관의 지름, V : 유속

ρ : 유체의 밀도, μ : 유체의 점성계수

υ : 유체의 동점성계수

매립지가스(LFG : Land-Fill Gas)

쓰레기 매립지에 매립된 폐기물 중 유기물질이 혐기성 분해과정에 의해 분해되어 발생되는 가스를 말하며, 그 성분은 주로 메탄(CH_4 : 40~60%)과 이산화탄소(CO_2 : 30~50%)로 구성되어 있다.

바이오가스(Biogas)

혐기성 소화작용으로 바이오매스에서 생성되는 메탄과 이산화탄소의 혼합형태인 기체를 말한다. 이러한 혼합기체로부터 분리된 메탄을 바이오 메탄가스라고 한다. 그 외 바이오가스의 형태는 퇴비가스, 습지가스, 폐기물 등으로부터 자연적으로 생성되는 것과 제조된 가스도 있다.

바이오디젤(Biodiesel)

자연에 존재하는 각종 기름(fat, lipid) 성분을 물리적·화학적 처리과정(에스테르공정)을 거쳐 석유계 액체연료로 변환시킨 것을 말한다. 특히 BIODEISEL이란 용어는 오스트리아 "BIOENERGIE 회사"에서 개발한 등록상표로서, 일반적으로 각종 동·식물류부터 전환된 디젤을 자칭하는 일반용어로 사용되고 있으나 상표명에 대한 법적 권리는 등록회사에 귀속하고 있다.

바이오매스(Biomass)

원래 바이오매스의 뜻은 생물량 또는 생물 현존량을 나타내는 말이나 생물체 및 그의 활동에 수반되어 생기는 유기물의 총체를 말한다. 그러나 최근에는 에너지, 화학공업 원료 등에 사용될 수 있는 것을 망라해서 동·식물의 자원을 자칭하며 또한 이것으로 생기는 폐기물도 포함된다. 바이오에너지는 유가리, 아오산코 등의 연료용 식물의 재배 등을 행하면 대량의 에너지를 얻을 수가 있다. 농산물의 폐기물로는 설탕수수대와 부스러기 외 우돈 등의 가축분뇨도 포함된다.

바이오에너지(Bioenergy)

동·식물 또는 파생자원(바이오매스)을 직접 또는 생·화학적, 물리적 변화과정을 통해 액체, 기체, 고체연료나 전기·열에너지 형태로 이용하는 것을 말한다. 연료용 알코올, 메탄가스, 매립지가스(LFG), 바이오디젤 등을 생산하여 에너지원으로 활용하는 기술로서, 차량용, 난방용 연료 및 발전분야 등에 이용이 가능하다.

바이오에탄올(Bioethanol)

에탄올은 화학적 합성도 가능하지만 생물공정으로도 생산되고 있다. 술을 제조하는 공정에서와 마찬가지로 당을 생성하는 작물로부터 추출된 당을 효모나 박테리아로 발효를 통하여 생산되는 것이다. 옥수수와 같은 전분을 원료로 하는 경우에는 산이나 아밀라아제로 불리는 효소로 먼저 전분을 포도당으로 전환하여 발효하게 된다.

발열량(Calorific Value)

연료를 완전연소하였을 때 발생하는 열량을 말한다.

① 고발열량 : 연료가 연소한 후 연소가스를 처음의 온도까지 내렸을 때 방출하는 열량이다.

② 저발열량 : 고발열량에서 수증기의 증발열을 뺀 값이다.

■ Dulong식

$$H_h = 8{,}100C + 34{,}200\left(H - \frac{O}{8}\right) + 2{,}500S \text{ (kcal/kg)}$$

$$H_l = H_h - 600(9H + W) \text{ (kcal/kg)}$$

방폭형(防爆型) 모터

밀폐함 내부로 스며드는 폭발성 가스로 인해 폭발이 일어날 우려가 있을 경우 밀폐함이 폭발에 충분히 견딜 수 있게 하고, 외부의 폭발성 분위기로 불꽃의 전파를 방지하도록 제작한 모터를 말한다. 즉, 방폭형 모터는 내부폭발 시 압력을 견뎌야 하고, 폭발화염이 외부에 전달되지 않도록 하며, 폭발 시 외함(外函)의 표면온도가 주변의 가연성 가스에 점화되지 않도록 설계하여야 한다.

복사(Radiation)

방사(放射)라고도 하며 ① 중앙의 1점에서 수레의 바퀴살과 같이 방사선 모양으로 쏘아내는 것, ② 물체로부터 열선이나 광선, X-선 등의 전자파가 방출되는 현상, 또는 그 전자파의 형태를 취하여 전달되는 에너지를 말한다.

부생가스

석탄에 열을 가했을 때 부산물로 생성되는 가스로 주로 제철공장의 공정 등에서 많이 생성된다.

상대습도(RH : Relative Humidity)

습한 공기 속에 함유되어 있는 수증기량과 같은 온도에서의 포화수증기량과의 비를 백분율로 나타낸 것을 말한다.

이 값은 습한 공기의 수증기압 e와 같은 온도에서의 포화공기의 수증기압 E와의 비 백분율과 같다. 즉, $R = \frac{e}{E} \times 100(\%)$이다. 단순히 습도라고 할 때는 상대습도를 가리키는 경우가 많다.

생산자 책임 재활용제

생산자 책임 재활용제(EPR : Extended Product Responsibility)란 재활용이 가능한 폐기물의 일정량 이상을 재활용하도록 생산자에게 의무를 부여하고 재활용 의무를 이행하지 아니한 경우, 실제 재활용에 소요되는 비용 이상을 생산자로부터 재활용부과금으로 징수하는 제도를 말한다.

소각(燒却, Incineration)

폐기물을 고온 산화시켜 가연성인 경우 부피를 80~90%까지 감소시킬 수 있으며, 부패성 물질을 안정화시키는 방법이기도 하다. 특히 의료폐기물은 감염 및 독성물질 존재 등의 우려가 있으므로 소각을 통한 위생처리가 필수적이다.

소규모 여열이용방식

소규모 소각로에 적용하는 방식으로서, 공장동(工場洞) 및 부속건물에 대한 급탕 및 난방 등에만 여열을 공급하는 경우이다. 보통 수분사식 가스 냉각탑 후단에 온수기를 설치하여 잔여 열을 회수한다.

스토커(火格子, Stoker)식 소각로

생활쓰레기 등 대용량의 소각에 적합하고 가동 화격자상의 쓰레기가 건조, 연소, 후연소의 과정을 거치며 소각하는 시스템을 말한다. 호퍼・슈트(Chute)에서 투입된 쓰레기는 스토커에 의해 연속적으로 서서히 이동하면서 스토커 하부에서의 열풍에 의한 대류열과 로 내의 연소가스와 로벽에서의 복사열에 의해 건조, 착화, 불꽃연소, 잔류탄소 연소의 과정을 거치게 된다.

슬러리(Slurry)

물속의 작은 고체입자가 현탁질이 되어 부유하여 진흙상태가 된 것이다. 슬러리 농도가 높아져서 침전한 것을 오니(汚泥, Sludge)라고 한다.

시공안전관리

사업시행 전반에 걸친 기상조건, 지반조건, 수리・수문조건, 교통현황, 주변 영향 및 민원발생 등을 충분히 고려하여 건설현장의 재해 최소화를 위한 방재계획과 환경 안전관리계획을 전체적으로 수립하는 일련의 행위를 말한다.

안전조회(TBM)

안전조회(TBM : Tool Box Meeting)란 근로자들이 해당 작업내용에 잠재된 위험요소를 스스로 도출하고, 인지하도록 하여 위험요인에 대한 주의력을 향상시켜 재해를 예방하기 위한 활동을 말한다.

압축천연가스(CNG : Compressed Natural Gas)

천연가스를 냉동, 압축하여 액화한 LNG(액화천연가스)와는 달리 고압으로 압축하여 압력 용기에 저장한 형태를 말한다.

액화천연가스(LNG : Liquefied Natural Gas)

지하 또는 해저의 가스전(석유광상)에서 뽑아내는 가스 중 상온에서 액화하지 않는 성분이 많은 건성가스(Dry Gas)를 수송 및 저장의 용이성을 위해 액화한 것으로, 보통 "천연가스"라 불린다. 주성분은 메탄(CH_4)으로 −162℃로 액화하면 체적은 원래의 1/600로 되어, 그 상태로 전용탱크에 수송되어 반지하 또는 지상의 대형 단열탱크에 저장된다. 우리나라의 경우 해외 천연가스 산지의 LNG 공장에서 액화하는 것을 LNG선으로 도입하여 이를 국내 LNG 공장에서 기체화한 후 파이프를 통해 발전소나 수용가에 공급하고 있다.

엔탈피(Enthalpy)

엔탈피(Enthalpy, kcal/kg)는 어떤 압력, 온도에서 물질이 가진 에너지, H로 나타낸다. 모든 물질은 온도의 변화 혹은 상태의 변화에 의해서 열의 출입이 있고 어느 조건이 정해졌을 때, 그 물질이 갖는 일정한 열량, 내부에너지와 외부에 일을 하는 압력의 에너지의 합으로 나타낸다 ($H = E + PV$).

반응엔탈피는 화학반응이 일어날 때의 엔탈피 변화(생성물 총엔탈피−반응물 총엔탈피)로 나타낸다. 발열반응은 엔탈피가 감소(−)하고, 흡열반응은 엔탈피가 증가(+)한다. 반응열과 반응엔탈피는 크기가 같고 부호가 반대이다.

엔트로피(Entropy)

열역학(熱力學)에서 물질의 상태를 나타내는 양의 한 가지. 물질을 구성하는 입자의 배열이나 질서의 정도를 나타낸다. 우주의 모든 것은 더운 것부터 찬 것으로 변해간다는 것이다. 엔트로피를 다른 표현을 써서 설명한다면 우주의 모든 것은 질서로부터 무질서로 향하여 간다는 뜻이다. 시간에는 방향성이 있으며, 이 방향을 거슬러 가는 길은 없다는 뜻이다(예 집이 노화되어 파괴되는 것, 사람이 늙어 사망하는 것, 자연현상 등).

MSDS

Material Safety Data Sheets의 약자로서, 물질안전보건자료라고 한다. 화학물질의 유해 위험성, 응급조치요령, 취급방법 등을 설명해 주는 자료로서, 현장에서 각종 화학물질의 취급방법, 사용 시 주의사항에 대한 설명서를 말한다.

연료전지(Fuel Cell)

연료(주로 수소)와 산화제(주로 산소)를 전기화학적으로 반응시켜 그 반응에너지를 전기로 직접 빼내는 직류발전장치이다. 연료의 연소에너지를 열로서가 아니고 전기에너지로 이용하는 것으로서, 전기자동차용 연료전지나 연료전지발전소 등의 고성능이고 경제성이 뛰어난 연료전지의 개발이 추진되고 있다.

열분해(Pyrolysis)

혐기상태와 고온상태(200℃ 이상)에서 바이오매스를 열로 분해하는 것을 말한다. 이 분해에 의한 생성물로는 일반적으로 산, 알코올, 알데하이드, 페놀 등의 복잡한 혼합액체가 얻어지는데, 이 혼합액체는 적절한 공정에 의해 분리되어진다. 고체형태의 생성물질은 목탄 등을 얻을 수 있는데, 이는 제철공정에서 코크스 대용으로 사용되기도 한다. 기체형태의 생성물질은 열량이 약 15MJ/m^3 정도의 CO, 수소, 메탄 그리고 그 외 기체의 혼합상태로 얻어진다.

열분해공정(Thermal Cracking)

고옥탄 가솔린 제조공정. 비등점 315~560℃의 가스오일을 원료로 사용하여 제올라이트 촉매상에서 반응시켜 가솔린을 얻는다. 최근에는 금속성분에 강인한 촉매들이 개발되어 산사유를 원료로 사용하는 공정이 상업화되었다. 이 공정에서 사용되는 반응기는 유동상(Fluidized Bed) 반응기로서 고체촉매를 사용하는 특수한 형태의 반응기이다. 따라서 접촉분해공정을 유동접촉분해(FCC : Fluidized Catalytic Cracking)라고 부른다.

용융로(熔融爐, Melting Furnace)

쓰레기, 석탄, 코크스를 로(爐) 상부에서 투입하며, 투입된 쓰레기가 상부에서 하부로 이동하는 사이에 건조, 열분해, 연소 및 용해되는 방식을 이용하여 쓰레기를 연소하는 방식이다. 연소로 내부에는 순산소를 공급하며, 로(爐) 하단부에 남아 있는 용융슬래그(Melting Slag)는 로 밖으로 끌어내게 된다.

위험성 관리(Risk Management)

사업장의 완전한 Risk Free의 환경은 있을 수 없다는 인식에서 출발하여 위험(Risk)의 크기를 평가하고 정책적 배려도 고려하면서 위험을 제거하거나 감소시키는 일련의 과정을 말한다. 위험성 관리(Risk Management)의 기초는 위험성 평가(Risk Assessment)이며, 위험성 평가의 결과를 실행하여 가는 것이 위험성 관리이다.

유동상(流動床, Fluidized Bed)식 소각로

여러 개의 공기분사 노즐이 있는 화상(火床) 위에 모래를 넣고 노즐로부터 공기를 압송하여 모래를 유동(流動)시켜 쓰레기를 건조 및 연소, 후연소시키는 방식이다. 하수슬러지나 3~5cm 정도의 균일한 크기의 폐기물 소각에 적합하다. 소각 규모로는 150ton/day 이하의 용량에 적합하고, 생활폐기물 소각 시 전처리 과정으로써 파쇄 및 선별 등이 필요하다.

이슬점 온도(DPT : Dew Point Temperature)

일정량의 수증기를 함유한 공기가 차츰 냉각하여 포화상태가 되고, 수증기가 응축하여 물방울이 되기 시작하는 온도를 말하며, 함유한 수분이 많을수록 높은 온도가 된다.

이차연소(Secondary Combustion)

불완전연소에 의한 미연가스가 연소실에서 나온 연도 내에서 적당한 양의 공기를 혼입하여 재연소하는 것을 말한다. 2차 연소를 일으키면 공기 예열기나 케이싱 등을 손상시키고 수관식 보일러에서는 물 순환을 교란한다. 이것을 방지하기 위해서는 노 내에서 완전연소를 하고 연도에서 공기가 새어 들어오는 것을 차단할 필요가 있다.

잔류탄소(Residual Carbon)

중유를 공기가 불충분한 상태에서 고온으로 가열하면 건조되어 탄소가 응착하는데, 이를 잔류탄소라 한다.

잠열(Latent Heat)

물질이 고체, 액체, 기체 가운데 하나의 상태에서 다른 상태로 바뀔 경우에 상태를 바꾸기 위해 소비되는 열을 말한다. 외부에 나타나지 않기 때문에 온도의 변화가 없다. 융해열, 증발열, 승화열 등이 여기에 속한다. 0℃일 때 물의 융해열은 80cal/g이고, 100℃일 때 물의 기화열은 539cal/g이다.

저온부식(Low Temperature Corrosion)

저온부식이란 저온이나 이슬점 온도 이하에서 산성가스가 응축되어 생성된 황산, 염산 등이 금속 등의 표면에 부착되어 부식을 일으키는 현상을 말하며, 보통 15~40℃에서 부식이 최대가 된다. 반응메커니즘은 소각물질의 소각(염소, 황 성분 함유) ⇒ 연소가스 발생(유리염소, 염화수소, 아황산 등 부식성 가스) ⇒ 응축, 냉각(149℃) ⇒ 염산, 황산 생성 ⇒ 금속표면에의 부착, 부식 발생이다.

정량분석(Quantitative Analysis)

화학분석의 일종으로 물질을 구성하는 성분의 양 또는 비율을 알아낼 목적으로 수행하는 분석의 총칭이다. 일반적으로는 정성분석에 의해 성분의 종류를 결정한 후에 이루어진다. 조작법에 따라 중량분석과 용량분석으로 나누어진다.

정성분석(Qualitative Analysis)

화학분석의 일종으로서 물질의 성분을 검출할 목적으로 실행하는 분석을 말하며, 보통은 정량분석에 앞서서 한다. 미지의 것에 무엇이 포함되어 있는지를 조사하는 경우와 어떤 특정한 물질이 들어 있는지의 여부를 조사하는 경우가 있다.

정압(Static Pressure)

유동하는 유체의 전압에서 동압을 뺀 압력이다. 흐름의 방향에 대해 수직방향으로 작용하는 단위면적당 힘을 말한다. kg/㎡ 또는 mmAq(mm수주)로 나타낸다.

정압비열(Specific Heat under Constant Pressure)

기체 압력을 일정하게 유지하면서 열을 가할 때의 비열을 말하며, 실용 단위는 kcal/kg・℃이고, 기호는 C_p로 표시된다.

정적비열(Specific Heat under Constant Volume)

기체의 체적을 일정하게 유지하면서 열을 가했을 때의 비열을 말하며, 실용 단위는 kcal/kg・℃이고, 기호는 C_v로 표시된다.

중규모 여열이용방식

소각장 자체 부속건물에 대한 급탕, 난방 외에도 복지센터나 온수 수영장 등을 설치하여 여열을 공급하는 방식으로서, 수분사식 냉각방식과 폐열보일러식을 조합한 방식을 적용한다.

지역난방

지역난방(地域煖房, District Heating)이란 중앙난방장치에서 어떤 지역 내의 여러 건물에 난방용의 열(熱)과 온수(溫水)를 공급하는 난방방식을 말한다.

착화온도(Firing Temperature)

가연물이 공기 속에서 가열되어 열이 축적됨으로써 외부로부터 점화되지 않아도 스스로 연소를 개시하는 온도이다. 가연물의 발열량, 공기의 산소농도 및 압력이 높을수록, 분자구조가 간단할수록 낮아진다.

참비중(True Specific Gravity)

겉보기 비중과 구별할 때 사용되는 용어로, 물질의 참용적에 대한 비중을 말한다. 공극률의 어떤 분진, 여재, 석탄 등 알갱이 덩어리의 비중을 나타낼 경우 공극과 세극이 없는 알갱이 덩어리인 고체일 때의 비중을 나타내는 것이다.

최상가용기법(BAT)

최상가용기법(BAT : Best Available Techniques economically achievable)이란 경제성을 담보하면서 환경성이 우수한 환경기술 및 운영기법을 말한다. 다시 말해, 사업장 배출시설에서 발생 및 배출되는 오염물질을 최소화하고 동시에 공정의 운전효율을 최적화하여 경제적으로 환경오염을 최소화할 수 있는 포괄적인 개념의 기술을 의미한다.

캐비테이션(Cavitation)

액체가 유동하고 있을 때 어느 점의 압력이 그 때의 액온의 증기압보다 내려가 액 속의 공기와 수증기가 분리되어 기포를 발생시키고, 공동을 만드는 현상을 말한다. 캐비테이션으로 유리된 공기와 수증기는 압력이 높은 부분에서 망가지고 국부적으로 고압・고온이 되어 진동과 소음이 발생해 부식의 원인이 된다. 또한 재료에 손상을 입힌다. 수차와 펌프의 날개, 또는 유체의 통로에 급격한 변화가 있는 장소 등에서 발생한다.

케이크(Cake)

여재(濾滓), 슬러지 케이크라고도 한다. 이수를 여과할 때 여재에 남는 고형물로 함수율 70~80% 정도의 오니를 말한다. 함수율은 사용하는 여과기 종류에 따라 다르다.

콜로이드(Colloid)

교질이라고도 한다. 분산매 내에 분산해 있는 직경 0.001~0.1μm 정도의 미세한 분산질을 말한다. 또한 이 분산질의 입자를 콜로이드 입자라고 하며, 분산상태를 콜로이드 상태라고 한다. 입자가 매우 작기 때문에 체적에 비해 표면적이 커지고, 수중에서는 동종의 대전에 의해 반발력을 가져서 쉽게 침강하지 않고 안정상태를 유지한다.

타르(Tar)

석탄 또는 목재 등의 탄소화합물을 건류해서 얻는 흑갈색의 점조한 액을 말한다. 목재에서 얻는 것을 석탄 타르 또는 콜타르라고 한다. 건류하는 온도에 따라 저온 타르와 고온 타르로 구별된다. 콜타르를 더 분리하면 피치, 크레오소트유, 나프탈렌, 크레졸, 석탄산 등을 얻을 수 있다. 포장재, 방수제, 방충제, 목재 방부제, 전극 등에 이용되고 있다.

폐기물 가스화 기술

기존 소각방식과는 달리 공급된 폐기물 내의 탄소 및 수소성분이 고온의 환원조건(부분산화 조건)에서 반응이 진행되며, 가스화 반응에서 생산된 합성가스는 일산화탄소와 수소가스를 주성분으로 생산된다.

폐기물감량화시설

생산공정에서 발생하는 폐기물의 양을 줄이고, 사업장 내 재활용을 통하여 폐기물 배출을 최소화하는 시설로서 대통령령으로 정하는 시설을 말한다.

폐기물 열분해 유화 기술

열분해 유화 기술은 400~550℃의 무산소 분위기에서 폐기물을 가스상의 탄화수소화합물로 이루어진 합성가스로 분해한 후 응축기를 통하여 액상의 연료유를 생성하는 기술을 말한다.

폐기물자원화

폐기물자원화(廢棄物資源化)란 폐기물을 원료로 하여 범용성이 있는 원료를 제조하는 것을 말한다.

폐기물 퇴비화

폐기물 퇴비화(堆肥化, Composting)는 예로부터 전통적으로 이용하고 있는 생물학적 처리방법의 일종으로, 오니와 쓰레기, 분뇨 등의 처리방법으로 이용할 수 있다.

폐열보일러(Waste Heat Boiler)

폐열을 열원으로 하여 증기를 발생시키는 보일러를 말한다. 발생하는 증기는 연소용 공기의 예열, 난방, 급탕, 자가 발전용 등에 이용된다. 연소장치나 회로를 갖지 않는 것이 특징이지만 폐가스에 다량의 재가 들어 있어서 부식성, 독성, 폭발성이 있는 것은 전열면을 더럽히고 손상시키며, 위험성이 많기 때문에 주의할 필요가 있다.

포화증기(Saturated Vapor)

일정한 온도나 압력의 조건에 있어서 증발이나 응축이 정지되고 액체와 평형상태에 있는 증기를 말한다. 일정한 체적공간에 함유할 수 있는 증기량에는 한도가 있는데, 이 한도는 습도가 저하하면 압력과 더불어 급격히 감소된다.

플라즈마(Plasma)

기체상태의 물질에 열을 가하면 기체원자의 최외각전자는 불안정하여 궤도를 이탈하고 이와 같이 전자와 양성자가 공존하는 상태를 플라즈마 상태라고 한다. 전기에너지를 이용하여 증기(H_2O)를 플라즈마화하고 증기가 갖고 있는 산소 및 수소를 이용하여 폐기물 중에 함유되어 있는 중금속을 산화 용융하여 유리 내 고용화하고 염화물은 수소가스와 반응시켜 중화시킨다.

플렉시블 조인트(Flexible Joint)

구형, 통형, 벨로스형을 한 합성고무제의 짧은 관과 플렉시블 튜브 등의 양단에 플랜지를 설치한 이음매를 말한다. 배관설치와 열팽창 등의 외력에 의한 변형을 흡수하고 방진, 방음 등의 작용도 한다.

피시비(PCB : PolyChlorinated Biphenyl)

$C_{12}Cl_xH_{10-x}$의 화학식으로 표시되는 물질의 총칭으로 폴리염화비페닐이라고도 한다. 무색투명한 유상으로 산, 알칼리에 젖지 않고 절연성이 좋은 것 등 여러 가지 특성이 있어서 절연체나 열매체 등 제조공정에 널리 이용되었으나, 식용유에 대한 누설사고를 일으키는 등 오염문제가 표면화되고 있다. 생체 내에 들어가면 분해되지 않고 지방 속에 축적되어 시력장애, 간장장애 등의 중독증상을 일으킨다.

피치(Pitch)

원유나 콜타르를 증류하여 잔류하는 흑색의 고형 물질을 말하며, 탄화수소의 혼합물이다. 콜타르 피치는 특히 50~60%의 피치를 포함하며, 방수제, 전극, 충전제, 연탄 등에 사용된다.

피피비(PPB : Parts Per Billion)

10억분율의 약호로서 ppm의 1/1,000을 의미한다. 미소 농도의 단위로 쓰인다. 즉, 1ppm=100pphm=1,000ppb이다.

할로겐(Halogen)

불소나 염소, 브롬, 요오드, 아스타틴 등의 비금속원소를 말한다.

함수율(Moisture Content)

오니의 전체 중량에서 물의 중량이 차지하는 비율을 말한다.

화학당량(Chemical Equivalent)

간단히 당량이라고도 한다.

① 원소의 당량 : 수소 1원자량과 화합 또는 치환하는 다른 원소량을 말한다. 일반적으로 원자량을 원자가로 나눈 값이다.

② 산·염기의 당량 : 산으로 작용하는 수소의 1당량을 포함하는 산의 양 및 이것을 중화하는 염기량을 말한다. 1L 속에 1g의 당량을 포함하는 용액을 1규정의 용액이라고 한다.

③ 산화제, 환원제의 당량 : 수소의 1당량을 빼앗을 수 있는 산화제의 양 및 수소의 1당량을 줄 수 있는 환원제의 양을 말한다.

확산연소(Diffused Combustion)

기체연료와 공기를 따로따로 연소실로 보내 연소하는 것으로, 연소는 화염의 외부에서 확산해오는 공기에 의해 계속된다. 연료 표면의 얇은 층에 화염이 생기므로 연소속도는 공기확산에 큰 영향을 받는다. 화염은 확산염이 되어야 안정하기 때문에 역화의 염려가 없고, 복사율이 크므로 넓은 장소에서의 균일한 가열에 적당하다. 또 공기를 고온으로 예열할 수 있으므로 유효한 연소가 가능하다는 이점도 있다. 그러나 확산이 불충분하면 미연소가스의 일부 탄소입자가 응집해 매연을 발생하기 쉽다. 복사열을 필요로 하는 보일러 연소 등에 유리하다.

환경보전비

환경보전비는 공사를 진행하며 발생하는 환경유해요인들을 방지하기 위해 사용하는 비용을 말한다.

현열(Sensible Heat)

가해진 열이 상태 변화에는 사용되지 않고, 온도 상승에만 소비되는 열이다.

혐기성 소화

혐기성 소화(嫌氣性消化, Anaerobic Digestion)란 혐기성 분해방식에 의해 하수슬러지를 완전히 분해하는 것을 말한다. 가열하는 방법과 가열하지 않는 방법이 있으며, 각각 15일 및 30~60일이 소요되며 하수슬러지의 처리방법으로 널리 이용되고 있는 방식이다.

회전로(回轉爐, Rotary Kiln)식 소각로

화상(火床 : 고형 피소각물, 연속적 화층 형성 영역) 그 자체가 연소실을 형성한 원통을 수평축 중심으로 회전하도록 한 구조로써, 폐기물은 원통의 후부인 투입구로 투입되어 회전로 하부에서 혼합 및 소각되면서 전방으로 이동 배출된다.

흙막이벽(Retaining Wall)

토목공사 등에서 땅을 돋우거나 굴삭 등을 할 때, 흙이 무너지지 않게 하기 위해서 구축하는 구조물을 말한다. 돌쌓기, 콘크리트 블록쌓기, 콘크리트 중력실, 철근콘크리트 등 여러 가지가 있다.

부록 3

주요 설계인자 모음

1. 단위환산계수

구 분	SI 단위	환산계수
길 이	미터(m)	1m=100cm=1.0936yard(yd) 1cm=0.3937inch(in) 1inch=2.54cm=0.0254m 1angstrom(Å)=10^{-8}cm 1mile=1.6093km 1ft=0.3048m
질 량	킬로그램(kg)	1kg=1,000g=2.205pound(Lb) 1Lb=453.6g 1amu=1.6605×10^{-24}g
시 간	ch(s 또는 sec)	1day=86,400s 1hr=3,600s
전 류	암페어(A)	
온 도	절대온도(K)	K=−273.15℃=−459.67℉ ℉=(9/5)℃+32 ℃=(5/9)(℉−32) K=℃+273.15
조 도	칸델라(cd)	
물질의 양	몰(mole)	
부 피	입방미터(m^3)	1liter(L)=$10^{-3}m^3$=1.057qt 1in^3=16.4cm^3
힘	뉴턴(N=m · kg/S^2)	1dyne(dyn)=10^{-5}N
압 력	파스칼(Pa=N/m^2)	1atm=101,325Pa=760mmHg =14.70Lb/in^2 =1.013×10^6dyn/cm^2
에너지	줄(J=N · m)	1cal=4.184J 1eV=96.485kJ/mole 1liter-atmosphere=101.325J 1J=10^7ergs

2. 주요 먼지의 비중

구 분	먼지의 종류	진비중	겉보기 비중
금속광산섬 암석	질석, 탄먼지, 석면	1.8~2.2	0.7~1.2
	알루미늄 가루, 분, 운모류, 타르(Tar), 사문암, 석회석	2.3~2.8	0.5~1.6
	대리석, 방해석, 장석, 규사, 패암, 점토(도자기흙, 활석)		
	유리규산		
	관동흙	2.3~3.3	0.7~1.6
	아연광	4.5	2.3
	황화철광	4.5	1.2
	방연광, 섬유분체	7.5	2.5~3
화 학	모래	1.6	0.7
	흑연, 석고, 황산암모늄, 석탄질소, 석탄재	1.8~2.2	0.7~1.2
	카본블랙-흑색 안료	1.85	0.04
	탄산마그네슘, 탄산칼슘	2.3~2.7	0.5~1.6
	카보런덤, 드로마이드, 마그네사이트, 포틀랜드	2.8~3.3	0.7~1.6
	시멘트, 황화비소		
	산화마그네슘, 아란담, 무수아비산	3.4~3.7	0.8~1.8
	알루미나 코란담, 티탄백	3.8~4.3	0.7~2.3
	산화철, 굴뚝연기	5	0.5~2.5
	아연분체, 비소	5.5	2~2.5
	산화구리	6.5	2.7
	산화납	8.5	1.1
유 기	톱밥, 천연섬유, PE 분체	0.45~0.5	0.04~0.2
	아니린계 염료, 베크라이트, 에보나이트	0.8~1.2	0.05~0.2
	나일론, 스치롤		
	염화비닐, 소맥분	1.3~1.6	0.4~0.7
기 타	물방울, 안개	0.8~1.2	
	연삭 분체	2.3~2.7	0.5~1.6

3. 업종별 악취발생 가능물질

발생원	악취배출 가능물질	냄 새
고무공장	용제(톨루엔)(Toluene) 이황화물 메르캅탄류 아세트알데히드(Acetaldehyde)	시너 냄새 자극취 자극취 역겨운 냄새 석유공장에서 배출되는 냄새
합판 제조	포르말린(Formalin) 시너(Thinner) 본드	자극취 시너 냄새 시너 냄새 생고무 냄새
어분 사료 제조	트리메틸아민(Trimethyl amine)	생선 썩는 냄새(물고기 냄새) 시궁창 냄새 건어물 냄새
그라비아 인쇄	잉크 중의 휘발성분 신나(Thinner)	시너 냄새 시너 냄새
페놀수지 가공	페놀(Phenol)	의약품 냄새
호마이카 제조	스티렌(Styrene)	양파 썩는 냄새
석유정제 (정제)	황화수소(Hydrogen Sulfide) 메틸메르캅탄(Methyl Mercaptan)	달걀 썩는 냄새 양배추 썩는 냄새
도장공업	융기용제 톨루엔(Toluene) 자일렌(Xylene) 벤젠(Benzene) 등	시너 냄새 시너 냄새 자극취
소다, 비료공업	염화수소(Hydrogen Chloride) 염소(Chlorine) 암모니아(Ammonia)	자극취 자극취 자극취

4. 제조공장별 탈취공법 비교표

탈취공법 공장 · 사업장	활성탄 흡착법	오존 산화법	약액 세정법	촉매 연소법	토양탈취법 (미생물법)	전기 분해법
축산농업						
· 양돈업	○	○	◎	△	◎	◎
· 양우업	○	○	◎	△	◎	◎
· 양계업	○	○	◎	△	◎	◎
사료 · 비료 제조공장						
· 복합비료 제조공장	△	△	◎	◎	△	◎
· 수산물처리장	○	○	◎	△	◎	◎
· 도축처리장	○	○	◎	△	◎	◎
· 양계 공장	○	○	○	△	◎	◎
· 조류(Feather) 처리장	△	○	△	◎	△	△
식품 제조공장						
· 커피 제조공장	◎	◎	○	△	○	◎
· 축산식품 제조공장	◎	◎	○	△	◎	◎
· 수산식품 제조공장	○	◎	○	△	◎	◎
· 조미료 제조공장	○	△	◎	△	○	◎
· 김치 제조공장	○	○	○	△	◎	◎
· 빵 · 과자 제조공장	◎	◎	◎	○	◎	◎
· 제과 공장	◎	◎	◎	○	◎	◎
· 전분 제조공장	◎	◎	◎	○	◎	◎
화학 공장						
· 석유 제조공장	◎	○	○	◎	○	○
· 코크스 공장	◎	◎	◎	◎	△	◎
· 펄프 제조공장	◎	◎	◎	○	○	◎
· 셀로판 제조공장	○	△	△	◎	△	◎
· 화학비료 제조공장	○	△	◎	△	△	◎
· 무기화학공업 제조공장	△	△	◎	△	△	◎
· 석유화학계 기초제품 공장	△	△	△	◎	△	○
· 발효 공장	○	○	○	◎	◎	◎
· 플라스틱 제조공장	△	○	△	◎	△	○
· 합성고무 제조공장	○	△	△	◎	△	○
· 레이온 제조공장	○	△	△	◎	△	○
· 유지가공제품 제조공장	○	○	◎	○	◎	◎
· 도료 제조공장	◎	△	△	◎	△	○
· 인쇄잉크 제조공장	◎	△	△	◎	△	○
· 의약품 제조공장	◎	△	◎	◎	△	◎
기타 제조공장						
· 섬유 공장	◎	○	◎	◎	○	◎
· 목재, 목제품 가구 제조공장	○	△	○	○	○	○
· 인쇄 공장	◎	△	△	◎	○	○
· 도장 공장	◎	△	△	◎	○	○
· 유피 공장	◎	△	△	△	◎	△
· 주물 공장	△	△	◎	△	△	◎
· 제철 공장	○	○	◎	○	△	◎
서비스업 · 기타						
· 폐기물처리장	○	◎	◎	△	◎	◎
· 하수처리장	◎	◎	◎	△	◎	◎
· 분뇨처리장	○	○	◎	△	◎	◎
· 화장장	◎	△	△	△	△	△
· 도축장	○	○	◎	△	◎	◎

※ 성능 구분 : ◎ 우수, ○ 보통, △ 미약 (단, 공정조건에 따라 성능이 변화될 수 있음)

5. 유기용제의 특성

항 목 / 물질명	분자식	분자량	비점 (℃)	비중 공기=1	인화점 (℃)	발화온도 (℃)	폭발한계		허용 농도
							하한	상한	
Methanol	CH_3OH	32.64	64.7	1.1	11.1	463.9	3.6	7.3	200
M.I.B.K	$C_6H_{12}O$	100.16	117.8	3.5	22.8	458.9	1.4	7.5	50
M.E.K	$CH_3CO.C_2H_5$	73.11	76.9	2.5	-1.0	515.6	1.8	10.0	200
Benzene	C_6H_6	78.12	80.1	2.8	-11.1	562.2	1.3	7.1	0
Fluorine	F_2	37.99	-187	1.7	-	-	-	-	1
Hydrogen Fluorine	HF	19.99	19.5	1.0	-	-	-	-	3
Nitrogen Oxides	NO_2	45.98	21.3	1.6	-	-	-	-	3
Styrene Monomer	$C_6H_5CH=CH_2$	104.14	145.2	0.9	32.0	490.0	1.1	1.6	50
Cyclohexane	C_6H_{12}	86.20	68.8	0.8	20.0	245.0	1.3	8.3	300
Acetone	CH_3COCH_3	50.08	56.3	2.0	-17.8	537.8	2.6	12.8	750
Acetaldehyde	CH_3CHO	44.05	20.2	0.8	-39.0	175.0	40.0	60.0	100
Sulfur Dioxide	SO_2	64.06	-10.0	2.26	-	-	-	-	2
Ammonia	NH_3	17.03	-33.4	0.82	가스	651.0	16.0	25.0	25
Ethanol	C_2H_5OH	46.10	78.3	0.8	13.0	363.0	3.3	19.0	1,000
Ethylene	C_2H_4	26.03	-103.7	1.0		450.0	2.7	36.0	
Chlorine	Cl_2	70.91	-34.0	1.6	-	-	-	-	1
Hydrogen chloride	HCl	36.46	-85.0	1.27	-	-	-	-	5
Isobutylalcohol	$(CH_3)_2CHCH_2OH$	73.11	82.4	0.8	12.0	399.0	2.0	12.7	400
Acetic Acid	CH_3COOH	60.0	117.8	1.0	39.0	463.0	4.0	19.9	10
Cholro Form	$CHCl_3$	119.4	61.2	1.5	-	-	-	-	10
Xylene	$C_6H_4(CH_3)_2$	106.0	144.4	0.9	32.0	-463.0	1.1	7.0	100
Carbon Dioxide	CO_2	44.01	-78.5	1.5	-	-	-	-	5,000
Toluene	$C_6H_5CH_3$	92.14	110.8	3.1	4.4	536.1	1.4	6.7	100
Trichloroethane	CH_3CCl_3	133.0	74.1	1.3	-	-	-	-	350
Trichloroethylene	C_2HCl_3	131.0	86.6	1.5	-	-	-12.5	90.0	50
Phenol	C_6H_5OH	94.1	181.8	1.1	79.0	715.0	3.0	10.0	5
Formaline	HCHO	30.03	100.0	1.1	54.5	430.0	7.0	7.3	2
Hydrogen Sulfide	H_2S	56.08	-60.4	1.2	-	260.0	4.0	44.0	10
Ethyl Acetate	$CH_3COOC_2H_5$	88.10	76.8	0.9	-4.0	426.0	2.0	11.5	400

6. 각종 폐기물의 용량산정 인자

분 류	명 칭	발열량 (kcal/kg)	화로열부하 (kcal/㎥/h)	공기비	로 내 온도(℃)	
					1차 연소실	재연소실
합성수지	폴리에틸렌(PE)	10,040	$24\sim36\times10^4$	1.6~2.6	420~590	870~1,200
	폴리스티렌	9,390	25×10^4	1.7~1.9	400~650	800~1,200
	폴리프로필렌	8,310	29.4×10^4	1.7~2.0	630~780	800~1,100
	폴리우레탄	4,300	11.1×10^4	1.9	310~330	950~960
	폴리염화비닐	4,400	8.8×10^4	1.7	700~830	940
합성고무	고무튜브	5,200	$14.6\sim23.4\times10^4$	1.6~2.2	390~560	800~1,020
	고무타이어	9,120	26.3×10^4	1.7~2.0	400~450	950~1,050
혼합물	폴리에틸렌 : 목재=7 : 3	8,260	29.7×10^4	2.0~2.2	450	1,030~1,080
	폴리에틸렌 : 목재=1 : 1	6,100~6,200	$22.3\sim34.1\times10^4$	1.4~2.3	360~550	950~1,200
	폴리에틸렌 : 목재=5 : 1	9,300	33.5×10^4	1.9~2.0	550	1,100~1,160
	PE : PVC : 합성수지 : 목재 = 1 : 2 : 1 : 2	4,400	16.8×10^4	1.9	400~450	1,000~1,120
	PE : PVC : 목재=5 : 5 : 2	6,000	23.5×10^4	1.9~2.0	400~460	890~970
	PE : 종이 : 목재=3 : 1	6,600~6,700	22.7×10^4	1.5~2.4	400~450	900~1,050
	중유찌꺼기 : 목재=3 : 1	8,090	24×10^4	1.6~2.1	700~900	870~1,080
	자동차배연먼지	3,200	19.2×10^4	1.6~2.2	450	870~1,080
슬러지	규조토 함유 슬러지	2,940	17.6×10^4	1.8~2.0	400~500	950~980
	백토 함유 슬러지	2,520~2,750	$14.1\sim21.2\times10^4$	1.7~2.1	300~350	930~1,090
	폐유 슬러지(선박)	5,210	$12.5\sim18.7\times10^4$	1.9~2.3	300~650	800~1,800
기타	발포스티로폼	10,000	26×10^4	1.5~2.5	400~600	1,850~1,200
	카톤 BOX	4,500	9×10^4	1.5~1.8	400~530	800~900
	ABS 수지	9,000	20×10^4	1.7~1.9	500~650	850~1,000
	기름걸레(함유)	7,200	$20\sim25\times10^4$	1.7~1.8	420~580	800~1,200
	신문지	5,100	$15\sim20\times10^4$	1.5~2.5	400~500	700~850
	목재	4,800	$20\sim25\times10^4$	1.6~2.4	400~550	850~900
	피혁류	5,600~8,200	$15\sim25\times10^4$	1.2~2.5	400~500	900~950
	일반 잡개	3,600	$15\sim30\times10^4$	1.2~2.5	400~500	800~950

7. 가연성 폐기물의 성분 및 발열량 분석

Analysis Waste	Porximate Analysis (As-received) Weight %				Ultimate Analysis (Dry) Weight %						H.H.V(kcal/kg)		
	수분	휘발분	고정 탄소	비 연소물	C	H	O	N	S	Non-Comb.	As re-ceived	Dry	Dry & No ash
Paper, mixed	10.24	75.94	8.44	5.38	43.41	5.82	44.32	0.25	0.20	6.00	3,778	4,207	4,475
Corrugated Boxes	5.20	77.47	12.27	5.06	43.73	5.70	44.93	0.09	0.21	5.34	3,913	4,127	4,361
Rotten timbers	26.80	55.01	16.13	2.06	52.30	5.50	39.00	0.20	1.20	2.80	2,617	3,538	3,644
Wood and Bark	20.00	67.89	11.31	0.80	50.46	5.97	42.37	0.15	0.05	1.00	3,833	4,785	4,833
Grass, Dirt, Leaves	21~62	-	-	-	36.20	4.75	26.61	2.10	0.26	30.08	-	3,491	4,994
Tires	1.02	64.92	27.51	6.55	79.10	6.80	5.90	0.10	1.50	6.60	7,667	7,726	8,278
Waste tire	-	-	-	-	80.00	7.10	2.40	1.50	1.40	7.50	-	9,120	-
Waste tire	-	-	-	-	84.90	7.80	1.50	0.20	1.70	4.40	-	9,526	-
Leather	10.00	68.46	12.49	9.10	60.00	8.00	11.50	10.00	0.40	10.10	4,422	4,917	5,472
Leather Shoe	7.46	57.12	14.26	21.16	42.01	5.32	22.83	5.98	1.00	22.86	4,024	4,348	5,639
Rubber	1.20	83.98	4.94	9.88	77.65	10.35	-	-	2.00	10.00	6,222	6,294	7,000
Waste Rubber	-	-	-	-	75.20	7.40	2.50	1.40	0.70	12.80	-	8,927	-
Mixed Plastics	2.00	-	-	10.0	60.00	7.20	22.60	-	-	10.20	7,833	7,982	8,889
Plastic Film	3~20	-	-	-	67.21	9.72	15.82	0.46	0.07	6.72	-	7,692	8,261
Polyethylene	0.20	98.54	0.07	1.19	84.54	14.18	0.00	0.06	0.03	1.19	10,932	10,961	11,111
Polystyrene	0.20	98.67	0.68	0.45	87.10	8.45	3.96	0.21	0.02	0.45	9,122	9,139	9,172
Polyurethane	0.20	87.12	8.30	4.38	63.27	6.26	17.65	5.99	0.02	4.38	6,224	6,236	6,517
P.V.C	0.20	86.89	10.85	2.06	45.14	5.61	1.56	0.08	0.14	2.06	5,419	5,431	5,556
Textiles	15~31	-	-	-	46.19	6.41	41.85	2.18	0.20	3.17	-	4,464	4,611
Oils, Paints	0	-	-	16.3	66.85	9.63	5.20	2.00	-	16.30	7,444	7,444	8,889

○ 폐타이어 구성성분

성 분	생고무	합성고무	무기탄소	합성수지	$CaCO_3$	ZnO	황	점토	철사	기타	계
(%)	32.3	17.7	23.7	10.3	0.4	1.7	0.6	3.9	3.4	6.0	100

8. 음식물쓰레기 줄이는 10가지 방법

[하나]

- **식단을 계획한 후 꼭 필요한 식품만을 적정량 구입합니다.**
  - 필요 이상의 식품을 구입하면 유효기간이 지나도록 보관하다가 버리게 되는 일이 발생됩니다.
  - 충동구매로 인한 과다한 식품 구입을 자제합시다.

[둘]

- **식품구입 시 선도가 좋은 식품을 선택합니다.**
  - 선도가 좋은 재료일수록 오래 보관할 수 있고 버리는 양도 적습니다.
  - 신선하고 가식부가 많은 식품을 선별하여 구입하고, 식품은 가능한 한 필요한 양만큼만 소규모 단위(절단구입 등)로 구입하여 사용합시다.

[셋]

- **음식조리 시 식사량을 감안하여 알맞게 장만합니다.**
  - 음식은 먹을 만큼 장만하여 먹다 남은 음식물쓰레기가 나오지 않도록 합시다.
  - 필요 이상의 음식물을 만들지 않기 때문에 가계 부담도 줄일 수 있을 뿐 아니라 자원도 절약하고 환경도 보전하는 효과가 있습니다.

[넷]

- **찌개류는 꼭 먹을 만큼만 조리합니다.**
  - 찌개류 조리 시 식사량에 관계없이 냄비 크기에 맞추어 조리하여 남겨지는 양이 많이 발생합니다.
  - 버려지는 찌개류는 수질오염을 유발하므로 알맞게 조리합시다.

[다섯]

- **식사 시에는 소형 찬그릇을 사용합니다.**
  - 식사 시에는 알맞게 먹고 남겨지는 음식이 없도록 소형 찬그릇을 사용하고, 부족 시에는 덜어 먹을 수 있도록 하는 등 뷔페식 식사문화를 만들어 갑시다.

[여섯]

- **음식점에서 남겨진 음식은 청결하게 포장하여 싸옵니다.**
  - 음식점에서 과도하게 주문하여 남긴 음식은 그대로 버려지게 되어 귀중한 식량자원의 낭비를 초래합니다.

- 음식을 싸오는 일은 더 이상 남의 눈치를 살펴야 하는 부끄러운 일이 아니며, 당연한 권리를 찾는 올바른 식사문화입니다.

[일곱]

- **결혼예식장 등에서 음식물을 접대하는 대신 간소한 답례품을 제공합니다.**
  - 식사시간대에 치러지는 결혼예식 때에는 간단한 뷔페 음식을 제공하고, 식사시간대가 아닌 시간에 치러지는 결혼예식 때에는 음식물을 접대하는 대신에 간소한 답례품을 제공하면 과다한 음식물쓰레기 발생을 원천적으로 줄일 수 있습니다.

[여덟]

- **여행 시에는 도시락을 준비합니다.**
  - 야외에서 취사하는 경우 남은 음식은 그대로 산과 하천에 버리게 됩니다.
  - 알맞게 준비한 도시락을 이용하면 불필요한 외식비용을 줄이는 것은 물론 환경오염을 예방하는 일석이조(一石二鳥)의 효과가 있습니다.

[아홉]

- **음식물쓰레기를 거름으로 만들어 사용합니다.**
  - 음식물쓰레기를 집안 공터나 주말농장에서 발효제와 혼합하여 일정기간 부숙시키면 유용한 거름이 됩니다.
  - 쓰레기 양도 줄이고 아담한 화단도 가꿀 수 있습니다.

[열]

- **음식물쓰레기를 배출할 때에는 이물질과 물기를 제거하여 퇴비·사료로 재활용될 수 있도록 분리 배출합니다.**
  - 음식물쓰레기 분리·수거체계가 구축된 지방자치단체에서는 음식물쓰레기를 퇴비·사료로 자원화하고 있습니다.
  - 지방자치단체 또는 재활용자가 안내하는 방법에 따라 축산농가, 퇴비 또는 사료공장 등에서 자원화가 용이하도록 이물질 및 물기를 제거 후 분리 배출합시다.

9. 중·소형 소각시설 유지관리 및 점검 기록표

기기명	단기점검				장기점검				
	점검항목	1일 3회	1일 1회	주 1회	점검항목	월 3회	3개월 1회	6개월 1회	년 1회
소각로									
로 실	내화벽돌 파손 (점검문 통함)	○	○		내화벽돌 파손 및 마모 측정				○
					로 폭 측정(벽돌 팽창 여부)				○
					신축 이음부				○
					벽돌에 붙은 클링커 제거				○
					보조버너 주위 검사				○
철구조물 및 케이싱	케이싱 표면온도			○	케이싱 변경 및 도장		○		
	케이싱 연소가스 누출		○		철구조물 변형 및 굴곡				
					용접부 균열				
점검문	점검문의 밀봉상태		○		로 내부의 내화벽 라이닝 파손				○
					패킹				○
푸셔류	헤드부분의 내화물 상태			○	실린더 속도		○		
	실린더 부분의 유압유 누유상태			○	유압펌프 작동압력		○		
					유압펌프 베어링 상태		○		
					헤드부분의 공기노즐 상태	○			
재처리 장치					바닥 클링커 발생 여부	○			
					내부청소 등	○			
유압장치									
유압유	온도		○		오일량	○			
			○		오일 품질	○			
커플링					커플링 상태				○
유압펌프	토출압력		○		비정상음		○		
					온도				○
					압력	○			
					누유	○			
					흡기	○			
필 터					청소		○		
압력 게이지					압력보정				○
온도계					온도보정				○
압력조절 밸브					기능상태	○			
유량조절 밸브					기능상태	○			
정지밸브					내부노출			○	
솔레노이드 밸브					단열상태				○
					전압 측정		○		
					작동음				○
					운전상태				○

10. 소각재 처리방법

항 목	용융고화법	시멘트고화법	약제처리법	용매추출법	숙성처리법
처리기술의 원리와 특징	• 1,200~1,400℃에서 가열・용융 • 바닥재, 비산재 혼합처리기술은 실용화 • 비산재 대상기술은 실증단계 • 용융 비산재는 2,3,4방법에 따라 처리	• 시멘트와 균질 혼합 후 조립・성형 • 운전이 용이하고, 건설비가 저렴 • 가장 많이 사용하고 있음	• 킬레이트와 소각재 중 중금속과 반응시켜 화학적으로 안정화 • 운전이 용이하고 건설비가 저렴 • 킬레이트 이외에는 Pb 용출 억제가 불충분	• 산성용매(염산)로 중금속을 용출한 후 화학적으로 안정화	• 연소가스(CO_2)와 접촉시켜 화학적으로 안정화 • 운전비 저렴
조 성	• 금속, 수분, 미연물 함량에 따라 제한되는 경우가 있음	• 강알칼리 소각재에는 pH 조정제 첨가 - pH : 10~11 - CaO : 30~60%	• 강알칼리 소각재에는 pH 조정제 첨가 - pH : 10~11 - CaO : 30~60%	• 전기집진장치 재(Ash) • 여과집진장치 재(Ash) - pH : 10~11 - CaO : 30~60%	• 전기집진장치 재(Ash) • 여과집진장치 재(Ash) - pH : 10~11 - CaO : 30~60%
처리능력	50~8,000kg/h (방식에 따라 상이)	50~4,000kg/h	50~4,000kg/h	50~500kg/h	50~2,000kg/h
무해화	• 용융슬래그로부터 중금속 용출은 없음 • 비산재에 함유된 고농도의 다이옥신류 분해 가능	• 장기적으로 중금속, 염류의 용출 가능성 • 다이옥신류 분해 안 됨	• 염류의 용출은 있지만 중금속의 용출 위험은 비교적 적음 • 다이옥신류 분해 안 됨	• 장기적으로 중금속 용출 가능성 있음 • 다이옥신류 분해 안 됨	• 중금속의 용출률은 탄산염 전환율에 의존 • 탈수처리된 처리잔사는 장기적으로 용출 위험이 있음 • 다이옥신류 분해 안 됨
안정화	• 장기간 안정성 유지	• 시멘트의 첨가량이 적고 양생 기간이 짧으면 균열・붕괴	• 시멘트고화법에 비교하여 안정성 있음 • 장기적으로 침출 가능	• 안정도는 불용화 방법에 따라 다름	• 탄산염의 화학적 안정도에 의존 • 산성우에는 대부분 무효
감용・감량	• 1/5~1/6 • 0.9~1.0배	• 1/2.5~1/3(시멘트, 물 포함) • 1.4~1.5배	• 1/3~1/4(킬레이트, 물 포함) • 1.3~1.4배	• 1/3~1/4 • 0.3~0.5배	• 1/4~1/5 • 0.5~0.6배 (탈수 後)
폐수처리 장치	• 세정수 0.5m^3/톤	• 세정수 0.5m^3/톤	• 불필요	• 추출액 처리 : 중금속 • 염류의 처리	• 재(Ash), 오수 전용 폐수처리기 필요
기타 장치	• 용융 비산재 처리장치	• 집진장치	• 가연성 가스검지기	• 가연성 가스검지기	• 가연성 가스검지기

아름답고 알기 쉽게 바꾼 환경용어집

※ 바꿈 대상 환경용어(※ 자료 : 환경부 환경정책실)

1. 일반 환경용어

바꿈 대상 용어	바꿈 용어	비 고
강열감량	**완전연소 가능량**	바꿈
포기(조)	**공기공급(조)**	바꿈
비산먼지	**날림먼지**	권장
자연취락지구	**자연마을지구**	바꿈
빈부수성수역	**청정수역**	바꿈
중부수성수역	**보통수역, 일반수역**	바꿈
오니, 슬럿지	**찌꺼기**	권장
슬러리	**현탁액**	권장
경구독성/경피독성	**섭취에 의한 독성/피부를 통한 독성**	권장
음식물류 폐기물	**음식쓰레기, 버린 음식물**	권장
어독성	**어류독성**	바꿈
중수도	**재사용수도**	병행
집진시설	**먼지제거시설**	권장
가연성/불연성 폐기물	**타는/안 타는 폐기물**	권장
혐기성, 호기성	**피산소성, 친산소성**	권장
999천분위수, 99백분위수	**전체 측정수를 1,000(100)개로 환산하여 그 999(99)번째의 수**	바꿈

2. 환경 관련 단위 : 국제표준단위계(SI)로 통일

바꿈 대상 단위	바꿈 단위	근 거
ml, mℓ, mℓ (mg/ℓ, mg/L, mg/l)	**mL** **(mg/L)**	**《바꿈》** 국제표준단위계(SI)에 따라 대문자로 표기 ※ 컴퓨터에서 문자표로 구성된 단위(2바이트)를 사용하면 호환되지 않는 프로그램에서는 ☒로 나타남. 따라서 1+1바이트로 사용하는 것이 좋음. 예 ㎎/L는 mg/L로 사용하고, ㎡는 m^2으로 사용
ppm	**10^{-6}**	**《권장》** 국제표준단위계(SI)에 따라 특정 언어에서 온 약어인 ppm, ppb, ppt 대신에 10^{-6}, 10^{-9} 등을 사용하여야 하나, 이미 널리 사용되어지고 있어 권장으로 분류 ※ 345 ppm ⇒ 345 ppm(345×10^{-6})
ppb	**10^{-9}**	
ppt	**10^{-12}**	
Kg	**kg**	**《바꿈》** 국제표준단위계(SI)에 따라 통일

3. 환경 관련 화학용어 : 대한화학회 명명법으로 통일

수질오염 물질(특정*)	먹는샘물 및 수돗물 수질기준	지하수 수질기준	대기오염 물질(특정*)	휘발성 유기화합물 (고시)	지정 폐기물	IUPAC명	대한화학회 명명법
구리[동]*	동		구리		구리	Copper	**구리**
납[연]*	납	납	납 *		납	Lead	**납**
망간	망간		망간			Manganese	**망가니즈**
플루오르[불소]	불소					Fluorine	**플루오린**
			불소화물 *				**플루오린화합물**
	보론[붕소]		붕소			Boron	**붕소**
			브롬			Bromine	**브로민**
브롬화합물							**브로민화합물**
			바나듐			Vanadium	**바나듐**
바륨			바륨			Barium	**바륨**
			베릴륨 *			Berylium	**베릴륨**
			석면 *		석면	Asbestos	**석면**
셀레늄*	세레늄		셀렌			Selenium	**셀레늄**
	시안	시안			시안	Cyanide	**사이아나이드**
시안화물*							**사이아나이드 화합물**
			시안화수소 *				**사이안화수소**
아연	아연		아연			Zinc	**아연**
			안티몬			Antimony	**안티모니**
	알루미늄		알루미늄			Aluminium	**알루미늄**
염소	염소이온	염소이온	염소 *			Chlorine	**염소**
			(염화수소 *)				**염화수소**
인			인			Phosphorus	**인**
(유기인*)		유기인			유기인		**유기인**
주석			주석			Tin	**주석**
철	철		철			Iron	**철**
카드뮴*	카드뮴	카드뮴	카드뮴 *		카드뮴	Cadmium	**카드뮴**
크롬			크롬 *			Chromium	**크로뮴**
(6가크롬*)	6가크롬	6가크롬			6가크롬		**크로뮴(6+)**
			텔루륨			Tellurium	**텔루륨**
				니트로벤젠		Nitrobenzene	**나이트로벤젠**
				디메틸아민		Dimethylamine	**다이메틸아민**

수질오염 물질(특정*)	먹는샘물 및 수돗물 수질기준	지하수 수질기준	대기오염 물질(특정*)	휘발성 유기화합물 (고시)	지정 폐기물	IUPAC명	대한화학회 명명법
				디에틸아민		Diethylamine	**다이에틸아민**
			디옥신*				**다이옥신**
	디브로모 아세토니트릴					Dibromoacetonitrile	**다이브로모 아세토나이트릴**
					디클로로 디플루오로 메탄	Dichlorodifluoro methane	**다이클로로 다이플루오로메테인**
	디클로로 아세토니트릴					Dichloroaceto nitrile	**다이클로로 아세토나이트릴**
디클로로 메탄*	디클로로 메탄			메틸렌 클로라이드	디클로로 메탄	Dichloro methane	**염화메틸렌**
					디클로로 벤젠	Dichloro benzene	**다이클로로벤젠**
					디클로로 에탄	Dichloro ethane	**다이클로로에테인**
				1,2-디클로로 에탄		1,2-Dichloro ethane	**1,2-다이클로로 에테인**
					디클로로 페놀	Dichloro phenol	**다이클로로페놀**
1,1-디클로로 에틸렌*	1,1-디클로로 에틸렌				1,1-디클로로 에틸렌	1,1-Dichloro ethylene	**1,1-다이클로로 에틸렌**
					1,3-디클로로 프로펜	1,3-Dichloro propene	**1,3-다이클로로 프로펜**
				메탄올		Methanol	**메탄올**
				메틸에틸 케톤		2-Butanone (Ethyl methyl ketone)	**에틸메틸케톤**
			염화비닐*			(Chloroethylene/ Vinyl chloride)	**클로로에틸렌**
				이소프로필 알코올		2-Propanol (Isopropyl alcohol)	**아이소프로필 알코올**
			이황화메틸*			Dimethyl disulfide	**다이메틸 다이설파이드**
			이황화탄소			Carbon disulfide	**이황화탄소**
			일산화탄소			Carbon monoxide	**일산화탄소**
	크실렌	크실렌		자일렌		Xylene	**자일렌**

수질오염 물질(특정*)	먹는샘물 및 수돗물 수질기준	지하수 수질기준	대기오염 물질(특정*)	휘발성 유기화합물 (고시)	지정 폐기물	IUPAC명	대한화학회 명명법
					클로로벤젠	Chlorobenzene	**클로로벤젠**
	클로로포름		클로로포름*	클로로포름	트리클로로 메탄	Chloroform	**클로로폼**
	트리클로로 아세토니트릴					Trichloro acetonitrile	**트라이클로로 아세토나이트릴**
					트리클로로 에탄	Trichloroethane	**트라이클로로 에테인**
	1,1,1-트리클로로에탄	1,1,1-트리클로로 에탄		1,1,1-트리클로로 에탄		1,1,1-Trichloro ethane	**1,1,1-트라이클로로 에테인**
트리클로로 에틸렌*	트리클로로 에틸렌	트리클로로 에틸렌		트리클로로 에틸렌	트리클로로 에틸렌	Trichloro ethylene	**트라이클로로 에틸렌**
					트리클로로 트리플루오로 에탄	Trichloro trifluoroethane	**트라이클로로 트라이플루오로 에테인**
					1,1,2-트리클로로-1,2,2-트리플로로에탄	1,1,2-Trichloro-1,2,2-trifluoro-ethane	**1,1,2-트라이클로로-1,2,2-트라이플루오로 에테인**
				엠티비이 [MTBE]		tert-Butyl methyl ether	**메틸 t-뷰틸 에테르**
벤젠*	벤젠	벤젠	벤젠*	벤젠		Benzene	**벤젠**
			벤지딘*			Benzidine	**벤지딘**
			1,3-부타디엔*	1,3-부타디엔		1,3-Butadiene	**1,3-뷰타다이엔**
				부탄		Butane	**뷰테인**
				1-부텐		1-Butene	**1-뷰텐**
				2-부텐		2-Butene	**2-뷰텐**
사염화탄소*	사염화탄소		사염화탄소*	사염화탄소	테트라클로로 메탄	Carbon tetrachloride	**사염화탄소**
				사이클로헥산		Cyclohexane	**사이클로헥세인**
			스틸렌	스틸렌		Styrene	**스타이렌**
			아닐린*			Aniline	**아닐린**
				아세틸렌		Acetylene	**아세틸렌**
				아세트산 [초산]		Acetic acid	**아세트산**
			아세트 알데히드*	아세트 알데히드		Acetaldehyde	**아세트알데하이드**

수질오염 물질(특정*)	먹는샘물 및 수돗물 수질기준	지하수 수질기준	대기오염 물질(특정*)	휘발성 유기화합물 (고시)	지정 폐기물	IUPAC명	대한화학회 명명법
				아세틸렌 디클로라이드		1,2-Dichloro ethylene	**1,2-다이클로로 에틸렌**
			아크롤레인	아크롤레인		Acrolein	**아크롤레인**
				아크릴로 니트릴		Acrylonitrile	**아크릴로나이트릴**
			암모니아			Ammonia	**암모니아**
				에틸렌		Ethylene	**에틸렌**
	에틸벤젠	에틸벤젠		에틸벤젠		Ethylbenzene	**에틸벤젠**
					트리클로로 플루오로 메탄	Trichloro fluoromethane	**트라이클로로 플루오로메테인**
테트라클로로 에틸렌*	테트라클로로 에틸렌	테트라클로로 에틸렌		테트라클로로 에틸렌	테트라클로로 에틸렌	Tetrachloro ethylene	**테트라클로로 에틸렌**
	톨루엔	톨루엔		톨루엔		Toluene	**톨루엔**
페놀*	페놀	페놀	페놀*			Phenol	**페놀**
			포름알데히드*	포름알데히드		Formaldehye	**폼알데하이드**
폴리클로리 네이티드 비페닐*			폴리클로리 네이티드 비페닐*		폴리클로리 네이티드 비페닐	PCB	**폴리염화바이페닐**
				프로필렌		Propylene	**프로필렌**
			프로필렌 옥사이드*	프로필렌 옥사이드		Propylene oxide	**프로필렌옥사이드**
			황화메틸			Dimethyl sulfide	**다이메틸설파이드**
			황화수소			Hydrogen sulfide	**황화수소**
				n-헥산		n - Hexane	**노말-헥세인**
	1,2-디브로모 -3-클로로 프로판					1,2-Dibromo-3-chloropropane	**1,2-다이브로모-3-클로로프로페인**

※ IUPAC(International Union of Pure and Applied Chemical) : 국제순수 및 응용화학 연합
※ 대한화학회 '화합물 명명법 편수자료'에 따라 적용

4. 환경오염시험방법 관련 용어

기존 용어	바꿈 용어	쓰임새
가스	**기체**	가스압력 → 기체압력 가스크로마토그래피 → 기체크로마토그래피 (예외 : 도시가스)
가스메타	**가스미터**	건식 가스메타 → 건식 가스미터
검수, 검액	**시료**	
검액량	**시료량**	
고형물질	**고형물**	
공시험	**바탕시험**	바탕시험용 튜브
구배	**기울기**	이온전위 구배 → 이온전위 기울기
그리이스	**그리스**	진공용 그리이스 → 진공용 그리스
납사	**나프타**	Naphtha
내경	**안지름**	
노르말농도	**노말농도**	
단색장치	**단색화 장치**	
담체	**지지체**	정지상 담체 → 정지상 지지체
데시케이터	**건조용기**	
도입부, 인젝터	**주입부**	시료 도입 → 시료 주입, 인젝터 온도 → 주입부 온도
디	**다이~(Di)**	디글리세롤 → 다이글리세롤
램버어트-비어법칙	**베르법칙**	
마그네틱스티러	**자석교반기**	
마이크로실린지	**미량주사기**	
메스실린더	**눈금실린더**	
메칠렌	**메틸렌 (Methylene)**	메칠렌블루 → 메틸렌블루
메틸 머캅탄	**메테인 싸이올**	
멤브레인 필터	**막거르개**	
면적	**넓이**	면적비 → 넓이비
물리적화학적	**물리화학적**	물리적화학적 성질 → 물리화학적 성질
바이패스유로	**우회관로**	
반고상	**반고체**	반고상 폐기물 → 반고체 폐기물
배가스	**배출가스**	
버어너	**버너**	기체 버어너 → 기체 버너

기존 용어	바꿈 용어	쓰임새
벤진	**벤젠**(Benzene)	
불휘발성	**비휘발성**	
브롬	**브로모~**	브롬티몰블루 → 브로모티몰블루
비스무스	**비스무트**(Bi)	비스무스아황산염 → 비스무트아황산염
비이커	**비커**	
세정병	**씻기병**	
수소염	**수소불꽃**	수소염이온화법 → 수소불꽃이온화법
수욕, 수욕조	**물중탕**	
스윗치	**스위치**(Switch)	
스타렌	**스타이렌** (Styrene)	스타렌다이비닐벤젠 → 스타이렌다이비닐벤젠
슬리트	**슬릿**(Slit)	
시~	**사이~**(Cy)	시클로로헥산다이아민초산용액 → 사이클로로헥세인다이아민초산용액
실린지	**주사기**	
써프렛서 (Suppressor)	**억압기**	
쓰롤린~	**트롤린~**	페난쓰롤린 용액 → 페난트롤린 용액
아세칠렌	**아세틸렌** (Acethylene)	
알카리	**알칼리**(Alkali)	알카리성 용액 → 알칼리성 용액
암소	**어두운 곳**	
에스테르	**에스터**(Ester)	폴리에스테르계 → 폴리에스터계
에어콤프레셔	**공기압축기**	
에칠	**에틸**(Ethtyl~)	에칠알콜 → 에틸알코올
여과제	**여과재**	
여기(Excite)	**들뜸**	여기법 → 들뜸법
여액	**여과용액**	추출 여과여액 → 추출 여과용액
역가	**농도계수**	
연도	**굴뚝**	연도배출구 → 굴뚝배출구
열전도형검출기	**열전도도검출기**	
염광광도검출기	**불꽃광도검출기**	
염화물	**염소화물**	

기존 용어	바꿈 용어	쓰임새
예혼합	**예비혼합**	예혼합 버너 → 예비혼합 버너
완충액	**완충용액**	초산염완충액 → 초산염완충용액
용량, 용적	**부피**	부피 플라스크 (용량이라는 단위만 사용할 때는 부피로 표현하고, 플라스크에서는 용량 플라스크라고 함)
원자흡광분석법	**원자흡수분광광도법**	
위해기체	**유해기체**	
유리봉	**유리막대**	
유리섬유제	**유리섬유**	유리섬유제 거름종이 → 유리섬유 거름종이
이성체	**이성질체**	치환이성질체
이소	**아이소(iso)**	이소뷰탄 → 아이소뷰테인
인테그레이터 (Integrator)	**적분기**	
입자	**입자상**	입자 아연 → 입자상 아연
잔재물	**잔류물**	
정도	**정밀도(Precision)**	
정량용 표준물질	**정량표준물질**	
정수	**상수**	패러데이 정수 → 패러데이 상수
정온	**등온**	정온 기체크로마토그래피 → 등온 기체크로마토그래피
지시액	**지시약**	
질량크로마토 그래피법	**질량분석법**	Mass Spectroscopy
질소봄베	**질소통**	
천칭	**저울**	자동미량천칭 → 자동미량저울
초자	**유리기구**	경질초자 → 경질유리기구
충진, 팩킹	**충전**	
취기	**냄새**	
~치(Value)	**~값**	분석치 → 분석값, 비례치 → 비례값
치몰	**티몰**	브로모치몰블루 → 브로모티몰블루
치오	**싸이오**	치오황산나트륨 → 싸이오황산나트륨
칭량	**평량**	
캐리어 가스	**운반기체**	
캐피러리	**모세관**	캐피러리 컬럼 → 모세관 컬럼

기존 용어	바꿈 용어	쓰임새
컬럼(Column)	**분리관**	
크로마토그래프법	**크로마토그래피**	시험법을 의미함.
크실렌	**자일렌(Xylene)**	m-자일렌
탈기	**기체제거 (Degassing)**	
테프론제 비커	**테플론 비커**	
토오치	**토치**	
트리	**트라이(Tri~)**	트리메틸아민 → 트라이메틸아민
퍼어지	**퍼지(Purge)**	기체퍼어지분광기 → 기체퍼지분광기
펀넬(Funnel)	**깔때기**	Separatory Funnel → 분액깔때기
포집	**채취**	감압 포집병 → 감압 채취병
표준액	**표준용액**	구리 표준용액
표준용 시약	**표준시약**	
플루오르, 플로로	**플루오로~**	플로로벤젠 → 플루오로벤젠
피크~, 피이크~	**피크~**	
하한	**한계**	하한값 → 한계값
핫플레이트 (Hot Plate)	**가열판**	
혼액	**혼합액**	
홀더	**지지대**	
환저플라스크	**둥근바닥플라스크**	

대기오염물질 배출시설 해설

제 1 장 제조시설 해설

제1절 금속제품제조 · 가공시설

가. 금속의 용융제련 · 열처리 시설

용광로, 전기로, 반사로, 용선로, 가열로 등 각종 용해로를 이용, 철광석, 철, 재생용 고철 및 부스러기 등을 용해 · 제련 · 정련하여 신철, 주철, 철강, 합금철 등을 생산하는 제철 및 제강 시설과 제철, 제강을 하지 않고 구입한 강괴, 형강 등의 1차 강재를 가열, 냉각, 압연 등의 열처리 공정을 거쳐 열연 및 압연 강재의 재료, 철강연신 및 강관 등을 제조하는 시설을 말한다.

구입한 선재, 봉, 바 등의 압연제품을 연신하여 철강선 등을 제조하는 철강연신시설과 주철관을 포함한 주괴주형 기계장비용 주물, 주철솥, 맨홀뚜껑 등 거친 상태의 철강주물을 생산하는 주조시설도 포함된다.

나. 금속의 표면처리시설

각종 기계, 기구, 장치 등에 사용되는 금속물이 주어진 정도(精度)를 유지하고, 수명을 길게 하기 위하여 행하는 각종 마무리 작업에 사용되는 시설을 말한다. 금속의 부식 방지, 미관(美觀) 유지, 표면의 경화(硬化) 등을 목적으로 행하는 각종 도금, 도장, 화성처리 등의 시설과 기계, 기구 속에서 조합(組合)된 상대(相對)와 접촉, 끼워맞추기를 수월하게 하기 위해 절삭(切削), 연삭(研削)하는 시설도 포함된다.

다. 조립금속제품(組立金屬製品) · 기계(機械) 및 장비 제조(裝備製造)시설

철(鐵) 및 비철금속(非鐵金屬), 조립제품(組立製品)을 제조하는 시설로서 수공구(手工具), 날붙이, 일반철물, 금속용기 등의 금속제품, 비전기식(比電氣式) 난방 또는 가열장비 및 장치, 금속가구 및 장치물, 구조금속제품, 금속압판제품, 조립금속포장용기, 금속선 및 관 가공품, 기타 조립금속제품 등을 제조하는 시설과 동력식(動力式) 수공구를 포함한 일반산업기계 및 장비, 전기산업용 기계장비 및 전기 · 전자용품, 운수장비 및 정비, 의료사진, 광학, 전문과학(專門科學) 및 정밀측정기기 등의 제작과 각종 기계장비의 조립용으로 사용되는 주요한 특정부분품(特定部分品)을 제조하는 시설을 말한다. 법랑제품의 제조도 여기에 포함되며, 금속분말(金屬粉末)을 혼합, 주입, 압착, 소결 등으로 기계부품을 포함한 각종 금속분말야금제품을 제조하는 시설과 분말야금(粉末冶金)에 의한 자성재부품을 제조하는 비철금속 주조 및 단조시설을 포함한다.

자성재부품(磁性材部品) 및 영구자석재를 제조하는 시설, 전기산업기계 및 장치제조와 라디오, 텔레비전 및 통신장비, 가정용 전기기구, 전자부품 등 전자 및 전기기계제조시설도 포함된다.

라. 비철금속(非鐵金屬) 제조 · 가공 시설

제련 및 정련, 용해, 합금(合金), 압연, 압출, 주단조, 인발 등에 의하여 분괴, 바(Bar), 빌릿(Billet), 슬래브(Slab), 판, 대, 봉, 관, 선 등의 형재(型材)와 거친 상태의 주단조물 및 압출물 등의 1차 비철금속(1次非鐵金屬)제품을 제조하는 시설과 구입한 비철금속, 비철금속 부스러기 등을 처리하여 비철금속을 생산 재생(再生)하는 시설을 말한다.

금, 은, 백금 등의 귀금속 광석(鑛石)과 니켈, 안티모니, 수은, 망간, 크롬, 몰리브덴, 마그네사이트, 지르코늄 등의 비철금속광석을 처리하여 제련 및 정련하는 시설과 동, 알루미늄, 납, 아연을 제외한 기타 비철금속의 부스러기 및 찌꺼기(드로스) 등을 처리하여 제2차 제련 및 정련 비철금속을 생산 및 재생하는 시설도 포함된다.

대표적인 것으로 동, 알루미늄, 납, 아연 등의 비철금속 제1차 제련 및 정련 시설, 제2차 제련 및 정련 시설과 제련 및 정련한 1차 비철금속재 또는 비철금속합금재를 압연, 압출, 인발하는 비철금속 압연 및 압출 시설, 그리고 동 알루미늄 기타 비철금속과 비철금속합금으로 거칠은 상태의 주물 및 단조물 제품을 제조하는 비철금속 주조 및 단조 시설을 포함한다.

마. 기타(其他) 금속제품(金屬製品)제조 · 가공 시설

구입한 철강재를 분쇄하여 철강분(鐵鋼粉) 제조와 고철 등을 잘게 분쇄하는 시설, 구입한 일차 또는 반성(半成) 비철금속재료로 비철금속분말 제조 분쇄처리, 표면처리 등을 하는 철 및 비철금속 제조시설과 철선제품 이외의 코일스프링, 평스프링, 체인(동력전달용 제외) 및 쇠사슬, 금속박판가공품, 용접봉, 벨, 조명 부착물 및 비전기식 조명장치(가구 제외) 등을 제조하는 기타 조립금속제품 제조시설, 산업용 분무기, 금속용해 또는 처리용 노(爐)와 식품조리용 노(爐)를 제외한 기타 산업용 노, 노 연소기(爐 燃燒機), 급탄기, 가스발생기, 재방출기, 소화기, 소화장비 및 소화용 스프링클러, 카브레터, 피스톤, 피스톤링 및 내연기관용 밸브 등의 기타 기계 및 장비 제조시설, 전기도관, 조인트 및 부착물, 절연체 및 절연부착물(도기, 유리, 성형고무 및 플라스틱제품 제외), 전기벨, 부자, 차임벨, 전기용 탄소제품 등 기타 전기 및 전자 기기제조시설, 화물 및 여객차량, 손수레 등과 같은 운수장비 및 그 전용부품(專用部品)을 제조하는 기타 운수장비제조시설, 항해용 기구, 나침반, 항공기 기구, 의료품 이외의 전시용 또는 교육용 모형 및 기구 등을 제조하는 기타 전문(專門), 과학, 측정 및 제외 장비제조시설 등 각종 철 및 비철금속을 제조가공하는 시설을 포함하여 말한다.

제2절 화합물 및 화학제품 제조시설

가. 염산, 황산, 인산, 불산, 질산, 초산 및 그 화합물 제조시설

염산 및 이와 관련하여 표백분, 표백액염소, 차아염소산나트륨, 아염소산나트륨, 염소산나트륨, 과염소산나트륨 등의 염소화합물과 황산, 발연(發煙)황산이나 황산염화합물 그리고 인산, 불산, 질산 및 이와 관련된 무기화학제품을 제조하는 시설을 말한다. 초산 및 이와 관련하여 아세트아미드, 아세트니트릴, 염화아세틸, 아세트산무수물을 아세트산에스테르, 클로로아세트산, 글리코올산, 아미노아세트산 등의 초산화합물을 제조하는 시설을 말한다.

나. 화학비료(化學肥料)제조시설

단일(單一), 혼합 및 복합된 질소질(窒素質), 인산질(燐酸質) 및 칼리질 비료 등 농업용으로 직접 사용할 수 있는 화학비료(化學肥料)를 생산하는 시설을 말하며, 비료공장에 설치되는

황산, 질산, 인산 제조시설은 화학비료제조시설과는 별도로 황산, 질산, 인산 제조시설로 허가를 득하여야 한다.

- 질소질비료제조시설 : 질소질광물 및 질소비료 제조용 기초화합물을 화학처리하여 질소질을 함유한 화학비료를 제조하는 시설을 말한다. 또한 질소질비료물질을 제조하는 사업체에서 구입한 다른 성분의 비료물질을 혼합하여 배합비료를 생산하는 시설도 포함된다.
- 인산제조비료제조시설 : 인산질광물 또는 인산질비료 제조용 기초화합물을 화학처리하여 인산질을 함유한 화학비료를 제조하는 시설을 말한다. 직접 인산질비료를 제조하는 사업체에서 다른 성분의 비료를 구입하여 인산질을 함유한 화학비료를 제조하는 시설을 말한다. 또한 직접 인산질비료를 제조하는 사업체에서 다른 성분의 비료를 구입하여 인산질을 함유한 복합비료를 제조하는 시설도 포함된다.
- 칼리질비료제조시설 : 칼리질광물 또는 칼리질비료 제조용 기초화합물을 화학처리하여 칼리질을 함유한 화학비료를 제조하는 시설을 말한다. 또한 직접 칼리질 비료를 제조하는 사업체에서 다른 성분의 비료를 구입하여 칼리질을 함유한 복합비료를 제조하는 시설도 포함된다.
- 복합비료제조시설 : 두 가지 이상의 비료성분을 함유하는 비료를 직접 생산하거나 서로 다른 비료성분을 구입, 이를 배합하여 복합비료를 생산하는 시설을 말한다.

다. 염료(染料) 및 안료(顔料) 제조시설

합성유기염료(合成有機染料), 유기 및 무기안료, 염색 및 유연제와 합성유연제를 제조하는 시설을 말한다. 크게 나누어 염료제조시설, 안료 및 착색제 제조시설, 염색 및 유연제와 합성유연제 제조시설 등이 있다.

- 염료제조시설 : 천연인디고 및 컬러레이트를 포함해서 니트로조 및 니트로 염료, 모노 및 폴리아조 염료, 스티렌염료, 디아졸염료, 카바롤염료, 퀴논아민염료 등 천연 및 합성 염료를 제조하는 시설을 말한다.
- 안료 및 착색제(着色劑) 제조시설 : 컬러레이트를 제외하고, 주로 색소(色素) 페인트 등을 만드는 데 사용되는 무기 및 유기 색소, 조제안료, 색상 광택제 등을 생산하는 시설을 말한다.
- 염색 및 유연제와 합성유연제 제조시설 : 염료엑스, 합성무두재료, 식물성 무두질엑스, 탄닌산 및 그 유도체를 제조하는 시설을 말한다.

라. 석유화학제품제조시설

석유 또는 석유부생(石油復生) 가스 중에 함유된 탄화수소를 분해, 분리 또는 기타 화학적 처리에 의하여 석유화학 기존 제품인 에틸렌, 프로필렌, 부타디엔 등을 제조하는 시설과 에틸렌, 프로필렌 등 올레핀 유도품을 이용하여 합성에틸알코올, 부탄올, 옥탄올, 합성세제용 고급 알코올 등 알코올류, 아세트알데히드 등 알데히드류, 아세톤, 메틸에틸케톤 등 케톤류, 산화에틸렌 및 에틸렌글리콜, 디에틸렌글리콜 등 산화에틸렌유도품, 산화프로필렌 및 프로필글리콜, 폴리프로필렌글리콜 등의 산화프로필렌유도품, 이염화에틸렌, 트리클로로에틸렌 등의 할로겐화합물, 염화비질모노머(VCM), 메타크릴산메틸, 염화비닐리덴모노머, 아크릴노니트릴 등의 지방족계(脂肪族係) 석유화학유도품제조시설을 말한다. 합성섬유, 플라스틱 등의 원료로 이용되는 테레프탈산, 디메틸테레프탈산, 스티렌모노머, 메타키실렌디아민, 톨루엔디이소시아네이트, 카프로락탐, 사이클로헥산, 사이클로헥사놀 등과 합성석탄산, 아닐린, 클로로벤젠 등의 벤젠계 유도품, 무수프탈산, 안트라퀴논 등 나프탈린계 및 안트라센계 유도품, 합성파라핀, 후루후랄 등 복소환식 화합물(复素環式化合物) 및 그 유도체를 생산하는 방향족계 석유화학유도제품 제조시설을 포함한다.

마. 수지(樹脂) 및 플라스틱물질 제조시설

분말(粉末), 입상(粒狀), 액상(液狀) 및 기타 1차 형태의 수지 및 플라스틱물질을 제조하는 시설을 말한다. 대표적인 것으로 페놀수지, 우레아수지, 멜라민수지, 알키드수지 등의 열경화성(熱硬化性)수지, 폴리에틸렌, 염화비닐수지, 폴리스티렌, 폴리프로필렌 등의 열가소성(熱可塑性)수지(공중합(共重合)수지 포함), 셀룰로오스계 플라스틱 등의 반합성수지 등이 있다.

바. 화학섬유(化學纖維)제조시설

액상(液狀), 입자상(粒子狀), 분말(粉末), 블록, 덩어리, 모노필, 판, 피, 필름 등 기초 형태의 질산섬유소, 초산섬유소, 섬유소에스텔 등의 재생섬유소(再生纖維素)와 섬유소 유도체를 제조하는 시설 그리고 비스코스레이온, 큐프람모니아레이온 및 아세테이트섬유 등의 셀룰로오스 섬유, 카세인 섬유 및 기타 단백질 섬유, 알킨산 섬유 등 천연유기폴리머(중합체 : 重合體)를 화학적으로 변형하여 유기폴리머 섬유를 제조하는 시설과 나일론, 비닐론, 폴리염화비닐리덴, 아크릴, 폴리프로필렌 등의 합성섬유(合成纖維)를 제조하는 시설을 말한다.

사. 농약제조시설

병원균, 곤충, 곰팡이, 잡초, 설치류 등을 구제하기 위한 농업용 약제인 살충제, 살균제, 소독제, 제초제, 발아촉진제, 발아억제제 및 유사조제품을 생산하는 시설을 말한다.

아. 기타 유 · 무기(有 · 無機)화학제품제조시설

스티렌부타디엔고무(SBR), 아크릴로니트릴부타디엔고무(NBR), 부타디엔고무(BR), 클로로필렌고무(CR), 이소프렌고무(IR), 에틸렌프로필렌고무(EPDM), 이소프렌이소부티렌고무(IR) 등 합성고무(합성고무 라텍스를 포함) 제조시설과 석탄건류 시 부생되는 콜타르 및 조경유 등을 원료로 벤젠, 톨루엔, 크실렌 등의 경유제품(輕油製品), 분류 석탄산, 정제 콜타르, 피치 등을 제조하는 시설을 말한다.

유연제엑스를 제외한 천연수지, 식물성 피치 등을 증류(蒸溜)하여 목탄오일, 아황산펄프폐액 농축물, 피안유, 테르펜틴용액 및 기타 테르펜틴제품, 로진, 수지산 및 유도체, 로진정 및 로진오일, 나무타르 및 그 오일, 식물성 피치 및 그 가공품 등을 제조하는 검(GUM) 및 나무화학제조시설과 호박산, 주석산 등의 따로 분류되지 아니하는 유기산 및 유기산의 금속염(金屬鹽), 천연물을 원료로 하는 옥탄올, 라우릴 알코올 등의 고급 알코올, 과초산 등의 유기과산화물(有機過酸化物) 등을 제조하는 시설, 기타 화학원소, 비금속 및 금속의 산소화합물, 비금속의 할로겐화합물 및 유황화합물, 인조흑연, 화학적 합성귀석(合成貴石) 등의 무기화합물 제조시설 등이 포함된다.

자. 도료(塗料)제조시설

페인트, 바니시, 래커, 에나멜 및 옻칠 등의 도료를 제조하는 시설로서 도장용(塗裝用) 방록도금(防錄鍍金), 선저용(船底用) 도료, 전기절연도료, 도전성 도료 등 특수도료와 도료 관련 제품인 페인트 희석제, 페인트 제거제, 페인트 세척제, 접합제, 박질 및 충전물 등을 제조하는 시설도 포함된다.

크게 나누어 유성 및 수지 도료제조시설, 수성도료제조시설, 섬유소유도체도료제조시설, 옻칠제조시설, 도료 관련 제품제조시설 등이 있다.

- 유성 및 수지 도료제조시설 : 합성수지(合成樹脂)를 주 도막(主 塗膜) 요소로 한 합성수지 도료 및 유성도료를 제조하는 시설로서 오일페인트, 바니시, 에나멜 제조시설 등이 있다.
- 수성(水性)도료제조시설 : 수성 유화제와 디스템프를 포함해서 수성도료를 제조하는 시설로서 가죽가공용 수성안료제조시설을 포함한다.
- 섬유소유도체 도료시설 : 질산섬유소 및 기타 섬유소 유도체를 기저로 한 페인트, 래커 등 섬유소유도체 도료를 제조하는 시설을 말한다.
- 도료 관련 제품제조시설 : 보조제 · 건조 · 용제(溶劑) · 희석제 · 확장제 등과 같은 도료제조 및 도료를 바르기 이전에 사용되는 도료 관련 제품을 제조하는 시설로서 퍼티, 박직물 및 옻칠 제조시설도 포함된다. 아마인유나 기타 매체(媒體)에 넣은 안료, 스탬핑 오일 등을 제조하는 시설도 여기에 포함된다.

차. 의약품제조시설

인간 또는 동물의 각종 질병의 진단 · 치료 · 예방을 위하여 사용되는 의약품을 제조하는 시설로서 혈액, 미생물 및 그 배양액 등으로 만들어지는 백신, 항독제 등의 생물학적 제제, 합성품, 천연약물 유효성분인 의료화학적 제제, 식물 및 동물의 약용이 되는 부분이나 분비물 등을 조제 가공한 생약제제, 단일 또는 몇 가지 종류의 의약제제를 배합 · 조제하여 산제, 정제, 캡슐제, 시럽제, 주사제, 연고 등의 일정한 형태의 의약제제품 등을 생산하는 시설을 말한다. 페니실린, 스트렙토마이신, 클로로테트라크린, 엑티노마이신 등의 원료상태의 항생의 약물질을 제조하는 시설도 포함된다.

카. 비누 · 세정제제조시설

비누, 합성세제, 샴푸 및 면도용 제품, 세척제 및 유사제품, 동식물성 유지에서 추출한 글리세린 등 모든 형태의 지방산(脂肪酸) 내용의 비누를 제조하는 시설과 바, 케이크, 액상(液狀), 분말(粉末) 또는 페이스트상 등의 합성 세척제 및 세정제를 생산하는 시설을 말한다.

타. 계면활성제(界面活性劑) 및 화장품제조시설

계면활성제, 천연 및 합성향수, 크림, 로션, 머릿기름 및 염색약 등 섬유, 종이, 펄프, 화장품 및 세척제, 농약 등의 제조가공에 사용되는 음이온, 양이온, 양성이온, 바이온 등의 계면활성제와 콜드크림, 스킨로션, 매니큐어, 모발크림, 향수, 면도크림 등 인체에 향을 주고 어떤 특성이나 색상을 내주는 화장품제조시설을 말한다.

파. 아교 · 접착제제조시설

기타 화학적 처리를 주로 하는 시설과 화학적 처리과정에서 생성된 제품을 혼합 및 기타 최종 처리를 단일, 혼합, 화합 및 복합 화합물을 제조하는 시설을 말한다. 대표적인 것으로 폭약 및 불꽃제품 제조시설, 성냥제조시설, 카본블랙제조시설, 광택제 및 특수세척제 제조시설, 사진용 화학물제조시설, 잉크제조시설, 방향유 및 관련 제품 제조시설 등이 있다.

- 폭약 및 불꽃제품 제조시설 : 추진화약, 조제폭약, 광업용 퓨즈, 뇌관, 정화기, 불꽃제품 등을 생산하는 시설을 말한다.
- 성냥제조시설 : 여러 가지 형태의 성냥을 제조하는 시설을 말한다.
- 카본블랙제조시설 : 탄소질(炭素質)의 유기물질을 불완전연소 또는 증류하여 카본블랙을 제조하는 시설을 말한다.

- 광택제 및 특수세척제 제조시설 : 가구, 금속, 신발 등의 광택용 왁스, 광택제 및 특수용도의 크리너 등을 제조하는 시설을 말한다.
- 사진용 화학물제조업 : 사진, 녹음 및 영화용판, 필름, 종이, 판지, 포, 테이프 및 감광재료와 섬광재료, 현상제, 고착제, 확장제, 축소제, 조명제, 세척제, 유화제 등 사진, 녹음 및 영화용 화학물을 생산하는 시설을 말한다.
- 잉크제조업 : 인쇄용 잉크, 필기용 잉크, 제도용 잉크, 볼펜용 잉크, 인디아 잉크 등을 생산하는 시설과 등사용 잉크, 스탬프용 잉크 제조시설을 말한다.
- 방향유 및 관련 제품 제조시설 : 식물성의 방향유, 향수, 식품, 음료 등의 향료로 사용되는 레시노이드, 터르펜(Terpene)부산물, 혼합물, 수성증류 및 용액 등을 생산하는 시설을 말한다. 이외에도 방사 · 직물 · 종이 · 가죽용 조제 광택제, 드레싱 및 매염제, 금속표면용 희박산수, 조제 고무 가속제, 용접용 융제 및 기타 보조제, 황청제, 이온교환제, 부동제, 소화용제, 고체 및 반고체 연료, 안티녹제 및 산화방지제, 시멘트용 향산첨가제, 잉크제거제 스텐실교정액, 방청제, 실링왁스 등의 화학물을 제조하는 시설도 포함된다.

제3절 고무 및 플라스틱 제품 제조시설

가. 타이어 및 튜브 제조시설

각종 차량, 항공기, 트랙터 및 기타 장비용 공기쿠션 또는 솔리드 고무 타이어 자전거, 모터사이클용 타이어 및 튜브를 생산하는 시설을 말한다. 낡은 타이어를 재생하는 시설도 여기에 포함된다.

나. 기타 고무제품 제조시설

타이어 및 튜브를 제외하고 천연 및 합성 고무, 폐고무로 신발, 1차 고무제품 및 기계용 · 위생용 고무제품, 고무공, 고무보트, 비가황(非加黃) 고무제품, 장갑, 매트, 스펀지, 경화(硬化)고무제품, 고무 조립 가공품 등을 제조하는 시설을 말한다. 천연고무의 절단, 혼합, 압연, 세절 및 관련 가공시설도 여기에 포함된다. 대표적인 것으로 고무신 제조시설, 산업용 고무제품 제조시설, 위생용 고무제품 제조시설, 경화고무 및 경화고무제품 제조시설 등이 있다.

- 고무신 제조시설 : 고무를 성형(成形)하여 창이 고무로 된 신발 또는 순고무신 및 신발부속 고무제품을 제조하는 시설을 말한다.
- 산업용 고무제품 제조시설 : 경화고무 이외의 고무를 성형하여 판, 봉, 관, 튜브, 호스 등의 1차 고무제품을 포함한 조립용 고무제품, 기계용 부품 및 부속품 등 산업용 고무제품을 제조하는 시설을 말한다. 폐고무로 재생고무를 생산하는 시설도 여기에 포함된다.
- 위생용 고무제품 제조시설 : 경화고무 이외에 고무를 압출(壓出) · 성형하여 관장기 및 관장기용 밸브, 피임용 기구, 점적기, 젖꼭지 및 젖꼭지받침대, 얼음주머니, 보온물주머니, 산소주머니, 간호용 특수 공기쿠션, 에이프런, 장갑(수술용 및 가정용), 다이빙슈트, 캡, 벨트, 모자 등 위생, 예방 및 의료 고무제품을 제조하는 시설을 말한다. 이외에도 압출, 성형, 단순가공 등을 하여 고무밴드, 마개, 공기매트릭스, 베개쿠션, 고무장난감, 인형, 풍선, 고무공, 고무보트 등을 제조하는 시설도 포함된다.

다. 플라스틱제품 제조 · 가공 시설

구입한 플라스틱 재료를 성형 · 압출 및 조립하여 적층판(積層板), 필름, 봉, 관, 절연용 구성품, 신발, 가구, 식기, 식탁 및 주방용품, 포장용기 등 개인, 가정 및 산업용 플라스틱제품을 만드는 시설을 말한다.

크게 나누어 제1차 플라스틱 제조시설, 플라스틱 발포성형제품 제조시설, 강화플라스틱 성형제품 제조시설, 산업용 플라스틱 성형제품 제조시설, 가정용 플라스틱 성형제품 제조시설, 플라스틱 성형 포장용기 제조시설, 플라스틱 성형 신발 제조시설, 1차 플라스틱 가공 제조시설 등이 있다.

- 제1차 플라스틱 제조시설 : 원료상태의 플라스틱 기초재료를 압출 · 사출 · 성형하여 필름, 시트, 판, 봉, 관 등 1차 형태의 플라스틱제품을 제조하는 시설로서 직물, 종이 및 기타 보강재료에 플라스틱 물질을 완전 도포(塗布)하여 플라스틱레더, 적층판, 벨트, 호스, 관 등 연성 일차도포 및 침적(沈積)제품 제조와 플라스틱 재생재료로 재생원료 및 기타 1차 제품을 제조하는 경우도 포함한다.
- 플라스틱 발포성형제품 제조시설 : 구입한 플라스틱 물질을 발포성형하여 판, 관, 용기 등 각종 용도 또는 각종 형태의 발포성형제품을 제조하는 시설을 말한다.
- 강화플라스틱 발포성형제품 제조시설 : 유리섬유, 탄소섬유 등 특수보강재(補强材)를 침적 및 적층하거나 강화촉매, 충전재 및 기타 강화재를 첨가 또는 기타 특수방법으로 판, 봉, 관, 기계 및 장비용 부분품, 전지용품, 교량 부품, 운동용구 부품 등 각종 강화플라스틱 성형제품을 제조하는 시설을 말한다.
- 산업용 플라스틱 발포성형제품 제조시설 : 플라스틱 재료를 성형하여 개인, 가정, 식탁 및 주방용품을 제조하는 시설로서 접시, 주발, 컵, 바가지, 칼, 포크, 수저 등의 식탁 및 주방용품, 세면기, 목욕탕, 물동이, 요강, 타올걸이, 비누갑, 쓰레기통과 같은 위생 및 화장용품, 장식용품, 조상 및 등갓, 재떨이, 구두주걱, 옷걸이, 머리핀, 핀, 단추 등을 생산하는 시설을 말한다.
- 플라스틱 발포성형 포장용기 제조시설 : 플라스틱 재료를 성형하여 병, 통, 상자 등 플라스틱 포장 및 선적 용기를 제조하는 시설을 말한다.
- 플라스틱 성형 신발 제조시설 : 플라스틱 기초재료를 성형하여 슬리퍼, 방수신발 등 성형 플라스틱 신발과 신발 부속품을 제조하는 시설을 말한다.
- 1차 플라스틱 가공품 제조시설 : 발포성형 1차 재료 및 강화플라스틱 제품을 포함한 포일, 필름, 판, 봉, 관 등 구입한 플라스틱 1차 성형재료를 절단, 압단, 접합, 조합 등의 방법으로 가공하여 각종 형태의 플라스틱 가공품을 제조하는 시설을 말한다. 이외에는 플라스틱 성형 의복, 플라스틱 성형 인형, 장난감 및 유사 소형품 등을 생산하는 시설을 포함한다.

제4절 석유정제품 및 석탄제품 제조시설

가. 석유정제시설

원유의 일관된 정유(精油) 또는 원유의 분리제품 및 미가공된 석유분리제품을 재정유, 분류 및 기타 처리하여 가솔린, 원료유, 조명유, 윤활유, 그리스 및 기타 석유제품을 생산하는 시설을 말한다.

나. 폐유재생시설

구입한 폐유를 혼합 및 조합, 재증류하여 윤활유 및 그리스를 제조하거나 폐윤활유를 재생하는 시설을 말한다.

다. 코크스제조시설

석탄, 갈탄 또는 토탄을 건류시켜 코크스 및 반성 코크스, 광물타르 등을 만드는 시설을 말한다.

라. 연탄제조시설

구입한 무연탄을 응집하여 연탄을 제조하는 시설을 말한다.

마. 아스콘제조시설

석유, 아스팔트, 타르 등 역청물질(瀝青物質) 혼합물과 벽돌 및 블록 등 포장용 재료를 도포, 침착, 혼합 및 조합하여 건설용 아스콘을 제조하는 시설을 말한다.

바. 기타 석유제품 제조 관련 시설

구입한 석탄 및 갈탄으로 연탄을 제외한 기타 가공연료 등을 생산하는 시설을 말한다.

석탄, 갈탄 또는 토탄을 건류시켜 암모니아성 가스액, 인조섬유, 라이터용 기름과 석유 및 역청물질을 혼합한 고체연료 등을 제조하는 시설을 말한다.

무연탄, 유연탄, 역청탄, 갈탄 등의 석탄을 채굴하는 시설과 채굴된 석탄을 현지에서 파쇄, 분쇄, 체질 및 선별을 주로 하는 시설, 현지에서 직접 연탄 및 기타 석탄 포장연료를 응집하여 생산하는 시설도 포함된다.

제5절 비금속광물제품 제조시설(재생(再生)용 원료가공시설을 포함)

가. 도기 · 자기 및 토기 제조시설

투명, 반투명, 도기 및 자기와 유약을 바르지 않은 불투명 또는 조잡한 적색토기 등을 고온에 구워서 각종 도기, 자기, 토기, 석기 제품을 제조하는 시설을 말하며, 식품 및 음료의 조리, 접대 또는 저장용품, 식탁 및 주방용품, 연관 부착물 및 비품, 전기산업용품, 산업 및 이화학용품, 화분 등을 제조하는 시설을 말한다. 대표적인 것으로 토기제조시설, 가정용 도기제품제조시설, 위생도기제조시설, 전기전자용 도기제품제조시설, 이화학 및 산업용 도기제품제조시설, 장식용 도기제품제조시설 등이 있다. 이외에도 일반용의 상자 및 케이스, 잉크스탠드, 램프갓 및 램프부품, 문손잡이, 간판, 숫자, 문자 등을 제조하는 시설과 도기 제조용 조제원료를 생산하는 시설이 포함된다.

나. 유리 및 유리제품 제조시설

유리, 유리섬유 및 기타 유리제품을 제조하는 시설을 말한다.

크게 나누어 제1차 유리제조시설, 제1차 유리가공품제조시설, 이화학 및 기타 산업용 유리제품제조시설, 포장용 유리용기제조시설, 광학유리제조시설, 가정용 유리제품제조시설, 유리섬유 및 유리섬유제품 제조시설 등이 있다.

- 제1차 유리제조시설 : 광학유리를 제외한 판, 구, 봉, 관, 슬래브, 괴, 분 등 각종 형태의 1차 유리제품을 성형하는 시설을 말한다.
- 제1차 유리가공품제조시설 : 구입한 1차 유리제품을 용해하지 않고 절단, 조립, 가열 및 냉각, 변형, 식각, 강화, 표면처리 및 표면장식 등에 의하여 거울, 곡상유리제품, 유리병

등을 생산하는 시설을 말한다. 구입한 판유리를 재가열 및 냉각처리 또는 물리화학적 방법으로 복합처리하거나 수지물질을 적층(積層)하여 안전유리를 제조하는 시설도 포함된다.

- 이화학 기타 산업용 유리제품제조시설 : 압출, 사출 및 기타 성형하여 전구용 유리관 및 구, 유리애자 및 절연 부착물, 조명기구용 유리제품, 시계유리, 신호등, 보온속병 등의 유리제품 등 산업용 성형유리제품을 제조하는 시설을 말한다.
- 포장용 유리용기제조시설 : 압출, 사출 및 기타 성형하여 음·식료품용, 화장품용, 화공약품용 및 의약품 등 각종 포장용 유리용기를 제조하는 시설을 말한다.
- 광학유리제조시설 : 광학기구 제조에 사용되거나 교정렌즈 제조용 특수광학유리 생지를 성형제조하는 시설을 말한다.
- 가정용 유리제품제조시설 : 식탁 및 주방용 유리제품, 문구유리제품 등 가정용 유리제품을 생산하는 시설을 말한다.
- 유리섬유 및 유리섬유제품 제조업 : 유리섬유 직물 및 유리섬유, 유리사 및 유리섬유제품(내열 및 방음재 등)을 생산하는 시설을 말한다. 이외에 유리제의 모조진주, 모조귀석 및 준귀석, 유사 장식용품, 장난감용 인조눈 등을 제조하는 시설도 포함된다.

다. 구조점토제품제조시설

점토를 성형하고 구워서 벽돌, 타일, 파이프, 건축용 테라코타, 스토브리이닝, 굴뚝 등의 구조점토제품을 생산하는 시설을 말한다.

대표적인 것으로 벽돌제조시설, 기와제조시설, 벽타일제조시설 등이 있으며, 흙을 구워서 굴뚝, 굴뚝라이너, 건축물의 장식물, 파이프도관, 연탄난로라이너 등을 생산하는 시설도 포함된다.

라. 시멘트, 석회 및 플라스터 제조시설

포틀랜드, 천연메이슨리, 포촐라나, 로만 및 킨스 시멘트 등 각종 형태의 시멘트, 수경성 석회, 생석회, 돌로마이트 석회와 하소석고를 포함해서 황산칼슘 기저의 플라스터를 제조하는 시설을 말한다.

마. 레미콘제조시설(이동식은 제외한다)

시멘트, 모래, 자갈 등을 혼합하여 굳지 않은 상태로 구매자에게 공급되는 콘크리트용 혼합물을 생산하는 시설을 말한다.

바. 내화물(耐火物)제조시설

점토질, 고알루미나, 탄소질 등 각종 내화물용 원료로 단열 및 흑연도가니, 탄소도가니, 기타 내화용 도가니를 제조하는 시설, 고령질 샤모트, 점토질 샤모트, 마그네시아 크링커, 운모 마이트 크링커, 멀라이트, 다이나스톤 등 정형(定刑) 및 부정형(不定形) 내화물용 원료를 제조하는 내화용 원료제조시설, 내화용 시멘트, 모르타르 등 부정형 내화물을 제조하는 시설이 있다.

사. 석탄 및 암면제품 제조시설

석면혼합제품, 석면사 및 직물, 판 및 펠트(종이 제외), 석면 및 유사물질 기저의 마찰재, 필터부록, 타일, 충전재, 헬멧 및 장갑, 특수 보호용 의복 등 각종 석면제품을 제조하는 시설과 석면을 제외한 광물면을 제조하는 시설로서 슬래그 및 유사 광물면을 이용하여 단열, 방음재와 블록, 타일, 튜브, 코드 등 저밀도(低密度)의 광물면 제품을 제조하는 시설을 말한다.

아. 기타 비금속 및 광물제품 제조 관련 시설

암면 및 석면 제품, 판석, 흑연제품, 인공경량골재, 인조보석, 연마재, 채취·채굴 활동과 연관되지 않은 토사석 분쇄처리, 석제품 등을 제조하는 시설을 말한다.

자. 재생(再生)용 원료가공시설

수집된 재생재료(폐기물 제외)가 특정제품 제조공정에 직접 투입하기에는 부적합한 상태(불순물의 혼합 등)인 금속 또는 비금속 웨이스트, 스크랩 또는 제품 등의 재생용 물질을 기계적 또는 화학적으로 처리하여 특정제품 제조공정에 직접 투입하기에 적합한 일정 형태의 새로운 원료상태로 전환하는 시설

제6절 가죽·모피 가공 및 모피제품 제조시설

가. 가죽 및 가죽제품 제조시설

소, 말, 양, 염소, 파충류, 아가미동물 등의 원피를 무두질, 다듬질, 끝손질, 돋음새김질 및 윤내기, 염색 등을 하여 각종 천연가죽을 생산하는 시설과 천연가죽 조각 및 부스러기를 접착제 등으로 응집, 집합시켜 재생가죽을 생산하거나 모조모피, 에나멜가죽, 금속가죽 등 직물 및 플라스틱 가죽 이외의 인조가죽을 제조하는 시설을 말한다.

나. 모피 및 모피제품 제조·가공 시설

각종 동물의 털 및 원모피를 다듬질, 무두질, 표백 및 염색 처리하여 가공한 털, 가공천연모피 및 펠트를 생산하는 시설과 각종 가죽 등에 인조모 또는 천연모를 결합시켜 모조모피를 제조하는 시설 그리고 모피를 조합시켜 깔개, 덮개, 모피이불, 기타 가정용품 등 의복, 신발 및 가방 이외의 모피제품을 제조하는 시설을 말한다.

제7절 제재 및 목재 가공시설

가. 제재 및 목재 가공시설

제재목, 건축용 목재제품, 조립용 목재부품 및 구성품, 단판 및 합판, 하드보드, 재생목재, 화장목재, 목재용기 및 통의 구성재료, 기타 목재품 재료, 목분, 대팻밥 등을 생산하는 시설을 말하며, 나무방부처리를 위한 시설도 포함된다.

제8절 펄프·종이 및 종이제품 제조시설

가. 펄프제조시설

나무 등 각종 식물성 재료, 폐섬유, 넝마, 고지 등으로 각종 형태의 셀룰로오스성 펄프를 제조하는 시설을 말한다.

나. 건축용지제조시설

제조 및 구입된 나무펄프 및 기타 식물성 펄프, 식물성 물질, 광물성 섬유 등을 완전히 정련하여 낮은 열전도성, 방습성, 내화성, 방충성 및 기타 유사특성을 갖는 절연 및 단열재, 천장, 지붕 등에 사용되는 건축용 종이, 종이펠트 및 판지 등을 제조하는 시설을 말하며 나무펠트, 목질섬유 및 기타 식물성 물질을 압축하여 섬유판(파이버보드) 등 건축용에 적합한 두께의 판지를 제조하는 시설도 포함된다.

제9절 담배제조시설

가. 담배제품 제조 · 가공 시설

구입한 잎담배를 재건조하여 각종 필터담배, 각연, 양절, 판상연, 여송연 등 각종 담배제품을 제조하는 시설을 말한다.

제10절 음 · 식료품 제조시설, 단백질 및 배합사료 제조시설

가. 동 · 식물유지 제조시설

육지 및 수산동물, 물고기, 식물의 기름을 생산하고 정화 및 경화 등을 하는 시설을 말하며, 생산 또는 구입한 동 · 식물성 기름을 가공, 정제 및 경화하여 쇼트닝, 정화유, 마가린, 샐러드 오일 및 기타 가공 식용 기름을 생산하는 식용유 정제시설을 포함한다.

나. 음료품 제조시설(비알코올성 음료제조시설을 제외한다)

탄산음료를 제조하거나 천연광천수 및 천연수를 병에 포장하거나 향미 또는 가당한 광천수, 오렌지, 레몬 등의 과실향 음료 등을 제조하는 비알코올성 음료제조시설을 제외하고 곡식, 과실 및 채소 등을 발효하고, 이를 증류 또는 정류하거나 합성하여 주정, 소주, 인삼주, 곡식증류주, 과실증류주, 발효주, 탁주 및 약주, 청주, 과실발효주 등 알코올성 음료를 제조하는 시설을 말한다.

다. 육지동물고기 가공 · 저장 시설

각종 짐승 및 가금의 도축과 도축한 고기를 염장, 훈제, 통조림, 기타 제품을 제조하는 시설로서 햄, 소시지, 베이컨, 고기스프, 고기푸딩 및 파이의 제조활동과 라아드 및 기타 식용동물지방을 생산하는 시설을 포함한다. 구입한 고기를 가공하지 않고 냉장 또는 분할 및 포장하여 판매하거나 수수료 또는 계약에 의한 고기 등의 냉동만을 하는 시설은 제외한다.

라. 당류제조시설

자당을 제외한 당류인 포도당, 맥아당, 물엿, 과당 등을 제조하는 시설과 벌꿀 가공품, 인조꿀 등 인공 감미료를 제조하는 시설을 말한다.

마. 수산물 처리 · 가공 시설(수산물 냉동식품 제조시설을 제외한다)

물고기, 갑각류, 연체동물, 해조류 및 기타 수산물을 가공 · 처리하여 진공상태의 통조림 또는 병조림 수산식품을 제조하는 시설, 수산식물을 가공 · 처리하여 한천식품을 제조하는 시설, 수산동물의 껍질, 뼈, 내장, 지느러미 등의 불순물을 완전히 제거하여 물고기의 저민살고기, 생어단을 생산하는 시설과 수산물 소시지, 어묵 등을 제조하는 시설, 수산 · 동식물의 소건품, 자건품, 염건품, 동건품을 제조하는 시설 그리고 통조림 이외의 수산물 수프, 추출물 및 소스 제조, 건어물의 세정 등을 제조하는 시설을 말한다.

구입한 수산물을 가공하지 않은 상태로 냉동하여 냉동수산물을 제조하는 시설과 동 · 식물의 염장품 및 젓갈류를 제조하는 시설은 제외한다.

바. 도정 및 제분 시설(임 · 가공시설을 포함한다)

구입한 벼, 보리, 밀 등 곡식을 도정하여 쌀, 보리쌀, 밀쌀 등을 생산하거나 곡물을 압착, 분쇄하여 압맥, 곡분 등을 생산하는 시설을 말한다. 수수료 또는 계약에 의한 도정 및 제분활동을 하는 시설도 포함된다.

사. 설탕제조시설

사탕무, 사탕수수 등에서 원당을 제조하는 시설과 원당을 정제하여 정제당을 생산하는 시설 그리고 설탕시럽, 권화당을 생산하는 시설을 말한다.

아. 조미료 및 식품첨가물 제조시설

메주, 된장, 간장, 고추장, 식용 아미노산, 글루타민산소다, 식초, 정제식염, 혼합소스, 혼합양념, 조제스프, 마요네즈, 케찹, 빵속, 김칫속, 식품용 색소, 캐러멜, 향미추출물, 고기유연제 등 장류, 조미류, 조제조미료, 천연조미료 등 각종 식품보조재료 및 식품첨가물을 제조하는 시설을 말한다.

자. 커피 및 차 제조시설

사탕무, 율무, 치커리, 유자, 곡물 등으로 각종 차를 제조하는 시설과 커피를 가공하는 시설을 말한다.

차. 단백질 및 배합사료 제조시설(유기질비료 제조시설을 포함한다)

개, 고양이, 금붕어 및 기타 애완동물의 사료를 포함해서 가축 및 가금의 배합사료를 제조하는 시설과 특정산업활동과 연관되어 부수적으로 생산하는 천연 동·식물성 물질을 화학적으로 처리하여 유기질비료, 유기질비료와 무기질비료의 배합물, 화분용 배합토 등의 생산과 구아노 화학처리활동, 농업용 광물 슬래그 가공품, 토질 개량용 조세 토사석, 미량 요소성분을 함유한 광물을 화학처리하거나 또는 성분의 조정, 배합 등을 하여 비료용으로 특별히 제조하는 시설도 포함한다.

제11절 섬유제품 제조시설

가. 섬유제품 제조 관련 시설

섬유를 가공하여 생사 및 각종 섬유사, 연사, 끈, 조프, 망, 광물직물, 세포직물, 편조직물, 카펫 및 자리 등의 직조 및 편조물 제조, 식물제품의 염색·표백 및 가공, 도포, 삼투, 경포, 방수처리, 펠트, 부직포, 제면 및 기타 섬유제품을 제조하는 시설을 말한다.

제12절 공통시설

가. 발전시설

석탄, 유류, 가스류 등을 연소시켜 물을 끓여 증기 또는 온수를 발생시키는 시설을 말한다.

나. 보일러

석탄, 유류, 가스류 등을 연소시켜 물을 끓여 증기 또는 온수를 발생시키는 시설을 말한다.

다. 소각시설

석탄, 유류, 목재 등 정상적인 연료 이외의 물질을 소각하는 시설을 말한다.

제 2 장 배출시설 해설

제1절 금속제품 제조 · 가공시설

1. 전기아크로(유도로(誘導爐)를 포함한다)

   전기로는 크게 나누어 아크로(Arc Furnace)와 유도로(Induction Furnace)가 있으며, 아크로는 주로 대용량의 연강(Mild Steel) 및 고합금강의 제조에 사용되고, 유도로는 주로 고급 특수강이나 주물을 주조하는 데 사용된다.

   아크로는 전기양도체인 전극(탄소봉)에 전류를 통하여 고철과 전극 사이에 발생하는 Arc열을 이용하여 고철 등 내용물을 산화 · 정련하며, 산화 · 정련 후 환원성의 광재로 환원 · 정련함으로써 탈산 · 탈황 작업을 하게 된다.

   원료로는 선철이나 고철이 사용되며, 보통 1회에 2~3번의 원료 투입(장입)이 이루어지는데 원료 투입 시에는 노(爐) 상부의 선회식(旋回式) 뚜껑이 열리고 드롭보텀식 버킷(Drop bottom bucket)에 담겨진 고철 등을 기중기를 이용하여 노(爐) 상부에서 투입한다. 노의 형태에 따라 고정식과 경동식(傾動式)이 있으며, 고정식은 출강구를 통하여, 경동식은 노 자체를 일정한 기울기만큼 기울여 출강한다. 유도로는 노(爐) 주위를 감고 있는 전류 코일에 전류를 주어 발생되는 유도전류에 의한 정항열로 정련하는 시설이며, 고주파 유도로와 저주파 유도로가 있다. 노의 용량은 10톤 미만의 소규모가 많고 내열강, 고속도강(高速度綱) 등의 고급 특수강이나 주물을 주조하는 데 사용된다.

2. 반사로

   주로 비철제련에 있어서 건식 정련을 목적으로 장입물의 용융이나 최종 용융물의 정제, 가열 등에 사용되며 화염이 천장을 따라 용해실로 직접 들어가 노 내의 천장, 벽 등으로부터 생긴 복사열과 용탕의 반응열에 의해 장입물이나 용탕을 용해하는 시설을 말한다. 용탕 속에 포함된 불순물의 휘발성 금속을 휘발시키기도 한다. 비교적 규모가 작고 생산성이 떨어지는 단점이 있다. 연료로는 중유, 미분탄(微粉炭), 가스 등을 사용하며 특수작업이 요구되기도 하기 때문에 그 종류와 디자인이 다양하고, 대표적으로 개방형, 실린더형, 회전경동형(Rotary tilting) 등이 있다.

3. 전(轉)로(순산소 상취전로(純酸素 上吹轉爐)를 포함한다)

   용광로에서 제조된 선철(용선)을 정련하여 용강으로 만드는 데 사용되며, 주로 탈탄(脫炭) 또는 탈인(脫燐) 반응에 이용된다. 그 방법에는 산성(酸性) 전로법과 염기성(鹽基性) 전로법이 있으며, 원료로 용선과 소량의 고철을 사용한다. 산화제로는 순산소가스(순도 99.9% 이상)를 이용하고 용제(Flux)로는 석회석과 형석이 사용되며, 초음속의 순산소제트를 용선에 불어넣어 약 40분 이내에 급속히 정련시키므로 비교적 제강시간이 짧고 고철의 사용비가 적다. 또한 생산비가 낮으며, 품질은 양호한 편으로 순산소 상취전로(LD로)가 전 세계 조강생산의 약 60% 이상을 점유하고 있다. 최근에는 BBM(Bottom Blowing Method) 또는 Q-BOP (Quicker refining Basic Oxygen Process)라고 하는 저취전로(低吹轉爐)가 가동되고 있기도 하다.

4. 용선로(鎔銑爐)

   회주철을 대량생산하기 위해 사용되며, 가장 오래되고 광범위하게 사용되는 회주철 용해시설이다. 일명 큐폴라(Cupola)라고도 한다. 보통 직립로(直立爐)이며, 외장은 주로 강판을 이용하고 내면은 내화연와가 부착되어 있다. 상부의 장입구에서 연료, 용제(Flux), 선철을 주입하여 용융시킨 후 아랫부분에서 유출시키며, 하부의 송풍구에서 고온 송풍기를 이용하여 상부에서 투입된 석회석, 코크스 등의 연료를 연소시키며 상부는 좁게 하여 연통에 연결시킴으로써 열의 방출을 최대한 억제시키고 있다. 원료로는 주철이나 선철이 주로 쓰이며, 원료 속에 포함된 구리, 황동, 청동, 납 등을 제거시키거나 이러한 물질을 용융시키는 데도 쓰인다. 제조공법에 따라 산성법과 염기성법이 있으며, 공급공기의 형태에 따라 열풍식, 냉풍식이 있다.

5. 도가니로

약 1,400℃ 이하의 용융점을 가진 물질 등을 용융하거나, 세게 가열하여 용해시키는 노를 말한다. 내부는 용도에 따라 연철제, 흑연, 백금, 석영, 실리콘, 진흙, 기타 내화물 위에 용접된 철로 Lining되어 있으며, 외부는 철로 둘러싸여져 있다. 뚜껑도 내부와 비슷한 물질로 제조되며, 내부연소물질을 배출시키기 위해 도가니 상부에 작은 구멍이 나와 있다. 일반적으로 경동식, Pit식, 고정식으로 분류되며 그 모양과 규모가 다양하다. 연료로서 유류나 가스류를 사용하며 노 바닥 근처에 연소장치(버너)가 설치되어 있다. 화염은 노 외부를 직접적으로 가열하게 되며, 도가니는 복사열과 열풍의 접촉에 의하여 데워진다.

6. 용융 · 용해로(鎔融 · 鎔解爐)

금속을 용융 · 용해시키는 데 사용되는 각종 노(爐)를 총칭하는 것으로서, 용융로는 고상인 물질이 가열되어 액상의 상태로 되는데 사용되는 노를 말하며, 용해로는 액체 또는 고체 물질이 다른 액체 또는 고체 물질과 혼합하여 균일한 상의 혼합물, 즉 용체(鎔體)를 만드는 데 사용되는 노를 말한다. 용융로로서 대표적인 것이 용광로, 단지(Pot)로 등이 있으며, 용해로로서는 도가니로, 반사로, 전로, 평로, 전기로, 용선로 등이 있다. 여기서는 배출시설(해당 시설)에 규정되지 아니한 용융로, 정련로, 단지로 등 각종 용융 · 용해로를 말한다.

7. 제선로(製銑爐)

철광석을 용해하여 선철을 생산하는 노로서 일반적으로 고로 또는 용광로라고 한다. 본체는 원탑형으로 되어 있으며, 외체는 두꺼운 철판으로 되어 있고, 내부는 내화벽돌로 두껍게 쌓여져 있다. 원료로는 철광석, 코크스, 석회석 등이 사용된다. 이들 원료는 운송장치에 의하여 자동으로 노 상부에 운반되어 장입(裝入)된다. 노 내의 온도는 상부 200~300℃이고, 하부로 내려갈수록 고온이 되어 송풍구 부분에서는 1,500~2,000℃에 달한다. 철광석은 하부에서 올라오는 고온의 코크스 연소가스에 의하여 가열되며, 가스 중의 CO에 의해 간접환원되면서 하강한다. 그 후에는 코크스의 탄소에 의하여 직접 환원되어 선철로 용해되면서 최하부의 탕류(湯溜)부분에 모이게 된다. 한편 장입원료 중 맥석(脈石) 등 불순물은 대부분 용해되어 석회석과 화합하여 광재(鑛滓)가 되고, 이것은 비중이 가벼우므로 탕류부분 용선의 상층으로 부상하게 된다.

8. 용광로(鎔鑛爐)

일반적으로 철광석을 용해하여 선철을 생산하는 노로서 고로(高爐)라고도 말하며, 여기서는 철광석 외의 다른 광석, 즉 연광석, 황철광 등을 용융시키는 노를 포함하여 말한다. 대표적인 것으로 연용광로가 있으며, 원료로는 연광소결제, 철, 코크스를 사용한다. 이들 원료는 상부 노정(爐頂)에서 장입되고, 용융온도는 650~730℃ 정도이며, 일반적으로 일일 약 20~80톤의 처리용량을 가진다. 주철용선로와 비슷한 구조를 가지며 외부는 수직 강판으로 되어 있고, 내부는 내화벽돌로 이루어져 있다. 공기는 노 하단의 풍구(Tuyere)를 통해 주입되며, 코크스의 일부는 연광석을 용해시키는 데 사용되며, 나머지 코크스는 산화납을 납으로 환원시키는 데 사용된다.

9. 평로(平爐)

제선로(용광로)에서 만들어진 선철(용선) 중의 불순물 제거, 탈탄(脫炭)처리, 합금원소 첨가 등 정련작업을 하여 소정(所定) 품질의 강재를 생산하는 데 사용되는 노를 말한다. 얇은 직사각형의 구조를 가지는 것이 보통이며, 원료로는 중유, 미분탄, 발생로 가스 등을 사용한다. 제강용로 중 비교적 규모가 큰 편으로 대규모 생산에 유리하나 단위 생산성이 비교적 낮은 관계로 전 세계적으로 감소 추세에 있다. 노 바닥에는 백운석으로 채워져 있으며, 원료로는 선철 60% 그리고 편철류(Scrap) 약 40%로 구성된다. 원료 투입 시에는 먼저 석회석과 편철류를 투입하여 편철류를 완전히 용융시킨 다음 선철을 투입한다. 노 내부의 온도가 증가하면 석회석의 분해가 이루어지면서 CO_2가 발생되고 이 CO_2는 노 내부의 물질들을 서로 교반시키는 역할을 하게 된다. 강재의 성분 조성 또는 탈탄작업을 위하여 산소를 주입하기도 한다. 한 공정이 끝나기까지는 대략 8~10시간 소요된다.

10. 배소로(焙燒爐)

광석이 융해(融解)되지 않을 정도의 온도에서 광석과 산소, 수증기, 탄소, 염화물 또는 염소 등을 상호작용시켜서 다음 제련 조작에서 처리하기 쉬운 화합물로 변화시키거나 어떤 성분을 기화시켜 제거하는 데 사용되는 노를 말한다. 목적물이 각각 산화물, 황산염, 염화물인 경우 각각 산화배소, 황산화배소, 염화배소라고 부르며 산화물 광석을 환원하는 환원배소, 물에 가용인 나트륨염으로 하는 소다배소 등이 있다. 종류에는 다단배소로, Rotary Kiln, 유동배소로 등이 있다.

11. 소결로(燒結爐)

분체(粉體)를 융점 이하 또는 그 일부에서 액상이 생길 정도로 가열하여 구우면서 단단하게 해 어느 정도의 강도를 가진 고체로 만드는 노를 말한다. 금속정련 특히 분말야금 서멧(Cermet)이나 각종 요업제품 제조에 널리 응용되고 있다. 여기서는 주로 금속정련 특히 용광로에서 널리 사용되는 분광 괴성법(粉鑛塊成法)으로서 미세한 분(粉) 철광석을 부분 용융에 의하여 괴성광으로 만드는 데 사용되는 노를 말한다. 세계적으로 연속식인 DL이 많이 사용되고 있다. 그 과정은 철광석, 석회석, 코크스 등 각종 원료를 일정한 비율로 혼합기에서 혼합시켜 조립한 다음 이것을 노 내에 장입하고 점화로에서 그 표면에 착화(着火)시키면 원료 중의 코크스가 연소되면서 1,300~1,480℃의 온도에서 소결이 진행되고 다시 냉각, 파쇄, 체질을 하여 용광로에 투입하기에 적당한 소결광으로 만들어 용광로에 보내진다. 연소용 공기는 공기 속에 포함된 각종 먼지 등 이물질을 제거시킨 후에 소결로 옆에 붙어있는 Wind Box를 통해 공급된다.

12. 소려로(燒戾爐)

열처리 시설의 일종이다. 강재의 조직 및 특정한 성질을 부여하기 위하여 강(鋼)의 변태점(變態點) 또는 용해도선 이상의 적당한 온도로 가열한 후 적당한 방법에 의하여 급히 냉각시키는 소입(Quenching)작업을 하게 되는데, 이 과정에서 생긴 불안정한 조직에 대하여 변태

(變態) 또는 석출(析出)을 진행시켜 안정한 조직에 가깝게 하거나, 강재의 성질 및 상태를 주기 위하여 ACl(가열 중에 오오스테나이트가 나타나기 시작하는 온도) 또는 용해도선 이하의 적당한 온도로 적당한 시간 동안 가열한 후에 적당한 속도로 냉각 조작하는 데 사용되는 노를 말한다. 일반적으로 유욕로(Oil Bath) 또는 염욕로(Salt Bath)가 있으며 납을 용융해서 제품을 가열하는 연욕로(Lead Bath)가 있다. 주로 Ni강, Cr-V강, Mn강, Cr-Mn강, Ni-Mn강 등 소려태성(燒戾胎性)이 잘 일어나는 특수강을 열처리하기 위하여 사용되며, 탄소강에서도 일부 사용되기도 하나 그리 흔하지는 않다.

13. 소둔로(燒鈍爐)

열처리 시설의 일종이다. 강재의 기계적 성질 또는 물리적 성질을 변화시켜서 강재의 경정조직을 조정하여 내부응력을 제거하거나 가스를 제거할 목적으로 가열냉각 등의 조작을 하는 노(爐)를 말하며, 보통 내부응력의 제거와 연화(軟化)를 목적으로 사용한다. 내부응력의 제거 또는 연화를 목적으로 할 경우에는 적당한 온도로 가열 후 서랭(徐冷)하며, 결정조직의 조정을 목적으로 할 경우에는 AC3 변태점(가열 중에 페라이트 또는 페라이트와 시멘타이트에서 오오스테나이트 형태로 변태가 완료하는 온도)보다 약 50℃ 정도 높은 온도로 가열한 후 노랭(爐冷) 또는 탄랭(炭冷)한다.

14. 전해로(電解爐)

전해질 용액이나 용융 전해질 등의 이온전도체(傳導體)에 전류를 통해서 화학변화를 일으키는 노를 말한다. 주로 비철금속 계통의 물질을 용융시키는 데 이용되며 대표적인 것으로 알루미늄 전해로가 있다. 알루미늄 전해로의 경우 빙정석(氷晶石)이 사용되며 이는 원료인 알루미나에 대한 전해질의 역할과 노의 내면은 탄소로 입혀져 있으며 보통 직사각형의 구조를 가진 Shell 또는 Pot형으로 되어 있고, 그 내부에 탄소전극봉이 꽂혀 있다. 탄소전극봉에서는 양극을 제공하며 노의 내변에 코팅된 탄소는 음극을 제공함으로써 양극 사이에 전류가 형성된다. 이때 용융된 빙정석은 전해질 역할을 하게 되고 두 극 사이의 전류의 흐름으로 인해 발생되는 저항열때문에 노 내의 온도가 유지된다. 보통 노 내 온도는 950~1,000℃ 정도이며, 알루미늄은 음극 쪽으로 모이게 되어 욕조의 표면 바로 밑에 용융된 상태로 존재한다. 탄소전극봉은 반응기간 동안에 형성된 산소와 반응하여 지속적으로 소모되며 CO와 CO_2를 생성하게 된다. 알루미늄 전환 Cell은 사용되는 양극의 형태와 배열상태에 따라 구분되며, Pot는 일반적으로 Prebakde(PB), Horizontal Stud Soderberg(HSS), Vertical Stud Soderberg(VSS)로 구분된다.

15. 열풍로(熱風爐)

철강공장의 용광로, 소결로 등에 공급되는 1,200~1,300℃의 열풍을 제조하는 노를 말하며, 보통 소결로에서 생성된 폐가스를 이용하여 공기를 가열한다. 일정시간 노 내에서 폐가스를 연소시킨 후 이를 차단하고 다음에 공기를 흡입, 가열하는 방식으로 되어 있다. 3~4개가 1조가 되고 교대로 작업하여 연속적으로 고온의 열풍을 배출한다. 노 내의 압력은 보통 760~1,500mmHg로 유지되며, 배출가스에는 $ZnCl_2$ 그리고 알칼리염 등과 같은 휘발점이 낮은 화합물이 포함되기도 한다.

16. 균질로(均質爐)

균열로(均熱爐)라고도 한다. 강괴(鋼塊)의 내 · 외부 온도를 균일화하기 위해 쓰이는 노이며,

강괴는 항상 수직으로 유지되고 있다. 노의 온도는 1,300℃ 가량이고, 노 내에서 완전연소, 변형교정, 용체화 처리를 한다. 균질로에는 가열방식에 따라 가열식과 자연식이 있고, 강괴의 수용형식에 따라 단좌식과 복좌식이 있으며, 연소용 공기가열방식에 따라 축열식과 환열식 등 여러 종류가 있다.

17. 가열로(加熱爐)

금속재료를 가열하여 재료의 조직 및 결정상태를 가공에 적당한 상태로 유도하기 위해 사용되는 노를 총칭하여 말하나, 여기서는 상기에 명시되지 않은 각종 열처리 시설을 말한다. 대표적인 것으로 회분로와 연속주조로가 있다.

- 회분로는 노의 가열실 전부가 균일한 온도분포가 되도록 유지되며 소정의 온도 사이클로 가열, 유지, 냉각이 반복되는 풀림로이다. 노의 내화물이 장입물과 대략 동일한 사이클로 가열냉각되기 때문에 열적 손실이 크지만 소용량의 풀림에는 유리하다. 강재의 재질 크기에 제약이 없고 스크드 마크(Skid Mark)의 마찰에 의한 상처 등이 적으며, 사면가열(四面加熱)도 가능하다는 장점과 설비면적당 가열능력이 적고 작업효율이 나쁜 편이며 단위능력당 설비비가 높다는 단점이 있다.
- 연속주조로는 터널 모양의 연속풀림 혹은 열처리로이다. 한쪽으로부터 컨베이어 또는 대차 위에 실려서 넣어진 소재는 일정한 속도 또는 피치로 노 내를 이동하며, 다른 쪽의 출구에서 꺼내진다. 노 내는 항상 일정한 온도곡선을 유지하도록 가열되며, 형식에 따라 회전형, 푸셔(Pusher)형, 왈링 빔(Waling Beam)형이 있다.

18. 환형로(環形爐)

철분을 함유하고 있는 더스트, 슬러지를 고온(1,100~1,300℃)에서 환원시켜 직접 환원철(DRI-Direct Reduced Iron)을 생산하는 설비로, 생산된 제품(DRI)은 고로(용광로) 또는 전기로의 원료로 활용한다.

19. 기타 노

상기 노로 규정되지 아니한 시설로서 금속의 용융제련이나 열처리에 사용되는 노를 말한다.

20. 표면경화(表面硬化)시설

금속의 표면에 흠집, 균열, 갈라짐 등이 생기거나 마찰에 의해 표면손상 또는 마멸되는 것을 방지하기 위해 표면층을 바꾸는 데 사용되는 시설과 금속의 표면을 다른 물질로 피복하는 데 사용되는 시설을 말한다.

일반적으로 표면경화법에는 표면층 변성법(變成法)과 표면피복법(被覆法)이 있으며, 전자는 금속체의 표면에서 원소를 침투확산시켜 표면층의 화학 조성을 바꾸거나 또는 금속체의 화학 조성을 바꾸지 않고 표면층의 조직을 바꾸는 것을 말한다. 따라서 광의의 표면경화시설에는 담금질시설, 도금시설 등이 포함되나, 여기서는 별도의 배출시설로 규정된 이러한 시설을 제외한 고체침탄(浸炭), 가스침탄, 질화(窒化) 및 염욕(鹽浴)에 의한 표면경화에 사용되는 각종 침탄조, 변성조, 처리조 등을 말한다.

21. 산화 · 환원(酸化 · 還元)시설

주로 알루미늄 등 비철금속의 표면에 인공적으로 두꺼운 두께의 산화물층을 만드는 데 쓰이는 시설을 말한다. 대표적인 것으로 알루미늄 양극산화시설이 있다. 이것은 알루미늄 표면에 강한 전장(電場)을 주어 그 힘에 의하여 알루미늄 이온을 끌어내어 산소와 화합시켜 표면을 산화알미늄으로 전환시키는 시설을 말한다. 양극산화법에는 황산, 수산, 크롬산, 혼산(混酸) 등 전해액의 종류에 의한 방법, 직류법, 교류법, 직류 펄스 등 전원파형(電源波形)에 의한 방법, 처리속도에 따라 보통법, 고속도법, 초고속도법 그리고 응용 목적에 따라 경질법, 광휘법 등 매우 다양한 방법이 있다.

22. 도장(塗裝)시설

페인트, 니스 등 도료를 사용하여 물질을 공기, 물, 약품 등으로부터 보호하기 위해 차단하거나 또는 전지절연 · 장식 등을 위해 캘린더 · 압출 · 침지 · 분무 등의 가공법을 이용하여 물체 표면을 피막으로 쌓는 시설을 말하며, 금속 또는 비금속 물질의 표면에 페인트 등을 도포하는 시설도 이에 포함된다. 사용되는 도료에는 특수합성수지도료, 무용제도료, 에멀션 페인트, 전착도료, 수용성 합성수지도료, 분체도료 등 그 종류가 다양하며 도장시설에도 도장하는 방법에 따라 여러 가지 종류가 있다. 도장시설(도장 Room)의 규모가 용적 $5m^3$ 이상이거나 도장시설의 동력이 3HP 이상인 경우에만 해당되며 동력이 없거나 도장 Room이 없는 경우의 시설은 해당되지 아니한다.

- 공기분사도장시설 : 도료를 압축공기의 분사에너지를 이용하여 분무형태의 부채꼴로 만들어 연속적으로 도장을 확대해가는 시설로서 내부 혼합식, 외부 혼합식으로 구별된다.
- 에어리스분무도장시설 : 건축구조물, 선박, 교량 등 고점도의 두꺼운 막을 형성하는 데 사용하는 도장시설이며, $60kg/cm^2$ 이상의 초고압을 사용하여 0.2mm 이상의 유출공을 가진 노즐칩에서 도료를 분무시켜 도장하는 시설을 말한다.
- 횟분무도장시설 : 도료를 가온(加溫)하여 도료의 점도를 저하시켜 분무도장하는 시설을 말한다. 보통 플랜저 펌프, 전열히터, 도료탱크, 도료호스, 홋용에어리스총 등으로 구성되어 있다.
- 정전도장시설 : 접지한 피도물을 양극(+)으로 하고, 도장시설을 음극(−)으로 해서 이것을 (−)의 직류 고전압을 하전(荷電)하여 두 극간에 정전계(靜電界)를 만들어 도장하는 시설을 말한다. 다른 시설에 비해 비교적 공해가 적고 도료 손실이 적다. 정전분무화식, 공기분무화식, 수직이동식, 자동정전도장시설 등이 있다.
- 전착(電着)도장시설 : 금속전기도금 원리와 비슷하며 수성도료 속에 피도물을 침적시켜 피도물에 양극을 접속하며, 도료탱크는 음극이 되도록 직류 고전압을 하전하여 도장하는 시설을 말한다. 전하(電荷)방법에 따라 피도물 전하와 도료탱크 전하방식이 있다.
- 분체도장시설 : 합성수지의 열용융간성을 이용해서 피막 형성을 도모하는 시설을 말한다. 피도물을 예비 가열한 후에 분체도료를 부착시켜 가열용융하는 방식과 정전기를 사용해서 피도물에 흡인 도착시킨 후에 가열용융하는 방법이 있다. 분체도료에는 폴리에스테르, 염화비닐, 셀룰로오스, 에폭시, 폴리에틸렌, 나일론, 아크릴 등 많은 수지가 사용되며 종래의 액체도장으로서는 활용하지 못했던 고분자(高分子) 수지의 도료화가 가능하다.
- 자동도장시설 : 상기에서 설명된 각종 도장시설을 기계화해서 도포가 고르지 않은 곳이 없이 균일한 도장이 되도록 하는 시설을 말한다. 일반적으로 평면형과 회전형 그리고 수직형이 있다.

23. 건조시설

전기나 연료, 기타 열풍 등을 이용하여 제품을 말리는 시설을 말한다. 특히 도장시설에서 페인트 등을 도포시킨 후 피도체를 건조시키기 위해 많이 사용되기도 하나, 여기서는 주로 기타 화학제품 등의 액체상 또는 고체상 조립자(組粒子) 등을 건조하기 위해 사용되는 시설을 포함하여 말한다. 일반적으로 습윤상태에 있는 물질은 수송이나 저장이 불편하고, 제품의 응집(凝集)이나 고형화가 쉽게 일어날 수 있다. 이러한 상태를 예방하고 제품이 요구하는 수준의 수분을 함유하게 하기 위해 건조작업이 행하여진다. 건조시설은 건조에 필요한 열을 전하는 방식에 따라 열풍수열식(熱風收熱式)과 전도수열식(傳導收熱式)으로 대별(大別)되며, 열풍수열식은 열풍과 피건조재료가 직접 접촉함으로써 열의 전달이 이루어지며, 열풍이 재료 이동 방향과 같은 경우에는 병류식(竝流式), 역방향인 경우는 향류식(向流式)이라 한다. 전도수열식은 일반적으로 금속벽을 통해 열원(熱源)으로부터 피건조재료에 간접적으로 열의 전달이 이루어지며, 열손실이 적고 건조의 효율이 높으나 금속벽의 열용량이 크므로 효과적으로 건조하는 데는 약간의 문제점이 있다. 그 외의 분류법으로 재료의 이동방법에 의한 본체회전식, 교반기식, 공기수송식, 유동층식, 벨트이동식 등이 있으며, 또 이들 이동방식을 2가지 이상 조합하여 하나의 건조시설로 하는 방식도 있다.

24. 산·알칼리 처리시설

산이나 알칼리 용액에 어떤 제품을 표면처리하기 위하여 담구거나 원료 및 제품을 중화시키는 시설을 말한다. 대표적인 것으로서 도금공정의 전처리 시설로 이용되는 산세척시설이 있으며, 최근 전자공업에서의 화학약품을 사용하여 금속 표면을 부분적 또는 전면적으로 용해 제거하는 부식(식각)시설과 공작기계로 하는 물리적인 절삭을 대신하여 화학약품 용액 속에서 금속의 화학적인 용해작용을 이용하여 절삭가공하는 케미컬 밀링 등도 이에 포함된다.

25. 탈지(脫脂)시설

피도금물의 표면에 부착되어 있는 유지, 산화물, 금속염, 또는 기타 오물을 유기용제나 알칼리로 용해하여 제거하는 시설을 말한다.

탈지방법에 따라 용액탈지, 전해탈지, 초음파탈지 등으로 나누어지며, 용액탈지는 용제탈지, 유화탈지, 알칼리탈지로 구분된다. 전해탈지에는 음극전해탈지, 양극전해탈지, PR 전해탈지의 3종류가 있다. 초음파탈지에는 16kHz 이상의 주파수를 가진 초음파를 사용하며, 탈지작용은 전기에너지가 진동자에 의하여 음향에너지로 변환되어 일어난다. 탈지에 사용되는 주요 약품은 가성소다, 규산소다, 청화소다, 케로신 등이 있으며, 최근에는 반도체 공업에서 트리클로로에틸렌, 트리클로로에탄, EDTA가 사용되기도 한다.

26. 도금(鍍金)시설

금속장식의 산화방지를 위해서 표면에 금, 은, 크롬, 주석 등의 얇은 막을 입히는 시설을 말한다. 도금물질에 따라 금도금, 동도금, 니켈도금, 크롬도금, 아연도금, 기타 합금도금 등이 있으며, 도금하는 방법에 따라 전기도금, 용융도금, 무전해도금, 진공도금, 기상(氣相)도금 등 다양하게 분류된다. 또 근래에는 ABB 수지 등 플라스틱 물질을 도금시키기 위한 플라스틱 도금법이 개발되었으나, 여기서는 주로 금속제품과 관련된 도금시설을 말한다.

도금방법에 따른 분류 중 가장 대표적인 것은 용융도금 또는 전기도금이다.

- 용융도금 : 용융금속 속에 피처리물을 침적(沈積)시킨 후 이를 끄집어 올려 용융금속을 피처리물의 표면에서 응고시켜 금속 피막을 형성하게 하는 방법으로 비교적 두꺼운 도금층을 얻을 수 있으며, 부식을 방지하거나 고온에서 내산화(耐酸化)를 목적으로 하는 경우가

많다. 대표적인 것으로 알미늄도금, 아연도금, 주석도금, 납도금 등이 있다.

- 전기도금 : 금속이온을 함유한 수용액 속에 처리하려는 제품을 침적시켜 음극으로 하고 적당한 가용성 또는 불용성 양극 사이에 직류 전류를 통해 제품 표면에 금속막을 전해석출(電解析出)하게 하는 방법을 말하며 사용 목적에 따라 장식용, 방식용(防蝕用), 공업용 등으로 구별된다.

27. 화성처리(化成處理)시설

금속 표면에 화학적으로 비금속의 화성피막(Conversion Coating)을 형성시키는 것을 화성처리라 부른다. 통상 200℃ 정도 이하에서 처리하는 인산염 피막, 크롬산염 피막, 산화피막, 수산염 피막, 기타 각종 화학착색법을 일컫는 경우가 많다. 그러나 500℃ 이상의 온도로서 처리하는 질화처리(窒化處理) 혹은 황화처리(黃化處理)까지도 포함한다. 화성피막 중 현재 가장 많이 이용되고 있는 것은 철강의 인산염 피막이다. 이는 철강과 처리액이 접촉하여 화성되는 것이며, 접속시키는 방법에 따라 Vertak법, 슬리퍼디이트법, 스티임호우스페이팅법, 송풍본디라이트법 등이 있다.

28. 담금질시설

금속재료를 고온으로 가열한 후 급랭시켜 도중의 전이(轉移)를 막아 고온에서 안전한 상태 또는 중간 상태를 실온(室溫)으로 유지시키는 조작을 반복하는 시설을 말한다. 냉각제로는 거의 다 액체를 사용하나 자체적으로 경화(硬化)되는 성질을 가지는 금속의 경우에는 압축공기 또는 수소 등을 사용하는 경우도 있다. 대표적인 냉각수로서 냉수, 식염수, 경유(鯨油), 종유(種油), 유화유(乳化油), 용염(鎔鹽), 용해연(鎔解鉛) 등이 있으며, 유지류(油脂類)를 원료로 하여 열처리 목적에 따라 정제한 시판냉각제(市販冷却制) 등도 있다. 여기서는 유제류(油製類)를 사용하는 경우에만 배출시설에 해당된다.

29. 연마시설

연삭숫돌을 고속회전시키면서 재료를 절삭(切削) 혹은 가공하는 시설과 연마재(研磨材)의 절삭능력이 작은 재료를 사용하거나 연마재(研磨材)를 사용하지 않고 표면청정만을 목적으로 사용하는 시설을 말한다. 일반적으로 연마시설에는 절삭 · 연삭(研削) 시설을 포함한다. 여기서는 이른바 연마재를 사용해서 그 절삭작용으로서 표면층을 절삭해내는 시설을 말한다. 기계적 연마와 습식 연마로 대별되며, 기계적 연마에는 건식분사 연마방법, 습식분사 연마방법, 공구회전 연마방법, 배럴 연마방법, 아브레시브벨트 연마방법, 고압매체 연마방법, 점성유체(黏性流體)의 가공연마방법 등이 있고, 습식 연마에는 전해연마와 화학연마, 전해가공 등의 방법이 있다. 습식 분사나 기타 수용액에서 이루어지는 연마시설과 수분 함량이 15% 이상인 원료를 사용하며 연마하는 경우에는 배출시설에서 제외된다.

30. 탈사(脫砂)시설

유체의 분사나 원심력을 이용하여 금속품에 붙어 있는 모래를 제거하여 표면을 깨끗하게 하는 시설을 말한다. 쇼트블라스트, 샌드블라스트, 텀블러 등이 있다.

- 쇼트블라스트 : 고속으로 회전하는 임펠러로 철환(鐵丸)입자를 투사하여 주물 표면에 맞추어 금속의 표면을 청소하는 시설
- 샌드블라스트 : 모래를 $2\sim5kg/cm^2$의 공기로 분사시켜 금속의 표면을 깨끗이 하는 시설

- 텀블러 : 주물통 속에 처리할 작은 주물을 채우고 철환을 넣어 매분 40~60회로 회전시켜 금속의 표면을 깨끗이 하는 시설

31. 주물사(鑄物砂)처리시설(코어제조시설을 포함한다)

주조공정에 있어서 각종 용융금속을 주입해서 응고시켜 일정한 형상을 취하는 데 사용하는 형틀을 주형(鑄型)이라 하고, 그 구성재료가 되는 모래를 주물사(鑄物砂)라고 하며, 사용하고 난 주형을 다시 분쇄·선별하여 주물사로 재사용할 수 있게끔 처리하는 시설을 주물사처리시설이라 한다. 일반적으로 주물사처리시설은 분쇄기, 스크린, 컨베이어, 연마기, 혼합기, 모래저장통 등 일련의 시스템으로 구성된다. 따라서 주물사처리시설로 허가를 득한 경우에는 동시설의 분쇄, 선별, 연마 시설은 별도 허가를 득하지 않아도 무방하다. 주물사는 적당한 점결성과 성형성(成形性), 강도, 통기성, 내화학성(耐化學性) 등의 성질이 갖추어져야 한다.

코어(Core)는 주조물 내에 원하는 크기의 공극을 만들려고 할 경우 그 공간을 형성할 수 있게 하거나 그 주위에 용융금속이 흘러들어갈 수 있게 하기 위해 사용되는 것으로서 주로 모래와 점결재(粘結材)를 섞어서 만든다. 제조된 코어는 일정한 강도에도 깨지지 않고 용융금속이 주입될 때 수축되거나 뒤틀리지 않게 하기 위하여 일정한 온도의 Oven 속에서 가열하게 되는데 이 시설을 코어제조시설이라 한다. 코어제조시설에는 연속식과 회분식(Batch)이 있으며 작업시간은 사용하는 점결재의 종류에 따라 다른데 보통 1~5시간이 소요된다.

32. 선별(選別)시설(습식을 제외한다)

체, 유체, 비중 등을 이용하여 원료나 제품을 일정한 크기나 형상별로 분류하는 시설을 말한다. 고정식과 운동식 그리고 기타 형식으로 대별(大別)되며 고정식에는 평면선별기, 회전식별기 등이 있고, 운동식에는 수평설치식과 진동선별기가 있는데 현재 공업용으로 대부분 진동선별기가 사용되고 있다. 습식 선별기는 선별기에 수세효과를 갖도록 하는 경우에 사용되며 선별기 상부에서 직접 물을 뿌리거나 흐르게 하여 처리물에 부착된 불순물을 제거할 수 있는 구조로 된 것을 말한다. 여기서는 이러한 것들과 함께 선별제품이나 원료 속의 수분 함량이 15% 이상인 원료만으로 사용하는 시설을 배출시설에서 제외한다.

33. 분쇄(粉碎)시설

원료인 고체를 쉽게 가공처리 할 수 있게 하기 위하여 고체분자간의 결합력을 끊어주는 조작을 하는 시설을 말한다.

분쇄시설은 크게 분류하여 파쇄기(Crusher), 분말기(Grinder), 초미분말기(Ultrafinegrinder) 등으로 분류되며, 분쇄물의 요구되는 입경(粒經)에 따라 파쇄기는 다시 조쇄기, 미쇄기로 구분되며, 분말기는 중간 분쇄기, 미분말기 등으로 분류된다. 또 분쇄기는 분쇄물의 경도(硬度)에 따라 고경도물 분쇄, 중간 경도물 분쇄, 연성 분쇄로 나누어질 수도 있다. 고경도물 분쇄는 시멘트 크링커, 화산암, 슬래그의 분쇄에 사용되며, 연성 분쇄는 갈탄, 암염, 곡물 등 미세한 분쇄에 사용된다. 분쇄물에 함유된 수분은 분쇄에 중요한 영향을 미치게 되는데, 특히 분쇄물의 압축강도에만 영향을 주는 것 뿐만 아니라 분쇄물의 점결성(粘結性)과 유동성(流動性)에도 영향을 주므로 수분 함량에 따라 습식 분쇄 또는 건식 분쇄 방법이 선택된다. 여기서 습식 분쇄시설이라 함은 분쇄물의 수분 함량이 15% 이상인 경우와 당해 작업을 수용액 중에서 행하는 경우의 시설을 포함하여 말한다.

34. 납땜시설
납땜인두를 약 300℃로 달군 다음 염화아연이나 염산 등의 용제에 담궈 끝을 깨끗이 한 후 땜납을 녹여 접합부를 문지르거나 결합시키는 데 사용되는 시설을 말한다. 땜납은 주석과 납의 합금으로서 연질땜납과 경질땜납이 있으나 보통 연질땜납을 말하며, 융점이 낮고 작업하기에도 용이하므로 연관류의 접합, 식기류, 기타 판금가공에 널리 쓰인다. 납땜시설에는 자동식과 수동식이 있으며, 최근에는 납용해조를 사용하지 않고 납크림을 사용하여 이를 인쇄하는 새로운 납땜시설이 사용되기도 한다.

35. 정제(精製), 충전(充塡), 충진(充鎭) 시설(수은 사용에 한한다)
온도계, 체온계, 형광등 등에 수은을 주입하기 전에 수은 속에 함유된 녹 또는 습기 등을 제거하기 위하여 수은을 증류하는 시설과 일정한 체적을 가진 용기 내에 온도계, 체온계 등을 넣고 밀폐시킨 후 진공(眞空)상태로 만들어 수은을 주입하는 수은주입시설을 말한다.

36. 반도체 및 기타 전자부품 제조시설 중 식각(蝕刻)시설
반도체 제조공정 중의 하나로 에칭(Etching)시설이라 하기도 하며, 작업공정은 습식이나 건식으로 나누어진다. 습식은 용액으로 에칭하며, 건식은 가스를 이용한 방식으로 에칭하고자 하는 곳 이외의 부분에 감광제(Photo resist)를 바르고 용액 또는 가스에 노출시키면 감광제에 의해 가려진 부분을 제외한 증착막이 제거된다.

37. 반도체 및 기타 전자부품 제조시설 중 증착(蒸着)시설
진공상태에서 금속이나 화합물 따위를 가열 · 증발시켜 그 증기를 물체 표면에 얇은 막으로 입히는 시설로서 렌즈의 코팅, 전자부품이나 반도체 따위의 피막 형성에 이용한다.

제2절 화합물 및 화학제품 제조시설

1. 연소(燃燒)시설(화학제품의 연소에 한한다)
황, 인 등 무기화학제품을 산소와 결합시켜 빛과 열을 발생시키는 시설을 말한다. 산소 이외에도 플루오르, 염소, 질산성 화합물 등이 사용되기도 하며, 이들을 산화제(酸化劑) 또는 지연성 물질이라고도 한다. 일반적으로 연소의 주반응은 기체상태 중에서 일어나나 고체의 표면이 촉매작용을 갖는 경우에는 주반응이 고체의 표면에서 일어나기도 한다. 이를 표면연소라 한다. 화학제품의 연소시설 중 대표적인 것으로 황연소시설이 있다. 이것은 황을 연소시켜 이산화황(二酸化黃)을 만드는 시설이며, 대부분 원통형 구조를 가진다. 고체상태의 황을 가열하여 녹인 후에 버너를 이용 건조공기로 연소시켜서 8~11mol 농도의 이산화황을 만든다. 버너에서 생성된 뜨거운 연소가스는 폐열보일러를 지나면서 냉각되고 흡수탑과 전화기(Converter)를 거쳐 황산으로 만들어진다.

2. 용융 · 용해(鎔融 · 鎔解) 시설
고체상태의 물질을 가열하여 액체상태로 만드는 시설을 용융시설이라 하며, 기체, 액체 또는 고체물질을 다른 기체, 액체 또는 고체물질과 혼합시켜 균일한 상태의 혼합물, 즉 용체(容體)를 만드는 시설을 용해시설이라 한다. 이때 용체라 함은 균일한 상(相)을 만들고 있는 혼합물로서 액체상태인 경우에는 용액, 고체상태인 경우에는 고용체, 기체상태일 때는 혼합기체라 한다. 여기서는 동일 상태의 서로 다른 물질을 혼합시켜 원래 상태의 물질이 물리 · 화학적

성질 변화를 일으키는 경우의 시설에 적용되며, 그렇지 아니하고 원래 상태의 물질이 물질화학적 성질의 변화가 없이 단순히 혼재(混在)되어 있는 경우의 시설은 혼합시설로 구분한다.

3. 소성(燒成)시설

물체를 높은 온도에서 구워내는 시설을 말하며 일종의 열처리 시설에 해당된다. 소성의 목적은 소성물질의 종류에 따라 다소 다르나 보통 고온에서 안정된 조직 및 광물상(鑛物相)으로 변화시키거나 충분한 강도(强度)를 부여함으로써 물체의 형상을 정확하게 유지시키기 위한 목적으로 이용되는 경우가 많다. 소성시설의 종류는 크게 불연속 소성시설과 연속 소성시설로 구별되며, 불연속 소성시설에는 원형, 각형, 통형 등의 시설이 있고, 연속 소성시설에는 수직형, 회전형, 링형, 터널형 등 그 종류가 다양하다. 도기 · 자기 · 구조검토용 제품 등 특수용도에 사용되는 것 이외에는 대부분이 회전형 시설(Rotary Kiln)을 사용하며, 회전형 시설에도 그 길이에 따라 Short Kiln, Long Kiln 등이 있고, 그 형태에 따라 Lepol Kiln, Suspension Preheater Kiln, Shaft Kiln 등 다양하게 분류된다. 대표적인 것으로 화학비료제조 시에 사용되는 인광석(燐鑛石) 소성시설이 있는데 이것은 채광 후 선별된 인광석 농축물을 인산, 규산, 가성소다 또는 소금 등과 섞어 빽빽한 슬러리(Slurry) 상태로 만든 후 건조시키면서 10~20mesh의 알갱이로 뭉친 다음 소성시설에서 약 1,400~1,540℃ 정도로 구워 인광석 속의 불소를 제거하는 시설이다.

4. 가열(加熱)시설(열매체(熱媒體) 가열을 포함한다)

어떤 방법으로 물체의 온도를 상승시키는 데 사용되는 시설을 말한다. 보일러도 일종의 가열시설로 볼 수 있으나, 여기서는 석유화학 및 유기화학 공업 등의 각종 공정에 쓰이는 관식(管式) 가열로(Tubular Heater) 등을 말한다. 이는 Pipe Still Heater라고도 불리며, 피가열물체가 기체 또는 액체 등의 유체(流體)에 한정되며 거의 연속운전인 점 그리고 열원(熱源)으로서 가스 또는 액체 연료를 사용하며, 가열방법이 모두 직화(直火)방식인 특징이 있다. 외관형상(外觀形象)으로는 직립 원통형, 캐빈형, 상자형으로 구분되며, 직립 원통형은 전복사(全輻射)형(헬리킬코일 및 수직관식) 복사 · 대류 일체형(輻射 · 對類 一體型), 복사 · 대류 분리형(輻射 · 對流 分離型)(수직관식, 대류부 수평관식) 등이 있으며, 상자형에는 수평관식－수직연소식, 수직관식－수평연소식, 수직관식－특수연소식, 수평관식－특수연소식 등으로 구별된다. 이들은 다시 스트레이트업형, 업드레프트 또는 캐빈형, 멀티체임버형, 후두트형, 비켓형, 각주형, 다운컴백션형, 테라스형, 다운파이어드형, 레이디언트월형 등 다양하게 분류된다. 한편, 열매체(熱媒體)라 함은 장치를 일정한 온도로 조작온도로 유지하기 위하여 가열 또는 냉각에 사용되는 각종 유체(流體)를 말한다. 열매체는 조작온도 내에서는 유체로서 취급될 수가 있어야 하며, 열적(熱的)으로 안정하고, 단위체적당 열용량이 크며, 사용압력 범위도 적당하고, 전달계수(轉達係收)가 높아야 할 필요성이 있으며, 또한 장치에 대한 부식이 적고, 불연성이며, 값싸고 무독(無毒)인 특성을 가져야 한다. 대표적으로 이용되는 열매체에는 유기열매체(디페닐에트드, 디페닐 등의 화합물), 수은, 열유(熱油), 온수유기열매체, HTS($NaOH + NaNO_3 + KNO_3$) 등의 액상(液相) 열매체와 과열수증기, 굴뚝가스, 공기 등의 기체성 열매체가 있다.

5. 건조(乾燥)시설

전기나 연료, 기타 열풍 등을 이용하여 제품을 말리는 시설을 말하며, 여기서는 주로 액체상 또는 고체상 조립자(組粒子) 등을 건조하기 위해 사용되는 시설을 포함하여 말한다. 일반적으로 습윤상태에 있는 물질은 수송이나 저장이 불편하고, 제품의 응집(凝集)이나 고형화가 쉽게 일어날 수 있다. 이러한 상태를 예방하고 제품이 요구하는 수준의 수분을 함유하게 하기 위해 건조작업이 행해진다. 건조시설은 건조에 필요한 열을 전하는 방식에 따라 열풍수열식(熱風收熱式)과 전도수열식(傳導收熱式)으로 대별(大別)되며, 열풍수열식은 열풍과 피건조 재료가 직접 접촉함으로써 열의 전달이 이루어지며, 열풍이 재료이동 방향과 같은 경우에는 병류식(竝流式), 역방향인 경우는 향류식(向流式)이라 한다. 전도수열식은 일반적으로 금속벽을 통해 열원(熱源)으로부터 피건조 재료에 간접적으로 열의 전달이 이루어지며, 열손실이 적고 건조의 효율이 높으나 금속벽의 열용량이 크므로 효과적으로 건조하는 데는 약간의 문제점이 있다. 그 외의 분류법으로 재료의 이동방법에 의한 본체회전식, 교반기식, 공기수송식, 유동층식, 벨트이동식 등이 있다. 또 이들 이동방식을 2가지 이상 조합하여 하나의 건조시설로 하는 방식도 있다.

6. 반응(反應)시설(분해(分解), 중합(重合), 축합(縮合), 산화(酸化), 환원(還元), 중화(中和), 합성(合成) 시설을 포함한다)

한 종류 또는 두 종류 이상의 물질이 그 자신 혹은 상호간에 있어서 원자(原字)의 조환(組煥)을 시행하여 그 조성이나 구조, 성분 등 물리화학적 성질이 본래와는 다른 물질을 만드는 시설을 말한다. 연속반응시설, 균일계(均一系) 반응시설, 불균일계(不均一系) 반응시설, 촉매(觸媒)반응시설로 대별되며, 연속반응시설은 어떤 화학반응의 생성물이 다시 다른 반응을 일으켜서 다른 생성물을 만드는 경우의 시설로서 연속반응시설이라고도 한다. 연쇄반응시설도 연속반응시설의 일종이다. 균일계 반응시설은 균질(均質)인 물질계(物質系), 즉 단일상(相 : 액체상, 기체상, 고체상)으로 이루어진 계(系)에서 화학반응을 일으키는 시설을 말하며, 회분(回分)반응시설, 관형반응시설, 연속교반조반응시설, 반회분반응시설 등이 있다. 불균일계 반응시설은 두 종류 이상의 상이 공존하는 다상계(多相系)에서 화학반응을 일으키는 시설을 말하며, 액-액계 반응시설, 기-액계 반응시설, 기-고계 반응시설 등이 있다. 촉매반응시설은 촉매의 영향에 의하여 화학반응을 일으키는 시설을 말한다. 촉매란 화학반응 속도를 변화시키거나, 반응을 시작하게 만들거나 또는 일어날 수 있는 여러 가지 화학반응 중에서 하나를 선택적으로 진행시켜서 생성물의 종류를 바꾸는 역할을 하는 물질을 말하며, 자신은 결과적으로 전혀 변화하지 않거나 변화하였다 하더라도 화학양론적(化學量論的)인 관계, 즉 화학반응에 영향을 미치지 아니하는 관계를 지속하는 물질을 말한다.

- 분해 : 한 종류의 화합물(化合物)을 두 종류 이상의 보다 간단한 물질로 변화시키는 것을 말한다.
- 중합 : 한 종류의 단위 화합물의 분자가 두 개 이상 결합하여 단위 화합물의 정수(整數)의 배(培)가 되는 분자량을 갖는 화합물을 생성하게 하는 것. 개환(開環)중합, 환화(環化)중합, 이성화(異性化)중합 등이 있다.
- 축합 : 두 개 이상의 분자 또는 동일 분자 내의 두 개 이상의 부분이 새로운 결합을 만드는 반응으로서 에스테르화, 피티히 반응, 파킨 반응 등이 있으며, 반응보조제(反應補助劑)로서 축합제가 가해진다.

- 산화 : 본래는 순(純)물질이 산소와 화합하는 것을 말하나, 일반적으로는 광범위하게 전자를 빼앗기는 변화 또는 이것에 수반되는 화학반응을 말한다.
- 환원 : 본디 산화된 물질을 원래 물질로 되돌리는 것을 말하나, 일반적으로 산화의 반대과정, 즉 전자를 첨가하는 변화 또는 이에 따른 화학반응을 말한다.
- 중화 : 좁은 뜻으로는 산과 염기가 반응하여 염과 물이 생기는 것을 말하나, 산과 염기의 정의에 의해서는 보다 넓은 뜻으로 사용된다.
- 합성 : 단일물질에서 출발하여 화합물질을 만들거나 비교적 간단한 화합물에서 복잡한 화합물을 만드는 시설을 말한다. 대표적인 것으로 합성가스, 합성고무, 합성섬유, 합성세제, 합성수지, 합성피혁 등을 제조하는 시설이 있으나, 여기서는 산업용 화학제품을 합성하는 시설을 말한다.

7. 혼합(混合)시설

2개 이상의 불균질한 성분으로 되어 있는 재료를 균질화하는 시설이다. 균질(均質)이란 임의로 채취한 샘플 중의 각 성분의 비율(농도)이 재료 전체의 평균값과 상등(相等)한 상태를 말한다. 이와 같은 상태에서는 각 성분 상호간의 접촉면적이 최대로 되어 있다. 따라서 혼합시설이란 불균질한 성분으로 되어 있는 재료에 적당한 조작을 가함으로써 성분농도 분포를 균일화하는 시설 또는 각 성분 상호간에 접촉면적을 증대시키는 시설을 말한다. 일반적으로 용융·용해 시설도 큰 분류(分類)의 혼합시설에 포함되나, 여기서는 원래 상태의 물질이 물리·화학적 변화 없이 단순히 혼재(混在)되어 있는 경우로서 교반시설이나 교반조도 포함하여 말한다.

8. 흡수(吸收)시설

흡수란 물질 또는 에너지 등의 물리량(物理量)이 다른 물질에 빼앗겨 그 계(系) 안으로 이끌려 들어가는 과정 또는 그에 따라 입자수나 강도를 감쇄하는 현상으로서 화학적으로는 빛의 흡수, 양자화된 상태 사이의 에너지차(差)에 해당하는 빛의 흡수, 저에너지 상태에서 고에너지 상태로 옮기는 것을 말한다. 이러한 현상을 일으키게 하는 시설을 흡수시설이라 한다. 대표적인 것으로 충전탑(充塡塔), 단탑, 스프레이탑, 스크러버, 젖은 벽탑, 기포탑(氣泡塔) 등이 있다.

9. 정제(精製)시설(분리, 증유, 추출, 여과 시설을 포함한다)

조제품을 다시 가공하여 더 정밀하게 만드는 시설을 말한다.

- 분리 : 상(相)이 다른 2개 이상의 화합물로 구성된 물체를 각각의 화합물로 물리화학적 성분이나 조성·구조 등의 변화가 없이 서로 나누는 것을 말한다. 대표적인 것으로 기액(氣液)분리, 고액(固液)분리 등이 있으며, 같은 상(相)의 물질이라도 서로의 비중차(比重差)를 이용해 분리하는 방법도 있다. 중력·압력, 진공·원심력과 같은 기계적인 힘을 이용하여 분리하는 것을 기계적 분리라고 한다.
- 증류 : 용액을 부분(部分) 증발시켜 증기를 회수해서 잔유액(殘溜液)과 나눔으로써 분리하는 것을 말한다. 휘발성의 성분은 용액보다 증기 중에 증가하며, 비휘발성의 성분은 용액 중에서 증가한다. 증류는 조작압력에 따라 고압증류, 저압증류, 수증기증류, 공비(共沸)증류, 추출증류로 분류되고, 조작방법에 따라서는 연속증류 또는 회분식 증류로 구분된다.

- 추출 : 용매(溶媒)추출이라고도 한다. 용매를 이용하여 고체 또는 액체시료 중에서 성분물질(때로는 2종(種) 이상)을 용해시켜 분리하는 것을 말하며, 특정한 물질을 특이적으로 추출하기 위해 용매의 종류를 선택하고 시료가 액체인 경우에는 그 조성을 조절한다. 단순히 목적물질을 용해시켜 추출하는 외에 적당한 화학반응을 일으켜 추출하기 쉬운 물질로 바꾼 후 추출하는 경우도 있다. 사용하는 용매는 물, 알코올, 에테르, 벤젠, 아세트산에틸, 클로로포름 등 비등점(沸騰點)이 별로 높지 않은 것을 주로 사용한다.
- 여과 : 다공성(多孔性) 물질의 막(膜)이나 층(層)을 사용하여 유동체의 상(相 : 기체 또는 액체)만을 투과시켜 반고상(半固相) 또는 고체를 유동체의 상(相)에서 분리하는 것을 말한다. 공업적 목적으로 사용되는 경우에는 여과에 쓰이는 다공체(多孔體)를 여과제, 다공체 위에 퇴적하는 고형분을 Cake, 다공체를 통과하는 액을 여과액이라 한다. 여과방법은 고체농도(固體濃度)에 의한 방법, 여과압력에 의한 방법, 조작에 의한 방법 등이 있으며, 고체농도에 의한 방법에는 Cake여과, 청등(淸燈)여과 등이 있고, 여과압력에 의한 방법에는 중력여과, 가압(加壓)여과, 진공여과, 원심력여과 방법 등이 있다. 조작에 의한 방법은 항압(恒壓)여과, 항률(恒率)여과 등이 있다.

10. 농축(濃縮)시설

특정물질의 순도(純度)를 높이거나 용매를 증발시켜 용질(溶質)의 농도를 포화(飽和)농도 이상으로 하거나 진하게 엉키게 하기 위하여 바짝 줄이게 하는 시설을 말한다. 화학공업에서 주로 쓰이는 정석(晶析)장치도 여기에 포함된다. 이것은 액상(液相) 또는 기상(氣相)에서 결정물질을 형성하게 하는 시설로서 고액(固液)간에서의 조작이 주대상으로 되어 있다. 결정물질의 생성은 액상 내에서의 결정핵의 발생과 그 발생한 결정핵의 성정으로 생성되며, 과포화(過飽和) 상태의 존재하에서 일어나는 것이 보통이다. 주로 비료, 제염(製鹽), 정당(精糖)공업, 그 밖에 많은 고체 무기 · 유기 물질의 분리법으로 적용되고 있다.

11. 전해 · 전리(電解 · 電離) 시설

전해질 용액이나 용해 전해질 등의 이온전도체(傳導體)에 전류를 통해 화학변화를 일으키는 것을 전해 또는 전기분해라 하며, 원자 또는 분자가 전자를 잃고 양이온이 되거나 전자를 부가시켜서 음이온이 되는 현상을 전리라고 부른다. 여기서 해리라 함은 한 분자가 그 성분원자, 원자단 또는 다른 것보다 작은 분자로 분해하고 그 변화가 가역적(可逆的)일 때를 말한다. 전해를 이용한 시설로서 전해야금(電解冶金)이나 염소, 수산화나트륨 등의 제조, 전해투석, 전기도금, 전주(電鑄), 전해연마 등이 있다.

12. 표백(漂白)시설

어떤 물질 속에 포함된 유색물질(有色物質)을 화학적으로 제조하여 그 물체를 상하게 하지 않고 될 수 있는대로 순백(純白)으로 만드는 시설을 말한다. 산화반응과 환원반응이 이용되며, 산화반응에는 과산화수소, 표백분, 하이포, 아염소산나트륨 등이 쓰이고, 환원반응에는 아황산, 하이드로설파이드 등이 쓰인다.

13. 산 · 알칼리 처리시설

산이나 알칼리 용액에 어떤 제품을 담구어 원료 및 제품을 산성이나 알칼리성의 변화를 유도하거나 또는 가수분해(加水分解)시키는 시설을 말한다. 대표적인 것으로 유지 제조의 검화시설이 있다.

14. 방사(紡絲)시설

합성섬유나 화학섬유를 제조할 때 방사액(紡絲液)을 다수의 가는 구멍이 있는 방사베이스에서 압력을 가하여 밀어내어 실을 제조하는 시설을 말한다. 크게 나누어 습식 방사기, 건식 방사기, 용융 방사기가 있다. 습식 방사기는 방사할 때 비스코스레이온과 같이 방사액을 베이스에서 응고욕(산욕) 중에 토출시켜 고체의 고분자(高分子) 섬유를 제조하는 방식의 기계로서 비닐론 등도 이 방식으로 제조된다. 건식 방사기는 섬유의 원료가 되는 고분자(高分子) 재료, 예를 들면 펄프 등과 같은 물질을 적당한 용매에 녹여 방사쇠에서 기체 중에 토출(吐出)시키면 이 용매가 증발하여 고분자의 섬유가 제조되는 시설을 말한다. 용융 방사기는 합성섬유의 대부분을 차지하는 방사시설로서 이것은 합성된 원료의 폴리머(Polymer)를 가열·용융하여 노즐에서 밀어내고 이를 냉각하여 고체로 한 다음 그것을 늘여서 목적으로 하는 실을 만드는 기계이다.

15. 권축(捲縮)시설

섬유나 실에 곱슬곱슬하게 파형(波形)을 부여함으로써 부피를 크게 하고, 스트레취성을 주어 신축성이 풍부하게 만드는 시설을 말한다. 권축이라 함은 섬유를 시판할 수 있는 제품으로 변성(變性)시키는 공정 중의 하나이며, 섬유에 벌크와 탄성을 주기 위한 공정이다. 섬유제조시 중간 단계에 생성되는 스테이플과 얀을 기계적으로 변형시키기 위해 권축(Crimping)되며, 일반적으로 연사공정 중이나 바로 직후에 이루어진다. 권축과정은 기어(Gear)권축, 에지(Edge)권축, 스터퍼-박스(Stuffer-box)권축 등을 포함한다. 기어권축은 얀을 한 쌍의 맞물은 기어 속을 통과시켜 이루어지며, 에지권축은 얀을 무딘 칼끝 위로 통과시킨다. 스터퍼-박스권축은 전기로 가열되거나 항온으로 조절되는 관이나 상자 속으로 얀을 통과시키는 것을 말한다.

16. 분쇄(粉碎)시설(습식을 제외한다)

원료인 고체를 쉽게 가공처리 할 수 있게 하기 위하여 고체 분자간의 결합력을 끊어주는 조작을 하는 시설을 말한다.

분쇄시설은 크게 분류하여 파쇄기(Crusher), 분말기(Grinder), 초미분말기(Ultrafinegrinder) 등으로 분류되며, 분쇄물의 요구되는 입경(粒經)에 따라 파쇄기는 다시 조쇄기, 미쇄기로 구분되며, 분말기는 중간 분쇄기, 미분말기 등으로 분류된다. 또 분쇄기는 분쇄물의 경도(硬度)에 따라 고경도물 분쇄, 중간 경도물 분쇄, 연성분쇄로 나누어질 수도 있다. 분쇄물에 함유된 수분은 분쇄에 중요한 영향을 미치게 되는데, 분쇄물의 압축강도에만 영향을 주는 것뿐만 아니라 분쇄물의 점결성(粘結性)과 유동성(流動性)에도 영향을 주므로 수분 함량에 따라 습식 분쇄 또는 건식 분쇄 방법이 선택된다. 여기서 습식분쇄시설이라 함은 분쇄물의 수분 함량이 15% 이상인 경우와 당해 작업을 수용액 중에서 행하는 경우의 시설을 포함하여 말한다.

17. 선별(選別)시설(습식을 제외한다)

체, 유체, 비중 등을 이용하여 원료나 제품을 일정한 크기나 형상별로 분류하는 시설을 말한다. 고정식과 운동식 그리고 기타 형식으로 대별(大別)되며, 고정식에는 평면 선별기, 회전식 선별기 등이 있고, 운동식에는 수평설치식과 진동선별기가 있다. 현재는 공업용으로 진동선별기를 많이 사용하고 있다. 습식 선별기는 선별기에 수세효과를 갖도록 하는 경우에 사용되며 선별기 상부에서 직접 물을 뿌리거나 흐르게 하여 처리물에 부착된 불순물을 제거할 수 있는 구조로 된 것을 말한다. 여기서는 이러한 것들과 함께 선별제품이나 원료 속의 수분 함량이 15% 이상인 원료만으로 사용하는 시설을 배출시설에서 제외한다.

18. 저장(貯藏)시설

제품 또는 원료, 반제품 상태의 원료, 부원료, 첨가제 등 제품제조에 필요한 각종 물질(반제품을 포함한다)을 저장하는 시설을 말한다. 원료나 제품을 일정 용기, 상자 또는 포대 등에 일차 포장한 후 저장하는 창고(倉庫) 등의 시설과 폐수처리장용으로만 사용되는 각종 약품의 저장시설(염산저장조는 제외한다), 사업장에서 직접 사용하는 각종 연료 및 윤활제(B-C유, 등유, 경유, 윤활유, 그리스 등)의 저장시설 등은 포함되지 아니한다. 대표적인 것으로 기타 화학제품의 원료가 되는 액체 또는 기체상의 유기(有機性)화합물질 등을 저장하는 저장탱크(Storage Tank)가 있다. 또 제품의 제조과정에 만들어진 중간 제품을 후속(後續)공정에 일정한 양이나 속도로 지속적으로 투입하기 위해 일시로 저장하는 중계 Tank(Run Tack, Run Drum), Storage Vessel 등이 있다. 저장탱크의 형태는 그 디자인에 따라 보통 고정지붕형(Fixed Roof), 외부유동지붕형(External floating Roof), 내부유동지붕형(Internal floating Roof), 가변(可變)형 Tank(Variable Vaper Space Tank), 압력형 Tank(Pressure Tank) 등이 있다. 또 외형에 따라 원추형(Cone Roof), 원형(Ball Tank) 등으로 구분하기도 한다.

19. 연마(研磨)시설(습식을 제외한다)

연삭숫돌을 고속회전시키면서 재료를 절삭(切削) 혹은 가공하는 시설과 연마재(研磨材)의 절삭능력이 작은 재료를 사용하거나 연마재(研磨材)를 사용하지 않고 표면청정만을 목적으로 사용하는 시설을 말한다. 일반적으로 연마시설에는 절삭 · 연삭(研削)시설을 포함한다.

여기서는 이른바 연마재를 사용해서 그 절삭작용으로서 표면층을 절삭해내는 시설을 말한다. 기계적 연마와 습식연마로 대별되며 기계적 연마에는 건식 분사 연마방법, 습식 분사 연마방법, 공구회전 연마방법, 배럴 연마방법, 아브레시브벨트 연마방법, 고압매체 연마방법, 점성유체(黏性流體)의 가공연마방법 등이 있고, 습식 연마에는 전해연마와 화학연마, 전해가공 등의 방법이 있다. 습식 분사나 기타 수용액에서 이루어지는 연마시설과 수분 함량이 15% 이상인 원료를 사용하며 연마하는 경우에는 배출시설에서 제외된다.

20. 포장(包裝)시설

조립자(組粒子) 상태 또는 분체(粉體), 분말(粉末)이나 액체 상태의 제품을 일정한 부피나 무게, 양(量)으로 계량(計量)한 후 병, 드럼, 통 등의 용기에 담거나 베, 종이, 비닐 등의 포대(布袋)에 투입하여 봉(封)하는 시설을 말한다. 단순히 겉표지를 싸거나 용기나 포대에 담겨서 봉한 후 운반용 Box 등을 이용하여 2차 포장하는 경우의 시설은 해당되지 아니한다. 대부분이 자동화 설비로 이루어져 있으며, 일반적으로 재료 투입부와 계량부 그리고 토출부(吐出部)의 3단계로 이루어져 있다. 재료 투입은 스크루컨베어벨트나 공기이송장치 등에 의해 이루어진다.

21. 회수(回收)시설(재생(再生)시설을 포함한다)

액체상의 용질 중에서 필요로 하는 물질을 다시 거두어 들이는 시설을 말하며, 사용된 촉매(觸媒)나 용매 중의 불순물을 제거하여 원래 상태로 재생시키는 시설도 포함된다. 대표적인 것으로 스티렌폴리머 등의 용해중합공정(溶解重合工程)에 사용되는 용제회수(溶劑回收)시설과 석유정제과정에서 촉매재생시설, 황회수시설 등이 있다. 용해중합공정이란 용제가 반응화합물에 첨가되고, 이것이 모노머, 폴리머 및 개시제(開始劑)를 녹여 중합시키는 공정을 말하며, 이때 중합과정이 끝난 후에는 용제를 다시 진공건조 등의 플래싱(Flashing) 공정을 거쳐 다시 회수하게 된다. 촉매재생시설은 석유정제과정 등에서 사용되는 각종 유동층(流動層)의 촉매에 부착된 불순물을 연소시키거나 분리시켜 제거하고 다시 사용하기 위하여 조작하는 시설을 말한다. 황회수시설은 석유정제과정 중에 생성된 각종 산성 가스 중 황화수소를 황으로 회수하기 위한 시설을 말하며, 보통 Sulfur Recovery System이라고 한다.

22. 성형(成形)시설(압출(壓出) 및 사출(射出)을 포함한다)
재료를 일정한 크기나 규격, 단면 형상을 가진 금형(金型)이나 형판(型板 : Die)에 넣고 힘이나 압력을 가하여 요구하는 형태의 제품으로 만들어내는 시설을 말한다. 성형방법은 크게 압출과 사출이 있다. 압출(壓出)이라 함은 용기 모양의 공구 속에 소재조각(Pellet)을 삽입하고, 램에 의하여 가압함으로써 형판에 뚫린 구멍으로부터 재료를 압출하여 형판 구멍의 단면형상(斷面形象)을 가진 제품을 만드는 시설을 말한다. 전방(前方) 압출과 후방(後方) 압출이 있으며, 보통 스크루형 회전식 기계가 대부분이다. 사출(射出)이라 함은 가열한 실린더 속에 열가소성 수지(熱可塑性樹脂)를 가열시켜 유동화(流動化)한 후 이것을 사출램에 의해 금형 속에 넣고 플런저로 압입하여 성형하는 방법이다. 사출성형기는 플런저식과 스크루인라인식이 있다.

23. 용융 · 용해(鎔融 · 鎔解)시설
고체상태의 물질을 가열하여 액체상태로 만드는 시설을 용융시설이라 하며, 기체, 액체 또는 고체 물질을 다른 기체, 액체 또는 고체 물질과 혼합시켜 균일한 상태의 혼합물, 즉 용체(容體)를 만드는 시설을 용해시설이라 한다. 이때 용체라 함은 균일한 상(相)을 만들고 있는 혼합물로서 액체상태인 경우에는 용액, 고체상태인 경우에는 고용체, 기체상태일 때는 혼합기체라 한다. 여기서는 동일 상태의 서로 다른 물질을 혼합시켜 원래 상태의 물질이 물리 · 화학적 성질 변화를 일으키는 경우의 시설에 적용되며, 그렇지 아니하고 원래 상태의 물질이 물질화학적 성질의 변화 없이 단순히 혼재(混在)되어 있는 경우의 시설은 혼합시설로 구분한다.

24. 건조시설
금속제품 제조 · 가공 시설의 건조시설과 동일

25. 분쇄(粉碎)시설(습식을 제외한다)
금속제품 제조 · 가공 시설의 분쇄시설과 동일

26. 선별(選別)시설(습식을 제외한다)
금속제품 제조 · 가공 시설의 선별시설과 동일

27. 연마(研磨)시설(습식을 제외한다)
금속제품 제조 · 가공 시설의 연마시설과 동일

28. 탄화(炭火)시설
어떤 물질 중에서 탄소 이외의 것을 제거하고, 순수한 탄소만을 남기거나 유기화합물을 열분해 또는 다른 화학적 변화를 일으키게 하여 탄소를 만드는 시설을 말한다. 대표적인 것으로 카본블랙이나 착화탄 제조 시 사용되는 탄화로(炭火爐)가 있다. 이것은 원료인 톱밥을 넓은 탄화조(炭火槽)에 넣고 하부에서 점화(點火)하면 서서히 연소되면서 상부 쪽으로 화염이 옮겨가 톱밥을 태우거나 톱밥을 일정한 규격이나 길이로 압착시킨 후 일정한 용적의 가마에 넣고 톱밥 원료에 점화시키면 톱밥 자체의 연소력에 의하여 서서히 연소되면서 타는 시설을 말한다.

제3절 고무 및 플라스틱 제품 제조시설

1. 용융 · 용해(鎔融 · 鎔解) 시설

   화합물 및 화학제품 제조시설의 용융 · 용해 시설과 동일

2. 혼합(混合)시설(소련(蘇鍊)시설을 포함한다)

   2개 이상의 불균질한 성분으로 되어 있는 재료를 균질화하는 시설이다. 균질(均質)이란 임의로 채취한 샘플 중의 각 성분의 비율(농도)이 재료 전체의 평균값과 상등(相等)한 상태를 말한다. 이와 같은 상태에서는 각 성분 상호간의 접촉면적이 최대로 되어 있다. 따라서 혼합시설이란 불균질한 성분으로 되어 있는 재료에 적당한 조작을 가함으로써 성분농도 분포를 균일화하는 시설 또는 각 성분 상호간에 접촉면적을 증대시키는 시설을 말한다. 일반적으로 용융 · 용해 시설도 큰 분류(分類)의 혼합시설에 포함되나, 여기서는 원래 상태의 물질이 물리 · 화학적 변화 없이 단순히 혼재(混在)되어 있는 경우의 시설로 한정하며, 교반시설이나 교반조로 포함하여 말한다. 대표적인 것으로 밴버리 믹서(Banbury Mixer)가 있다. 이것은 소련(蘇鍊)된 생고무 · 합성고무와 함께 가황제 · 가황촉진제 · 충전제 · 착색제 등 화공약품을 혼합시키는 시설을 말하며, 특히 고도(高度)의 고무 성능을 위하여 카본 블랙(Carbon Black)을 균일하게 배합시키는 역할을 하는 시설을 말한다.

   소련이라 함은 생고무의 가소성(可塑性)을 낮추어 제품의 가공성을 향상시키기 위하여 카본 블랙, 황화합물, 가황촉진제, 노화방지제 및 오일 등과 같은 첨가제를 가하여 섞고 황(黃)의 다리결합(結合)이 일어나지 않을 정도의 낮은 온도(약 100℃ 이하)로 가열하는 것을 말한다. 사용되는 소련 촉진제로 나프틸메르캅탄 등이 있다.

3. 반응(反應)시설(분해(分解), 중합(重合), 축합(縮合), 산화(酸化), 환원(還元), 중화(中和), 합성(合成) 시설을 포함한다)

   화합물 및 화학제품 제조시설의 반응시설과 동일

4. 분리(分離)시설

   상(相)이 다른 2개 이상의 화합물로 구성된 물체를 각각의 화합물로 물리화학적 성분이나 조성 · 구조 등의 변화없이 서로 나누는 것을 말한다. 대표적인 것으로 기액(氣液)분리, 고액(固液)분리 등이 있으며, 같은 상(相)의 물질이라도 서로의 비중차(比重差)를 이용해 분리하는 방법도 있다. 중력 · 압력 · 진공 · 원심력과 같은 기계적인 힘을 이용하여 분리하는 것을 기계적 분리라고 한다.

5. 성형(成形)시설(압출(壓出) 및 사출(射出)을 포함한다)

   화합물 및 화학제품 제조시설의 성형시설과 동일

6. 가황(加黃)시설

   가류(加硫)시설이라고도 한다. 생고무에 가황제(加黃劑)를 섞어서 고무분자 사이에 가교구조

(架橋構造)를 생기게 하기 위하여 열과 압력을 가해 배합과정에 투입된 가황제를 반응시켜 고무 내의 황과 고무분자가 완전히 결합하여 안정된 고유 성질과 독특한 디자인을 얻게 하는 시설을 말한다. 가황제로 사용되는 약품은 고무의 종류에 따라 황, 셀레늄(Selenium), 텔레늄(Tellurium), Tetermethyl thriuran disulfide, 퀴니온 디옥심, 아연화, 마그네슘 등이 있다.

7. 분쇄(粉碎)시설(습식을 제외한다)
   금속제품 제조·가공 시설의 분쇄시설과 동일
8. 접착(接着)시설
   같은 종류나 서로 다른 종류의 두 고체(古體)를 접착제 등을 이용하여 서로 붙이는 시설을 말한다. 접착제로서는 자체의 응집력이나 접착면에서의 분자간(分子間) 힘이 강한 것이 요구되며, 따라서 분자 내에 극성기(極性基)를 가지거나 분산력(分散力)의 원인이 되는 공액이중결합(共軛二重結合)을 이루고 있는 것이 좋다. 천연산으로서 젤라틴, 아라비아고무 등이 있으며, 공업적으로 사용되는 것은 대부분 합성수지이거나 합성고무이다. 대표적인 것으로는 페놀수지, 에폭시수지, 비닐수지, 아크릴산수지 등이 있다.
9. 경화·압착(硬化·壓着) 시설
   재료를 단단히 굳게 하거나 레버, 나사, 수압 등을 이용하여 재료를 강압(强壓)시켜 일정한 모양의 형틀로 유지하기 위한 시설을 말한다. 일명 프레스라고도 한다. 특히 고무제품의 경우 열경화성 수지(熱硬化性樹脂)를 접착제로 사용하는 경우에는 반드시 열과 압력을 동시에 갖고 있는 프레스를 통과시켜 접착시킨다. 프레스에는 수동식과 동력식이 있으며, 수동식은 다시 핸드 프레스, 편심 프레스로 나눌 수 있고, 동력식은 유압식, 수압식, 기계 프레스로 나누어진다.
10. 연마(研磨)시설(습식을 제외한다)
    금속제품 제조·가공 시설의 연마시설과 동일
11. 증자(蒸煮)시설
    원료나 제품을 증기로 찌는 시설을 말한다.
12. 가열(加熱)시설(열매체(熱媒體) 가열을 포함한다)
    화합물 및 화학제품 제조시설의 가열시설과 동일
13. 도장(塗裝)시설
    금속제품 제조·가공 시설의 도장시설과 동일
14. 도금(鍍金)시설
    금속제품 제조·가공 시설의 도금시설과 동일
15. 건조시설
    금속제품 제조·가공 시설의 건조시설과 동일

제4절 석유정제품 및 석탄제품 제조시설

1. 가열(加熱)시설(열매체(熱媒體) 가열을 포함한다)
   화합물 및 화학제품 제조시설의 가열시설과 동일
2. 소성(燒成)시설
   화합물 및 화학제품 제조시설의 소성시설과 동일

3. 건조시설
   화합물 및 화학제품 제조시설의 건조시설과 동일
4. 반응(反應)시설(분해(分解), 중합(重合), 축합(縮合), 산화(酸化), 환원(還元), 중화(中和), 합성(合成) 시설을 포함한다)
   화합물 및 화학제품 제조시설의 반응시설과 동일
5. 혼합(混合)시설
   화합물 및 화학제품 제조시설의 혼합시설과 동일
6. 흡수(吸收)시설
   화합물 및 화학제품 제조시설의 흡수시설과 동일
7. 개질(改質)시설
   접촉개질(接觸改質)이라고도 하며, 나프타의 옥탄가를 향상시키기 위하여 알루미나를 담체(擔體)로 하고, 백금, 산화몰리브덴, 산화크롬 등을 촉매(觸媒)로 하여 약 500℃, 10~50kg/cm^{2}의 수소가압하(水素加壓下)에서 처리하여 탄화수소의 방향족화(芳香族化), 이성화(理性化), 탈황(脫黃) 등을 하게 하는 시설을 말한다. 원유의 상압과정(常壓過程)에서 생성된 나프타는 일차적으로 수소를 첨가시켜 탈황시키며, 탈황된 나프타는 수소와 혼합된 후 열교환기를 통해 반응온도 가까이로 가열되며 고정상(固定相)의 촉매반응기를 거치게 된다. 이들 반응기에서 파라핀과 나프텐은 방향족화합물을 포함한 보다 높은 옥탄가의 화합물을 만들기 위해 탈수소가 진행된다. 반응기 유출액은 열교환기를 통해 냉각되고 분리기 · 증류탑을 거쳐 옥탄가가 향상된 가솔린, 중질분, 방향족, 농축물 등으로 분리되어 제품화된다.
8. 회수(回收)시설(재생(再生)시설을 포함한다)
   화합물 및 화학제품 제조시설의 회수시설과 동일
9. 탈황(脫黃)시설
   석유정제시설에서 제품 또는 반제품 속에 함유된 황성분을 제거하기 위한 시설을 말한다. 원유는 정제과정에서 석유가스, 나프타, 등유, 유분(油分), 잔사유로 분리되며 이들 중간 제품에는 다량의 황성분, 질소분(窒素分)이 함유되어 있다. 이러한 황성분을 제거하기 위한 시설을 탈황시설이라 하며, 주로 수소를 첨가하여 H_2S 상태로 제거시키므로 수첨탈황(水添脫黃)이라고도 한다. 대표적인 것으로 나프타 수첨탈황, 잔사유 수첨탈황 등이 있다.
   - 나프타 수첨탈황은 증류과정으로부터 직접 공급되는 나프타에서 황과 질소를 제거하기 위하여 사용되며 황과 질소의 유기화합물들은 유화수소와 암모니아 상태로 제거된다. 운전온도는 315~430℃ 정도이며, 압력은 2.1~6.1MPa 정도이다.
   - 잔사유 수첨탈황은 잔사유 속에 포함된 황과 질소 및 금속의 함량을 감소시키기 위해 사용된다.
10. 저장(貯藏)시설
    제품 또는 원료, 반제품 상태의 원료, 부원료, 첨가제 등 제품제조에 필요한 각종 물질(반제품을 포함한다)을 저장하는 시설을 말한다. 원료나 제품을 일정 용기, 상자 또는 포대 등에 일차 포장한 후 저장하는 창고(倉庫) 등의 시설과 폐수처리장용으로만 사용되는 각종 약품의 저장시설(염산저장조는 제외한다), 사업장에서 직접 사용하는 각종 연료 및 윤활제(B-C유, 등유, 경유, 윤활유, 그리스 등)의 저장시설 등은 포함되지 아니한다. 대표적인 것으로 기타 화학제품의 원료가 되는 액체 또는 기체상의 유기(有機性)화합물질 등을 저장하는 저장탱크(Storage Tank)가 있다. 또 제품의 제조과정에 만들어진 중간 제품을 후속(後續)공정에 일정한 양이나 속도로 지속적으로 투입하기 위해 일시로 저장하는 중계 Tank(Run Tack, Run Drum), Storage Vessel 등이 있다. 저장탱크의 형태는 그 디자인에 따라 보통 고정지붕형(Fixed Roof), 외부유동지붕형(External floating Roof), 내부유동지붕형(Internal floating Roof), 가변(可變)형 Tank(Variable Vaper Space Tank), 압력형 Tank(Pressure Tank) 등이 있다. 또 외형에 따라 원추형(Cone Roof), 원형(Ball Tank) 등으로 구분하기도 한다.

11. 담금질 시설(코크스 제조시설에 한한다)

재료를 고온으로 가열한 후 급랭시켜 도중의 전이(轉移)를 막고, 고온에서 안전한 상태 또는 중간 상태를 실온으로 유지시키는 조작을 반복하는 시설을 말한다. 여기서는 코크스 제조시설의 퀸칭 타워(Quenching Tower)를 말한다. 석탄을 건류(乾溜)시켜 만든 코크스는 적열(赤熱)상태로 압출기에 의하여 노실(爐室)로부터 냉각차에 압출되어 Quenching Tower로 옮겨지고 여기에서 코크스는 냉각장치에 의해 냉각되어 제품화된다. 코크스의 냉각방법은 건식 냉각법과 습식 냉각법이 있다. 건식 냉각방법은 일산화탄소, 이산화탄소, 수소가 함유된 공기를 이용하여 코크스를 냉각하는 방법이며, 습식 냉각방법은 살수장치를 이용하여 코크스에 물을 뿌려 냉각시키는 방법으로 최근에는 암모니아 수용액(水溶液)이 담긴 스탠드 파이프(Stand Pipe)를 이용하여 건조하는 방법이 개발되고 있다.

12. 분쇄(粉碎)시설(습식을 제외한다)

금속제품 제조·가공 시설의 분쇄시설과 동일

13. 선별(選別)시설(습식을 제외한다)

금속제품 제조·가공 시설의 선별시설과 동일

14. 윤전시설(연탄제조시설에 한한다)

원통형의 판면(版面)과 압통을 서로 접촉회전시켜 제품을 제조하는 시설을 말하나, 여기서는 연탄의 규격과 같은 형태의 실린더 속에 무연석탄을 넣고 기계식 프레스를 이용하여 압착·회전시켜 연탄을 성형(成形)하는 제탄 윤전시설에 한하여 적용한다.

15. 연마(硏磨)시설(습식을 제외한다)

금속제품 제조·가공 시설의 연마시설과 동일

16. 건류(乾溜)시설

재료를 공기와의 접촉을 끊은 상태에서 가열하여 목적성분을 가진 물질로 분해시키는 시설을 말한다. 대표적인 것으로 석탄건류시설이 있다. 이것은 석탄을 건류하여 코크스, 콜타르, 석탄가스 등을 얻기 위한 시설로서 건류방식은 가열온도에 따라 저온건류(500~700℃), 중온건류(700~900℃), 고온건류(1,000~1,200℃)로 나누며, 또 가열방식에 따라 석탄층 중에 가열가스를 통과시키는 내열식(內熱式)과 용기의 외부에서 가열하는 외열식(外熱式)으로 나누기도 한다. 내열식은 주로 저온건류와 중온건류에 많이 쓰이는 방식이며, 저온건류는 석탄의 불안정 부분이 열분해(熱分解)를 받아 저온건류가스, 저온타르와 반성(半成) 코크스가 얻어진다. 고온건류에서는 석탄은 탄소분만 남기고 거의 분해되므로 방향족탄화수소(芳香族

炭化水素), 복소환식 화합물(複素環式化合物), 페놀류 등 저온타르보다 안정한 성분이 많다. 고온건류방식은 제철용 코크스 생산을 목적으로 하는 경우에 많이 사용된다.

제5절 비금속광물제품 제조시설

1. 소성(燒性)시설
   화합물 및 화학제품 제조시설의 소성시설과 동일
2. 냉각(冷却)시설
   공기, 물, 기타 냉각제 등을 이용하여 제품에 함유된 열(熱)을 빼어 차게 하는 시설을 말한다. 대표적인 것으로 유리제품의 서랭로와 시멘트 제품의 쿨러(Cooler) 등이 있다. 서랭로는 유리 속의 기계적 성질을 개선하고 물리적인 제성질(諸性質)을 안정화 또는 균일화하게 하는 것이 목적이며, 유리를 그 성분에 따라 정해진 고온의 일정한 온도범위에 놓고 적당한 시간을 유지시킨 다음 비교적 완만하게 냉각시키는 시설을 말한다. 시멘트 제조공정의 쿨러는 소성로(Rotary Kiln)에서 소성된 크랭커의 더스팅(Dusting)을 방지하고 요구하는 성분의 조성을 액상(液相) 속에 남겨서 순결성(純潔性)을 경감하거나 혹은 결정성(結晶性) 산화마그네슘의 생성을 극력 방지하여 후에 일어날 수 있는 크랭커의 악성 팽창을 미연에 방지하는 등 시멘트 품질을 안정시키거나 크랭커가 지니고 있는 고열(高熱)을 회수하기 위하여 또는 시멘트만의 분쇄효율을 높이기 위하여 사용된다.
3. 혼합(混合)시설
   금속제품 제조 · 가공 시설의 혼합시설과 동일
4. 분쇄(粉碎)시설(습식을 제외한다)
   금속제품 제조 · 가공 시설의 분쇄시설과 동일
5. 선별(選別)시설(습식을 제외한다)
   금속제품 제조 · 가공 시설의 선별시설과 동일
6. 계량(計量)시설(습식을 제외한다)
   제품을 구성하는 각종 원료 또는 부원료를 그 조성 비율(造成比率)에 따라 배합하기 전 · 후(煎 · 後)에 평량기 등을 이용하여 그 무게를 다는 시설을 말한다. 계량방식에 따라 개별(個別)계량식, 누계(累計)계량식이 있다.
7. 저장시설(사일로에 한한다)
   원료 또는 제품을 본체(本體) 상태로 저장하기 위한 높은 직립원상(直立圓相) 또는 각통형(角筒形) 저장조로서 콘크리트제 또는 철판제가 있다. 레미콘 공장에는 일반적으로 철판제 사일로가 많고, 대형 시멘트 사일로에는 콘크리트 사일로가 있다. 탑정부(塔頂部)에서 저장품을 넣고 사일로 하부에서 빼내는 구조로 되어 있다.
8. 용융 · 용해(鎔融 · 鎔解) 시설
   화합물 및 화학제품 제조시설의 용융 · 용해 시설과 동일
9. 산처리(酸處理)시설(부식(腐植)시설을 포함한다)
   황산 · 불산(弗酸) 등 각종 산성물질을 이용하여 유리 등의 비금속광물을 절단하거나 광택을 내게 하는 등 화학적 처리를 하는 시설을 말한다. 대표적인 것으로 유리부식시설이 있다. 이것은 유리면에 무늬를 넣기 위해 불산 등을 이용하여 부식가공하는 시설이며, 그 가공방법에

따라 깊은 부식과 얕은 부식이 있다. 그 외에 유리의 커트면을 기계로 다듬어 완제품으로 만드는 기계적 연마방법 대신에 불산과 황산의 혼합액에 유리를 담구어 커트면을 가공하는 산닦기(Acid Polishing) 시설이 있다.

10. 포장(包裝)시설

조립자 상태 또는 분체(粉體)·분말(粉末)이나 액체 상태의 제품을 일정한 부피나 무게, 양(量)으로 계량(計量)한 후 병, 드럼, 통 등의 용기에 담거나 베, 종이, 비닐 등의 포대(布袋)에 투입하여 봉(封)하는 시설을 말한다. 단순히 겉표지를 싸거나 포대에 담겨져 봉(封)한 후 운반용 Box 등을 이용하여 2차 포장하는 경우의 시설은 해당되지 아니한다. 대부분이 자동화 설비로 이루어져 있으며, 일반적으로 재료 투입부와 계량부 그리고 토출부(吐出部)의 3단계로 이루어져 있다. 재료 투입은 스크루컨베어벨트나 공기이송장치 등에 의해 이루어진다.

11. 권취시설(석면·암면 제조시설에 한한다)

섬유제조시설의 방적(紡績)공정이나 방사(紡絲)공정에서 실을 제직(製織) 준비공정에 거는 최초의 기계로서 실을 적당한 모양으로 되감는 시설을 말하나, 여기서는 주로 암면 및 석면 제품 제조에 사용되는 시설에 한하여 적용한다.

12. 성형(成形)시설(습식을 제외한다)

재료를 일정한 크기나 규격, 단면 형상(斷面形象)을 가진 금형(金型)이나 형판(型板)에 넣고 힘이나 압력을 가하여 요구하는 형태의 제품으로 만들어내는 시설을 말한다. 성형방법은 고무, 플라스틱 및 산업용 화학 등에서는 크게 사출(射出)과 압출(壓出)로 나누어 다루나 비금속광물의 경우 수공(手空)성형과 기계적 성형으로 나눈다. 또 기계적 성형은 연토(練土)성형, 자동성형, 주입(鑄入)성형, 프레스성형 등으로 구별되며, 대부분의 도자기 공장에서는 분말 프레스, 러버 프레스, 진동 프레스, 충격 프레스, 핫 프레스 등 프레스 성형을 사용하며 일부에서는 교체주입성형, 연토압출성형(練土壓出成形), 수지배합의 사출(射出) 및 압출(壓出) 성형방법 등을 이용하는 곳도 있다. 한편 유리제조공업에서 쓰이는 수공성형방법에는 구취법(口吹法), 압형법(壓型法) 등이 있으며, 구취법은 다시 형취법(Mold-Blowing), 공중취법(Blowing Process) 등으로 구분되나 이들 수공성형방법은 배출시설에 해당되지 아니한다.

13. 연마(研磨)시설(습식을 제외한다)

금속제품 제조·가공 시설의 연마시설과 동일

14. 압착(壓着)시설

레버, 나사, 수압 등을 이용하여 금형(金型) 등에 재료를 강압(强壓)하여 일정한 형태나 모양으로 성형하는 기기를 총칭하여 말하나 여기서는 성형시설을 제외한 일반적인 압착시설, 즉 재료와 원료의 접착성(接着性)을 높이고 잘 굳게 하거나 재료입자간의 밀도(密度)를 높여 재료 속의 공극을 최대한 축소시키는 단순압착시설(Presser)을 말한다. 크게 수동식과 동력식으로 구분되며, 수동식은 핸드 프레스, 편심 프레스 등이 있고, 동력식에는 수압식, 유압식, 기계식 프레스 등이 있다.

15. 탈판(脫板)시설(석면 및 암면제품 제조·가공 시설에 한한다)

금형(金型)이나 형틀에 압착된 재료를 금형이나 형틀로부터 떼어내는 시설을 말한다. 대표적인 것으로 석면 및 암면제품 제조시설의 탈판·분리 시설이 있다.

16. 방사 · 집면(紡絲 · 集綿) 시설
합성섬유나 화학섬유를 제조할 때 방사액(紡絲液)을 다수의 극소 구멍이 있는 방사 베이스에서 압력을 가하여 밀어내어 실을 제조하는 시설을 말하나, 여기서는 주로 석면(石綿) 및 암면(巖綿) 제조 시 제직공정(製織工程)에 사용되는 각종 기계를 총칭하여 말한다. 크게 나누어 습식 방사기, 건식 방사기, 용융 방사기가 있다. 습식 방사기는 방사할 때 비스코스레이온과 같이 방사액을 베이스에서 응고욕(산욕) 중에 토출시켜 고체의 고분자(高分子) 섬유를 제조하는 방식의 기계로서 비닐론 등도 이 방식으로 제조된다. 건식 방사기는 섬유의 원료가 되는 고분자 재료, 예를 들면 펄프 등과 같은 물질을 적당한 용매(溶媒)에 녹여 방사쇠에서 기체 중에 토출(吐出)시키면 이 용매가 증발하여 고분자의 섬유가 제조되는 시설을 말한다. 용융 방사기는 합성섬유의 대부분을 차지하는 방사시설로서 이것은 합성된 원료의 폴리머(Polymer)를 가열 용융하여 노즐에서 밀어내고 이를 냉각하여 고체(古體)로 한 다음 그것을 늘여서 목적으로 하는 실을 만드는 기계이다. 석면(石綿) 및 암면(巖綿) 제조 시 대부분이 용융방사방법을 채택하고 있으며, 이것은 원심력을 이용한 스피너 휠(Spinner Wheel)을 고속으로 회전시키면서 석면 또는 암면의 용융물(원료)을 낙하시키면 용융물은 스피너 휠의 회전에 의해 생기는 공기(空氣)에 의해 대기(大氣) 중으로 부상하게 된다. 이때 스피너 휠의 주위에 설치된 미세한 노즐을 통해 섬유간의 접착을 위한 접착제로서 페놀수지 및 착색제 등을 동시에 분사시키는데 이러한 시설 등을 총칭하여 말한다. 집면시설은 하부에 설치된 팬(Fan)을 사용하여 공기를 흡인(吸引)시키면서 그 흡인력(吸引力)에 의해 대기 중에 부상하고 있는 석면 또는 암면을 하부의 바닥으로 모으는 시설을 말한다.

17. 절단(切斷)시설(석면 및 암면제품 제조 · 가공 시설에 한한다)
석면 및 암면제품을 제품특성에 맞게끔 일정한 형태나 규격으로 자르는 시설을 말한다.

18. 도장(塗裝)시설
금속의 제품 제조 · 가공 시설의 도장시설과 동일

19. 건조(乾燥)시설
금속의 제품 제조 · 가공 시설의 건조시설과 동일

제6절 가죽 · 모피 가공 및 모피제품 제조시설

1. 연마(硏磨)시설(습식을 제외한다)
연삭숫돌을 고속회전시켜 재료를 절삭(切削) 혹은 가공하는 시설과 연마재(硏磨材)의 절삭능력이 작은 재료를 사용하거나 연마재(硏磨材)를 사용하지 않고 표면청정만을 목적으로 사용하는 시설을 말한다. 일반적으로 연마시설에는 절삭 · 연마 시설을 포함한다. 여기서는 이른바 연마재를 사용하여 그 절삭작용으로서 표면층을 절삭해내는 시설을 말하며, 대표적인 것으로 셰이빙(Shaving) 시설이 있다. 이것은 가죽의 육면(肉面) 부위를 연마재를 이용하여 깎은 다음 원하는 두께로 조절하는 시설을 말한다. 연마는 크게 나누어 기계적 연마와 습식 연마로 대별되며, 기계적 연마에는 건식 분사 연마방법, 습식 분사 연마방법, 공구회전 연마방법, 배럴 연마방법, 아브레시브벨트 연마방법, 고압매체 연마방법, 점성유체(黏性流體)의 가공연마방법 등이 있고, 습식 연마에는 전해연마, 화학연마, 전해가공 등의 방법이 있다. 습식 분사나 기타 수용액 속에서 이루어지는 연마시설과 수분 함량이 15% 이상인 원료를 사용하여 연마하는 경우에는 배출시설에서 제외된다.

2. 저장(貯藏)시설
   화합물 및 화학제품 제조시설의 저장시설과 동일
3. 도장(塗裝)시설
   금속제품 제조·가공 시설의 도장시설과 동일
4. 건조(乾燥)시설
   금속제품 제조·가공 시설의 건조시설과 동일
5. 석회석 시설
   소석회를 사용하여 탈모(脫毛), 표피, 각질(角質)을 분해하고 단백질 조직을 분리하여 팽윤(澎潤)효과를 얻기 위한 공정이다. 소석회 외에 수황화(水黃化)소다(NaHS), 황화나트륨(Na_2S)이 주로 사용되며 약간의 계면활성제가 추가로 사용된다.

제7절 제재 및 목재 가공시설

1. 연마(研磨)시설(목재 가공용을 포함한다)
   용융알루미나, 탄화규소, 석류석, 에머리, 규석 등의 연마재가 부착된 연마포지(研磨布紙)를 사용하거나 연마재의 절삭작용에 의해 목재의 표면을 깨끗하게 완성시키는 시설을 말한다. 전기대패, 루터기, 면타기 등의 시설도 여기에 포함된다. 대표적인 것으로 벨트샌더, 드럼샌더, 와이드 벨트샌더 등이 있다. 벨트샌더는 윤상(輪狀)의 연마포지를 2~4개의 벨트차(車)에 부착시켜 목재의 표면을 연삭하는 기계를 말하며 횡형과 종형이 있고, 드럼샌더는 원통의 외주면(外周面)에 연삭지를 감고 이것을 고속회전시켜 가공재를 연삭시키는 시설을 말하며, 와이드 벨트샌더는 상하 2개의 드럼에 상하가 없는 연마포지를 감고 이것을 회전시켜 연삭하는 것을 말한다.
2. 제재(製材)시설
   목재를 일정한 규격이나 형태로 절단하는 시설을 말한다. 톱날의 모양에 따라 세로톱, 가로톱, 양날톱 등 여러 종류가 있으며, 여기서는 톱을 장착(裝着)하여 목재를 자르는 동력 구동식(動力驅動式)을 말한다. 크게 나누어 띠톱, 둥근톱, 왕복톱 등이 있으며, 띠톱은 프레임에 부착된 상·하 또는 좌·우 2개의 톱니바퀴에 상·하가 없는 띠톱을 걸고 한쪽 톱니바퀴를 구동(驅動)시켜 주로 목재의 가로켜기, 세로켜기 등의 가공을 하는 시설이며, 둥근톱은 원형판에 톱날이 있어 여러 가지 공작물을 절삭(切削)하는 시설이며, 왕복톱은 왕복운동을 하는 곧은 날의 간톱으로 목재를 절삭하는 시설을 말한다.
3. 접착제 혼합(接着劑混合)시설
   주로 합판 제조에 쓰이는 요소(要素)수지나 멜라민 등의 합성수지에 증량제(增量劑), 경화제(硬化劑)를 배합하는 시설을 말한다. 접착제의 배합 시에는 상부가 개방된 원통형의 시설에 합성된 수지를 넣고, 증량제로서 소맥분과 왕겨를 넣으며, 경화제로 소량의 염화암모늄을 첨가하는 것이 보통이다. 특히 합판(合板)의 접착제로 사용되는 수지의 합성에 포르말린이 많이 사용되는데 이러한 포르말린 제조시설이 사업장 내에 있는 경우에는 산업용 화학제품시설로 허가를 득하여야 한다. 포르말린의 제조는 보통 메탄올 과잉법, ICI법, 과잉공기법 등이 있으며, 국내 합판공장에서는 주로 메탄올 과잉법으로 생산하고 있다. 또 일부 공장에서는 접착제로 사용되는 요소수지나 멜라민수지, 페놀수지 등을 직접 제조하는 경우도 있는데 이러한 시설들도 화합물 및 화학제품 제조시설로 허가를 득하여야 한다.

4. 도포(塗布)시설

조제된 접착제를 재단된 합판이나 목재 등에 바르는 시설을 말한다. 크게 분류하여 도장시설에 포함되기도 하나, 여기서는 단순히 접착시키기 위해 접착제를 바르는 시설에 한정(限定)되며, 페인트, 니스 등 도료를 사용하여 물질을 공기, 물, 약품 등으로부터 보호하기 위하여 차단하거나 또는 전기절연, 장식 등을 위해 캘린더, 압출, 침지, 분무 등의 가공법을 이용하여 물체 표면을 피막으로 쌓는 시설은 도장시설로 분류한다.

5. 도장(塗裝)시설

금속제품 제조·가공 시설의 도장시설과 동일

6. 건조(乾燥)시설

금속제품 제조·가공 시설의 건조시설과 동일

7. 압착(壓着)시설

레버, 나사, 수압 등을 이용하여 금형(金型) 등에 재료를 강압(强壓)하여 일정한 형태나 모양으로 성형하는 기기를 총칭하여 말하나 여기서는 성형시설을 제외한 일반적인 압착시설, 즉 재료와 원료의 접착성(接着性)을 높이고 잘 굳게 하거나 재료입자간의 밀도(密度)를 높여 재료 속의 공극을 최대한 축소시키는 단순압착시설(Presser)을 말한다. 크게 수동식과 동력식으로 구분되며, 수동식은 핸드 프레스, 편심 프레스 등이 있고, 동력식에는 수압식, 유압식, 기계식 프레스 등이 있다. 여기서는 중간 제품인 가접착(假接着)된 합판을 열경화(熱硬化)시키는 시설로서 가온(加溫)된 상태에서 프레스로 압력을 가하여 합판을 접착시키는 시설을 포함하여 말한다. 이때 열판의 온도는 120℃ 정도이고, 1회 접착시간은 합판의 두께에 따라 다르나 두께 4mm 정도의 합판의 경우 약 2분 정도 소요된다.

8. 분쇄(粉碎)시설(습식을 제외한다)

원료인 고체를 쉽게 가공처리할 수 있게 하기 위하여 고체분자간의 결합력을 끊어주는 조작을 하는 시설을 말한다. 분쇄시설은 크게 분류하여 파쇄기(Crusher), 분말기(Grinder), 초미분말기(Ultrafinegrinder) 등으로 분류되며, 분쇄물의 입경(粒經)에 따라 파쇄기는 다시 조쇄기, 미쇄기로 구분되고, 분말기는 중간 분쇄기, 미분말기 등으로 분류된다. 또 분쇄는 분쇄물의 경도(經度)에 따라 고경도물 분쇄, 중간 경도물 분쇄, 연성 분쇄로 나누어질 수도 있다. 고경도물 분쇄는 시멘트 클링커, 화산암, 슬래그의 분쇄에 사용되며, 연성 분쇄는 갈탄, 암염, 곡물 등 미세한 분쇄에 사용된다. 분쇄물에 함유된 수분은 분쇄에 중요한 영향을 미치게 되는데, 특히 분쇄물의 압축강도에만 영향을 주는 것이 아니라 분쇄물의 점결성(粘結成)과 유동성(流動性)에도 영향을 주므로 수분 함량에 따라 습식 분쇄 또는 건식 분쇄 방법이 선택된다. 여기서 습식 분쇄시설이라 함은 분쇄물의 수분 함량이 15% 이상인 경우와 당해 작업을 수용액 중에서 행하는 경우의 시설을 포함하여 말한다. 여기서는 목재를 일정한 수평 원통형(水平圓筒形)의 구조물 속에 넣고 위에서 힘으로 눌러 카타비라 등을 이용하여 마쇄(磨碎)시키는 쇄목(碎木)시설도 포함된다.

제8절 펄프, 종이 및 종이제품 제조시설

1. 증해(蒸解)시설

   어떤 용액 속의 내용물을 증기나 압력, 열 등을 이용하여 찌면서 소화(消化)시켜 요구하는 성질만을 뽑아내는 시설을 말한다. 여기서는 펄프 제조를 위해 목재칩(木材)과 톱밥을 가성소다와 아황산나트륨으로 이루어진 혼합액 속에 넣고 목재 속의 섬유질을 연결하고 있는 리그린을 분해(分解)시키는 시설을 말한다. 증해는 일반적으로 온도 177℃, 압력 $7.5kg/cm^2$에서 이루어지며 공정에 따라 회분식(回分式)과 연속식(連續式)이 있다.

2. 분쇄(粉碎)시설(습식을 제외한다)

   금속제품 제조·가공 시설의 분쇄시설과 동일

3. 표백(漂白)시설

   어떤 물질 속에 포함된 유색물질(有色物質)을 화학적으로 제거하여 그 물체를 상하게 하지 않고 될 수 있는대로 순백(純白)으로 만드는 시설을 말한다. 산화반응과 환원반응이 이용되며, 산화반응에는 과산화수소, 표백분, 하이포아염소산나트륨, 아염소산나트륨 등이 쓰이고, 환원반응에는 아황산, 하이드로설파이드 등이 쓰인다. 여기서는 세척이 끝난 펄프를 염소 또는 과산화염소를 이용하여 표백하면서 펄프 속에 잔존(殘存)하는 리그닌을 추출하기 위한 시설을 말한다.

4. 석회로(石灰爐)시설

   탈산칼슘을 소성(燒成)시켜 산화칼슘(석회)을 생산하는 시설을 말한다. 펄프 제조 시 사용된 백액(白液)은 목재 속의 리그닌 등 불순물(不純物)과 혼합된 폐흑액(廢黑液) 상태로 배출되고, 이 폐흑액은 다시 산화·증발 등의 과정을 거쳐 녹액(綠液)을 형성하게 된다. 이 녹액은 다시 가성조(苛性槽)로 운반되고 여기서 소석회로 처리과정에서 생성된 탄산칼슘은 진흙상태로 침전(沈澱)되며, 이것으로부터 석회를 만들기 위해 소성시키는 시설을 석회로시설이라 한다. 일반적으로 소성로(Kiln) 형태로 되어 있으며, 최근에는 입자(粒子)를 조절하기 위해 벤투리 세정기를 이용하는 새로운 유동층(流動層) 석회로가 계획되고 있기도 하다.

5. 회수(回收)시설(회수로(回收爐)를 포함한다)

   액체상의 용질(溶質) 중에서 필요로 하는 물질을 다시 거두어 들이는 시설을 말하며, 사용된 촉매(觸媒)나 용매 중의 불순물을 제거하여 원래 상태로 재생(再生)시키는 시설도 포함된다. 여기서는 펄프 제조 시 사용되는 백액(白液)을 회수하기 위한 회수로를 말한다. 이것은 농축된 폐흑액(廢黑液)을 연소시켜 그 열을 공정에 이용함과 동시에 증해(蒸解)약품을 회수하고 황유기물(黃有機物)을 처리하는 역할을 하기도 한다. 연소 생성물은 수산화나트륨, 황화나트륨, 기타 무기 조성물(無機組成物)로 구성되며 노(爐)의 하부 환원영역에서의 용융상태 혹은 용련(溶練 : Smelt)상태로 배출된다. 이것들은 다시 백액 등의 원료로 사용된다.

6. 반응(反應)시설(분해(分解), 중합(重合), 축합(縮合), 산화(酸化), 환원(還元), 중화(中和), 합성(合成) 시설을 포함한다)

   화합물 및 화학제품 제조시설의 반응시설과 동일

7. 농축(濃縮)시설

   화합물 및 화학제품 제조시설의 농축시설과 동일

8. 건조(乾燥)시설
   금속제품 제조 · 가공 시설의 건조시설과 동일

제9절 담배제조시설

1. 습점(濕粘)시설〈대기환경보전법상 삭제 시설〉
   원료 및 제품(잎담배)에 적당한 온도, 습도를 유지하기 위하여 증기, 물 등을 뿌려 부드럽게 해주는 시설을 말한다.
2. 건조(乾燥)시설
   금속제품 제조 · 가공 시설의 건조시설과 동일
3. 침향시설〈대기환경보전법상 삭제 시설〉
   잎담배의 맛을 보완하기 위해 향로탱크에 담구어 함수율을 높이는 시설을 말한다.
4. 순환식 조화시설
   잎담배의 습온 유지를 위해 증기와 물을 연속적으로 균일하게 뿌리면서 찌는 시설을 말한다.
5. 권취시설〈대기환경보전법상 삭제 시설〉
   권취시설이란 섬유제조시설의 방적(紡績)공정이나 방사(紡絲)공정에서 실을 제직(製織) 준비공정에 거는 최초의 기계로서 실을 적당한 모양으로 되감는 시설을 말하나, 여기서는 주로 담배제품 제조에 사용되는 시설에 한하여 적용한다.
6. 포장시설
   조립자(組立子) 상태 또는 분체(粉體), 분말(粉末)이나 액체 상태에 제품을 일정한 부피나 무게, 양(量)으로 계량(計量)한 후 병, 드럼, 통 등의 용기에 담거나 베, 종이, 비닐 등의 포대(包袋)에 투입하여 봉(封)하는 시설을 말한다. 단순히 겉표지를 싸거나 용기나 포대에 담겨져 봉(封)한 후 운반용 Box 등을 이용하여 2차 포장하는 경우의 시설은 해당되지 아니한다. 대부분이 자동화설비로 이루어져 있으며, 일반적으로 재료 투입부와 계량부 그리고 토출부(吐出部)의 3단계로 이루어져 있다. 재료 투입은 스크루컨베어벨트나 공기이송장치 등에 의해 이루어진다.
7. 권련시설〈대기환경보전법상 삭제 시설〉
   잎담배를 일정한 규모나 규격으로 잘라 담배 형태의 모양으로 마는 시설을 말한다.

제10절 음 · 식료품 제조시설, 단백질 및 배합사료 제조시설

1. 발효(醱酵)시설〈대기환경보전법상 삭제 시설〉
   미생물에 의한 당질(糖質)의 혐기적 분해(嫌氣的分解), 즉 분자(分子) 모양의 산소(酸素)의 관여없이 분해가 이루어지도록 하는 시설을 말한다. 발효는 생산물(生産物)에 의해 알코올발효, 젖산발효, 낙산발효, 부탄올발효, 메탄발효 등으로 구분되며, 출발물(出發物)에 의한 펜토오스 발효 등도 있다. 한편, 분자상의 산소가 관여하는 유기물의 다른 산화과정을 호기적(好氣的) 발효라 부르는 일도 있으나, 이것은 유기물의 완전산화가 이루어지지 않을 뿐더러 오히려 호흡의 불완전한 형식으로 간주되기도 한다. 당이나 에탄올에서 아세트산을 만드는 아세트산 발효, 쿠루코오스에서의 글루콘산 발효 등은 이에 속한다.

2. 증류(蒸溜)시설〈대기환경보전법상 삭제 시설〉
   용액을 부분(部分) 증발시켜 증기를 회수해서 잔유액(殘溜液)과 나눔으로써 분리하는 것을 말한다. 휘발성의 성분은 용액보다 증기 중에서 증가하며, 비휘발성의 성분은 용액 중에서 증가한다. 증류는 조작압력에 따라 고압증류, 저압증류, 진공증류, 분자(分子)증류로 분류되며, 목적에 따라 단(單)증류, 평행증류, 수증기증류, 공비(共沸)증류, 추출증류로 분류되고, 조작방법에 따라서는 연속증류 또는 회분식 증류로 구분된다.
3. 분쇄(粉碎)시설(습식을 제외한다)
   금속제품 제조·가공 시설의 분쇄시설과 동일
4. 도정(搗精)시설
   현미(玄米)를 찧거나 쓿어서 등겨를 내여 희고 깨끗하게 만드는 시설을 말하나, 두 개의 롤러(Roller) 사이의 마찰에 의하여 곡물의 껍질을 벗겨내는 시설을 총칭하여 말한다. 보통 2개 이상의 시설이 연속되어 설치되고 하나의 전동기(電動機)에 의하여 개개의 시설을 벨트(Belt)로 연결 가동할 수 있으며, 개개의 시설마다 독립된 전동기를 설치하여 가동할 수 있다. 정맥기(精麥機), 정미기(精米機), 압맥기(壓麥機) 등도 여기에 포함된다.
5. 혼합(混合)시설
   화합물 및 화학제품 제조시설의 혼합시설과 동일
6. 계량(計量)시설
   제품을 구성하는 각종 원료 또는 부원료를 그 조성 비율(造成比率)에 따라 배합하기 전·후(前·後)에 평량기 등을 이용하여 그 무게를 다는 시설을 말한다. 계량방식에 따라 개별(個別)계량식, 누계(累計)계량식이 있다.
7. 산·알칼리 처리시설
   화합물 및 화학제품 제조시설의 산·알칼리 처리시설과 동일
8. 제분(製粉)시설
   곡물을 분쇄하여 가루로 만드는 시설을 말한다. 대부분 롤(Roll)이 부착(附着)되어 있으며, 롤은 금속, 고무, 비닐 등으로 되어 있다. 롤식(式) 이외에 충격식(衝擊式)이 있으나 비능률적이어서 최근에는 거의 사용하지 않고 있다. 종류로는 멧돌형, 원추철(圓錐鐵) 절구형, 롤형, 충격형(볼밀, 해머밀) 등이 있다.
9. 선별(選別)시설(습식을 제외한다)
   금속제품 제조·가공 시설의 선별시설과 동일
10. 추출시설
    용매추출이라고도 한다. 용매를 이용하여 고체 또는 액체시료 중에서 성분물질(때로는 2종 이상)을 용해시켜 분리하는 것을 말하며, 특정한 물질을 추출하기 위해 용매의 종류를 선택하고 시료가 액체인 경우에는 그 조성을 조절한다. 단순히 목적물질을 용해시켜 추출하는 방법 이외에 적당한 화학반응을 일으켜 추출하기 쉬운 물질로 바꾼 후 추출하는 경우도 있다. 사용하는 용매는 물, 알코올, 에테르, 석유에테르, 벤젠, 아세트에틸, 클로로포름 등으로서 비등점이 별로 높지 않은 것을 주로 한다.
11. 농축(濃縮)시설
    화합물 및 화학제품 제조시설의 농축시설과 동일

12. 증자(蒸煮)시설(훈증(熏蒸)시설을 포함한다)〈대기환경보전법상 삭제 시설〉
    증자란 원료 및 제품을 증기로 찌는 시설을 말하며, 훈증은 고온(高溫)의 연기 등을 이용하여 제품을 그을리면서 찌는 시설을 말한다.
13. 자숙(煮熟)시설〈대기환경보전법상 삭제 시설〉
    원료 및 제품을 물 또는 기름에 담구어 삶거나 튀기는 시설을 말한다.
14. 포장(包裝)시설
    화합물 및 화학제품 제조시설의 포장시설과 동일
15. 저장시설(사일로에 한한다)
    원료 또는 제품을 분체(粉體)상태로 저장하기 위한 높은 직립원상(直立圓相) 또는 각통형(角筒形) 저장조로서 콘크리트제 또는 철판제가 있다. 레미콘 공장에서는 일반적으로 철판제 사일로가 많고, 대형 시멘트 사일로에는 콘크리트제 사일로가 있다. 탑정부(塔頂部)에서 저장품을 넣고 사일로 하부에서 빼내는 구조로 되어 있다.
16. 건조(乾燥)시설
    금속제품 제조·가공 시설의 건조시설과 동일

제11절 섬유제품 제조시설

1. 선별(選別)(혼타(混打))시설
   면 등의 천연섬유, 나일론 등의 합성섬유, 인조섬유 등을 원래의 상태에서 조면(繰綿)상태로 만들기 위해 부풀리거나 불순물을 없앤 후 실을 뺄 수 있게 만드는 시설을 말한다. 대표적인 것으로 개면기(開綿機), 타면기(打綿機), 소면기(搔綿機) 등이 있다. 개면기는 원면(原綿)의 덩어리를 급속 회전하고 있는 철제의 굵은 빔(Beam)에 장착(裝着)된 롤러 또는 피타를 때려서 서로 섞는 기계를 말한다. 타면기는 개면기에서 나온 면을 풀어헤쳐 작은 덩어리를 더 잘 풀리게 하거나 혼재하고 있는 협잡물(挾雜物), 단섬유(短纖維) 및 파편 등을 떨어뜨려 면을 청결하게 하는 기계이다. 타면기에서 처리된 면(綿)에는 또 다른 작은 면(綿) 덩어리나 얽힌 섬유 등이 남아있고, 또 개개의 섬유는 거의가 단섬유(短纖維) 형태로 되어 있다. 소면기는 이러한 것을 한층 더 풀어지게 함과 동시에 섬유를 길게 하는 한편 남아있는 비교적 짧은 섬유를 제거하고 개개의 섬유를 뿔뿔이 풀어 긴 상태로 만드는 기계이다.
2. 다림질(텐터)시설
   직조(織造)된 천에 종류별(種類別)로 유연제, 탈수제, 대전방지제(帶電防止劑) 등의 약품을 사용하여 가공한 후 원단의 천을 부드럽게 하거나 색상이나 광택을 내게 하고 원단의 규격을 고정(固定)시켜 반반하게 펴말리거나 다림질하는 시설을 말하며, 실리콘수지, 방수용 수지를 이용하는 시설은 배출시설에서 제외한다. LPG, 경유 등을 사용하여 직접 재양하는 시설이 대부분이나 보일러 등 열공급시설에서 생산된 증기를 이용하여 간접 재양하는 시설도 있다.
3. 모소시설(모직물에 한한다)
   소모 또는 털태우기 시설이라 하며, 실 또는 직물 표면의 잔털을 태워 직물의 표면을 평활하게 하고 조직을 선명하게 하기 위하여 행하는 공정을 말하며, 열판법, 가스법, 전열법 등이 이용된다. 열판을 이용하는 방법은 가스털 태우기에 비해 불편하고 요철이 큰 조직에는 부적당하며, 가스를 이용하는 방법은 잔털까지 태워 직물이 얇아지는 느낌을 주며, 전열법은 니크롬선에 직물을 접촉시켜 잔털을 태우므로 비교적 편리하다.

4. 기모(식모)시설

직물 또는 평성물의 조직 표면으로부터 섬유를 긁어내어 표면에 잔털(Nap)을 내게 하는 기계로서, 건조 기모와 습윤 기모가 있다. 습윤 기모는 건조 기모에 비하여 기모효과가 좋고 영구적이며, 가공은 사 스테이플 파이퍼 중의 플래널류, 레이온 직물 중의 벨벳류, 방모직물 등에 행한다.

제12절 공통시설

1. 화력발전(火力發電)시설

석탄, 유류 등을 연소시켜 발생된 열(熱)로 물을 끓이고 이때 발생된 증기를 압축시켜 터빈을 돌려 전기를 생산하는 시설을 말한다. 터빈(Turbine)이라 함은 유체(流體)를 동익(動翼)에 부딪치게 하여 그 운동에너지를 회전운동(回轉運動)으로 바꾸어 동력을 얻게 하는 회전식 원동기를 말한다. 수력터빈, 증기터빈, 가스터빈 등이 있다. 여기서는 주로 증기터빈을 말한다.

2. 열병합발전(熱併合發電)시설

압축증기터빈을 이용하는 화력발전소는 보통 연료의 에너지 함량의 35% 정도만 전력화(電力化)되며, 나머지 65%는 냉각 · 낭비되는데 이러한 냉각 · 낭비되는 에너지를 모아 별도의 시스템(System)을 통해 공정(工程)에 재이용하거나 발전소 인근 지역의 난방 등에 사용될 수 있는 시스템으로 설계된 발전소를 말한다.

3. 발전용 내연기관(發電用內燃機關)(도서(島嶼) 지방용, 비상용 및 수송용은 제외한다)

실린더 내에서 공기와 혼합된 연료를 폭발적으로 연소(燃燒)시켜 피스톤의 왕복운동(往復運動)에 의해 전기(電氣)를 생산하는 시설을 말한다. 이때 실린더(Cylinder)라 함은 유체(流體)를 밀폐한 원통형의 용기로서 피스톤링, 피스톤, 연접봉, 크랭크, 점화 플러그, 흡 · 배기밸브 등으로 구성되어 있으며, 이러한 실린더를 여러 개 함께 묶어 하나의 몸으로 만든 것을 실린더 블록이라 한다.

- 도서 지방용 : 섬, 산간벽지 등 전기의 공급(供給)이 불가능한 지역에서 자체적으로 설치되어 운영되는 내연용 발전시설을 말한다.
- 비상용 : 외부로부터 전기의 공급(供給)이 중단된 경우에 한하여 자체 사업용으로 가동하는 발전시설을 말한다.
- 수송용 : 기차, 선박 등 수송차량 등에서 자체 소비를 목적으로 전기를 생산하거나 트레일러 등에 발전시설이 설치되어 장소를 이동하면서 전기를 생산하는 시설을 말한다.

4. 일반(一般) 보일러(이동식 시설(등유 · 경유 · 휘발유 · 납사), 가스류만을 연료로 사용하는 시설은 제외한다)

연료의 연소열을 물에 전달하여 증기(蒸氣)를 발생시키는 시설을 말한다. 크게 나누어 물 및 증기를 넣는 철제용기(보일러 본체)와 연료의 연소장치 및 연소실(화로)로 이루어져 있다. 보일러는 본체(本體)의 구조형식에 따라 원통형(圓筒形) 보일러, 수관(水管) 보일러, 주철형(鑄鐵形) 보일러로 나눌 수 있다.

- 원통형 보일러는 구멍이 큰 원통을 본체로 하여 그 내부에 노통(爐筒)화로, 연관(煙管) 등을 설치한 것으로 구조가 간단하고 일반적으로 널리 쓰이고 있으나, 고압용이나 대용량에는 적합하지 않다. 종류에는 입식(入式) 보일러, 노통 보일러, 연관(煙管) 보일러, 노통 연관 보일러 등이 있다.
- 수관식 보일러는 작은 직경의 드럼과 여러 개의 수관(水管)으로 나누어져 있으며, 수관 내에는 증발이 일어나도록 되어 있다. 고압, 대용량으로 적합하다. 종류에는 자연순환식(自然循環式), 강제순환식(强制循環式), 관류식(貫流式) 등이 있다.
- 주철형 보일러는 주물계의 섹션(Section)을 몇 개 전후로 짜맞춘 보일러로서 하부(下部)는 연소실, 상부(上部)는 굴뚝으로 되어 있다. 주로 난방용의 저압증기 발생용 또는 온수 보일러로 사용되고 있다.

5. 소각(燒却)보일러
폐기물(廢棄物) 등을 소각시켜 발생되는 열(熱)을 회수하여 보일러를 가동하고 이때 생산되는 증기나 열을 작업공정(作業工程)이나 난방 등에 재이용(再利用)할 목적으로 보일러 등 열회수(熱回收) 장치가 설치된 소각시설을 말한다.

6. 사업장 폐기물 소각시설
특별히 고안(考案)된 폐쇄구조에서 사업장 폐기물을 연소시켜 그 양을 감소하든지 재이용할 수 있게 하는 시설을 말한다. 소각시설 구조(構造)에 따라 크게 나누어 단실(單室)소각시설, 다실(多室)소각시설, 이동다실(移動多室)소각시설로 나누어진다. 단실소각시설은 점화(點火), 연소(燃燒), 연소 찌꺼기의 제거 등이 모두 동일(同一)한 방에서 이루어지는 것을 말한다. 다실소각시설은 2개 이상의 내화벽돌로 설치된 연소실이 병렬로 연결된 형태로서 각 실은 내화벽으로 구분되어 있으며, 연소가스의 통로(通路)는 서로 연결되어 있고, 폐기물의 연소효율(燃燒效率)을 최대로 하기 위한 모든 장치가 설치된 시설을 말한다. 이동다실소각시설은 연소실 내부의 화상을 가벼운 자재를 사용하고 바퀴가 있어 유동(流動)이 가능하게 만든 시설로서 유동층 소각시설이라고도 한다. 이외에도 소각물질을 직접 연소하지 아니하고 소각물질을 건류(乾溜)시키거나 소각물질에 포함된 유기화합물을 열분해시킴으로써 발생되는 가스를 소각시키는 건류 또는 열분해(熱分解) 소각시설이 있다.

7. 생활폐기물 소각시설
특별히 고안(考案)된 폐쇄구조에서 생활폐기물을 연소시켜 그 양을 감소하든지 재이용할 수 있게 하는 시설을 말한다. 소각시설 구조(構造)에 따라 크게 나누어 단실(單室)소각시설, 다실(多室)소각시설, 이동다실(移動多室)소각시설로 나누어진다. 단실소각시설은 점화(點火), 연소(燃燒), 연소 찌꺼기의 제거 등이 모두 동일(同一)한 방에서 이루어지는 것을 말한다. 다실소각시설은 2개 이상의 내화벽돌로 설치된 연소실이 병렬로 연결된 형태로서 각 실은 내화벽으로 구분되어 있으며, 연소가스의 통로(通路)는 서로 연결되어 있고, 폐기물의 연소효율(燃燒效率)을 최대로 하기 위한 모든 장치가 설치된 시설을 말한다. 이동다실소각시설은 연소실 내부의 화상을 가벼운 자재를 사용하고 바퀴가 있어 유동(流動)이 가능하게 만든 시설로서 유동층 소각시설이라고도 한다. 이외에도 소각물질을 직접 연소하지 아니하고 소각물질을 건류(乾溜)시키거나 소각물질에 포함된 유기화합물을 열분해시킴으로써 발생되는 가스를 소각시키는 건류 또는 열분해(熱分解) 소각시설이 있다.

8. 폐가스 소각시설
   제조공정 중에 발생되는 각종 휘발성 유기물질이나 가연성 가스 또는 냄새가 심하게 나는 물질들을 모아 산화시키는 시설을 말한다. 크게 나누어 직접연소시설, 촉매산화시설 등이 있다. 직접연소시설은 내화물질로 구성된 연소시설과 한 개 내지 둘 이상의 연소장치, 온도조정장치, 안전장치 그리고 열교환기와 같은 열회수장치들로 구성되어 있다. 가스는 연소실 상부에서 화염과 혼합되어 연소실 내의 연도를 따라 밖으로 배출된다. 연소실의 형태는 보통 원형이나 각형으로 되어 있고, 내부는 내화물질로 되어 있으며 외부는 강철로 되어 있다. 촉매산화연소시설은 주로 직접연소의 효율이 떨어지는 가스상 물질을 촉매층을 통과시켜 연소하기 쉬운 물질로 만든 후에 산화시키는 시설이다. 이것은 직접연소법에 비하여 비교적 내부온도가 낮은 상태에서도 산화가 잘 이루어질 수 있다. 예열연소장치와 촉매층이 부착된 연소실, 주연소시설, 온도조정장치, 안전장치 그리고 열회수장치로 이루어져 있다. 예열연소장치는 가스가 촉매층을 통과시키기 전에 일정한 온도를 유지시켜 줌으로써 산화와 연소가 비교적 쉽게 일어나게 하기 위한 시설이다. 이외에 석유화학 계통에서 많이 설치되는 플레어 스택(Flare Stack) 등이 있다.
9. 감염성 폐기물 소각시설
   의료법 규정에 의한 병원 적출물(피, 고름이 묻은 탈지면, 붕대, 일회용 주사기, 수액 세트 등)을 처리하기 위한 시설로서 다습성 적출물과 수지계 적출물로 구분한다. 다습성 적출물은 수분 함량이 높고 발열량이 낮아 자체의 열량으로 연소가 불가능하므로 보조열원(버너)을 사용하는 2단 연소 소각로가 적합하며, 적출물 중 일회용 주사기, 수액 세트 등의 수지계 적출물은 수분 함량이 낮고 고분자 화합물로서 다량의 대기오염물질이 배출될 가능성이 있으므로 건류식 또는 수랭식의 2단 연소로 소각로를 적용하는 것이 적합한 것으로 알려져 있다.
10. 폐수소각시설
    폐수 중에 휘발성 물질이나 농도가 높은 폐수를 소각처리하기 위한 시설을 말한다.
11. 고형(固形) 연료제품(RPF, RDF) 전용시설
    고형 연료제품이란 자원의 절약과 재활용 촉진에 관한 법률 시행규칙 별표 7에 의거 가연성 생활폐기물을 고형 연료제품의 품질 · 등급기준에 적합하게 제조한 생활폐기물 고형 연료제품[RDF(Refuse Derived Fuel)]과 폐플라스틱을 중량기준으로 60% 이상 사용하여 고형 연료제품의 품질 · 등급 기준에 적합하게 제조한 폐플라스틱 고형 연료제품[RPF(Refuse Plastic Fuel)]을 말하며, “생활폐기물 고형 연료제품(RDF) 또는 폐플라스틱 고형 연료제품(RPF) 전용시설”이라 함은 해당 시설의 연료 사용량 중 고형 연료제품 사용 비율이 30% 이상인 시설을 말한다.

참고문헌

1. 박성복, 최신폐기물처리공학, 성안당, 2003년 8월 초판
2. 환경부, 환경백서, 2010~2018년
3. 한국환경기술단(KETEG), 환경에너지 설계 자료집, 2014~2019년
4. 환경부, 환경정책기본법 시행령, 2019년 1월(검색기준)
5. 환경부, 악취방지법, 2019년 2월(검색기준)
6. 환경부, 건설폐기물의 재활용 촉진에 관한 법률, 시행령, 시행규칙, 2019년 1월(검색기준)
7. 국립환경인력개발원, 사이버 법정교육과정(폐기물처리시설 기술관리인 Ⅲ) 자료집, 2014년 3월
8. 환경부, 환경오염시설의 통합관리에 관한 법률(안) 개요, 환경오염시설 허가제도 선진화 T/F, 2014년 2월
9. 환경부 보도 설명자료, 환경오염시설 허가제도 선진화 추진단, 2014년 7월 9일
10. 조영호, 콘크리트의 배합설계기준, (재)건설산업교육원, 2015년 7월
11. 이상민, 콘크리트구조물의 품질 및 안전관리 실무사례, (재)건설산업교육원, 2015년 7월
12. 정연규 외 23인 譯, 슬러지의 진화(부제 : 폐기물에서 자원으로), 동화기술, 2008년 7월 초판
13. 월간환경기술, 하수슬러지 재자원화 기술 특집기사 시리즈, 2011년 5월호, 2013년 1월호, 환경관리연구소
14. 배재근, 최신폐기물처리공학, 구미서관, 2005년 2월 초판
15. 수원시 & 포스코건설, 수원시 하수슬러지 처리시설 운영현황 자료집, 2010년 7월
16. (사)한국폐자원에너지기술협의회, 하수슬러지 자원화 활용방안 세미나, 기술 WORKSHOP, 2010년 1월
17. 사이버환경실무교육자료집, 폐기물 감량 및 자원화 기술, 코네틱, 2014년 8월
18. 월간환경기술, 폐기물 소각열 및 연료화 기술 특집기사 시리즈, 2013년 3월호 및 2014년 3월호, 환경관리연구소
19. (사)한국소각기술협의회, 폐기물로부터의 고효율 에너지 회수 및 이용기술, 2009년도 춘계 기술 WORKSHOP 자료집, 2009년 5월
20. (사)한국소각기술협의회, 최근 우리나라 소각시스템의 발전 동향, 기술 워크숍, 2006년 5월
21. 박상우, 도시폐기물의 에너지 회수(고효율 소각기술 동향), 한국폐기물자원순환학회지, Vol.31, No.2, 2014년 3월
22. 월간환경기술, 악취처리기술과 유지관리 특집기사 시리즈, 환경관리연구소
23. 월간환경기술, 폐기물 소각열 및 연료화 기술 특집기사 시리즈, 환경관리연구소

24. 박정철, RPF 기술동향 및 국내 현황, 2008년도 추계 기술 WORKSHOP, 한국소각기술협의회, 2008년 11월
25. 부산광역시, 하수슬러지 육상처리시설 설치공사 타당성 조사 및 기본계획 보고서, 2009년 10월
26. 사이버환경실무교육자료집, 폐기물 감량 및 자원화 기술, 코네틱, 2014년 8월
27. 한국환경기술단(KETEG), MSW 소각설비 설계 자료집, 2013년 12월
28. 김광렬・연익준, 최신연소공학, 동화기술, 2009년 8월
29. 한국환경산업기술원, 소각처리시설 운영실무, Eco-Edu System, 2014년
30. 국립환경인력개발원, 사이버 환경실무 교육자료집(e-Learning System), 2014년
31. 박성복, 환경기술인 법정교육(폐기물 분야) 자료집, (사)환경보전협회, 2014년
32. 박성복, 폐기물처리기술 강의 자료집, 고려대학교 환경보건과, 2006년
33. 한국환경기술단(KETEG), 호서대, 천안시 생활폐기물 최종 성상분석 보고서, 2011년 4월
34. 건설기술진흥법 시행령, 시행규칙, 국토교통부령 제94호 2014.5.22. 전부 개정
35. 이종호 외 20인, 환경영향평가, 동화기술, 2014년 3월
36. 한국환경기술단(KETEG), 건설환경 안전시공을 위한 매뉴얼, 2012년 10월
37. 한국건설기술연구원(KICT) 홈페이지 자료, 2019년 2월(검색기준)
38. 국토교통부 고시, 설계의 경제성 등 검토에 관한 시행지침, 제2013-544호(2013.9.16.)
39. 임창덕, 구조물의 보수보강, (재)건설산업교육원, 2015년 7월
40. 이상민, 콘크리트구조물의 품질 및 안전관리 실무사례, (재)건설산업교육원, 2015년 7월
41. 산업안전보건법 제48조
42. 안전보건공단, 2014년도 산업재해 발생현황 발표내용, 2014년 12월
43. 박성복, 재해사례 연구 (1), (2), NCS 시공안전관리 자료집, 2015년 10월
44. 한국건설기술인협회 통계자료집, 2015년 10월
45. 특허청 홈페이지, 2019년 2월(검색기준)
46. 법제처 홈페이지, 2019년 2월(검색기준)
47. 한국환경기술단(KETEG), 폐기물자원회수시설 유지관리지침서, 2013년 12월
48. 한국환경기술단(KETEG), 생활폐기물 성상 분석 보고서(삼성분, 가연성분), 2008년 8월
49. 한국환경공단(http://www.keco.or.kr) 홈페이지, 2019년 3월(검색기준)
50. 워터저널(http://www.waterjournal.co.kr) 인터넷 기사, 2016년 11월 8일자
51. 폐기물 부담금제도(http://www.budamgum.or.kr), 2016년 11월
52. 목진휴, 국민대학교, 폐기물 부담금제도 및 개선 및 발전방안 연구, 2005년 4월
53. 한국환경과학회지, Vol.25, No.9, 2013년
54. 환경부, 생활폐기물 소각시설 설치・운영지침, 최근 개정
55. 환경부(http://www.me.go.kr) 홈페이지, 2019년 3월(검색기준)

56. 한국산업단지공단, 생태산업단지구축사업 관련 하·폐수슬러지 재이용, 2014년 7월
57. 환경컨설팅정보시스템, 한국환경산업기술원, 2019년 3월(검색기준)
58. 한국환경기술단(KETEG), 폐기물자원화기술 동향, 2017년 11월(검색기준)
59. 김남천, 하수슬러지 고형연료화(RDF) 기술, 첨단환경기술, 2011년 5월호
60. 환경부·한국환경공단, 2015년 전국 폐기물 발생 및 처리현황
61. 한국폐기물협회(http://www.kwaste.or.kr) 홈페이지, 2019년 3월(검색기준)
62. 송영헌·한진희, 폐기물처리기술사, 한솔아카데미, 2011년 1월 초판
63. 차명호, 악취처리 최적화 방안(악취 및 VOC 처리), 건설산업과정A, (재)건설산업교육원, 2017년 12월
64. 송태곤, 악취관리 정책방향, 월간환경기술, 2018년 1월호
65. 이상석, 국내 최대 규모의 생활폐기물 연료화 발전시설, (주)부산이앤이(900톤/일), 월간환경기술, 2018년 1월호
66. M. Park, S. Shim, S. Jeong, K. Oh, S.-S. Lee, Nitrogen oxides emissions from the MILD combusiton with the conditions of recirculation gas, Journal of the Air & Waste Management Association, 67(4), 402-411, 2017년
67. 아호마드 탄비어, 박민, 길상인, 윤진한, 박정민, 이상섭, 석탄과 폐기물 연료의 수은 및 중금속 배출 특성, 자원리사이클링, 26(2), 33-38, 2017년

저자약력

박성복 (keteg@hotmail.com)

- 현장실무 경력 32년(환경 · 에너지 설계엔지니어링 PM/CM)
- 대기관리기술사 (1995), 폐기물처리기술사 (1997)
- 국제기술사(환경공학) (2008), APEC엔지니어 (2008)
- 법원 감정인, 고등법원 전문심리위원, 건설 · 환경 중재인
- 한국기술사회 종신회원

- **주요 저서**
  - 폐기물자원화 및 처리기술 (성안당(단독기술), 2019)
  - 대기환경 및 방지시설관리 (성안당(단독기술), 2019)
  - 대기관리기술사 (한솔아카데미(단독기술), 2011)
  - 최신 폐기물처리공학 (성안당(단독기술), 2003)
  - 최신 대기제어공학 (성안당(공저 1인), 2003)
  - 대기관리기술사 (성안당(공저 1인), 1998)

폐기물자원화 및 처리기술

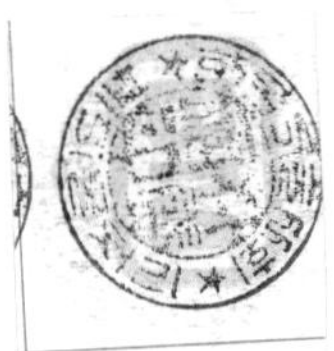

2019. 5. 21. 초 판 1쇄 인쇄
2019. 5. 28. 초 판 1쇄 발행

지은이 | 박성복
펴낸이 | 이종춘
펴낸곳 | BM (주)도서출판 성안당
주소 | 04032 서울시 마포구 양화로 127 첨단빌딩 3층(출판기획 R&D 센터)
10881 경기도 파주시 문발로 112 출판문화정보산업단지(제작 및 물류)
전화 | 02) 3142-0036
031) 950-6300
팩스 | 031) 955-0510
등록 | 1973. 2. 1. 제406-2005-000046호
출판사 홈페이지 | **www.cyber.co.kr**
ISBN | 978-89-315-3764-2 (13530)
정가 | 30,000원

이 책을 만든 사람들
책임 | 최옥현
진행 | 이용화
교정 · 교열 | 김지숙
전산편집 | 김수진
표지 디자인 | 박현정
홍보 | 김계향, 정가현
국제부 | 이선민, 조혜란, 김혜숙
마케팅 | 구본철, 차정욱, 나진호, 이동후, 강호묵
제작 | 김유석

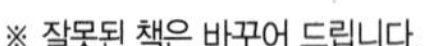

※ 잘못된 책은 바꾸어 드립니다.